多重線型代数 I

テンソルと外積代数

井ノ口 順一 著

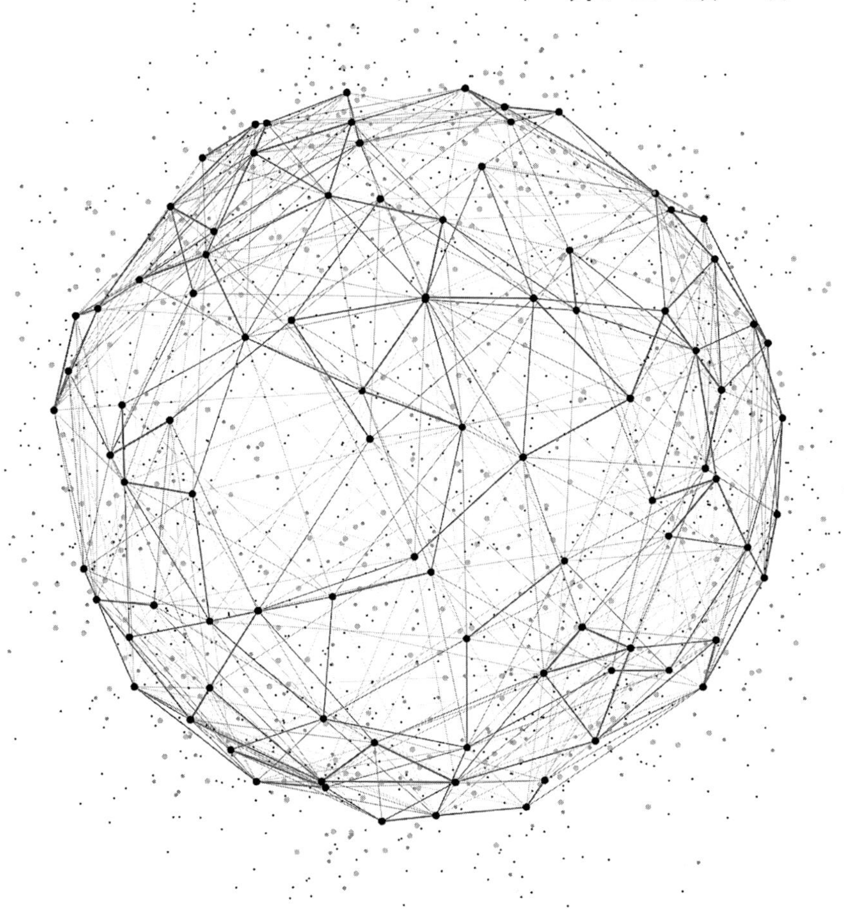

現代数学社

はじめに

この本は「多重線型代数」と題する全３巻シリーズの１作目である．

「テンソルを勉強したいんですけれど」．大学２年生からこういう相談が毎年のようにもちこまれる．この相談は少々厄介なのである．なぜなら，テンソルを学びたい動機や目的が一通りではないからである．

代数学（表現論）を学ぶために「ベクトル空間や加群のテンソル積」を学びたい人,「微分形式やテンソル場」を学びたい人，超函数を学ぶために「双対空間」を知りたい人... ひと口に「テンソル」と言っても，相談者が思い浮かべている対象がそれぞれ異なる．著者が学部生のときの出来事であるが,「テンソル場」を学びたい物理学科の上級生が数学科の抽象的なテンソルを解説する授業（多重線型代数）に出席して「これがテンソルですか？」と授業担当者に質問したことがあった．

参考文献 [20] 後編のまえがきでは

> テンソルはわかりにくいという風評も多い．その原因は一つには歴史的にみてテンソルとテンソル場とがはっきり区別されず，テンソルを定義することなしにテンソル場について論じたことによるのであろう

と述べられている．抽象的なテンソル（テンソル積）を学びたい読者とテンソル場（とくに微分形式）を学びたい読者では求める解説書は異なるであろう．テンソルを解説する本とテンソル場を解説する本を分けて刊行することがのぞましいのだろうか．

一方で，「ベクトル空間や加群のテンソル積」，「微分形式やテンソル場」，「超函数を学ぶための双対空間」などの要望に応える授業を設ける機会は案外と少ない．そのため，これまでに担当してきた授業の「演習」でテンソル（およびテンソル場）について解説を行ってきた．その経験から，本書を含む３冊シリーズの刊行を思い立った．

3巻シリーズの構成を述べよう．

(1) 多重線型代数 I：テンソルと外積代数
(2) 多重線型代数 II：微分形式
(3) 多重線型代数 III：加群とテンソル積

第1巻である本書では，有限次元実線型空間および複素線型空間上のテンソルについて解説する．本書の内容は多重線型代数 (Multilinear algebra) とよばれるものである．第2巻では本書で解説した内容を活用し，数空間（ユークリッド空間）上のテンソル場を扱う．とくに微分形式を解説する．第3巻では線型空間を可換環上の加群に一般化した取り扱いを解説する．

本書の内容は，これまでに担当した「曲面論演習」（筑波大学）と「幾何学基礎演習 A」（北海道大学）で演習問題として提供した内容を整理したものである．受講生からは「無限次元の場合はどうなるのですか」という質問がしばしば寄せられたため，少しだけ無限次元の場合についてもふれた．

2025年2月

井ノ口順一

本書の構成（本編を読む前に）

本書は線型空間（ベクトル空間）について既に学んだ方を対象としたテンソルの解説書である．幾何学や表現論など，テンソルを用いる専門分野と低学年で学ぶ線型代数学（行列・行列式・線型空間等）との橋渡しをする内容である．線型代数続論ともいえる内容を扱う．

第 0 章は線型空間（ベクトル空間）の基礎事項の復習である．すでに線型空間に習熟している読者は本書での記号の使い方を確認して第 1 章に進んでよい．テンソルを学ぶ際には並行して群作用の基本事項も学んでおくとよい．そこで群作用について未習の読者のために 0.4 節で群作用の基本概念を紹介した．商線型空間と実線型空間の複素化について未習の読者は 0.7 節で速習しておいてほしい．

第 1 章から多重線型代数学が始まる．双対空間の概念が多重線型代数の出発点である．1.1 節は飛ばさずに読み，問題・節末問題もすべて解いてほしい．第 1 章では双線型形式を扱う．線型代数学で学んだ内積の性質を思い出しながら読み進めてほしい．函数解析・偏微分方程式論でも双対空間の概念は重要である．本書は有限次元線型空間上の多重線型代数を解説するために書かれたのだが，無限次元の場合についてほんのわずかだけ 1.6 節および 1.7 節で説明を行った．$\star$ をつけたこの 2 つの節は無限次元に関心のない読者は読み飛ばしてよい．この 2 つの節で述べきれなかった事項を付録 A で補足説明しているので無限次元の場合について興味のある読者は併読されたい．

第 1 章の内容を一般化してテンソルの概念を第 2 章で解説する．2.1 節から 2.4 節がテンソルの基本事項である．幾何学を学ぶ上で重要な対称形式と交代形式について詳しく解説している．（第 2 巻で解説する）微分形式を学びたい読者は 2.5 節と 2.6 節を学んでおいてほしい．リーマン多様体の調和積分論を学ぶ際にはホッジのスター作用素が使われる．2.7 節は 4 次元幾何学で用いられる自己双対性の解説である．2.8 節は力学に登場する擬ベクトルの数学的捉え方の解説である．2.8 節の説明よりももっと数学的に洗練された定式化は 2.9 節で与えるが，擬テンソルの概念に興味のない読者は読み飛ばしてよい．

多重線型代数の基礎は第 2 章までである．テンソル解析を習得したい読者（たとえば一般相対性理論の教科書を読んでみたい方）は第 3 章でテンソルの縮約と型変更を習得しておくとよい．

第 II 部は，将来，幾何学・幾何解析・数理物理学を学ぶことを予定している読者向けに用意した．第 4 章は一般相対性理論で活用されるローレンツ多様体上のテンソル場を扱うための注意事項を述べた．第 5 章は実線型空間の複素化を施した際のテンソルの取り扱い方法である．これらは複素多様体上のテンソル場を扱う際に活用される．第 6 章はリーマン幾何で詳しく扱われる曲率テンソル場の多重線型代数部分を詳しく解説したものである．リーマン多様体の基礎を学ぶ際に併読してほしい．

テンソルを学ぶ際には群作用を並行して学ぶとよいと先に述べた．この本の中には n 次元数空間 $\mathbb{R}^n$ に関わる軌道空間として

- $\mathbb{R}^n$ の内積の全体 $\mathcal{M}(\mathbb{R}^n) = \mathrm{O}(n)\backslash \mathrm{GL}_n\mathbb{R}$.
- $\mathbb{R}^n$ の向きのなす集合 $\mathtt{Or}(\mathbb{R}^n) = \mathrm{GL}_n\mathbb{R}/\mathrm{GL}_n^+\mathbb{R}$.
- $\mathbb{R}^n$ の k 次元線型部分空間の全体 $\mathrm{Gr}_k(\mathbb{R}^n) = \mathrm{O}(n)/\mathrm{O}(k)\times\mathrm{O}(n-k)$.

これらが登場する．とくに $\mathrm{Gr}_k(\mathbb{R}^n)$ はグラスマン多様体とよばれ，数学の様々な分野に登場する．第 7 章ではグラスマン多様体の実現について簡単な紹介を行う．第 3 章から第 6 章の内容は，テンソル場などに応用してはじめてその意味が理解できるものが少なくない．その意味で本書はあくまでも第 2 巻や多様体論・リーマン幾何の教科書 [31, 38, 56, 64, 65, 67, 73, 98, 99, 113, 130] を読むための準備を詳しく解説したものといえる．

目次

第I部

テンソル

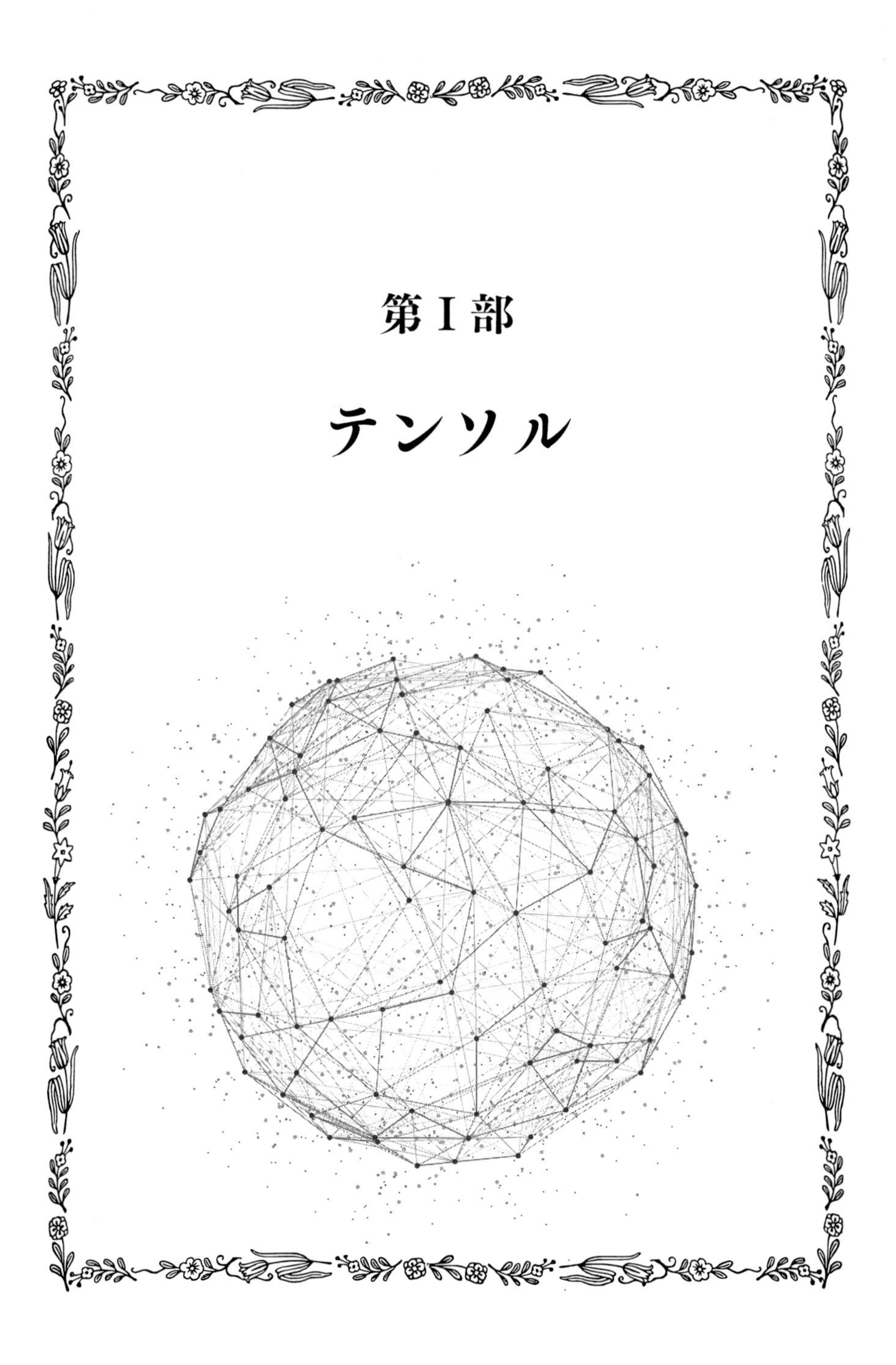

0 線型空間

多重線型代数を学ぶ上では，（当たり前だが）線型空間（ベクトル空間）の知識が前提になる．（今まで読んでいた）線型代数の本を手元に置き，必要に応じて復習しながらこの本を読み進めてほしい．この章で線型代数（線型空間の理論）の要点をまとめておく．内容の復習と，この本で用いられる記号・記法の説明を兼ねている（線型代数の本によって記号，記法が異なっているため）．線型代数に習熟している読者は，記号・記法の確認のため，さっと目を通してほしい．すべてに丁寧な説明をつける余裕がないので，証明抜きで述べられる事実については線型代数の教科書を見て確認してほしい．

0.1 線型空間の公理

記号の約束　$\mathbb{R}$ で実数の全体，$\mathbb{C}$ で複素数の全体を表す．$\mathbb{K}$ で $\mathbb{R}$ または $\mathbb{C}$ のいずれかを表すとする．つまり，ある議論・説明において $\mathbb{K}$ と書いてあれば，$\mathbb{K}$ は $\mathbb{R}$ か $\mathbb{C}$ のどちらかを一貫して意味し途中で変えたりしない約束とする．

また文字 i は番号に頻繁に用いられるため，虚数単位を（書体を変えて）i で表す (i と i が紛らわしかったり，書体の違いがわかりにくそうなときは $\sqrt{-1}$ を用いる)．複素数 $z = x + y\mathrm{i}$ に対し $\bar{z} = x - y\mathrm{i}$ を z の**共軛**（きょうやく）**複素数**とよぶ[*1]．また複素数 $z = x + y\mathrm{i}$ に対し $|z| = \sqrt{z\bar{z}}$ を z の**大きさ**とか**絶対値**という．

[*1] 共役と書いてもよいが，「きょうえき」とよまないように．

定義 0.1 空でない集合 $\mathbb{V}$ が以下の条件[*2] をみたすとき $\mathbb{V}$ を $\mathbb{K}$ 上の**線型空間** (linear space) または**ベクトル空間** (vector space) であるという．$\mathbb{K}$ 線型空間とか $\mathbb{K}$ ベクトル空間という言い方もする．$\mathbb{V}$ の元を**ベクトル** (vector) とよぶ．

(1) $\mathbb{V}$ の 2 つの元 $\boldsymbol{x}$ と $\boldsymbol{y}$ に対し第 3 の元 $\boldsymbol{x}+\boldsymbol{y}$ が唯一つ定まり，次の法則をみたす．
  (a) （**結合法則**）$(\boldsymbol{x}+\boldsymbol{y})+\boldsymbol{z}=\boldsymbol{x}+(\boldsymbol{y}+\boldsymbol{z})$,
  (b) （**交換法則**）$\boldsymbol{x}+\boldsymbol{y}=\boldsymbol{y}+\boldsymbol{x}$,
  (c) ある特別なベクトル $\mathbf{0}$ が存在し，すべてのベクトル $\boldsymbol{x}$ に対し $\boldsymbol{x}+\mathbf{0}=\boldsymbol{x}$ をみたす．

$$\exists \mathbf{0} \in \mathbb{V};\ \forall \boldsymbol{x} \in \mathbb{V}:\ \boldsymbol{x}+\mathbf{0}=\boldsymbol{x}.$$

  このベクトル $\mathbf{0}$ を**零ベクトル** (zero vector) とよぶ．
  (d) どのベクトル $\boldsymbol{x} \in \mathbb{V}$ についても $\boldsymbol{x}+\boldsymbol{x}'=\mathbf{0}$ をみたす $\boldsymbol{x}'$ が必ず存在する．

$$\forall \boldsymbol{x} \in \mathbb{V}:\ \exists \boldsymbol{x}' \in \mathbb{V};\ \boldsymbol{x}+\boldsymbol{x}'=\mathbf{0}.$$

  $\boldsymbol{x}'$ を $\boldsymbol{x}$ の**逆ベクトル**とよび $-\boldsymbol{x}$ で表す．

  2 本のベクトルの組 $(\boldsymbol{x},\boldsymbol{y})$ に $\boldsymbol{x}+\boldsymbol{y}$ を対応させる規則 $+$ を**加法**とよぶ．

(2) ベクトル $\boldsymbol{x} \in \mathbb{V}$ と $a \in \mathbb{K}$ に対し $\boldsymbol{x}$ の a 倍とよばれるベクトル $a\boldsymbol{x}$ が定まり以下の法則に従う．
  (a) $(a+b)\boldsymbol{x}=a\boldsymbol{x}+b\boldsymbol{x}$,
  (b) $a(\boldsymbol{x}+\boldsymbol{y})=a\boldsymbol{x}+a\boldsymbol{y}$,
  (c) $(ab)\boldsymbol{x}=a(b\boldsymbol{x})$,
  (d) $1\boldsymbol{x}=\boldsymbol{x}$.

ベクトルと対比させるときは $\mathbb{K}$ の元を**スカラー** (scalar) とよぶ．スカラー

[*2] **線型空間の公理**とか**ベクトル空間の公理**とかとよぶ．

a とベクトル $\boldsymbol{x}$ の組 $(a, \boldsymbol{x})$ に $a\boldsymbol{x}$ を対応させる規則を**スカラー乗法**という.

問題 0.1 線型空間の公理から，すべてのベクトル $\boldsymbol{x} \in \mathbb{V}$ に対し

$$0\boldsymbol{x} = \boldsymbol{0}, \quad (-1)\boldsymbol{x} = -\boldsymbol{x}$$

を導け.

線型空間の公理において + にだけ着目すると $(\mathbb{V}, +)$ は可換群であることに注意されたい.

群の概念については既習であると思うが, 念のため定義を復習しておこう.

定義 0.2 (群の定義) 空でない集合 G に対し，並べる順序を区別した G の 2 つの元の組 (a, b) の全体を $G \times G$ で表す．このとき写像

$$\circ : G \times G \to G; \quad (a, b) \longmapsto a \circ b$$

で以下の条件をみたすものが与えられたとき，G と $\circ$ の組 $(G, \circ)$ は**半群** (semi group) であるという．このとき G は**演算** $\circ$ に関し**半群をなす**という.

$$\forall a, b, c \in G : (a \circ b) \circ c = a(b \circ c).$$

この条件を演算 $\circ$ に関する**結合法則**（associative law）とよぶ．半群 G において

- ある特別な元 $\mathsf{e} \in G$ が存在し，各 $a \in G$ に対し $a \circ \mathsf{e} = \mathsf{e} \circ a = a$ をみたす[*3]．e は G の単位元とよばれる.
- どの $a \in G$ についても必ず $a \circ x = x \circ a = \mathsf{e}$ をみたす $x \in G$ が存在する[*4]．x は a の逆元とよばれ a^{-1} と表記される.

がみたされるとき G は**群**（group）とよばれる．半群 G が**交換法則**

$$\forall a, b, c \in G : a \circ b = b \circ a$$

[*3] $\exists \mathsf{e} \in G;\ \forall a \in G :\ a \circ \mathsf{e} = \mathsf{e} \circ a = a.$

[*4] $\forall a \in G :\ \exists x \in G;\ a \circ x = x \circ a = \mathsf{e}.$

をみたすとき**可換半群**という．交換法則をみたす群は**可換群**とよばれる．

いまは説明のため演算記号 $\circ$ を用いたが，慣れてきたら $\circ$ を省略し，$a \circ b$ を ab と表記する（この本でも以後，そのようにする）．

線型空間の典型例を挙げておく．

例 0.1 (数空間) n 個のスカラーを縦に並べたものを n 項ベクトルといい，その全体を $\mathbb{K}^n$ で表す：

$$\mathbb{K}^n = \left\{ \mathbf{x} = \begin{pmatrix} x^1 \\ x^2 \\ \vdots \\ x^n \end{pmatrix} \;\middle|\; x^1, x^2, \ldots, x^n \in \mathbb{K} \right\}.$$

番号を上に付けることに注意．$\mathbb{K}^n$ において加法とスカラー乗法をそれぞれ

$$\begin{pmatrix} x^1 \\ x^2 \\ \vdots \\ x^n \end{pmatrix} + \begin{pmatrix} y^1 \\ y^2 \\ \vdots \\ y^n \end{pmatrix} = \begin{pmatrix} x^1 + y^1 \\ x^2 + y^2 \\ \vdots \\ x^n + y^2 \end{pmatrix},$$

$$c \begin{pmatrix} x^1 \\ x^2 \\ \vdots \\ x^n \end{pmatrix} = \begin{pmatrix} cx^1 \\ cx^2 \\ \vdots \\ cx^n \end{pmatrix}$$

で定めると $\mathbb{K}^n$ は $\mathbb{K}$ 線型空間である．$\mathbb{R}^n$ を n 次元**数空間** (Cartesian space)，$\mathbb{C}^n$ を n 次元**複素数空間** (complex Cartesian space) という．$\mathbb{K}^n$ の元を縦に書くとスペースを浪費するため，今後，

$$\mathbf{x} = (x^1, x^2, \ldots, x^n)$$

のように横に書くことが多い．$\mathbb{K}^n$ も

$$\mathbb{K}^n = \{\mathbf{x} = (x^1, x^2, \ldots, x^n) \mid x^1, x^2, \ldots, x^n \in \mathbb{K}\}$$

のように表示することが多い．

例 0.2 (行列の全体) $\mathbb{K}$ の要素を成分にもつ (m, n) 型の行列全体を $\mathrm{M}_{m,n}\mathbb{K}$ で表す．とくに $m = n$ のとき $\mathrm{M}_{n,n}\mathbb{K}$ を $\mathrm{M}_n\mathbb{K}$ と略記する．$A \in \mathrm{M}_{m,n}\mathbb{K}$ の (i, j) 成分が a_{ij} のとき $A = (a_{ij})$ と略記する．$\mathrm{M}_{m,n}\mathbb{K}$ は行列の加法

$$A + B = (a_{ij} + b_{ij})$$

とスカラー倍

$$cA = (c\,a_{ij}), \quad c \in \mathbb{K}$$

に関し $\mathbb{K}$ 線型空間をなす．

$(1, n)$ 型行列は n 項**列ベクトル**であると考え，以後 $\mathrm{M}_{1,n}\mathbb{K} = \mathbb{K}^n$ と見なす．また $\mathrm{M}_{m,1}\mathbb{K} = \mathbb{K}_m$ と表す．$\mathbb{K}_m$ の元は**番号を下につけて** $\alpha = (\alpha_1, \alpha_2, \ldots, \alpha_m)$ のように表記する (m 項**行ベクトル**という)．

$\mathbb{K}^n$ の元を横に書いたとき，$\mathbb{K}_n$ の元と区別に注意しなければならないが，それは**番号のついている位置** (上付きか下付きか) で峻別する．

$$\begin{aligned}\mathbb{K}^n =& \{(x^1, x^2, \ldots, x^n) \mid x^1, x^2, \ldots, x^n \in \mathbb{K}\},\\ \mathbb{K}_n =& \{(\alpha_1, \alpha_2, \ldots, \alpha_n) \mid \alpha_1, \alpha_2, \ldots, \alpha_n \in \mathbb{K}\}.\end{aligned}$$

また行列の成分表示は，今後，意味と役割に応じて

$$a_{ij}, \quad a_j{}^i, \quad a^{ij}$$

のように番号をつける位置を工夫する．また $X, Y \in \mathrm{M}_n\mathbb{K}$ に対し X と Y の**交換子** $[X, Y]$ を

$$[X, Y] = XY - YX$$

で定める．定義より

$$[X, Y] = O \Longleftrightarrow X \text{ と } Y \text{ は可換.}$$

正則な（可逆な）n 次正方行列の全体を $\mathrm{GL}_n\mathbb{K}$ で表す．すなわち

$$\mathrm{GL}_n\mathbb{K} = \{A \in \mathrm{M}_n\mathbb{K} \mid \exists A^{-1}\}$$

である．$\mathrm{GL}_n\mathbb{K}$ は行列の積を演算として群をなす（確かめよ）．これを n 次**一般線型群** (general linear group) とよぶ．$\mathrm{GL}_n\mathbb{R}$ は実一般線型群，$\mathrm{GL}_n\mathbb{C}$ は複素一般線型群とよばれる．

$$\mathrm{Sym}_n\mathbb{K} = \{X \in \mathrm{M}_n\mathbb{K} \mid {}^tX = X\}, \quad \mathrm{Alt}_n\mathbb{K} = \{X \in \mathrm{M}_n\mathbb{K} \mid {}^tX = -X\}$$

と定めておく．t は行列の転置を意味する．$\mathrm{Sym}_n\mathbb{K}$ の元を**対称行列** (symmetric matrix)，$\mathrm{Alt}_n\mathbb{K}$ の元を**交代行列** (skew-symmetric matrix) とよぶ．$\mathrm{Sym}_n\mathbb{K}$ および $\mathrm{Alt}_n\mathbb{K}$ は $\mathbb{K}$ 線型空間であることを確かめよ．

例 0.3 (函数空間) I を数直線 $\mathbb{R}$ 内の区間とする．I で定義された連続函数の全体

$$C(I) = \{f : I \to \mathbb{R} \mid \text{連続}\}$$

は実線型空間である．加法とスカラー乗法は $c \in \mathbb{R}$, f, $g \in C(I)$ に対し

$$(f+g)(x) = f(x) + g(x), \quad (cf)(x) = cf(x)$$

で定める．零ベクトルは恒等的に 0 の値をとる函数である．実数 c に対し，恒等的に c の値をとる函数を c と表記し $\mathbb{R} \subset C(I)$ とみなす．同様に I 上の C^∞ 級函数の全体 $C^\infty(I)$ も実線型空間である．

この本では，部分群の概念も用いられるので，ここで復習しておく．

定義 0.3 群 G の空でない部分集合 H が G の演算に関し群をなすとき H は G の**部分群** (subgroup) であるという．

H が G の部分群であるための必要十分条件は

(1) $a, b \in H \Longrightarrow ab \in H$.

(2) $a \in H \Longrightarrow a^{-1} \in H$.

である．この 2 つから $\mathsf{e} = aa^{-1} \in H$ が導かれることに注意．

G の 2 つの部分群 H と K が与えられており $H \cap K = \{\mathsf{e}\}$ をみたしているとする．このとき，各 $a \in G$ が $a = hk$，ただし $h \in H$，$k \in K$ とただ一通りに表せるとき $G = H \cdot K$ と表す．G は $H \cdot K$ に**分解**されると言い表す．

部分群 H と $a \in G$ に対し

$$
\begin{aligned}
aH =& \{ah \mid h \in H\} \\
Ha =& \{ha \mid h \in H\}
\end{aligned}
$$

と定めそれぞれ a の H に関する（H を法とする）**左剰余類**（left coset），**右剰余類**（right coset）とよぶ．また

$$
\begin{aligned}
G/H =& \{aH \mid h \in H\} \\
H\backslash G =& \{Ha \mid h \in H\}
\end{aligned}
$$

をそれぞれ**左剰余類集合**，**右剰余類集合**とよぶ．

0.2 線型空間の基底と次元

線型空間の次元とは何を意味するかを復習しておこう．まず，線型結合，線型独立，線型従属の 3 つの概念の復習から．

$\boldsymbol{x}_1, \boldsymbol{x}_2, \ldots, \boldsymbol{x}_k \in \mathbb{V}$, $c^1, c^2, \ldots, c^k \in \mathbb{K}$ に対しベクトル $c^1\boldsymbol{x}_1 + c^2\boldsymbol{x}_2 + \cdots + c^k\boldsymbol{x}_k$ を $\boldsymbol{x}_1, \boldsymbol{x}_2, \ldots, \boldsymbol{x}_k$ の**線型結合**という．

$c^1, c^2, \ldots, c^k \in \mathbb{K}$ に対する方程式

$$c^1\boldsymbol{x}_1 + c^2\boldsymbol{x}_2 + \cdots + c^k\boldsymbol{x}_k = \mathbf{0}$$

の解が $(c^1, c^2, \ldots, c^k) = (0, 0, \ldots, 0)$ のみであるとき，ベクトルの組 $\{\boldsymbol{x}_1, \boldsymbol{x}_2, \ldots, \boldsymbol{x}_k\}$ は**線型独立**であるという．線型独立でないときは**線型従属**であるという．

まず「有限次元」という概念が次のように定義される．

定義 0.4 $\mathbb{K}$ 線型空間 $\mathbb{V}$ に有限個のベクトルが存在し，$\mathbb{V}$ の任意のベクトルが，それら有限個のベクトルの線型結合で表されるとき，$\mathbb{V}$ は**有限次元**であるという．有限次元でないとき $\mathbb{V}$ は**無限次元**であるという．

有限次元の場合は，より具体的に「次元」を定義する．

定義 0.5 有限次元 $\mathbb{K}$ 線型空間 $\mathbb{V}$ の有限個のベクトルの組
$\mathcal{E} = \{\boldsymbol{e}_1, \boldsymbol{e}_2, \ldots, \boldsymbol{e}_n\}$ が条件

(1) $\{\boldsymbol{e}_1, \boldsymbol{e}_2, \ldots, \boldsymbol{e}_n\}$ は線型独立,
(2) $\mathbb{V}$ の任意のベクトルは $\{\boldsymbol{e}_1, \boldsymbol{e}_2, \ldots, \boldsymbol{e}_n\}$ の線型結合で表せる

をみたすとき $\mathcal{E}$ を $\mathbb{V}$ の**基底** (basis) という．基底に含まれるベクトルの本数 n は基底に**共通の値**である．n を $\mathbb{V}$ の**次元** (dimension) とよび $\dim \mathbb{V}$ で表す．

数空間 $\mathbb{K}^n$ においては基本ベクトル

$$\mathbf{e}_1 = \begin{pmatrix} 1 \\ 0 \\ 0 \\ \vdots \\ 0 \\ 0 \end{pmatrix}, \ \mathbf{e}_2 = \begin{pmatrix} 0 \\ 1 \\ 0 \\ \vdots \\ 0 \\ 0 \end{pmatrix}, \ldots, \mathbf{e}_n = \begin{pmatrix} 0 \\ 0 \\ 0 \\ \vdots \\ 0 \\ 1 \end{pmatrix} \tag{1}$$

を番号順に並べた $\mathcal{E} = \{\mathbf{e}_1, \mathbf{e}_2, \ldots, \mathbf{e}_n\}$ が基底を与えるので $\mathbb{K}^n$ は n 次元 $\mathbb{K}$ 線型空間である．この基底を $\mathbb{K}^n$ の**標準基底** (natural basis, standard basis) という．

基底はベクトルを**並べる順序を区別する**ことに注意しなければならない．たとえば $\mathbb{V}=\mathbb{K}^2$ において

$$\left\{\begin{pmatrix}1\\0\end{pmatrix},\begin{pmatrix}0\\1\end{pmatrix}\right\}\quad\text{と}\quad\left\{\begin{pmatrix}0\\1\end{pmatrix},\begin{pmatrix}1\\0\end{pmatrix}\right\}\text{は別の基底と考える．}$$

その理由は基底を指定し座標系を定めることで納得できる．

定義 0.6 $\mathbb{V}$ を n 次元 $\mathbb{K}$ 線型空間とする．基底 $\mathcal{E}=\{\boldsymbol{e}_1,\boldsymbol{e}_2,\ldots,\boldsymbol{e}_n\}$ をひとつ選び固定する．各ベクトル $\boldsymbol{x}$ を

$$\boldsymbol{x}=x^1\boldsymbol{e}_1+x^2\boldsymbol{e}_2+\cdots+x^n\boldsymbol{e}_n$$

と表示する．この表示を用いて写像 $\varphi_{\mathcal{E}}:\mathbb{V}\to\mathbb{K}^n$ を

$$\varphi_{\mathcal{E}}(\boldsymbol{x})=\begin{pmatrix}x^1\\x^2\\\vdots\\x^n\end{pmatrix}$$

で定めることができる．$\varphi_{\mathcal{E}}(\boldsymbol{x})$ を $\boldsymbol{x}$ の基底 $\mathcal{E}$ に関する**座標**（coordinates）という．写像 $\varphi_{\mathcal{E}}$ を $\mathbb{V}$ の基底 $\mathcal{E}$ に関する**線型座標系**（coordinate system）という．しばしば「座標系」と略称する．また $\mathcal{E}$ に同伴する座標系ともよばれる．

$\varphi_{\mathcal{E}}(\boldsymbol{x})$ は列ベクトルであるが，しばしばスペースの都合で

$$\varphi_{\mathcal{E}}(\boldsymbol{x})=(x^1,x^2,\ldots,x^n)$$

のように横に書く．

基底を別のものに交換すれば，同伴する座標系は変化する．変化の関係（**変換法則**）を書き下そう．2 組の基底

$$\mathcal{E}=\{\boldsymbol{e}_1,\boldsymbol{e}_2,\ldots,\boldsymbol{e}_n\},\quad\tilde{\mathcal{E}}=\{\tilde{\boldsymbol{e}}_1,\tilde{\boldsymbol{e}}_2,\ldots,\tilde{\boldsymbol{e}}_n\}$$

それぞれの座標系を

$$\varphi_{\mathcal{E}}(\boldsymbol{x}) = (x^1, x^2, \ldots, x^n), \quad \varphi_{\tilde{\mathcal{E}}}(\boldsymbol{x}) = (\tilde{x}^1, \tilde{x}^2, \ldots, \tilde{x}^n)$$

とする．各 $\tilde{\boldsymbol{e}}_j$ は $\{\boldsymbol{e}_1, \boldsymbol{e}_2, \ldots, \boldsymbol{e}_n\}$ の線型結合で表せるから

$$\tilde{\boldsymbol{e}}_j = \sum_{i=1}^{n} p_{ij}\, \boldsymbol{e}_i, \quad j = 1, 2, \ldots, n \tag{2}$$

と表示する．この式を**基底の変換法則**とよぶ．基底の変換法則を次のように表すことができる．

$$(\tilde{\boldsymbol{e}}_1, \tilde{\boldsymbol{e}}_2, \ldots, \tilde{\boldsymbol{e}}_n) = (\boldsymbol{e}_1, \boldsymbol{e}_2, \ldots, \boldsymbol{e}_n) \begin{pmatrix} p_{11} & p_{12} & \cdots & p_{1n} \\ p_{21} & p_{22} & \cdots & p_{2n} \\ \vdots & \vdots & \cdots & \vdots \\ p_{n1} & p_{n2} & \cdots & p_{nn} \end{pmatrix}.$$

p_{ij} を (i, j) 成分にもつ行列を P とおき，基底の変換法則を

$$(\tilde{\boldsymbol{e}}_1, \tilde{\boldsymbol{e}}_2, \ldots, \tilde{\boldsymbol{e}}_n) = (\boldsymbol{e}_1, \boldsymbol{e}_2, \ldots, \boldsymbol{e}_n)P$$

と略記する．$P \in \mathrm{GL}_n\mathbb{K}$ であることに注意．P を**基底の取り替え行列**とよぶ．ベクトル

$$\boldsymbol{x} = x^1\boldsymbol{e}_1 + x^2\boldsymbol{e}_2 + \cdots x^n\boldsymbol{e}_n = \tilde{x}^1\tilde{\boldsymbol{e}}_1 + \tilde{x}^2\tilde{\boldsymbol{e}}_2 + \cdots + \tilde{x}^n\tilde{\boldsymbol{e}}_n$$

に対し

$$\boldsymbol{x} = \sum_{j=1}^{n} \tilde{x}^j \tilde{\boldsymbol{e}}_j = \sum_{j=1}^{n} \tilde{x}^j \left(\sum_{i=1}^{n} p_{ij}\boldsymbol{e}_i \right) = \sum_{i=1}^{n} \left(\sum_{j=1}^{n} p_{ij}\tilde{x}^j \right) \boldsymbol{e}_i$$

より

$$x^i = \sum_{j=1}^{n} p_{ij}\tilde{x}^j \tag{3}$$

が得られる．すなわち

$$\begin{pmatrix} x^1 \\ x^2 \\ \vdots \\ x^n \end{pmatrix} = \begin{pmatrix} p_{11} & p_{12} & \cdots & p_{1n} \\ p_{21} & p_{22} & \cdots & p_{2n} \\ \vdots & \vdots & \cdots & \vdots \\ p_{n1} & p_{n2} & \cdots & p_{nn} \end{pmatrix} \begin{pmatrix} \tilde{x}^1 \\ \tilde{x}^2 \\ \vdots \\ \tilde{x}^n \end{pmatrix}$$

が得られた．この関係式を

$$\begin{pmatrix} x^1 \\ x^2 \\ \vdots \\ x^n \end{pmatrix} = P \begin{pmatrix} \tilde{x}^1 \\ \tilde{x}^2 \\ \vdots \\ \tilde{x}^n \end{pmatrix} \tag{4}$$

あるいは

$$\varphi_{\mathcal{E}}(\boldsymbol{x}) = P\varphi_{\bar{\mathcal{E}}}(\boldsymbol{x})$$

と略記する．$\mathcal{E}$ を**旧**基底，$\bar{\mathcal{E}}$ を**新**基底，$\varphi_{\mathcal{E}}(\boldsymbol{x})$ を**旧**座標，$\varphi_{\bar{\mathcal{E}}}(\boldsymbol{x})$ を**新**座標とよぶことにすると

> 新基底 ＝ 旧基底 P　　旧座標 ＝ P 新座標

と表現できる．変換法則 (3) の見栄えを整えるため P の (i,j) 成分を $p_j{}^i$ と書き換えると

$$x^i = \sum_{j=1}^{n} p_j{}^i \tilde{x}^j, \quad \tilde{\boldsymbol{e}}_j = \sum_{i=1}^{n} p_j{}^i \boldsymbol{e}_i \tag{5}$$

となる．

0.3　線型写像

$\mathbb{K}$ 線型空間 $\mathbb{V}_1$, $\mathbb{V}_2$ 間の写像 $f : \mathbb{V}_1 \to \mathbb{V}_2$ が

$$\forall a, b \in \mathbb{K},\ \boldsymbol{x}, \boldsymbol{y} \in \mathbb{V}_1 :\ f(a\boldsymbol{x} + b\boldsymbol{y}) = af(\boldsymbol{x}) + bf(\boldsymbol{y})$$

をみたすとき**線型写像**（linear map）という．$\mathbb{V}_1 = \mathbb{V}_2$ のときは $\mathbb{V}_1$ 上の**線型変換**（linear transformation）ともよぶ．$\mathbb{V}_1$ から $\mathbb{V}_2$ への線型写像の全体を $\mathrm{Hom}_{\mathbb{K}}(\mathbb{V}_1, \mathbb{V}_2)$ で表す．$\mathbb{V}_1 = \mathbb{V}_2$ のとき（番号をつけて区別する必要はないので）$\mathbb{V}_1 = \mathbb{V}$ と書き換えて

$$\mathrm{End}_{\mathbb{K}}(\mathbb{V}) = \mathrm{Hom}_{\mathbb{K}}(\mathbb{V}, \mathbb{V})$$

と表記する*5．文脈から $\mathbb{K}$ が $\mathbb{R}$ か $\mathbb{C}$ であるかが明らかなときは $\mathrm{End}_{\mathbb{K}}(\mathbb{V})$ の $\mathbb{K}$ を略して $\mathrm{End}(\mathbb{V})$ と表記してよい．

線型写像でかつ全単射であるもの，すなわち単射かつ全射である線型写像 $f : \mathbb{V}_1 \to \mathbb{V}_2$ を**線型同型写像**（linear isomorphism）とよぶ．

念のため，線型同型写像の定義をもう一度書いておく．写像 $f : \mathbb{V}_1 \to \mathbb{V}_2$ が線型同型写像であるとは

- f は線型写像，すなわち，各 $a, b \in \mathbb{K}$ と $\boldsymbol{x}, \boldsymbol{y} \in \mathbb{V}_1$ に対し
$$f(a\boldsymbol{x} + b\boldsymbol{y}) = af(\boldsymbol{x}) + bf(\boldsymbol{y})$$
をみたす．
- f は単射，すなわち $f(\boldsymbol{x}_1) = f(\boldsymbol{x}_2)$ ならば $\boldsymbol{x}_1 = \boldsymbol{x}_2$ が成り立つ．
- f は全射，すなわち，どの $\boldsymbol{y} \in \mathbb{V}_2$ についても，必ず $f(\boldsymbol{x}) = \boldsymbol{y}$ となる $\boldsymbol{x} \in \mathbb{V}_1$ が存在する．

命題 0.1 $f : \mathbb{V}_1 \to \mathbb{V}_2$ が線型同型のとき，逆写像 $f^{-1} : \mathbb{V}_2 \to \mathbb{V}_1$ が確定し f^{-1} も線型である．

【証明】 f は全単射なので逆写像 f^{-1} が存在する．f が線型であることを確かめる．まず $f^{-1}(\boldsymbol{x} + \boldsymbol{y})$ を計算する．$\boldsymbol{x}' = f^{-1}(\boldsymbol{x})$, $\boldsymbol{y}' = f^{-1}(\boldsymbol{y})$ とおくと f は線型だから

$$f(\boldsymbol{x}' + \boldsymbol{y}') = f(\boldsymbol{x}') + f(\boldsymbol{y}') = f(f^{-1}(\boldsymbol{x})) + f(f^{-1}(\boldsymbol{y})) = \boldsymbol{x} + \boldsymbol{y}.$$

*5 $f \in \mathrm{End}_{\mathbb{K}}(\mathbb{V})$ は linear endomorphism とよばれる．

この両辺に f^{-1} を施すと

$$f^{-1}(f(\boldsymbol{x}'+\boldsymbol{y}')) = f^{-1}(\boldsymbol{x}+\boldsymbol{y}).$$

この左辺は $f^{-1}(f(\boldsymbol{x}'+\boldsymbol{y}')) = \boldsymbol{x}'+\boldsymbol{y}' = f^{-1}(\boldsymbol{x})+f^{-1}(\boldsymbol{y})$ と計算されるので $f^{-1}(\boldsymbol{x}+\boldsymbol{y}) = f^{-1}(\boldsymbol{x})+f^{-1}(\boldsymbol{y})$ を得る．

次に $a \in \mathbb{K}$ に対し

$$f(a\boldsymbol{x}') = af(\boldsymbol{x}') = af(f^{-1}(\boldsymbol{x})) = a\boldsymbol{x}$$

であるから，両辺に f^{-1} を施すと

$$f^{-1}(f(a\boldsymbol{x}')) = f^{-1}(a\boldsymbol{x}).$$

この左辺は $f^{-1}(f(a\boldsymbol{x}')) = a\boldsymbol{x}' = af^{-1}(\boldsymbol{x})$ より $= f^{-1}(a\boldsymbol{x}) = af^{-1}(\boldsymbol{x})$ を得る．したがって f^{-1} も線型である． ■

線型同型写像 $f:\mathbb{V}_1 \to \mathbb{V}_2$ が存在するとき，$\mathbb{V}_1$ と $\mathbb{V}_2$ は**線型空間として同型**（isomorphic）であるといい $\mathbb{V}_1 \cong \mathbb{V}_2$ と記す．有限次元線型空間 $\mathbb{V}_1$ と $\mathbb{V}_2$ が同型であるための必要十分条件は $\dim \mathbb{V}_1 = \dim \mathbb{V}_2$ である．とくに基底 $\mathcal{E}$ に関する座標系 $\varphi_{\mathcal{E}}:\mathbb{V} \to \mathbb{K}^n$ は線型同型写像である．

註 0.1 (全単射) 同じ次元である有限次元 $\mathbb{K}$ 線型空間の間の線型写像 $f:\mathbb{V}_1 \to \mathbb{V}_2$ に対し f が単射であることと全射であることは同値である．

$\mathbb{V}_1 = \mathbb{V}_2 = \mathbb{V}$ の場合を少し詳しく見ておこう．まず恒等写像 $\mathrm{Id}:\mathbb{V} \to \mathbb{V}$ を思い出す．

$$\forall \boldsymbol{x} \in \mathbb{V}:\ \mathrm{Id}(\boldsymbol{x}) = \boldsymbol{x}.$$

これは線型変換であるので，その事実を強調して $\mathbb{V}$ の**恒等変換**（identity transformation）とよぶ．

また

$$\forall \boldsymbol{x} \in \mathbb{V}:\ 0(\boldsymbol{x}) = \boldsymbol{0}$$

で定まる線型変換 0 を**零変換**とよぶ．$\mathrm{End}_{\mathbb{K}}(\mathbb{V})$ において

$$(T+S)(\boldsymbol{x}) = T(\boldsymbol{x}) + S(\boldsymbol{x}), \quad T, S \in \mathrm{End}_{\mathbb{K}}(\mathbb{V}),$$

$$(cT)(\boldsymbol{x}) = cT(\boldsymbol{x}), \quad T \in \mathrm{End}_{\mathbb{K}}(\mathbb{V}), \quad c \in \mathbb{K}$$

と定めると $\mathrm{End}_{\mathbb{K}}(\mathbb{V})$ は $\mathbb{K}$ 線型空間である．

$\mathbb{K}$ 線型空間 $\mathbb{V}$ から $\mathbb{V}$ 自身への線型同型写像のことを**線型自己同型写像** (linear automorphism) という*6．文脈から線型であることがあきらかなときは単に自己同型写像（automorphism）と略称する．$\mathbb{V}$ の線型自己同型写像の全体 $\mathrm{Aut}_{\mathbb{K}}(\mathbb{V})$ は合成に関し群をなすことを確かめてほしい．$\mathbb{K} = \mathbb{R}$ か $\mathbb{K} = \mathbb{C}$ かが明瞭なときは $\mathrm{Aut}(\mathbb{V})$ とか $\mathrm{GL}(\mathbb{V})$ とも表記する．

例 0.4 行列 $A \in \mathrm{M}_{m,n}\mathbb{K}$ を用いて $f_A : \mathbb{K}^n \to \mathbb{K}^m$ を

$$f_A(\mathbf{x}) = A\mathbf{x}, \quad \mathbf{x} \in \mathbb{K}^n$$

で定めると f_A は線型写像である．$m = n$ のとき f_A はしばしば，A の定める **1 次変換**とよばれる．

基底をとることで線型写像を行列で表すことができる．

定義 0.7 (表現行列) n 次元 $\mathbb{K}$ 線型空間 $\mathbb{V}_1$ と m 次元 $\mathbb{K}$ 線型空間 $\mathbb{V}_2$ において基底 $\mathcal{E} = \{\boldsymbol{e}_1, \boldsymbol{e}_2, \ldots, \boldsymbol{e}_n\}$ と $\mathcal{G} = \{\boldsymbol{g}_1, \boldsymbol{g}_2, \ldots, \boldsymbol{g}_m\}$ をとり，それぞれの座標系を $\varphi_{\mathcal{E}}$，$\varphi_{\mathcal{G}}$ とする．線型写像 $f : \mathbb{V}_1 \to \mathbb{V}_2$ に対し $f(\boldsymbol{e}_j)$ を基底 $\mathcal{G}$ で

$$f(\boldsymbol{e}_j) = \sum_{i=1}^{m} a_j{}^i \boldsymbol{g}_i$$

と表す．係数 $\{a_j{}^i\}$ を並べてできる行列，より正確には $a_j{}^i$ を (i, j) 成分にもつ行列 $A = (a_j{}^i) \in \mathrm{M}_{n,m}\mathbb{K}$ を f の基底 $\mathcal{E}, \mathcal{G}$ に関する**表現行列**とよぶ．

---

*6 **自己線型同型写像**という本もある．

$\boldsymbol{x} = \sum_{j=1}^{n} x^j \boldsymbol{e}_j \in \mathbb{V}_1$ に対し $\boldsymbol{y} = f(\boldsymbol{x}) = \sum_{i=1}^{m} y^i \boldsymbol{g}_i$ とおく．さらに

$$\mathbf{x} = \begin{pmatrix} x^1 \\ x^2 \\ \vdots \\ x^n \end{pmatrix} = \varphi_{\mathcal{E}}(\boldsymbol{x}) \in \mathbb{K}^n, \quad \mathbf{y} = \begin{pmatrix} y^1 \\ y^2 \\ \vdots \\ y^m \end{pmatrix} = \varphi_{\mathcal{G}}(\boldsymbol{y}) \in \mathbb{K}^m$$

とおくと

$$\begin{aligned} f(\boldsymbol{x}) &= f\left(\sum_{j=1}^{n} x^j \boldsymbol{e}_j\right) = \sum_{j=1}^{n} x^j f(\boldsymbol{e}_j) \\ &= \sum_{j=1}^{n} x^j \left(\sum_{i=1}^{m} a_j{}^i \boldsymbol{g}_i\right) = \sum_{i=1}^{m} \left(\sum_{j=1}^{n} a_j{}^i x^j\right) \boldsymbol{g}_i \end{aligned}$$

より

$$\varphi_{\mathcal{G}}(f(\boldsymbol{x})) = \begin{pmatrix} a_1{}^1 x^1 + a_2{}^1 x^2 + \cdots + a_n{}^1 x^n \\ a_1{}^2 x^1 + a_2{}^2 x^2 + \cdots + a_n{}^2 x^n \\ \vdots \\ a_1{}^m x^1 + a_2{}^m x^2 + \cdots + a_n{}^m x^n \end{pmatrix}.$$

これは

$$\begin{pmatrix} y^1 \\ y^2 \\ \vdots \\ y^m \end{pmatrix} = \begin{pmatrix} a_1{}^1 & a_2{}^1 & \dots & a_n{}^1 \\ a_1{}^2 & a_2{}^2 & \dots & a_n{}^2 \\ \vdots & \vdots & \ddots & \vdots \\ a_1{}^m & a_2{}^m & \dots & a_n{}^m \end{pmatrix} \begin{pmatrix} x^1 \\ x^2 \\ \vdots \\ x^n \end{pmatrix}$$

と書き直せる (すなわち $\mathbf{y} = A\mathbf{x}$). 座標系 $\varphi_{\mathcal{E}}$ と $\varphi_{\mathcal{G}}$ を介して線型写像 f は行列 $A = (a_j{}^i)$ で定まる写像

$$\mathbf{x} \longmapsto \mathbf{y} = A\mathbf{x}$$

として扱うことができる．とくに $m = n$ のときは A の定める 1 次変換である．

$\mathbb{V}_1$ と $\mathbb{V}_2$ の基底をそれぞれ $\mathcal{E}=\{\boldsymbol{e}_1,\boldsymbol{e}_2,\ldots,\boldsymbol{e}_n\}$ と $\mathcal{G}=\{\boldsymbol{g}_1,\boldsymbol{g}_2,\ldots,\boldsymbol{g}_m\}$ から $\widetilde{\mathcal{E}}=\{\tilde{\boldsymbol{e}}_1,\tilde{\boldsymbol{e}}_2,\ldots,\tilde{\boldsymbol{e}}_n\}$ と $\widetilde{\mathcal{G}}=\{\tilde{\boldsymbol{g}}_1,\tilde{\boldsymbol{g}}_2,\ldots,\tilde{\boldsymbol{g}}_m\}$ に変更しよう．同伴する座標を

$$\varphi_{\widetilde{\mathcal{E}}}(\boldsymbol{x})=(\tilde{x}^1,\tilde{x}^2,\ldots,\tilde{x}^n),\quad \varphi_{\widetilde{\mathcal{G}}}(\boldsymbol{y})=(\tilde{y}^1,\tilde{y}^2,\ldots,\tilde{y}^m)$$

とする．新しい基底の組 $(\widetilde{\mathcal{E}},\widetilde{\mathcal{G}})$ に関する f の表現行列 $\tilde{A}=(\tilde{a}_j{}^i)$ を求めよう．基底の取り替え行列 P と Q は

$$(\tilde{\boldsymbol{e}}_1,\tilde{\boldsymbol{e}}_2,\ldots,\tilde{\boldsymbol{e}}_n)=(\boldsymbol{e}_1,\boldsymbol{e}_2,\ldots,\boldsymbol{e}_n)P,\,(\tilde{\boldsymbol{g}}_1,\tilde{\boldsymbol{g}}_2,\ldots,\tilde{\boldsymbol{g}}_m)=(\boldsymbol{g}_1,\boldsymbol{g}_2,\ldots,\boldsymbol{g}_m)Q$$

で定まるから，

$$\begin{aligned}f(\tilde{\boldsymbol{e}}_k)=&\sum_{i=1}^{m}\tilde{a}_k{}^i\tilde{\boldsymbol{g}}_i=\sum_{i=1}^{m}\left(\sum_{j=1}^{m}q_i{}^j\boldsymbol{g}_j\right)=\sum_{j=1}^{n}\left(\sum_{i=1}^{m}q_i{}^j\tilde{a}_k{}^i\right)\tilde{\boldsymbol{g}}_j\\=&\sum_{j=1}^{m}(Q\tilde{A})_k{}^j\,\bar{\boldsymbol{g}}_j.\end{aligned}$$

一方，

$$\begin{aligned}f(\tilde{\boldsymbol{e}}_k)=&f\left(\sum_{i=1}^{n}p_k{}^i\boldsymbol{e}_i\right)=\sum_{i=1}^{n}p_k{}^i f(\boldsymbol{e}_i)=\sum_{i=1}^{n}p_k{}^i\left(\sum_{j=1}^{m}a_i{}^j\boldsymbol{g}_j\right)\\=&\sum_{j=1}^{m}\left(\sum_{i=1}^{n}a_i{}^jp_k{}^i\right)\boldsymbol{g}_i=\sum_{j=1}^{m}(PA)_k{}^j\boldsymbol{g}_j\end{aligned}$$

であるから両者の $\boldsymbol{g}_j$ 係数を見比べて $Q\tilde{A}=AP$ を得る．すなわち

$$\tilde{A}=Q^{-1}AP.$$

とくに $\mathbb{V}_1=\mathbb{V}_2$ のとき，次の命題が導かれる．

命題 0.2 n 次元 $\mathbb{K}$ 線型空間 $\mathbb{V}$ 上の線型変換 f に対し，基底 $\mathcal{E} = \{\boldsymbol{e}_1, \boldsymbol{e}_2, \ldots, \boldsymbol{e}_n\}$ に関する表現行列 $A = (a_j{}^i)$ と，基底 $\widetilde{\mathcal{E}} = \{\tilde{\boldsymbol{e}}_1, \tilde{\boldsymbol{e}}_2, \ldots, \tilde{\boldsymbol{e}}_n\}$ に関する表現行列 $\tilde{A}$ は基底の取り替え行列 P により変換法則

$$\tilde{A} = P^{-1}AP, \quad (\tilde{\boldsymbol{e}}_1, \tilde{\boldsymbol{e}}_2, \ldots, \tilde{\boldsymbol{e}}_n) = (\boldsymbol{e}_1, \boldsymbol{e}_2, \ldots, \boldsymbol{e}_n)P$$

で結びついている．

問題 0.2 表現行列の変換法則 $\tilde{A} = Q^{-1}AP$ を座標変換法則 (4) を用いて確かめよ．

さてここで行列式と固有和の性質を思い出してほしい．正方行列 $A = (a_j{}^i) \in \mathrm{M}_n\mathbb{K}$ の**固有和** (trace) とは対角成分の和

$$\mathrm{tr}\, A = \sum_{i=1}^{n} a_i{}^i$$

で定められるスカラーである．

補題 0.1 $A \in \mathrm{M}_n\mathbb{K}$，$P \in \mathrm{GL}_n\mathbb{K}$ に対し，次が成り立つ．

$$\det(P^{-1}AP) = \det A, \quad \mathrm{tr}(P^{-1}AP) = \mathrm{tr}\, A.$$

定義 0.8 n 次元 $\mathbb{K}$ 線型空間 $\mathbb{V}$ において基底 $\mathcal{E} = \{\boldsymbol{e}_1, \boldsymbol{e}_2, \ldots, \boldsymbol{e}_n\}$ をとる．線型変換 $f : \mathbb{V} \to \mathbb{V}$ の $\mathcal{E}$ に関する表現行列 A の固有和 $\mathrm{tr}\, A$ と行列式 $\det A$ は基底の選び方に依らない共通の値である．すなわちどの基底を使っても固有和と行列式について同じ計算結果が得られる．そこで $\mathrm{tr}\, f = \mathrm{tr}\, A$，$\det f = \det A$ と定め，それぞれを f の**固有和** (trace)，f の**行列式** (determinant) という．

0.4 群作用

同値関係と商集合

最初に同値関係と商集合について復習しておこう．

定義 0.9 空でない集合 X において，任意の 2 元 x，y に対し $x \sim y$ が成立するか否か，いずれか一方の場合しかないとき $\sim$ を X 上の**関係** (relation) という．とくに

(1)（**反射律**） $x \sim y$,
(2)（**対称律**） $x \sim y \Longrightarrow y \sim x$,
(3)（**推移律**） $x \sim y \ \& \ y \sim z \Longrightarrow x \sim z$

をみたすとき $\sim$ を X 上の**同値関係** (equivalence relation) という．X に同値関係 $\sim$ が与えられたとき，元 $x \in X$ に対し

$$[x] := \{y \in X \mid y \sim x\}$$

と定め，x の**同値類** (equivalence class) とよぶ．同値類を全て集めて得られる集合を $X/\sim$ と表記し X の $\sim$ による**商集合** (quotient set) とよぶ．X から商集合 $X/\sim$ を作ることを X を $\sim$ で**類別する**という．

例 0.5 (剰余類集合) 群 G とその部分群 H が与えられたとき

$$a \sim b \Longleftrightarrow a^{-1}b \in H$$

と定めると同値関係である．実際，$a^{-1}a = \mathsf{e} \in H$ より反射律が成り立つ．$a \sim b$ を仮定すると $a^{-1}b = h \in H$ とおける．すると $b^{-1}a = h^{-1} \in H$ だから対称律も成り立つ．$a \sim b$ かつ $b \sim c$ ならば $h = a^{-1}b \in H$ と $k = b^{-1}c \in H$ に対し $a^{-1}c = (hb^{-1})(bk) = h(b^{-1}b)k = hk \in H$ より推移律が成り立つ．$a \in G$ の同値類は

$$[a] = \{b \in G \mid a^{-1}b \in H\} = \{b \in G \mid b \in aH\} = aH$$

である．したがって $G/\!\sim\, = G/H$ であることがわかる．

同様に同値関係 $\sim$ を

$$a \sim b \Longleftrightarrow ba^{-1} \in H$$

で定めると商集合は $H\backslash G$ である．

例 0.6 (偶奇) 加法群 $(\mathbb{Z}, +)$ を考える．部分群として $2\mathbb{Z} = \{2n \mid n \in \mathbb{Z}\}$ を選ぶと $m, n \in \mathbb{Z}$ に対し $m \sim n \iff (-m) + n \in 2\mathbb{Z}$ であるから

$$m \sim n \iff m \text{ を } 2 \text{ で割ったあまりと } n \text{ を } 2 \text{ で割ったあまりが等しい}$$

だから，商集合 $\mathbb{Z}_2 = \mathbb{Z}/2\mathbb{Z}$ は

$$\mathbb{Z}_2 = \mathbb{Z}/2\mathbb{Z} = \{[0], [1]\}, \quad [0] = 2\mathbb{Z}, \quad [1] = 2\mathbb{Z} + 1$$

である．ここで $2\mathbb{Z} + 1 = \{2n + 1 \mid n \in \mathbb{Z}\}$. つまり $\mathbb{Z}$ を偶数と奇数に類別したのである．

作用

正方行列 $A \in \mathrm{M}_n\mathbb{K}$ による 1 次変換 $f_A : \mathbb{K}^n \to \mathbb{K}^n$ のもつ性質を抽出しておこう．

$$f : \mathrm{M}_n\mathbb{K} \times \mathbb{K}^n \to \mathbb{K}^n; \quad (A, \mathbf{x}) \longmapsto f_A(\mathbf{x})$$

という写像 f を考えると

$$f_{AB}(\mathbf{x}) = f_A(f_B(\mathbf{x})), \quad f_{E_n}(\mathbf{x}) = \mathbf{x}$$

という性質がある．この性質を抽象化して次の定義を与える．

定義 0.10 G を群，X を空でない集合とする．写像 $\rho : G \times X \to X$ が定められていて

(1) $\forall g_1, g_2 \in G, \forall x \in X : \ \rho(g_1 g_2, x) = \rho(g_1, \rho(g_2, x))$.
(2) G の単位元 e に対し $\rho(\mathsf{e}, x) = x$ がすべての $x \in X$ に対し成り立つ．

この 2 条件がみたされるとき ρ を G の X 上の**左作用** (left action) という．

$G = \mathrm{GL}_n\mathbb{K}$, $X = \mathbb{K}^n$ とし $\rho(A, \mathbf{x}) = f_A(\mathbf{x}) = A\mathbf{x}$ と定めれば ρ は $\mathrm{GL}_n\mathbb{K}$ の $\mathbb{K}^n$ 上の左作用である.

定義 0.11 G を群, X を空でない集合とする. 写像 $\rho : X \times G \to X$ が定められていて

(1) $\forall g_1, g_2 \in G$, $\forall x \in X$: $\rho(x, g_1 g_2) = \rho(\rho(g_1, x), g_2)$.
(2) G の単位元 e に対し $\rho(x, \mathsf{e}) = x$ がすべての $x \in X$ に対し成り立つ.

この 2 条件がみたされるとき ρ を G の X 上の**右作用** (right action) という.

群作用に関し, いくつかの基本用語を挙げておく. 右作用の場合を紹介しておくが, 左作用についても同様に定められる (ので実行してみよう).

右作用 $\rho : X \times G \to X$ が与えられたとき, 1 点 $x_0 \in X$ の**軌道** (orbit) $\mathcal{O}_{x_0}$ とは

$$\mathcal{O}_{x_0} = \{\rho(x_0, g) \mid g \in G\}$$

のことである.

定義 0.12 右作用 $\rho : X \times G \to X$ が**推移的** (transitive) であるとは任意の 2 点 x, $y \in X$ に対し $\rho(x, g) = y$ となる $g \in G$ が存在すること, すなわち

$$\forall x, y \in X : \exists g \in G;\ \rho(x, g) = y$$

をみたすことである.

右作用 ρ が推移的であれば, 任意の点 $x_0 \in X$ に対し $X = \mathcal{O}_{x_0}$ が成り立つ.

定理 0.1 右作用 $\rho : X \times G \to X$ が推移的であるとき次が成り立つ.

(1) 任意の点 $x_0 \in X$ に対し

$$H_{x_0} = \{h \in G \mid \rho(x_0, h) = x_0\}$$

は G の部分群である．この部分群を x_0 における**固定群**（stabilizer）とよぶ．

(2) 各 $g \in G$ に対し g の右剰余類集合 $H_{x_0}\backslash G$ と X の間に全単射対応が存在する．

【証明】 (1) H_{x_0} の任意の 2 元 h_1 と h_2 に対し

$$\rho(x_0, h_1h_2) = \rho(\rho(x_0, h_1), h_2) = \rho(x_0, h_2) = x_0$$

より $h_1h_2 \in H_{x_0}$. 次に

$$x_0 = \rho(x_0, \mathsf{e}) = \rho(x_0, hh^{-1}) = \rho(\rho(x_0, h), h^{-1}) = \rho(x_0, h^{-1})$$

より $h^{-1} \in H_{x_0}$.

(2) $\widetilde{\Phi} : G \to X$ を

$$\widetilde{\Phi}(g) = \rho(x_0, g)$$

で定めると，ρ が推移的であることから $\widetilde{\Phi}$ は全射である．$h \in H_{x_0}$ に対し

$$\widetilde{\Phi}(hg) = \rho(x_0, hg) = \rho(\rho(x_0, h), g) = \rho(x_0, g) = \widetilde{\Phi}(g)$$

が成り立つから $\Phi : H\backslash G \to X$ を $\Phi(H_{x_0}g) = \widetilde{\Phi}(g) = \rho(x_0, g)$ で定めることができる（well-defined）．これは全単射である． ■

定義 0.13 空でない集合 X に群 G が右から作用しているとする．このとき

$$x \sim y \Longleftrightarrow \exists g \in G; \rho(x, g) = y$$

と定めると $\sim$ は X 上の同値関係である．$[x] = \mathcal{O}_x$ である．商集合 $X/\sim$ は X の G の作用の下での**軌道空間** (orbit space) とよばれ $G\backslash X$ と表記される．

群作用の観点で基底を捉えなすことにしよう．

n 次元 $\mathbb{K}$ 線型空間 $\mathbb{V}$ の基底をすべて集めた集合を $\mathcal{F}(\mathbb{V})$ で表すことにしよう．$\mathcal{F}(\mathbb{V})$ には $\mathrm{GL}_n\mathbb{K}$ が右から作用する．実際，$\mathcal{H} = \{\boldsymbol{h}_1, \boldsymbol{h}_2, \ldots, \boldsymbol{h}_n\} \in \mathcal{F}(\mathbb{V})$ と $P \in \mathrm{GL}_n\mathbb{K}$ に対し基底の変換

$$\rho(\mathcal{H}, P) = \mathcal{H}P = \{\tilde{\boldsymbol{h}}_1, \tilde{\boldsymbol{h}}_2, \ldots, \tilde{\boldsymbol{h}}_n\},\ \tilde{\boldsymbol{h}}_j = \sum_{i=1}^{n} p_j{}^i \boldsymbol{h}_i$$

が右作用を定めている．$\mathbb{V} = \mathbb{K}^n$ の場合，基底 $\mathcal{H} = \{\mathbf{h}_1, \mathbf{h}_2, \ldots, \mathbf{h}_n\}$ を行列

$$H = (\mathbf{h}_1\ \ \mathbf{h}_2\ \ \ldots\ \ \mathbf{h}_n)$$

と考えてしまうことができる．もちろん $H \in \mathrm{GL}_n\mathbb{K}$ である．すると $\mathcal{F}(\mathbb{K}^n)$ 上の $\mathrm{GL}_n\mathbb{K}$ の右作用は単に「右から正則行列をかけること」

$$\rho(H, P) = HP$$

である．一方で $\mathrm{Aut}(\mathbb{K}^n)$ は

$$\mathrm{Aut}(\mathbb{K}^n) = \{f_A \mid A \in \mathrm{GL}_n\mathbb{K}\}$$

と表されるから

$$\mathrm{Aut}(\mathbb{K}^n) = \mathrm{GL}_n\mathbb{K}$$

と考えても差し支えない．

一般の n 次元 $\mathbb{K}$ 線型空間 $\mathbb{V}$ において基底 $\mathcal{E}$ を 1 つ選んで固定すれば線型座標系 $\varphi_{\mathcal{E}}$ を介して $\mathrm{Aut}(\mathbb{V})$ と $\mathrm{GL}_n\mathbb{K}$ を同一視できる．それゆえ $\mathrm{Aut}(\mathbb{V})$ を $\mathrm{GL}(\mathbb{V})$ と表記してもよいだろう．

ところで $\mathbb{V}$ には $\mathrm{GL}(\mathbb{V})$ が左から作用する：

$$\mathrm{GL}(\mathbb{V}) \times \mathbb{V} \ni (f, \boldsymbol{x}) \longmapsto f(\boldsymbol{x}).$$

さらに $\mathbb{V}$ も $\mathbb{V}$ 自身に平行移動として作用する：

$$\mathrm{T} : \mathbb{V} \times \mathbb{V} \to \mathbb{V};\quad (\boldsymbol{b}, \boldsymbol{x}) \longmapsto T(\boldsymbol{b}, \boldsymbol{x}) = T_{\boldsymbol{b}}(\boldsymbol{x}) = \boldsymbol{x} + \boldsymbol{b}$$

両者を統合することができる．

$$\boldsymbol{x} \longmapsto f(\boldsymbol{x})+\boldsymbol{b}, \quad f \in \mathrm{GL}(\mathbb{V}),\ \boldsymbol{b} \in \mathbb{V}.$$

この形の変換を $\mathbb{V}$ 上の**アフィン変換** (affine transformation) といい，その全体を $\mathrm{GA}(\mathbb{V})$ で表す．$\mathrm{GA}(\mathbb{V})$ は合成に関し群をなす．

積集合 $\mathrm{GL}(\mathbb{V}) \times \mathbb{V}$ に

$$(f_1, \boldsymbol{b}_1)(f_2, \boldsymbol{b}_2)=(f_1 \circ f_2, \boldsymbol{b}_1+f_1(\boldsymbol{b}_2))$$

で演算を定めると $\mathrm{GL}(\mathbb{V}) \times \mathbb{V}$ は $\mathrm{GA}(\mathbb{V})$ と同型な群になる．この群を $\mathrm{GL}(\mathbb{V}) \ltimes \mathbb{V}$ と表記する．$\mathrm{GA}(\mathbb{V}) \cong \mathrm{GL}(\mathbb{V}) \ltimes \mathbb{V}$ を $\mathbb{V}$ の**アフィン変換群** (general affine group) とよぶ．とくに $\mathbb{V}=\mathbb{K}^n$ のときは $\mathrm{GA}(\mathbb{K}^n) \cong \mathrm{GL}(\mathbb{K}^n) \ltimes \mathbb{K}^n$ を $\mathrm{GA}(n;\mathbb{K})=\mathrm{GL}_n\mathbb{K} \ltimes \mathbb{K}^n$ と略記する．$\mathrm{GA}(n;\mathbb{R})$ はしばしば $\mathrm{GA}(n)$ と略記される．

例 0.7 (シュティーフェル多様体) $\mathbb{K}^n$ 内の k 本の線型独立なベクトルの組（並べる順序を区別する）$\{\mathbf{v}_1, \mathbf{v}_2, \ldots, \mathbf{v}_k\}$ のことを $\mathbb{K}^n$ の k-**標構** (k-frame) とよび，その全体を $\mathrm{Stief}^*_k(\mathbb{K}^n)$ で表す．これは**シュティーフェル多様体** (Stiefel manifold) とよばれる．$k=n$ ならば n-標構とは基底に他ならない．すなわち $\mathrm{Stief}^*_n(\mathbb{K}^n)=\mathcal{F}(\mathbb{K}^n)$ であることに注意．

$$\mathrm{Stief}^*_k(\mathbb{K}^n)=\{\{\mathbf{a}_1, \mathbf{a}_2, \ldots, \mathbf{a}_k\} \mid \mathrm{rank}\{\mathbf{a}_1, \mathbf{a}_2, \ldots, \mathbf{a}_k\}=k\}.$$

$\mathrm{Stief}^*_k(\mathbb{K}^n)$ には $\mathrm{GL}_k\mathbb{K}$ が**右から**作用する．実際，$\rho : \mathrm{Stief}^*_k(\mathbb{K}^n) \times \mathrm{GL}_k\mathbb{K} \to \mathrm{Stief}^*_k(\mathbb{K}^n)$ を

$$\begin{aligned}\rho(\{\{\mathbf{a}_1, \mathbf{a}_2, \ldots, \mathbf{a}_k\}, P) &= \{\mathbf{a}_1, \mathbf{a}_2, \ldots, \mathbf{a}_k\}P=\{\tilde{\mathbf{a}}_1, \tilde{\mathbf{a}}_2, \ldots, \tilde{\mathbf{a}}_k\}, \\ \{\tilde{\mathbf{a}}_1, \tilde{\mathbf{a}}_2, \ldots, \tilde{\mathbf{a}}_k\} &= \left\{\sum_{i=1}^{k} p_1{}^i\mathbf{a}_i, \sum_{i=1}^{k} p_2{}^i\mathbf{a}_i, \ldots, \sum_{i=1}^{k} p_k{}^i\mathbf{a}_i\right\}\end{aligned}$$

で定めればよい．この作用は推移的である．

$\mathbf{a}_1, \mathbf{a}_2, \ldots, \mathbf{a}_k$ を並べて行列

$$(\mathbf{a}_1 \ \mathbf{a}_2 \ \ldots \ \mathbf{a}_k) \in \mathrm{M}_{n,k}\mathbb{K}$$

を作る．これと k-標構 $\{\mathbf{a}_1, \mathbf{a}_2, \ldots, \mathbf{a}_k\}$ を同じものと考えてしまえば

$$\mathrm{Stief}_k^*(\mathbb{K}^n) = \{A \in \mathrm{M}_{n,k}\mathbb{K} \mid \mathrm{rank}(A) = k\}$$

と表示できる．$k = n$ のときは $\mathcal{F}(\mathbb{K}^n) = \mathrm{GL}_n\mathbb{K}$ と思うことができる．$\mathrm{GL}_k\mathbb{K}$ の右作用は単に $\mathrm{GL}_k\mathbb{K}$ を右から $\mathrm{Stief}_k^*(\mathbb{K}^n)$ の元にかけるだけのことである．

ρ は推移的だから $\mathbb{V} = \mathbb{K}^n$ なら $\mathcal{F}(\mathbb{K}^n)$ は標準基底 $\mathcal{E} = \{\mathbf{e}_1, \mathbf{e}_2, \ldots, \mathbf{e}_n\}$ の軌道である．標準基底を単位行列 E_n と思うことにすれば

$$\mathcal{F}(\mathbb{K}^n) = \{E_n A \mid A \in \mathrm{GL}_n\mathbb{K}\} = \mathrm{GL}_n\mathbb{K}$$

である．一般の n 次元 $\mathbb{K}$ 線型空間 $\mathbb{V}$ の場合でも $\mathrm{GL}_n\mathbb{K}$ の $\mathcal{F}(\mathbb{V})$ 上の右作用 ρ は推移的であるから，なにか 1 つ基底 $\mathcal{E} = \{\boldsymbol{e}_1, \boldsymbol{e}_2, \ldots, \boldsymbol{e}_n\}$ を選べば $\mathcal{F}(\mathbb{V}) = \mathcal{O}_{\mathcal{E}}$ である．基底 $\mathcal{E}$ を介して $\mathbb{V}$ を $\mathbb{K}^n$ と同一視すれば，それに伴い $\mathcal{F}(\mathbb{V}) = \mathrm{GL}_n\mathbb{K}$ と同一視される．

0.5 線型部分空間

$\mathbb{K}$ 線型空間 $\mathbb{V}$ の空でない部分集合 $\mathbb{W} \subset \mathbb{V}$ が条件

$$\boldsymbol{x}, \boldsymbol{y} \in \mathbb{W}, \quad a, b \in \mathbb{K} \Longrightarrow a\boldsymbol{x} + b\boldsymbol{y} \in \mathbb{W}$$

をみたすとき $\mathbb{V}$ の**線型部分空間**（linear subspace）であるという．線型空間を「ベクトル空間」とよぶ流儀では，$\mathbb{W}$ を $\mathbb{V}$ をベクトル空間 $\mathbb{V}$ の**部分ベクトル空間**（vector subspace）とよぶ．どちらの流儀でも「線型部分空間」あるいは「部分ベクトル空間」以外に部分空間とよばれる対象を同時に扱わ

ないときは**部分空間**と略称する[*7]．線型部分空間 $\mathbb{W}$ は $\mathbb{V}$ の加法とスカラー倍に関して $\mathbb{K}$ 線型空間になる．$\mathbb{V}$ の加法にだけ着目すれば，線型部分空間 $(\mathbb{W},+)$ は $(\mathbb{V},+)$ の部分群である．

註 0.2 (紛らわしいこと) $\mathbb{K}=\mathbb{C}$ のとき，単に線型部分空間といえば

$$\boldsymbol{x},\boldsymbol{y}\in\mathbb{W},\quad a,b\in\mathbb{C}\Longrightarrow a\boldsymbol{x}+b\boldsymbol{y}\in\mathbb{W}$$

をみたすものをいう．条件

$$\boldsymbol{x},\boldsymbol{y}\in\mathbb{W},\quad a,b\in\mathbb{R}\Longrightarrow a\boldsymbol{x}+b\boldsymbol{y}\in\mathbb{W}$$

をみたす $\mathbb{W}$ は**複素**線型空間 $\mathbb{V}$ の**実**線型部分空間であるという．

零でないベクトル $\boldsymbol{a}\in\mathbb{V}$ に対し

$$\mathbb{K}\boldsymbol{a}=\{t\boldsymbol{a}\,|\,t\in\mathbb{K}\}$$

とおくと $\mathbb{V}$ の 1 次元線型部分空間である．この線型部分空間を $\boldsymbol{a}$ の定める**方向** (direction) という．

例 0.8 $\mathbb{K}$ 線型空間 $\mathbb{V}_1$ から $\mathbb{V}_2$ への $\mathbb{K}$ 線型写像 $f:\mathbb{V}_1\to\mathbb{V}_2$ に対し

$$\mathrm{Ker}\,f=\{\boldsymbol{v}\in\mathbb{V}_1\mid f(\boldsymbol{v})=\boldsymbol{0}\},\quad f(\mathbb{V}_1)=\{f(\boldsymbol{v})\mid\boldsymbol{v}\in\mathbb{V}_1\}$$

はそれぞれ $\mathbb{V}_1,\mathbb{V}_2$ の線型部分空間である．$\mathrm{Ker}f$ を f の**核** (kernel)，$f(\mathbb{V}_1)$ を f の**像** (image) とよぶ．

$\mathbb{W}_1,\mathbb{W}_2\subset\mathbb{V}$ がともに線型部分空間ならば $\mathbb{W}_1\cap\mathbb{W}_2$ もそうである（確かめよ）．さらに

$$\{\boldsymbol{w}_1+\boldsymbol{w}_2\mid\boldsymbol{w}_1\in\mathbb{W}_1,\ \boldsymbol{w}_2\in\mathbb{W}_2\}$$

も $\mathbb{V}$ の線型部分空間であることが確かめられる．この線型部分空間を $\mathbb{W}_1$ と $\mathbb{W}_2$ の**和空間**とよび $\mathbb{W}_1+\mathbb{W}_2$ で表す．次の次元公式は基本的な事実で頻繁に用いられる[*8]．

[*7] たとえば線型代数の授業．

[*8] 証明は割愛する．[36, 定理 4.7]，[53, 定理 12.6]，[63, 定理 2.16] 等を参照．

定理 0.2 (次元公式) 有限次元 $\mathbb{K}$ 線型空間 $\mathbb{V}$ の 2 つの $\mathbb{K}$ 線型部分空間 $\mathbb{W}_1$, $\mathbb{W}_2$ に対し

$$\dim \mathbb{W}_1 + \dim \mathbb{W}_2 = \dim(\mathbb{W}_1 + \mathbb{W}_2) + \dim(\mathbb{W}_1 \cap \mathbb{W}_2)$$

が成立する.

註 0.3 空でない部分**集合** $\mathsf{S} \subset \mathbb{V}$ に対し

$$\left\{ \sum_{i=1}^{k} c_i \boldsymbol{x}_i \;\middle|\; c_1, c_2, \ldots, c_k \in \mathbb{K}, \boldsymbol{x}_1, \boldsymbol{x}_2, \ldots, \boldsymbol{x}_k \in \mathsf{S} \right\}$$

は $\mathbb{V}$ の線型部分空間を定める. これを S の**生成する線型部分空間**とか S の**張る**線型部分空間とよぶ. 和空間 $\mathbb{W}_1 + \mathbb{W}_2$ は $\mathbb{W}_1 \cup \mathbb{W}_2$ の生成する線型部分空間である. とくに有限個のベクトルの組 $\mathsf{S} = \{\boldsymbol{w}_1, \boldsymbol{w}_2, \cdots, \boldsymbol{w}_k\}$ の生成する線型部分空間を,

$$\mathrm{span}_{\mathbb{K}}\{\boldsymbol{w}_1, \boldsymbol{w}_2, \cdots, \boldsymbol{w}_k\}$$

と表記する. 誤解の恐れがなければ $\mathrm{span}\{\boldsymbol{w}_1, \boldsymbol{w}_2, \cdots, \boldsymbol{w}_k\}$ と略記してもよい. この本では

【$\boldsymbol{w}_1, \boldsymbol{w}_2, \cdots, \boldsymbol{w}_k$】

という略記法も用いる[*9].

和空間 $\mathbb{W}_1 + \mathbb{W}_2$ において $\mathbb{W}_1 \cap \mathbb{W}_2 = \{\boldsymbol{0}\}$ であるとき $\mathbb{W}_1 + \mathbb{W}_2$ は $\mathbb{W}_1$ と $\mathbb{W}_2$ の**直和** (direct sum) であるといい $\mathbb{W}_1 \dot{+} \mathbb{W}_2$ で表す.

例 0.9 ($\mathbb{K}^2$) $\mathbb{V} = \mathbb{K}^2$, すなわち

$$\mathbb{K}^2 = \left\{ \begin{pmatrix} u^1 \\ u^2 \end{pmatrix} \;\middle|\; u^1, u^2 \in \mathbb{K} \right\}$$

[*9] 代数学の知識がある読者は群論における表記法をまねて $\langle \boldsymbol{w}_1, \boldsymbol{w}_2, \cdots, \boldsymbol{w}_k \rangle$ という表記をしたいのではないだろうか. 実は著者もそうしたかった. $k = 2$ のとき, この記法は内積 (スカラー積) と紛らわしくなってしまう. そこで苦肉の策で, この記法を (この本の中で) 使うことにした.

に対し

$$\mathbb{W}_1 = \left\{ \begin{pmatrix} u^1 \\ 0 \end{pmatrix} \middle| u^1 \in \mathbb{K} \right\}, \quad \mathbb{W}_2 = \left\{ \begin{pmatrix} 0 \\ u^2 \end{pmatrix} \middle| u^2 \in \mathbb{K} \right\}$$

とおくと，これらは線型部分空間であり $\mathbb{V} = \mathbb{W}_1 \dot{+} \mathbb{W}_2$ である．

和空間は 3 つ以上の線型部分空間についても考えられる．

$$\begin{aligned} &\mathbb{W}_1 + \mathbb{W}_2 + \cdots + \mathbb{W}_k \\ &= \{\boldsymbol{w}_1 + \boldsymbol{w}_2 + \cdots + \boldsymbol{w}_k \mid \boldsymbol{w}_1 \in \mathbb{W}_1, \boldsymbol{w}_2 \in \mathbb{W}_2, \ldots, \boldsymbol{w}_k \in \mathbb{W}_k\} \end{aligned}$$

に対し

$$\mathbb{W}_i \cap (\mathbb{W}_1 + \mathbb{W}_2 + \cdots + \mathbb{W}_{i-1} + \mathbb{W}_{i+1} + \cdots + \mathbb{W}_k) = \{\mathbf{0}\}$$

がすべての $i = 1, 2, \ldots, k$ について成り立つとき $\mathbb{W}_1 + \mathbb{W}_2 + \cdots + \mathbb{W}_k$ は**直和**であるといい $\mathbb{W}_1 \dot{+} \mathbb{W}_2 \dot{+} \cdots \dot{+} \mathbb{W}_k$ と表記する．

とくに $\mathbb{V} = \mathbb{W}_1 \dot{+} \mathbb{W}_2 \dot{+} \cdots \dot{+} \mathbb{W}_k$ であるとき $\mathbb{V}$ は $\mathbb{W}_1$, $\mathbb{W}_2, \ldots, \mathbb{W}_k$ の直和に分解されるという．$\mathbb{V} = \mathbb{W}_1 \dot{+} \mathbb{W}_2 \dot{+} \cdots \dot{+} \mathbb{W}_k$ と分解されているとき $\mathbb{V}$ の各要素 $\boldsymbol{v}$ を

$$\boldsymbol{v} = \boldsymbol{v}_1 + \boldsymbol{v}_2 + \cdots + \boldsymbol{v}_k, \quad \boldsymbol{v}_i \in \mathbb{W}_i \ (i = 1, 2, \ldots, k)$$

と表すことができる．これを $\boldsymbol{v}$ の $\mathbb{V} = \mathbb{W}_1 \dot{+} \mathbb{W}_2 \dot{+} \cdots \dot{+} \mathbb{W}_k$ に沿う**分解**という．

線型空間の分解を線型変換の観点から再考する．線型変換 $\mathrm{P} \in \mathrm{End}_{\mathbb{K}}(\mathbb{V})$ が $\mathrm{P} \circ \mathrm{P} = \mathrm{P}$ をみたすとき，**射影子** (projection) とよぶ．次の補題を引用しておこう ([37, p. 137])．

補題 0.2 線型変換 $\mathrm{P} \in \mathrm{End}_{\mathbb{K}}(\mathbb{V})$ が射影子であるための必要十分条件は P の $\mathrm{P}(\mathbb{V})$ への制限が $\mathrm{P}(\mathbb{V})$ の恒等変換と一致し，$\mathbb{V} = \mathrm{Ker}\,\mathrm{P} \oplus \mathrm{P}(\mathbb{V})$ と直和分解できることである．

射影子 P が与えられたとき $\mathbb{W} = \mathrm{P}(\mathbb{V})$，$\mathbb{W}' = \mathrm{Ker}\,\mathrm{P}$ とおくと $\mathbb{V} = \mathbb{W} \oplus \mathbb{W}'$ であり

$$\boldsymbol{w} \in \mathbb{W} \Longrightarrow \mathrm{P}(\boldsymbol{w}) = \boldsymbol{w}, \quad \boldsymbol{v} \in \mathbb{W}' \Longrightarrow \mathrm{P}(\boldsymbol{v}) = \mathbf{0} \tag{6}$$

をみたす．逆に直和分解 $\mathbb{V} = \mathbb{W} \oplus \mathbb{W}'$ が与えられたとき，式 (6) で $\mathrm{P} \in \mathrm{End}_{\mathbb{K}}(\mathbb{V})$ を定めれば P は射影子である．したがって射影子 P と直和分解を与える線型部分空間の組 $(\mathbb{W}, \mathbb{W}')$ が 1 対 1 に対応する．そこで P を $\mathbb{W}'$ に沿う $\mathbb{W}$ への射影子とよび $\mathrm{P}_{\mathbb{W}}$ と表記する[*10]．

命題 0.3 $\mathrm{P} \in \mathrm{End}(\mathbb{V})$ が射影子ならば $\mathrm{Q} = \mathrm{Id} - \mathrm{P}$ も射影子であり

$$\mathrm{Q} \circ \mathrm{P} = \mathrm{P} \circ \mathrm{Q} = O, \quad \mathrm{P}(\mathbb{V}) = \mathrm{Ker}\,\mathrm{Q}, \quad \mathrm{Q}(\mathbb{V}) = \mathrm{Ker}\,\mathrm{P}$$

が成り立つ．

【証明】 O は零写像を表す．Q は $\mathrm{Q}(\boldsymbol{x}) = \boldsymbol{x} - \mathrm{P}(\boldsymbol{x})$ で定義される．このとき

$$(\mathrm{Q} \circ \mathrm{P})(\boldsymbol{x}) = \mathrm{Q}(\mathrm{P}(\boldsymbol{x})) = \mathrm{P}(\boldsymbol{x}) - \mathrm{P}(v(\boldsymbol{x})) = \mathrm{P}(\boldsymbol{x}) - \boldsymbol{x} = \mathbf{0}.$$

同様に $\mathrm{P} \circ \mathrm{Q} = O$ も確かめられる．

$$\mathrm{Q}(\mathrm{Q}(\boldsymbol{x})) = \mathrm{Q}(\boldsymbol{x}) - \mathrm{P}(\mathrm{Q}(\boldsymbol{x})) = \mathrm{Q}(\boldsymbol{x}).$$

より Q は射影子．

$$\boldsymbol{x} \in \mathrm{Ker}\,\mathrm{Q} \Longleftrightarrow \mathrm{Q}(\boldsymbol{x}) = \mathbf{0} \Longleftrightarrow \mathrm{P}(\boldsymbol{x}) = \boldsymbol{x} \Longleftrightarrow \boldsymbol{x} \in \mathrm{P}(\mathbb{V}).$$

同様に $\mathrm{Q}(\mathbb{V}) = \mathrm{Ker}\,\mathrm{P}$ を得る (Q と P の立場を入れ替えればよい)． ■

次の命題を検証しておいてほしい．

[*10] $\mathbb{W}$ に対し直和分解 $\mathbb{V} = \mathbb{W} \dot{+} \mathbb{W}'$ をみたす $\mathbb{W}'$ は一意的に定まらないことに注意．

命題 0.4 $T_1, T_2, \ldots, T_k \in \mathrm{End}(\mathbb{V})$ が射影子で

$$\mathrm{Id} = T_1 + T_2 + \cdots + T_k, \quad T_i \circ T_j = O \, (i \neq j)$$

をみたせば

$$\mathbb{V} = T_1(\mathbb{V}) \dot{+} T_2(\mathbb{V}) \dot{+} \cdots \dot{+} T_k(\mathbb{V})$$

と直和分解される．このとき $\{T_1, T_2, \ldots, T_k\}$ を $\mathbb{V}$ の**完全射影系**とよぶ．

逆に $\mathbb{V}$ が $\mathbb{V} = \mathbb{W}_1 \dot{+} \mathbb{W}_2 \dot{+} \cdots \dot{+} \mathbb{W}_k$ と直和分解されているとき各 $\boldsymbol{v}$ を $\boldsymbol{v} = \boldsymbol{v}_1 + \boldsymbol{v} + \cdots + \boldsymbol{v}_k$ と分解し，線型変換 T_j を

$$T_j(\boldsymbol{v}) = \boldsymbol{v}_j$$

で定めれば $\{T_1, T_2, \ldots, T_k\}$ は $\mathbb{V}$ の完全射影系である．この T_j のことを $\mathrm{P}_{\mathbb{W}_j}$ と表記する．

例 0.10 (グラスマン多様体) $\mathbb{K}^n$ 内の k 次元線型部分空間の全体を

$$\mathrm{Gr}_k(\mathbb{K}^n) = \{\mathbb{W} \subset \mathbb{V} \mid \text{線型部分空間}, \dim \mathbb{W} = k\}$$

で表し，k 次元部分空間のなす**グラスマン多様体** (Grassmannian manifold) とよぶ．$\mathrm{Stief}_k^*(\mathbb{K}^n)$ 上の同値関係 $\sim$ を次のように定める．

$$\{\boldsymbol{a}_1, \boldsymbol{a}_2, \ldots, \boldsymbol{a}_k\} \sim \{\boldsymbol{b}_1, \boldsymbol{b}_2, \ldots, \boldsymbol{b}_k\} \iff \text{同じ } k \text{ 次元線型部分空間を張る}$$

これは

$$\exists P \in \mathrm{GL}_k\mathbb{K}; \ \{\boldsymbol{a}_1, \boldsymbol{a}_2, \ldots, \boldsymbol{a}_k\}P = \{\boldsymbol{b}_1, \boldsymbol{b}_2, \ldots, \boldsymbol{b}_k\}$$

と同値である．したがって商集合は $\mathrm{Gr}_k(\mathbb{K}^n)$ である．

最後に固有値と固有ベクトルを復習しておこう．

定義 0.14 $A \in \mathrm{M}_n\mathbb{K}$ に対し $\lambda \in \mathbb{K}$ と $\mathbf{v} \in \mathbb{K}^n \setminus \{\mathbf{0}\}$ で $A\mathbf{v} = \lambda\mathbf{v}$ をみたすものが存在するとき，すなわち

$$\exists\lambda \in \mathbb{K}\ \&\ \mathbf{v} \neq \mathbf{0};\ A\mathbf{x} = \lambda\mathbf{v}$$

であるとき，$\lambda \in \mathbb{K}$ を A の**固有値** (eigenvalue)，$\mathbf{v}$ を λ に対応する**固有ベクトル** (eigenvector) という．

$$\mathbb{V}(\lambda) = \{\mathbf{v} \in \mathbb{V} \mid A\mathbf{v} = \lambda\mathbf{v}\}$$

は $\mathbb{K}^n$ の線型部分空間であり，λ に対応する**固有空間** (eigenspace) という．

さて

$$A\mathbf{v} = \lambda\mathbf{v} \iff (\lambda E_n - A)\mathbf{v} = \mathbf{0}$$

と書き換えれば A の固有値 λ は n 次方程式

$$\varPhi_A(t) = \det(tE_n - A) = 0$$

の解である．$\varPhi_A(t)$ を A の**特性多項式** (characteristic polynomial) という．t に関する n 次方程式 $\varPhi_A(t) = 0$ を A の**特性方程式** (characteristic equation) という．特性方程式の解を**特性根** (characteristic value) とよぶ．$\mathbb{K} = \mathbb{C}$ のときは A の固有値と A の特性根は一致する．$\mathbb{K} = \mathbb{R}$ のとき，A の固有値は実の特性根のことである．

次に，行列の対角化を復習する．$\mathrm{A} \in \mathrm{M}_n\mathbb{K}$ に対し $P^{-1}AP$ が対角行列となる $P \in \mathrm{GL}_n\mathbb{K}$ が存在するとき A は**対角化可能** (diagonalizable) であるという．このとき対角行列 $\Lambda = P^{-1}AP$ を A の**対角化** (diagonalization) とよぶ．スペースの節約のため次の記法を導入する：

$$\mathrm{diag}(\lambda_1, \lambda_2, \ldots, \lambda_n) = \begin{pmatrix} \lambda_1 & 0 & \ldots & 0 \\ 0 & \lambda_2 & \ldots & 0 \\ \vdots & \vdots & \ddots & \vdots \\ 0 & 0 & \ldots & \lambda_n \end{pmatrix}.$$

基底と線型変換の立場から対角化を捉え直しておく．A の固有ベクトルから

なる基底

$$\mathcal{P} = \{\mathbf{p}_1, \mathbf{p}_2, \ldots, \mathbf{p}_n\}, \quad A\mathbf{p}_j = \lambda_j \mathbf{p}_j \,(j = 1, 2, \ldots, n)$$

が存在するとしよう．$P = (\mathbf{p}_1 \ \mathbf{p}_2 \ \ldots \ \mathbf{p}_n) \in \mathrm{GL}_n\mathbb{K}$ とおくと $AP = P\,\mathrm{diag}(\lambda_1, \lambda_2, \ldots, \lambda_n)$ であるから $P^{-1}AP = \mathrm{diag}(\lambda_1, \lambda_2, \ldots, \lambda_n)$ を得る．つまり A の定める $\mathbb{K}^n$ の 1 次変換 f_A の $\mathcal{P}$ に関する表現行列が $\Lambda = \mathrm{diag}(\lambda_1, \lambda_2, \ldots, \lambda_n)$ である．行列の対角化は「表現行列が対角行列となるように基底を取り替えること」なのである．

命題 0.5 $A \in \mathrm{M}_n\mathbb{K}$ に対し次が成り立つ．

- $\mathbb{K} = \mathbb{C}$ のとき，A が対角化可能であるとは A の固有ベクトルからなる $\mathbb{C}^n$ の基底が存在することである．
- $\mathbb{K} = \mathbb{R}$ のとき，A が対角化可能であるとは A の特性根がすべて実数であり，A の固有ベクトルからなる $\mathbb{R}^n$ の基底が存在することである．

固有値の概念を次のように一般化する．

定義 0.15 n 次元 $\mathbb{K}$ 線型空間 $\mathbb{V}$ 上の線型変換 f において $\lambda \in \mathbb{K}$ と $\boldsymbol{v} \neq \mathbf{0}$ で $f(\boldsymbol{v}) = \lambda\boldsymbol{v}$ をみたすものが存在するとき，すなわち

$$\exists\lambda \in \mathbb{K} \ \& \ \boldsymbol{v} \neq \mathbf{0};\ f(\boldsymbol{v}) = \lambda\,\boldsymbol{v}$$

であるとき，$\lambda \in \mathbb{K}$ を f の**固有値**，$\boldsymbol{x}$ を λ に対応する**固有ベクトル**という．

$$\mathbb{V}(\lambda) = \{\boldsymbol{v} \in \mathbb{V} \mid f(\boldsymbol{v}) = \lambda\boldsymbol{v}\}$$

は $\mathbb{V}$ の線型部分空間であり，λ に対応する**固有空間**という．

$\mathbb{V}$ の 2 組の基底 $\mathcal{E} = \{\boldsymbol{e}_1, \boldsymbol{e}_2, \ldots, \boldsymbol{e}_n\}$ と $\widetilde{\mathcal{E}} = \{\tilde{\mathbf{e}}_1, \tilde{\mathbf{e}}_2, \ldots, \tilde{\mathbf{e}}_n\}$ をとろう．基底の取り替え行列を Q とする．

$$(\tilde{\mathbf{e}}_1 \ \tilde{\mathbf{e}}_2 \ \ldots \ \tilde{\mathbf{e}}_n) = (\boldsymbol{e}_1 \ \boldsymbol{e}_2 \ \ldots, \ \boldsymbol{e}_n)Q.$$

これらに関する f の表現行列をそれぞれ A と $\tilde{A}$ とすると $\tilde{A} = Q^{-1}AQ$ である．すると

$$
\begin{aligned}
\Phi_{\tilde{A}}(t) &= \det(tE_n - Q^{-1}AQ) = \det(Q^{-1}(tE_n - A)Q) = \det(tE_n - A) \\
&= \Phi_A(t)
\end{aligned}
$$

であるから，A の固有値と $\tilde{A}$ の固有値は共通である．したがってどの基底を使って計算しても同じ結果が得られる．f の固有ベクトルからなる基底

$$
\mathcal{P} = \{\boldsymbol{p}_1, \boldsymbol{p}_2, \ldots, \boldsymbol{p}_n\}, \quad \boldsymbol{p}_j \in \mathbb{V}(\lambda_j)
$$

のことを f に関する**固有基底** (eigenbasis) とよぶ．固有基底 $\mathcal{P}$ に関する f の表現行列は対角行列 $\Lambda = \mathrm{diag}(\lambda_1, \lambda_2, \ldots, \lambda_n)$ である．

固有空間を用いて対角化可能性を言い換えておこう．

命題 0.6 n 次元実線型空間 $\mathbb{V}$ 上の線型変換 f に対し，以下の性質は互いに同値である．

(1) f の表現行列が対角行列 $\Lambda \in \mathrm{M}_n\mathbb{R}$ となる $\mathbb{V}$ の基底が存在する．
(2) f は固有基底をもつ．
(3) f の特性根はすべて実数であり，特性根 $\{\lambda_1, \lambda_2, \ldots, \lambda_k\}$ の重複度を $\{m_1, m_2, \ldots, m_k\}$ とすると $\dim \mathbb{V}(\lambda_j) = m_j$ がすべての $j \in \{1, 2, \ldots, k\}$ に対し成り立つ．

このとき $\mathbb{V} = \mathbb{V}(\lambda_1) \dot{+} \mathbb{V}(\lambda_2) \dot{+} \cdots \dot{+} \mathbb{V}(\lambda_k)$ と直和分解される．

命題 0.7 n 次元複素線型空間 $\mathbb{V}$ 上の線型変換 f に対し，以下の性質は互いに同値である．

(1) f の表現行列が対角行列 $\Lambda \in \mathrm{M}_n\mathbb{C}$ となる $\mathbb{V}$ の基底が存在する．
(2) f は固有基底をもつ．
(3) f の固有値 $\{\lambda_1, \lambda_2, \ldots, \lambda_k\}$ の重複度を $\{m_1, m_2, \ldots, m_k\}$ とすると $\dim \mathbb{V}(\lambda_j) = m_j$ がすべての $j \in \{1, 2, \ldots, k\}$ に対し成り立つ．

このとき $\mathbb{V} = \mathbb{V}(\lambda_1)\dot{+}\mathbb{V}(\lambda_2)\dot{+}\cdots\dot{+}\mathbb{V}(\lambda_k)$ と直和分解される．

対角化できない場合は**一般固有空間** (generalized eigenspace)

$$\mathbb{W}(\lambda) = \{\boldsymbol{w} \in \mathbb{V} \mid (f - \lambda\,\mathrm{Id})^n(\boldsymbol{w}) = \mathbf{0}\}$$

を調べ，**ジョルダン標準形** (Jordan normal form) に変形する．この本ではジョルダン標準形については詳しく述べないが，第 4 章で活用する．

定義 0.16 (直交行列) $A \in \mathrm{M}_n\mathbb{R}$ が ${}^t\!AA = E_n$ をみたすとき n 次**直交行列** (orthogonal matrix) であるという．${}^t\!AA = E_n$ ならば $A\,{}^t\!A = E$ をみたすことに注意．とくに $A^{-1} = {}^t\!A$ が成り立つ．n 次直交行列の全体を

$$\mathrm{O}(n) = \{A \in \mathrm{M}_n\mathbb{R} \mid {}^t\!AA = E_n\} \tag{7}$$

で表す．$\mathrm{O}(n)$ は $\mathrm{GL}_n\mathbb{R}$ の部分群であり，n 次**直交群**とよばれる．

定義 0.17 $C = (c_{ij}) \in \mathrm{M}_n\mathbb{C}$ に対し各成分 $c_{ij} = a_{ij} + -1b_{ij} \in \mathbb{C}$ の共軛複素数 $\overline{c_{ij}} = a_{ij} - \sqrt{-1}b_{ij} \in \mathbb{C}$ を (i,j) 成分にもつ行列 $(\overline{c_{ij}})$ を C の**複素共軛行列**とよび $\overline{C}$ で表す．さらに

$$C^* = \overline{{}^tC} = {}^t(\overline{C})$$

を C の**共軛転置行列** (conjugate transpose matrix) とか，**エルミート共軛** (Hermitian conjugate matrix) とよぶ．物理学の教科書では $C^\dagger$ という記法も用いられている．$C \in \mathrm{M}_n\mathbb{C}$ に対し

- ${}^tC = C$ のとき n 次**複素対称行列** (complex symmetric matrix) とよび，その全体を $\mathrm{Sym}_n\mathbb{C}$ で表す．
- ${}^tC = -C$ のとき n 次**複素交代行列** (complex skew-symmetric matrix) とよび，その全体を $\mathrm{Alt}_n\mathbb{C}$ で表す．
- $C^* = C$ のとき n 次**エルミート行列** (Hermitian matrix) とよび，その全体を $\mathrm{Her}_n\mathbb{C}$ で表す．

- $C^* = -C$ のとき n 次**反エルミート行列** (skew-Hermitian matrix) とよび，その全体を $\mathrm{sHerm}_n\mathbb{C}$ で表す[*11].
- $C^*C = E_n$ のとき n 次**ユニタリ行列** (unitary matrix) とよび，その全体を $\mathrm{U}(n)$ で表す．$\mathrm{U}(n)$ は $\mathrm{GL}_n\mathbb{C}$ の部分群であり，n 次**ユニタリ群**とよばれる．

直交行列およびユニタリ行列の幾何学的な役割は 1.3 節および 1.5 節で，内積・エルミート内積を学ぶことで了解される．

線型代数で学ぶ重要な定理を思い出そう．

定理 0.3 実対称行列はつねに対角化可能である．とくに $A \in \mathrm{Sym}_n\mathbb{R}$ に対し

$$U^{-1}AU = \mathrm{diag}(\lambda_1, \lambda_2, \ldots, \lambda_n) \in \mathrm{M}_n\mathbb{R}$$

となる直交行列 U が存在する．$\lambda_1, \lambda_2, \ldots, \lambda_n \in \mathbb{R}$ は A の固有値である．

定理 0.4 エルミート行列はつねに対角化可能である．とくに $A \in \mathrm{Her}_n\mathbb{C}$ に対し

$$U^{-1}AU = \mathrm{diag}(\lambda_1, \lambda_2, \ldots, \lambda_n) \in \mathrm{M}_n\mathbb{R}$$

となるユニタリ行列 U が存在する．$\lambda_1, \lambda_2, \ldots, \lambda_n \in \mathbb{R}$ は A の固有値である．

実対称行列とエルミート行列を並行して扱うときは

$$\mathrm{Her}_n\mathbb{K} = \{A \in \mathrm{M}_n\mathbb{K} \mid A^* = A\}$$

という実線型空間を用いる．$\mathbb{K} = \mathbb{C}$ のとき, $\mathrm{Her}_n\mathbb{K}$ は複素線型空間ではないことに注意．$\mathbb{K} = \mathbb{C}$ なら $\mathrm{Her}_n\mathbb{C}$ そのもの．$\mathbb{K} = \mathbb{R}$ なら $\mathrm{Her}_n\mathbb{R} = \mathrm{Sym}_n\mathbb{R}$. 同様に

$$\mathrm{U}(n;\mathbb{K}) = \{A \in \mathrm{M}_n\mathbb{K} \mid A^*A = E_n\}$$

[*11] この記法は一般的なものでなく，この本で暫定的に用意したもの．ドイツ文字（フラクトゥール体）の u を用いて $\mathfrak{u}(n)$ と表記する．

という集合（実は群）も用いる．

$$\mathrm{U}(n;\mathbb{R}) = \mathrm{O}(n), \quad \mathrm{U}(n;\mathbb{C}) = \mathrm{U}(n)$$

である．

定義 0.18 $A \in \mathrm{Her}_n\mathbb{K}$ の固有値がすべて正であるとき，A は**正値** (positive definite) であるという[*12]．

$$\mathrm{Her}_n^+\mathbb{K} = \{A \in \mathrm{Her}_n\mathbb{K} \mid A \text{ は正値 }\}$$

とおく．$\mathrm{Her}_n^+\mathbb{R}$ は $\mathrm{Sym}_n^+\mathbb{R}$ と表記する．

命題 0.8 $A \in \mathrm{Her}_n\mathbb{K}$ に対し $X^2 = A$ をみたす $X \in \mathrm{Her}_n^+\mathbb{K}$ がただ 1 つ存在する．この X を $\sqrt{A}$ と表記する．

【証明】 $U \in \mathrm{U}(n;\mathbb{K})$ により $U^{-1}AU = \mathrm{diag}(\lambda_1, \lambda_2, \ldots, \lambda_n)$ と対角化する．そこで $X = U\mathrm{diag}(\sqrt{\lambda_1}, \sqrt{\lambda_2}, \ldots, \sqrt{\lambda_n})U^{-1}$ とおけば $X^2 = A$．一意性はスペクトル分解の一意性から従う (定理 1.6 または [36, p. 147] 参照)．

■

0.6 線型空間の直和

2 つの線型空間から新しい線型空間を構成する．

命題 0.9 (直和線型空間) $\mathbb{K}$ 上の有限次元線型空間 $\mathbb{V}_1$ と $\mathbb{V}_2$ の直積集合

$$\mathbb{V}_1 \times \mathbb{V}_2 = \{(\boldsymbol{v}_1, \boldsymbol{v}_2) \mid \boldsymbol{v}_1 \in \mathbb{V}_1,\ \boldsymbol{v}_2 \in \mathbb{V}_2\}$$

において加法とスカラー乗法を

---

*12 固有値がすべて非負のとき，A は**半正値** (positive semi-definite) であるという．

$$(\boldsymbol{v}_1, \boldsymbol{v}_2) + (\boldsymbol{w}_1, \boldsymbol{w}_2) = (\boldsymbol{v}_1 + \boldsymbol{w}_1, \boldsymbol{v}_2 + \boldsymbol{w}_2),$$
$$\lambda(\boldsymbol{v}_1, \boldsymbol{v}_2) = (\lambda\boldsymbol{v}_1, \lambda\boldsymbol{v}_2)$$

で定めると $\mathbb{V}_1 \times \mathbb{V}_2$ は $\mathbb{K}$ 線型空間になる．$\mathbb{V}_1 \times \mathbb{V}_2$ にこの線型空間の構造を与えたものを $\mathbb{V}_1 \oplus \mathbb{V}_2$ と表記し $\mathbb{V}_1$ と $\mathbb{V}_2$ の**直和線型空間**という．

ここでは2つの線型空間の直和を定義したが3つ以上の線型空間についても直和が定義できることは了解してもらえると思う．

ここで導入した「直和 $\oplus$」と線型部分空間に対する「直和 $\dot{+}$」の関係を調べよう．

2つの線型空間 $\mathbb{V}_1$ と $\mathbb{V}_2$ の直和線型空間 $\mathbb{V}_1 \oplus \mathbb{V}_2$ において

$$\mathbb{W}_1 := \{(\boldsymbol{w}_1, \boldsymbol{0}) \mid \boldsymbol{w}_1 \in \mathbb{V}_1\}, \quad \mathbb{W}_2 := \{(\boldsymbol{0}, \boldsymbol{w}_2) \mid \boldsymbol{w}_2 \in \mathbb{V}_2\}$$

とおくと，ともに $\mathbb{V}$ の線型部分空間であり $\mathbb{W}_i \cong \mathbb{V}_i$ である．さらに $\mathbb{V} = \mathbb{W}_1 \dot{+} \mathbb{W}_2$ が成り立つ．

逆に線型空間 $\mathbb{V}$ が $\mathbb{V} = \mathbb{W}_1 \dot{+} \mathbb{W}_2$ と表されているとき直和線型空間

$$\mathbb{W}_1 \oplus \mathbb{W}_2 = \{(\boldsymbol{w}_1, \boldsymbol{w}_2) \mid \boldsymbol{w}_1 \in \mathbb{W}_1, \boldsymbol{w}_2 \in \mathbb{W}_2\}$$

をつくると $\mathbb{V} \cong \mathbb{W}_1 \oplus \mathbb{W}_2$ である．実際 $\boldsymbol{w}_1 + \boldsymbol{w}_2 \longmapsto (\boldsymbol{w}_1, \boldsymbol{w}_2)$ が線型同型写像を与える．具体例で詳しく観察してみよう．

例 0.11 $\mathbb{V} = \mathbb{K}^2$ とし，$\mathbb{W}_1 = \{(u_1, 0) \mid u_1 \in \mathbb{K}\}$, $\mathbb{W}_2 = \{(0, u_2) \mid u_2 \in \mathbb{K}\}$ とおく．$\mathbb{K}^2$ の標準基底 $\{\mathbf{e}_1, \mathbf{e}_2\}$ を用いて

$$\mathbb{W}_1 = \{u_1\mathbf{e}_1 \mid u_1 \in \mathbb{K}\} = \mathbb{K}\boldsymbol{e}_1, \mathbb{W}_2 = \{u_2\mathbf{e}_2 \mid u_2 \in \mathbb{K}\} = \mathbb{K}\boldsymbol{e}_2$$

と表す．このとき $\mathbb{V}$ は2つの線型部分空間 $\mathbb{W}_1$ と $\mathbb{W}_2$ の直和 $\mathbb{V} = \mathbb{W}_1 \dot{+} \mathbb{W}_2$ である．すなわち $\mathbb{K}^2 = \mathbb{K}\mathbf{e}_1 \dot{+} \mathbb{K}\mathbf{e}_2$.

2つの $\mathbb{K}$ 線型空間 $\mathbb{V}_1 = \{u_1 \in \mathbb{K}\} = \mathbb{K}$, $\mathbb{V}_2 = \{u_2 \in \mathbb{K}\} = \mathbb{K}$ に対し直和線型空間 $\mathbb{V}_1 \oplus \mathbb{V}_2 = \mathbb{K} \oplus \mathbb{K}$ を定義通りに求めると

$$\mathbb{V}_1 \oplus \mathbb{V}_2 = \{(u_1, u_2) \mid u_1 \in \mathbb{V}_1, u_2 \in \mathbb{V}_2\} = \mathbb{K}^2$$

であるから $\mathbb{V}_1 \oplus \mathbb{V}_2 = \mathbb{V}$ が成り立つ．以上のことから

$$\mathbb{K}^2 = \mathbb{K}\boldsymbol{e}_1 \dot{+} \mathbb{K}\boldsymbol{e}_2 = \mathbb{K} \oplus \mathbb{K}$$

が得られた．

この例をみても記号 $\dot{+}$ と $\oplus$ を区別せず，どちらも $\oplus$ と書いてしまっても**混乱は生じない**．そこで以後，部分空間の直和も $\oplus$ で表すことにしよう．

ここまで 2 つの線型空間の直和を扱ってきたが 3 つ以上の線型空間についても直和を考えられる．k 個の $\mathbb{K}$ 線型空間 $\mathbb{V}_1, \mathbb{V}_2, \ldots, \mathbb{V}_k$ の直和
$\mathbb{V}_1 \oplus \mathbb{V}_2 \oplus \cdots \oplus \mathbb{V}_k$ を $\mathbb{V}_1 \times \mathbb{V}_2 \times \cdots \times \mathbb{V}_k$ に

$$(\boldsymbol{v}_1, \boldsymbol{v}_2, \ldots, \boldsymbol{v}_k) + (\boldsymbol{w}_1, \boldsymbol{w}_2, \ldots, \boldsymbol{w}_k) = (\boldsymbol{v}_1 + \boldsymbol{w}_1, \boldsymbol{v}_2 + \boldsymbol{w}_2, \ldots, \boldsymbol{v}_k + \boldsymbol{w}_k),$$

$$\lambda(\boldsymbol{v}_1, \boldsymbol{v}_2, \ldots, \boldsymbol{v}_k) = (\lambda\boldsymbol{v}_1, \lambda\boldsymbol{v}_2, \ldots, \lambda\boldsymbol{v}_k)$$

で加法とスカラー乗法を定めることで定義する．記述の簡略化のため $\mathbb{V}_1 \oplus \mathbb{V}_2 \oplus \cdots \oplus \mathbb{V}_k$ の元 $(\boldsymbol{v}_1, \boldsymbol{v}_2, \ldots, \boldsymbol{v}_k)$ を

$$\boldsymbol{v}_1 + \boldsymbol{v}_2 + \cdots + \boldsymbol{v}_k$$

としばしば略記する（この本でも外積代数を定義するときに使う）．$\mathbb{R} \oplus \mathbb{R}$ において $(x, 0)$ を x，$(0, y)$ を $y\mathrm{i}$ と表記することにすると $\mathbb{R} \oplus \mathbb{R}$ の元は $x + y\mathrm{i}$ と表せる．これは $\mathbb{R} \oplus \mathbb{R}$ を複素平面と捉えることにほかならない．

0.7 商線型空間と複素化

商線型空間

$\mathbb{K}$ 線型空間 $\mathbb{V}$ の線型部分空間 $\mathbb{W}$ が与えられたとき

$$\boldsymbol{x} \sim \boldsymbol{y} \iff \boldsymbol{x} - \boldsymbol{y} \in \mathbb{W}$$

で $\mathbb{V}$ 上の関係 $\sim$ を定義すると $\sim$ は同値関係である．ベクトル $\boldsymbol{v}$ に対し，その同値類 $[\boldsymbol{v}]$ は

$$[\boldsymbol{v}] = \boldsymbol{v} + \mathbb{W} = \{\boldsymbol{v} + \boldsymbol{w} \mid \boldsymbol{w} \in \mathbb{W}\}$$

で与えられる．

商集合 $\mathbb{V}/\mathbb{W} = \{[\boldsymbol{v}] \mid \boldsymbol{v} \in \mathbb{V}\}$ も $\mathbb{K}$ 線型空間になる．実際

$$[\boldsymbol{x}] + [\boldsymbol{y}] = [\boldsymbol{x} + \boldsymbol{y}], \quad a[\boldsymbol{x}] = [a\boldsymbol{x}]$$

で加法とスカラー乗法を定義すればよい．$\mathbb{V}/\mathbb{W}$ を**商線型空間**（quotient linear space）とか**商ベクトル空間**（quotient vector space）とよぶ．$\dim \mathbb{V} = n$, $\dim \mathbb{W} = k$ ならば $\dim \mathbb{V}/\mathbb{W} = n - k$ である．

問題 0.3 $\mathbb{V}/\mathbb{W}$ が上で定めた演算に関し線型空間であることを確かめよ．また $\dim \mathbb{V} = n$, $\dim \mathbb{W} = k$ ならば $\dim \mathbb{V}/\mathbb{W} = n - k$ であることを確かめよ．

実線型空間の複素化

$\mathbb{X}$ を n 次元**複素**線型空間としよう．$\mathbb{R} \subset \mathbb{C}$ だからスカラー乗法を $\mathbb{R}$ に制限すれば $\mathbb{X}$ は実線型空間になっている．議論の混乱を避けるため，$\mathbb{X}$ を**実線型空間**と考えたものを $\mathbb{X}_{\mathbb{R}}$ と表記しよう．ベクトル $\boldsymbol{z} \in \mathbb{X}$ と $\mathrm{i}\boldsymbol{z}$ は（複素ベクトル空間としての）$\mathbb{X}$ においては線型従属であるが，$\mathbb{X}_{\mathbb{R}}$ においては線型独立である．

$\mathbb{X}$ の基底 $\mathcal{E} = \{\boldsymbol{e}_1, \boldsymbol{e}_2, \ldots, \boldsymbol{e}_n\}$ をとると

$$\{\boldsymbol{e}_1, \boldsymbol{e}_2, \ldots, \boldsymbol{e}_n, \mathrm{i}\boldsymbol{e}_1, \mathrm{i}\boldsymbol{e}_2, \ldots, \mathrm{i}\boldsymbol{e}_n\}$$

は $\mathbb{X}_{\mathbb{R}}$ の基底を与える．したがって $\dim \mathbb{X}_{\mathbb{R}} = 2n$ であることがわかる．$\dim_{\mathbb{R}} \mathbb{X} = \dim \mathbb{X}_{\mathbb{R}}$ で定め複素線型空間 $\mathbb{X}$ の**実次元**とよぶ．$\dim_{\mathbb{R}} \mathbb{X} = 2 \dim \mathbb{X}$ に注意．

定義 0.19 複素線型空間 $\mathbb{X}$ の空でない部分集合 $\mathbb{W}$ が $\mathbb{X}_{\mathbb{R}}$ の線型部分空間であるとき，$\mathbb{W}$ は $\mathbb{X}$ の**実線型部分空間**であるという．

実数体 $\mathbb{R}$ から複素数体 $\mathbb{C}$ を構成した方法を一般の実線型空間にも適用する．

補題 0.3 有限次元実線型空間 $\mathbb{V}$ に対し $\mathbb{V}\times\mathbb{V}$ における加法とスカラー乗法を

$$(\boldsymbol{x},\boldsymbol{y})+(\boldsymbol{u},\boldsymbol{v})=(\boldsymbol{x}+\boldsymbol{u},\boldsymbol{y}+\boldsymbol{v}), \tag{8}$$

$$(a+b\mathrm{i})(\boldsymbol{x},\boldsymbol{y})=(a\boldsymbol{x}-b\boldsymbol{y},b\boldsymbol{x}+a\boldsymbol{y}) \tag{9}$$

で定めると複素線型空間が得られる．この複素線型空間を $\mathbb{V}$ の**複素化** (complexification) といい $\mathbb{V}^{\mathbb{C}}$ で表す．複素化 $\mathbb{V}^{\mathbb{C}}$ において

$$\mathrm{Re}\,\mathbb{V}^{\mathbb{C}}=\{(\boldsymbol{x},\boldsymbol{0})\mid\vec{x}\in\mathbb{V}\}$$

は $\mathbb{V}$ と実線型空間として同型である．

【証明】 $\mathbb{V}\times\mathbb{V}$ にここで定めた加法 (8) と実数によるスカラー倍 $a(\boldsymbol{x},\boldsymbol{y})=(a\boldsymbol{x},a\boldsymbol{y})$ を定めたものは $\mathbb{V}\oplus\mathbb{V}$ に他ならない．スカラー乗法を $\mathbb{R}$ から $\mathbb{C}$ に，(9) で拡大する．このスカラー乗法は写像

$$\rho_+:\mathbb{C}\times(\mathbb{V}\times\mathbb{V})\to\mathbb{V}\times\mathbb{V};\quad \rho_+(a+b\mathrm{i},(\boldsymbol{x},\boldsymbol{y}))=(a\boldsymbol{x}-b\boldsymbol{y},b\boldsymbol{x}+a\boldsymbol{y})$$

が加法群 $(\mathbb{C},+)$ の $\mathbb{V}\times\mathbb{V}$ 上の左作用であることを意味している．その事実に気がつけば，線型空間の公理のうちで残っているのは $c_1=a_1+b_1\mathrm{i}$, $c_2=a_2+b_2\mathrm{i}\in\mathbb{C}$ と $\boldsymbol{z}=(\boldsymbol{x},\boldsymbol{y})$ に対し

$$c_1(c_2\boldsymbol{z})=(c_1c_2)\boldsymbol{z}$$

が成り立つことである．

$$\begin{aligned}
&c_1(c_2\boldsymbol{z})\\
=&(a_1+b_1\mathrm{i})\{(a_2+b_2\mathrm{i})(\boldsymbol{x},\boldsymbol{y})\}=(a_1+b_1\mathrm{i})(a_2\boldsymbol{x}-b_2\boldsymbol{y},b_2\boldsymbol{x}+a_2\boldsymbol{y})\\
=&((a_1a_2-b_1b_2)\boldsymbol{x}-(a_1b_2+a_2b_1)\boldsymbol{y},(a_1b_2+a_2b_1)\boldsymbol{x}+(a_1a_2-b_1b_2)\boldsymbol{y})\\
=&c_1c_2\boldsymbol{z}.
\end{aligned}$$

■

$\boldsymbol{x}$ と $(\boldsymbol{x}, \boldsymbol{0})$ を同一視し，$\mathrm{Re}\,\mathbb{V}^{\mathbb{C}} = \mathbb{V}$ と見なす．このとき $(0, \boldsymbol{y}) = \sqrt{-1}\boldsymbol{y}$ または $\mathrm{i}\boldsymbol{y}$ と書くことにすると

$$\mathbb{V}^{\mathbb{C}} = \mathbb{V} \oplus \sqrt{-1}\mathbb{V} = \{\boldsymbol{x} + \sqrt{-1}\boldsymbol{y} \mid \boldsymbol{x}, \boldsymbol{y} \in \mathbb{V}\}.$$

と表示できる．複素化を表す際にこの表示を用いることが多い．$\mathbb{V}^{\mathbb{C}}$ と複素線型空間として同型な複素線型空間も $\mathbb{V}$ の複素化という．なお $\mathbb{V}$ の複素化を $\mathbb{V}_{\mathbb{C}}$ と表記する本もある（たとえば [33]）．

定義 0.20 有限次元実線型空間の間の線型写像 $f : \mathbb{V}_1 \to \mathbb{V}_2$ に対し

$$f(\boldsymbol{x} + \sqrt{-1}\boldsymbol{y}) = f(\boldsymbol{x}) + \sqrt{-1}f(\boldsymbol{y})$$

で $\mathbb{V}_1^{\mathbb{C}}$ から $\mathbb{V}_2^{\mathbb{C}}$ への複素線型写像に拡張することができる．この拡張を f の**複素延長**（extension）とか**複素化**（complexification）という．混乱の恐れがない限り同じ記号 f で表す．f との区別が必要なときは $f^{\mathbb{C}}$ と書く．

実線型空間 $\mathbb{V}$ 上の線型変換 f の特性方程式 $\Phi_f(t) = 0$ が虚数解 $\lambda \in \mathbb{C} \setminus \mathbb{R}$ をもつ場合，f の複素延長 $f^{\mathbb{C}} : \mathbb{V}^{\mathbb{C}} \to \mathbb{V}^{\mathbb{C}}$ を考える．λ は $f^{\mathbb{C}}$ の固有値である．そこで固有空間

$$\mathbb{V}^{\mathbb{C}}(\lambda) = \{\boldsymbol{w} \in \mathbb{V}^{\mathbb{C}} \mid f^{\mathbb{C}}(\boldsymbol{w}) = \lambda\boldsymbol{w}\}$$

を考える．$f^{\mathbb{C}}$ や $\mathbb{V}^{\mathbb{C}}(\lambda)$ はしばしば f および $\mathbb{V}(\lambda)$ と略記される．ここで次の定義を与えよう．

定義 0.21 有限次元 $\mathbb{K}$ 線型空間 $\mathbb{V}$ 上の線型変換 f が**対角型**または**半単純** (semi-simple) であるとは次の条件をみたすことをいう[*13]．

- $\mathbb{K} = \mathbb{C}$ のとき：f の固有基底が存在すること．
- $\mathbb{K} = \mathbb{R}$ のとき：$f^{\mathbb{C}}$ の固有基底が存在すること．

[*13] 対角型という用語は [37, p. 146] で用いられている．

0.8 多元環

$\mathbb{K}$ 線型空間 $\mathbb{V}$ に加法と別の演算が定義されているとしよう（その演算が可換であることは要請しない）．この演算に関し

$$(\boldsymbol{x}+\boldsymbol{y})\boldsymbol{z} = \boldsymbol{x}\boldsymbol{z}+\boldsymbol{y}\boldsymbol{z},$$

$$\boldsymbol{x}(\boldsymbol{y}+\boldsymbol{z}) = \boldsymbol{x}\boldsymbol{y}+\boldsymbol{x}\boldsymbol{z},$$

$$\lambda(\boldsymbol{x}\boldsymbol{y}) = (\lambda\boldsymbol{x})\boldsymbol{y} = \boldsymbol{x}(\lambda\boldsymbol{y})$$

がすべての $\boldsymbol{x}, \boldsymbol{y}, \boldsymbol{z} \in \mathbb{V}$ と $\lambda \in \mathbb{K}$ に対し成り立つとき $\mathbb{V}$ はこの演算に関し**多元環** (algebra) をなすという．とくに結合法則

$$(\boldsymbol{x}\boldsymbol{y})\boldsymbol{z} = \boldsymbol{x}(\boldsymbol{y}\boldsymbol{z})$$

をみたすとき**結合的多元環**とか**結合代数** (associative algebra) とよぶ．

例 0.12 (実数体と複素数体) $\mathbb{R}$ は実 1 次元線型空間であり結合多元環である．同様に $\mathbb{R}$ は複素 1 次元線型空間であり結合多元環である．

註 0.4 多元環の定義は文献により，異なる．たとえば [64] では本書の「多元環」を「分配多元環」，本書の結合的多元環を「多元環」とよんでいる．

双対空間・双線型形式

多重線型代数をはじめよう．

1.1 双対空間

$\mathbb{K}$ 線型空間 $\mathbb{V}$ に対し函数 $\alpha : \mathbb{V} \to \mathbb{K}$ が

$$\forall \boldsymbol{x}, \boldsymbol{y} \in \mathbb{V}\ \forall a, b \in \mathbb{K}:\ \alpha(a\boldsymbol{x} + b\boldsymbol{y}) = a\,\alpha(\boldsymbol{x}) + b\,\alpha(\boldsymbol{y})$$

をみたすとき α を $\mathbb{V}$ 上の**線型汎函数**（せんけいはんかんすう）(linear functional) という．$\mathbb{V}$ 上の線型汎函数の全体を $\mathbb{V}^*$ で表す．

$\alpha, \beta \in \mathbb{V}^*$ と $c \in \mathbb{K}$ に対し加法とスカラー倍を

$$(\alpha + \beta)(\boldsymbol{x}) = \alpha(\boldsymbol{x}) + \beta(\boldsymbol{x}),\quad (c\alpha)(\boldsymbol{x}) = c\alpha(\boldsymbol{x})$$

で定める．ここで次の規約をおこう．

> $c \in \mathbb{K}$ に対し恒等的に値 c をとる線型汎函数 γ，すなわち
>
> $$\forall \boldsymbol{x} \in \mathbb{V}:\ \gamma(\boldsymbol{x}) = c$$
>
> をみたす γ を c で表す．

つまり

$$\forall \boldsymbol{x} \in \mathbb{V}:\quad c(\boldsymbol{x}) = c$$

と定める．とくに恒等的に 0 の値をとる線型汎函数を 0 で表し**零汎函数**という．ここまでの定義により $\mathbb{V}^*$ は $\mathbb{K}$ 線型空間になる．$0 \in \mathbb{V}^*$ は $\mathbb{V}^*$ の零ベ

クトルである．$\mathbb{V}^*$ を $\mathbb{V}$ の**双対線型空間**(そうつい)という．**双対空間** (dual space) と略称することが多い．

問題 1.1 $\mathbb{V}^*$ が $\mathbb{K}$ 線型空間の公理をみたすことを確かめよ．

上で定めた規約により $\mathbb{K}$ は $\mathbb{V}^*$ の線型部分空間とみなせる．

$\mathbb{V}$ が**有限次元**の場合に双対空間 $\mathbb{V}^*$ の次元を調べよう．いま $\mathbb{V}$ の基底 $\mathcal{E}=\{\boldsymbol{e}_1,\boldsymbol{e}_2,\dots,\boldsymbol{e}_n\}$ をひとつとり線型汎函数 σ^1, $\sigma^2,\dots,\sigma^n$ を

$$\sigma^i(\boldsymbol{e}_j)=\begin{cases} 1 & (i=j \text{ のとき}) \\ 0 & (i\neq j \text{ のとき}) \end{cases}$$

と定めよう．各 $\boldsymbol{x}$ を

$$\boldsymbol{x}=x^1\boldsymbol{e}_1+x^2\boldsymbol{e}_2+\cdots+x^n\boldsymbol{e}_n$$

と表示してみると

$$\sigma^i(\boldsymbol{x})=\sigma^i\left(x^1\boldsymbol{e}_1+x^2\boldsymbol{e}_2+\cdots+x^n\boldsymbol{e}_n\right)=x^i$$

であるから σ^i は $\boldsymbol{x}$ の第 i 番目の座標を与える函数である．さて $\alpha\in\mathbb{V}^*$ に対し

$$\alpha(\boldsymbol{x})=\alpha\left(\sum_{j=1}^n x^j\boldsymbol{e}_j\right)=\sum_{j=1}^n x^j\alpha(\boldsymbol{e}_j)=\sum_{j=1}^n \alpha(\boldsymbol{e}_j)\sigma^j(\boldsymbol{x})$$

であるから

$$\alpha=\sum_{j=1}^n \alpha(\boldsymbol{e}_j)\sigma^j$$

と表せる．

次に

$$c_1\sigma^1+c_2\sigma^2+\cdots+c_n\sigma^n=0\in\mathbb{V}^*$$

とおく．両辺に $\boldsymbol{e}_j$ を代入すると $c_j=0$ が得られるから $\Sigma=\{\sigma^1,\sigma^2,\dots,\sigma^n\}$ は $\mathbb{V}^*$ の基底である．これを $\mathbb{V}^*$ の $\mathcal{E}$ に双対的な基

底という．$\mathcal{E}$ の**双対基底** (dual basis) と略称することが多い．とくに $\dim \mathbb{V} = \dim \mathbb{V}^*$ である．

註 1.1 有限次元ベクトル空間 $\mathbb{V}$ の元をベクトルとよぶことにあわせて $\mathbb{V}^*$ の元を**コベクトル** (covector) ともよぶ．

定義 1.1 $\alpha \in \mathbb{V}^*$ に対し $\alpha_i = \alpha(\boldsymbol{e}_i)$ を α の基底 $\mathcal{E} = \{\boldsymbol{e}_1, \boldsymbol{e}_2, \ldots, \boldsymbol{e}_n\}$ に関する第 i 成分とよぶ．

$\boldsymbol{x} \in \mathbb{V}$ と $\alpha \in \mathbb{V}^*$ に対し**双対積** $\langle \alpha, \boldsymbol{x} \rangle$ を

$$\langle \alpha, \boldsymbol{x} \rangle = \alpha(\boldsymbol{x}) \tag{1.1}$$

で定める．双対積は**ペアリング** (pairing) とか**採値写像** (evaluation map) ともよばれる．双対積を $\mathbb{V} = \mathbb{K}^n$ のときに考えてみよう．

$$\mathbb{K}^n = \left\{ \mathbf{x} = \begin{pmatrix} x^1 \\ x^2 \\ \vdots \\ x^n \end{pmatrix} \middle| \ x^1, x^2, \ldots, x^n \in \mathbb{K} \right\}$$

に対し，標準基底 $\mathcal{E} = \{\boldsymbol{e}_1, \boldsymbol{e}_2, \ldots, \boldsymbol{e}_n\}$ の双対基底を $\Sigma = \{\sigma^1, \sigma^2, \ldots, \sigma^n\}$ とすると $\mathbf{x} = (x^1, x^2, \ldots, x^n) = \sum_{j=1}^{n} x^j \boldsymbol{e}_i$ に対し

$$\sigma^j(\mathbf{x}) = x^j, \quad j = 1, 2, \ldots, n.$$

$\alpha \in (\mathbb{K}^n)^*$ を Σ を用いて $\alpha = \sum_{i=1}^{n} \alpha_i \sigma^i$ と表すと

$$\begin{aligned} \alpha(\mathbf{x}) &= \sum_{i=1}^{n} \alpha_i \sigma^i(\mathbf{x}) = \sum_{i=1}^{n} \alpha_i \sigma^i \left(\sum_{j=1}^{n} x^j \boldsymbol{e}_j \right) \\ &= \sum_{i=1}^{n} \sum_{j=1}^{n} \alpha_i x^j \sigma^i(\boldsymbol{e}_j) = \sum_{i=1}^{n} \sum_{j=1}^{n} \alpha_i x^j \delta_j{}^i = \sum_{i=1}^{n} \alpha_i x^i. \end{aligned}$$

行ベクトル $(\alpha_1, \alpha_2, \ldots, \alpha_n) \in \mathbb{K}_n$ を用いると

$$\langle \alpha, \mathbf{x} \rangle = \alpha(\mathbf{x}) = (\alpha_1, \alpha_2, \ldots, \alpha_n)\mathbf{x} = (\alpha_1, \alpha_2, \ldots, \alpha_n) \begin{pmatrix} x^1 \\ x^2 \\ \vdots \\ x^n \end{pmatrix}$$

と書き直せることから α は行ベクトル $(\alpha_1, \alpha_2, \ldots, \alpha_n)$ をベクトル $\mathbf{x} \in \mathbb{K}^n$ に左からかける操作のことである．ということは $\alpha \in (\mathbb{K}^n)^*$ は $(\alpha_1, \alpha_2, \ldots, \alpha_n) \in \mathbb{K}_n$ のことだと思って構わない．以上の観察から

$$\mathbb{K}_n = \{\alpha = (\alpha_1, \alpha_2, \ldots, \alpha_n) \mid \alpha_1, \alpha_2, \ldots, \alpha_n \in \mathbb{K}\}$$

と思うことができる．$\mathbb{K}^n$ の双対空間をとる操作は「行列の転置」のことなのである．ところで $\mathbb{K}_n$ も $\mathbb{K}$ 線型空間だから $(\mathbb{K}_n)^*$ を考えることができる．双対空間をとる操作は「行列の転置」であるならば $(\mathbb{K}_n)^* = \mathbb{K}_n$ と元に戻るはずである．きちんと確かめておこう．$\mathbb{K}_n$ の基底 $\{\boldsymbol{e}^1, \boldsymbol{e}^2, \ldots, \boldsymbol{e}^n\}$ を

$$\boldsymbol{e}^1 = (1, 0, 0, \ldots, 0, 0),\ \boldsymbol{e}^2 = (0, 1, 0, \ldots, 0, 0),\ \ldots,\ \boldsymbol{e}^n = (0, 0, 0, \ldots, 0, 1)$$

と選ぶ（これを $\mathbb{K}_n$ の**標準基底**という）．各 $\alpha \in \mathbb{K}_n$ は $\alpha = \sum_{j=1}^{n} \alpha_j \boldsymbol{e}^j$ と表せる．$\{\boldsymbol{e}^1, \boldsymbol{e}^2, \ldots, \boldsymbol{e}^n\}$ の双対基底を $\{\sigma_1, \sigma_2, \ldots, \sigma_n\}$ としよう．定義より $\sigma_i(\boldsymbol{e}^j) = \delta_i{}^j$ である．

$$X = \sum_{i=1}^{n} x^i \sigma_i \in (\mathbb{K}_n)^*$$

に対し $\mathbf{x} = \sum_{i=1}^{n} x^i \boldsymbol{e}_i \in \mathbb{K}^n$ とおくと

$$\begin{aligned}\langle X,\alpha\rangle =&X(\alpha)=\sum_{i=1}^{n}x^i\sigma_i\left(\sum_{j=1}^{n}\alpha_j\boldsymbol{e}^j\right)=\sum_{i=1}^{n}\sum_{j=1}^{n}x^i\alpha_j\sigma_i(\boldsymbol{e}^j)\\ =&\sum_{i=1}^{n}\sum_{j=1}^{n}x^i\alpha_j\delta_i{}^j=\sum_{i=1}^{n}x^i\alpha_i\\ =&(x^1,x^2,\ldots,x^n)\begin{pmatrix}\alpha_1\\ \alpha_2\\ \vdots\\ \alpha_n\end{pmatrix}=(\alpha_1,\alpha_2,\ldots,\alpha_n)\begin{pmatrix}x^1\\ x^2\\ \vdots\\ x^n\end{pmatrix}\end{aligned}$$

であるから

$$\langle X,\alpha\rangle=\langle\alpha,\mathbf{x}\rangle$$

という関係式が得られた．$X\in(\mathbb{K}_n)^*$ は $\alpha\in\mathbb{K}_n$ に**右**から $\boldsymbol{x}=\sum_{i=1}^{n}x^i\boldsymbol{e}_i\in\mathbb{K}^n$ をかける操作である．そこで $X\in(\mathbb{K}_n)^*$ と $\mathbf{x}\in\mathbb{K}^n$ を同じものと考えてしまう．すると

$$\langle\alpha,\mathbf{x}\rangle=\langle\mathbf{x},\alpha\rangle$$

という関係式になる．以上の観察から

$$\{(\mathbb{K}^n)^*\}^*=\mathbb{K}^n$$

であることがわかった．

一般の n 次元 $\mathbb{K}$ 線型空間に話を戻す．双対空間 $\mathbb{V}^*$ 自身，線型空間なので，その双対空間 $\mathbb{V}^{**}=(\mathbb{V}^*)^*$ を考えることができる．これを $\mathbb{V}$ の**重双対空間**（bi-dual space）という．$X\in\mathbb{V}^{**}$ は $\mathbb{V}^*$ から $\mathbb{K}$ への線型写像，すなわち各 $\alpha\in\mathbb{V}^*$ にスカラー $X(\alpha)\in\mathbb{K}$ を対応させる線型写像

$$X:\mathbb{V}^*\to\mathbb{K};\ \alpha\longmapsto X(\alpha)\in\mathbb{K}$$

である．ここで $\boldsymbol{x}\in\mathbb{V}$ に対し $\phi_{\boldsymbol{x}}\in\mathbb{V}^{**}$ を

$$\phi_{\boldsymbol{x}}(\alpha)=\alpha(\boldsymbol{x})$$

で定義できることに注意しよう．定義より $\phi_{\boldsymbol{x}} : \mathbb{V}^* \to \mathbb{K}$ である．各 $\boldsymbol{x} \in \mathbb{V}$ に $\phi_{\boldsymbol{x}} \in \mathbb{V}^{**}$ を対応させてみよう．すなわち，写像 ϕ を

$$\phi : \mathbb{V} \to \mathbb{V}^{**}; \quad \boldsymbol{x} \longmapsto \phi_{\boldsymbol{x}}$$

で定義する．この ϕ は線型である．実際

$$\phi_{a\boldsymbol{x}+b\boldsymbol{y}}(\alpha) = \alpha(a\boldsymbol{x}+b\boldsymbol{y}) = a\alpha(\boldsymbol{x}) + b\alpha(\boldsymbol{y}) = a\phi_{\boldsymbol{x}}(\alpha) + b\phi_{\boldsymbol{y}}(\alpha).$$

さらに ϕ は単射である．$\dim \mathbb{V} = \dim \mathbb{V}^* = \dim(\mathbb{V}^*)^*$ であるから ϕ は線型同型写像である．以後，この同型を介して

$$\mathbb{V}^{**} = \mathbb{V}$$

と見なす．

問題 1.2 ϕ が単射であることを確かめよ．

註 1.2 (canonical isomorphism) 同型 $\mathbb{V} \cong \mathbb{V}^{**}$ は基底を用いずに定まることに注意．一方，$\mathbb{V} \cong \mathbb{V}^*$ は基底を一組決めないと定まらない．$\mathbb{V} \cong \mathbb{V}^{**}$ のように基底の選び方に依存しない同型を **canonical isomorphism** という．

註 1.3 (無限次元のとき) $\mathbb{V}$ が無限次元のときは $\mathbb{V}^{**} \cong \mathbb{V}$ ではない．$\phi : \mathbb{V} \to \mathbb{V}^{**}$ は単射線型写像にすぎない．すなわち一般には $\mathbb{V}$ は $\mathbb{V}^{**}$ の線型部分空間であることしかいえない．無限次元の線型空間 $\mathbb{V}$ を扱う際には $\mathbb{V}$ に位相を指定し，$\mathbb{V}$ 上の連続な線型汎函数全体を $\mathbb{V}^*$ と定める[*1]．$\mathbb{V}^{**} = \mathbb{V}$ をみたすとき無限次元線型空間 $\mathbb{V}$ は**反射的**（reflexive）であると言われる．1.6 節で採り上げる．

この節の最後に双対基底の変換法則を調べておこう．n 次元 $\mathbb{K}$ 線型空間 $\mathbb{V}$ の基底 $\mathcal{E} = \{\boldsymbol{e}_1, \boldsymbol{e}_2, \ldots, \boldsymbol{e}_n\}$ と $\tilde{\mathcal{E}} = \{\tilde{\boldsymbol{e}}_1, \tilde{\boldsymbol{e}}_2, \ldots, \tilde{\boldsymbol{e}}_n\}$ を採り，それぞれの双対基底を $\varSigma = \{\sigma^1, \sigma^2, \ldots, \sigma^n\}$ および双対基底を $\widetilde{\varSigma} = \{\tilde{\sigma}^1, \tilde{\sigma}^2, \ldots, \tilde{\sigma}^n\}$

[*1] $\mathbb{V}$ が有限次元のときは $\mathbb{V}$ には標準的な位相が定まっており，線型汎函数は自動的に連続なので，「連続な線型汎函数」という仮定は制限にならない（定理 1.18）．

とする．基底 $\mathcal{E}$ から $\tilde{\mathcal{E}}$ への取り替え行列を $P=({p_j}^i)\in \mathrm{GL}_n\mathbb{K}$ とする．すなわち

$$(\tilde{\boldsymbol{e}}_1,\tilde{\boldsymbol{e}}_2,\ldots,\tilde{\boldsymbol{e}}_n)=(\boldsymbol{e}_1,\boldsymbol{e}_2,\ldots,\boldsymbol{e}_n)P.$$

すると Σ から $\widetilde{\Sigma}$ の取り替え行列は $({}^tP)^{-1}$ であることが確かめられる．すなわち

$$(\tilde{\sigma}^1,\tilde{\sigma}^2,\ldots,\tilde{\sigma}^n)=(\sigma^1,\sigma^2,\ldots,\sigma^n)({}^tP)^{-1} \tag{1.2}$$

が成り立つ (節末問題 1.1.4)．双対基底の変換法則は

$$\begin{pmatrix}\sigma^1\\ \sigma^2\\ \vdots\\ \sigma^n\end{pmatrix}=P\begin{pmatrix}\tilde{\sigma}^1\\ \tilde{\sigma}^2\\ \vdots\\ \tilde{\sigma}^n\end{pmatrix}$$

と書き直せる．双対基底に同伴する線型座標系の変換法則を求めよう．

$$\alpha=\sum_{j=1}^n\alpha_j\sigma^j=\sum_{i=1}^n\tilde{\alpha}_i\tilde{\sigma}^i$$

と2通りに表す．

$$\alpha=\sum_{i=1}^n\tilde{\alpha}_i\tilde{\sigma}^i=\sum_{i=1}^n\tilde{\alpha}_i\left(\sum_{j=1}^n{p_j}^i\tilde{\sigma}^j\right)=\sum_{j=1}^n\left(\sum_{i=1}^n\tilde{\alpha}_i{p_j}^i\right)\tilde{\sigma}^j$$

より

$$(\alpha_1,\alpha_2,\ldots,\alpha_n)=(\tilde{\alpha}_1,\tilde{\alpha}_2,\ldots,\tilde{\alpha}_n)P$$

を得る．以上を整理しよう．

命題 1.1 n 次元 $\mathbb{K}$ 線型空間 $\mathbb{V}$ において2組の基底 $\mathcal{E}=\{\boldsymbol{e}_1,\boldsymbol{e}_2,\ldots,\boldsymbol{e}_n\}$ と $\bar{\mathcal{E}}=\{\tilde{\boldsymbol{e}}_1,\tilde{\boldsymbol{e}}_2,\ldots,\tilde{\boldsymbol{e}}_n\}$ を採り，それぞれの双対基底を $\Sigma=\{\sigma^1,\sigma^2,\ldots,\sigma^n\}$ および双対基底を $\widetilde{\Sigma}=\{\tilde{\sigma}^1,\tilde{\sigma}^2,\ldots,\tilde{\sigma}^n\}$ とする．これらに同伴する線型座標系を

$$\varphi_{\mathcal{E}}(\boldsymbol{x}) = (x^1, x^2, \ldots, x^n), \quad \varphi_{\tilde{\mathcal{E}}}(\boldsymbol{x}) = (\tilde{x}^1, \tilde{x}^2, \ldots, \tilde{x}^n),$$
$$\varphi_{\Sigma}(\alpha) = (\alpha_1, \alpha_2, \ldots, \alpha_n), \quad \varphi_{\tilde{\Sigma}}(\alpha) = (\tilde{\alpha}_1, \tilde{\alpha}_2, \ldots, \tilde{\alpha}_n)$$

とするとき，基底の変換法則および座標変換法則は次で与えられる．

反変ベクトルの変換法則

$$(\tilde{\boldsymbol{e}}_1, \tilde{\boldsymbol{e}}_2, \ldots, \tilde{\boldsymbol{e}}_n) = (\boldsymbol{e}_1, \boldsymbol{e}_2, \ldots, \boldsymbol{e}_n)P, \quad \begin{pmatrix} x^1 \\ x^2 \\ \vdots \\ x^n \end{pmatrix} = P \begin{pmatrix} \tilde{x}^1 \\ \tilde{x}^2 \\ \vdots \\ \tilde{x}^n \end{pmatrix}$$

共変ベクトルの変換法則

$$\begin{pmatrix} \sigma^1 \\ \sigma^2 \\ \vdots \\ \sigma^n \end{pmatrix} = P \begin{pmatrix} \tilde{\sigma}^1 \\ \tilde{\sigma}^2 \\ \vdots \\ \tilde{\sigma}^n \end{pmatrix}, \quad (\alpha_1, \alpha_2, \ldots, \alpha_n) = (\tilde{\alpha}_1, \tilde{\alpha}_2, \ldots, \tilde{\alpha}_n)P$$

変換法則 (1.2) で見たように $\mathbb{V}$ と $\mathbb{V}^*$ で基底の取り替え行列が $P \longmapsto ({}^tP)^{-1}$ という関係で結びついている．この関係を次のように言い表す．$\mathbb{V}$ の元を**反変ベクトル**（contravariant vector），$\mathbb{V}^*$ の元を**共変ベクトル**（covariant vector）という．

《節末問題》

以下 $\mathbb{R}^n$ の元をスペースの都合でヨコに表記する．

節末問題 1.1.1 $\mathbb{R}^2$ の基底 $\{\boldsymbol{a}_1 = (1,9), \boldsymbol{a}_2 = (0,1)\}$ の双対基底を求めよ．

節末問題 1.1.2 $\mathbb{R}^3$ の基底 $\{\boldsymbol{a}_1 = (1,a,b), \boldsymbol{a}_2 = (0,1,c), \boldsymbol{a}_3 = (0,0,1)\}$ の双対基底を求めよ．

節末問題 1.1.3 $\mathbb{R}^3$ の基底 $\{\boldsymbol{a}_1 = (1,2,2), \boldsymbol{a}_2 = (2,1,3), \boldsymbol{a}_3 = (2,-1,2)\}$ の双対基底を求めよ．

節末問題 1.1.4 変換法則 (1.2) を確かめよ．

節末問題 1.1.5 線型部分空間 $\mathbb{W} \subset \mathbb{V}$ に対し

$$\mathbb{W}^\circ = \{\alpha \in \mathbb{V}^* \mid \forall \boldsymbol{x} \in \mathbb{W}:\ \alpha(\boldsymbol{x}) = 0\}$$

とおく．以下を示せ．

(1) $\mathbb{W}^\circ$ は $\mathbb{V}^*$ の線型部分空間である．$\mathbb{W}^\circ$ を $\mathbb{W}$ の**零化空間**（annihilator）とよぶ．

(2) $\dim \mathbb{W} + \dim \mathbb{W}^\circ = \dim \mathbb{V}$, $(\mathbb{W}^\circ)^\circ = \mathbb{W}$.

(3) $\mathbb{W}^\circ \cong (\mathbb{V}/\mathbb{W})^*$, $\mathbb{W}^* \cong \mathbb{V}^*/\mathbb{W}^\circ$.

(4) 線型部分空間 $\mathbb{W}_1$, $\mathbb{W}_2$ に対し

$$(\mathbb{W}_1 + \mathbb{W}_2)^\circ = \mathbb{W}_1^\circ \cap \mathbb{W}_2^\circ, \quad (\mathbb{W}_1 \cap \mathbb{W}_2)^\circ = \mathbb{W}_1^\circ + \mathbb{W}_2^\circ,$$
$$\mathbb{W}_1 \subset \mathbb{W}_2 \Longrightarrow \mathbb{W}_2^\circ \subset \mathbb{W}_1^\circ.$$

節末問題 1.1.6 線型写像 $f : \mathbb{V}_1 \to \mathbb{V}_2$ と $\alpha \in \mathbb{V}_2^*$ の合成 $\alpha \circ f$ のことを $f^*\alpha$ と書き α の f による**引き戻し**（pull-back）という．α に $f^*\alpha$ を対応させることで写像 $f^* : \mathbb{V}_2^* \to \mathbb{V}_1^*$ が定まる．f^* を f の**双対写像**（dual map）とよぶ（${}^t f$ とも表す）．以下を示せ．

(1) f^* は線型写像．

(2) $(f^*)^* = f$.

(3) $\operatorname{Ker} f^* = f(\mathbb{V}_1)^\circ$, $f^*(\mathbb{V}_2^*) = (\operatorname{Ker} f)^\circ$.

【コラム】 物理学を学んだ読者は canonical という言葉を解析力学の正準変換 (canonical transformation) などで目にしたことがあるだろう．正準という訳語は山内恭彦 (1902–1986) による．こんにち，canon（ドイツ語：kanon）は正式の経典を指す言葉として用いられている．物理学者，後藤憲一は次のように述べている [29].

モーペルテュイは，力学の原理も，それがフェルマの原理のように，造物主の目的にかなうように運動が起こるという形に述べられねばならないと考えた．(⋯) ヤコービは，ハミルトンが導いた運動方程式を"canonical equation"とよんだ．(⋯) つまり，単に非常に整った標準的な形のものというよりは，モーペルテュイが主張した造物主の意思にかなった正典的な理論形式であるという意味がこめられていると思われる．

数学用語の canonical については次のように述べている．

kanon は神学以前に，ギリシアの大工の基準棒であって、一般的に基準の意味に使うことができる．(⋯) 数学でも canonical matrix とか，いろいろな場合に（ことに最近ホモロジーなどで）よく使われている．これらでは，すでに神学的な匂いは薄れていて，古いギリシアにもどった単に標準的という意味で，すこしもったいをつけて呼んだのである．

1937 年創業のキヤノン株式会社の前身である精機光学研究所 (1933) が最初に試作した距離計カメラはカンノン（KWANON）という名称であった．「聖典」「規範」「標準」 の意味をもつ canon をカメラのブランドネームに採用し，その後，社名をキヤノンカメラ株式会社 (1947) としたのであった (1969 年に現在のキヤノン株式会社に変更)．インターネットのない時代，著者が canon に「基準」などの意味があることを初めて知ったのは「キヤノンのすべて」(朝日ソノラマ，1976) という本によってであった（中学 2 年生のときのこと）.

1.2　双線型形式

$\mathbb{R}^n$ の内積のもつ性質を抽象化して考察するのが，この節の目的である．まず $\mathbb{R}^n$ の自然な内積（標準内積，ユークリッド内積）を復習しよう．
$\mathbf{x} = (x^1, x^2, \ldots, x^n)$，$\mathbf{y} = (y^1, y^2, \ldots, y^n) \in \mathbb{R}^n$ の自然な内積は

$$(\mathbf{x}|\mathbf{y}) = {}^t\mathbf{x}\mathbf{y} = \sum_{i=1}^{n} x^i y^i$$

で定義される．内積 $(\cdot|\cdot)$ は次の性質をみたしている：

$$\forall a, b \in \mathbb{R},\ \forall \mathbf{x}, \mathbf{y}, \mathbf{z} \in \mathbb{R}^n :\ (a\mathbf{x} + b\mathbf{y} \,|\, \mathbf{z}) = a(\mathbf{x} \,|\, \mathbf{z}) + b(\mathbf{y} \,|\, \mathbf{z}),$$
$$\forall a, b \in \mathbb{R},\ \forall \mathbf{x}, \mathbf{y}, \mathbf{z} \in \mathbb{R}^n :\ (\mathbf{x} \,|\, a\mathbf{y} + b\mathbf{z}) = a(\mathbf{x} \,|\, \mathbf{y}) + b(\mathbf{x} \,|\, \mathbf{z}).$$

この性質に着目する．

定義 1.2 $\mathbb{K}$ 線型空間 $\mathbb{V}$ 上の 2 変数函数 f を考える．f は $\mathbb{V}$ の 2 つの元からなる順序のついた組 $(\boldsymbol{x}, \boldsymbol{y})$ に対し，スカラー $\mathsf{f}(\boldsymbol{x}, \boldsymbol{y}) \in \mathbb{K}$ を対応させる規則である．

2 変数函数 $\mathsf{f} : \mathbb{V} \times \mathbb{V} \to \mathbb{K}$ がすべての $\boldsymbol{x}$，$\boldsymbol{y}$，$\boldsymbol{z} \in \mathbb{V}$，すべての $a, b \in \mathbb{K}$ に対し

$$\mathsf{f}(a\boldsymbol{x} + b\boldsymbol{y}, \boldsymbol{z}) = a\mathsf{f}(\boldsymbol{x}, \boldsymbol{z}) + b\mathsf{f}(\boldsymbol{y}, \boldsymbol{z}),$$
$$\mathsf{f}(\boldsymbol{x}, a\boldsymbol{y} + b\boldsymbol{z}) = a\mathsf{f}(\boldsymbol{x}, \boldsymbol{y}) + b\mathsf{f}(\boldsymbol{x}, \boldsymbol{z})$$

をみたすとき，$\mathbb{V}$ 上の**双線型形式**（bilinear form）であるという．

双線型形式の典型例を 2 つ挙げよう．

例 1.1 (ユークリッド内積) $\mathbb{V} = \mathbb{R}^n$ において

$$(\mathbf{x}|\mathbf{y}) = \sum_{i=1}^{n} x^i y^i$$

と定めると $(\cdot|\cdot) : \mathbb{R}^n \times \mathbb{R}^n \to \mathbb{R}$ は双線型形式であり，とくに

$$(\mathbf{x}|\mathbf{y}) = (\mathbf{y}|\mathbf{x})$$

をみたしている．この双線型形式は $\mathbb{R}^n$ の**自然な内積**（natural inner product），**ユークリッド内積**（Euclidean inner product）または**標準内積**（standard inner product）とよばれる．ユークリッド内積を $\mathbb{R}^n$ に与えたものを n 次元**ユークリッド空間**（Euclidean n-space）とよび $\mathbb{E}^n$ で表す．$\mathbb{E}^1$ および $\mathbb{E}^2$ は**ユークリッド直線**（Euclidean line），**ユークリッド平面**（Euclidean plane）ともよばれる．

例 1.2 (行列式) $\mathbb{K}^2$ の行列式函数

$$\det : \mathbb{K}^2 \times \mathbb{K}^2 \to \mathbb{K};\ \det(\mathbf{x}, \mathbf{y}) = \begin{vmatrix} x^1 & y^1 \\ x^2 & y^2 \end{vmatrix} = x^1y^2 - x^2y^1$$

は双線型形式で

$$\det(\mathbf{x}, \mathbf{y}) = -\det(\mathbf{y}, \mathbf{x})$$

をみたす．

これらの例をもとに次の定義をしよう．

定義 1.3 $\mathsf{f}(\boldsymbol{x}, \boldsymbol{y}) = \mathsf{f}(\boldsymbol{y}, \boldsymbol{x})$ をみたす双線型形式を**対称双線型形式**（symmetric bilinear form）という．また $\mathsf{f}(\boldsymbol{x}, \boldsymbol{y}) = -\mathsf{f}(\boldsymbol{y}, \boldsymbol{x})$ をみたす双線型形式を**交代双線型形式**（skew-symmetric bilinear form）という．

$\mathbb{R}^n$ の内積は対称双線型形式．$\mathbb{K}^2$ の行列式函数は交代双線型形式である．

命題 1.2 双線型形式 f について次の 2 条件は同値である．

(1) すべての $\boldsymbol{x}, \boldsymbol{y} \in \mathbb{V}$ に対し $\mathsf{f}(\boldsymbol{x}, \boldsymbol{y}) = -\mathsf{f}(\boldsymbol{y}, \boldsymbol{x})$.

(2) すべての $\boldsymbol{x} \in \mathbb{V}$ に対し $\mathsf{f}(\boldsymbol{x}, \boldsymbol{x}) = 0$.

【証明】 (1) $\Longrightarrow$ (2) : $\boldsymbol{y} = \boldsymbol{x}$ と選べばよい.
(2) $\Longrightarrow$ (1) : $\boldsymbol{x} + \boldsymbol{y}$ を f の両方のスロットに入れれば $\mathsf{f}(\boldsymbol{x}, \boldsymbol{y}) + \mathsf{f}(\boldsymbol{y}, \boldsymbol{x}) = 0$ が得られる. ■

「わざわざ命題として掲げるほどの事実？」と思った読者も多いだろう．この本では $\mathbb{K}$ 上の線型空間を扱っているので特段の重要性を感じないが，標数 2 の体上で双線型形式を考える際には (1) と (2) の差に注意が必要なのである．一般の体上の多重線型代数に関心のない読者は先に進もう．気になる読者は次の註に目を通してほしい．

註 1.4 (標数 2) 標数 2 の体 F の単位元を 1_F とする．零元を 0_F とする．$1_F + 1_F = 0_F$ であるから，すべての $\lambda \in F$ に対し $\lambda = -\lambda$ が成り立つ．したがって双線型形式 f はつねに $\mathsf{f}(\boldsymbol{x}, \boldsymbol{y}) = -\mathsf{f}(\boldsymbol{x}, \boldsymbol{y})$ をみたす．したがって

(1) すべての $\boldsymbol{x}$，$\boldsymbol{y} \in \mathbb{V}$ に対し $\mathsf{f}(\boldsymbol{x}, \boldsymbol{y}) = \mathsf{f}(\boldsymbol{y}, \boldsymbol{x})$ をみたす.

(2) すべての $\boldsymbol{x}$，$\boldsymbol{y} \in \mathbb{V}$ に対し $\mathsf{f}(\boldsymbol{x}, \boldsymbol{y}) = -\mathsf{f}(\boldsymbol{y}, \boldsymbol{x})$ をみたす.

この 2 条件は同値になってしまう．つまり交代双線型形式と対称双線型形式は同一の概念になってしまう．そこで標数 2 の体上の線型空間 $\mathbb{V}$ において双線型形式 f が交代双線型性形式であるとは $\mathsf{f}(\boldsymbol{x}, \boldsymbol{x}) = 0$ をみたすことと定義する.

有限次元実線型空間 $\mathbb{V}$ に対称双線型形式 f が与えられたとき

$$q[\boldsymbol{x}] = \mathsf{f}(\boldsymbol{x}, \boldsymbol{x})$$

で定まる $\mathbb{V}$ 上の函数のことを f の定める**二次形式** (quadratic form) とよぶ．二次形式 $q[\boldsymbol{x}]$ は

$$q[\lambda \boldsymbol{x}] = \lambda^2 q[\boldsymbol{x}], \quad \lambda \in \mathbb{R},$$

$$q[\boldsymbol{x} + \boldsymbol{y}] = \mathsf{f}(\boldsymbol{x} + \boldsymbol{y}, \boldsymbol{x} + \boldsymbol{y}) = q[\boldsymbol{x}] + q[\boldsymbol{y}] + 2\mathsf{f}(\boldsymbol{x}, \boldsymbol{y})$$

をみたす．そこで二次形式自体を次のように定義できる.

定義 1.4 (二次形式) 有限次元実線型空間 $\mathbb{V}$ 上の函数 $q[\cdot]$ が

(1) すべての $\lambda \in \mathbb{R}$ と $\boldsymbol{x} \in \mathbb{V}$ に対し

$$q[\lambda \boldsymbol{x}] = \lambda^2 \, q[\boldsymbol{x}].$$

(2) $\mathsf{f} : \mathbb{V} \times \mathbb{V} \to \mathbb{R}$ を

$$\mathsf{f}(\boldsymbol{x}, \boldsymbol{y}) = \frac{1}{2} \left(q[\boldsymbol{x} + \boldsymbol{y}] - q[\boldsymbol{x}] - q[\boldsymbol{y}] \right)$$

で定めたとき f は双線型写像である.

この2条件をみたす $q[\cdot]$ を $\mathbb{V}$ 上の**二次形式**とよぶ.

双線型写像の概念は次のように一般化される.

定義 1.5 3つの $\mathbb{K}$ 線型空間 $\mathbb{U}$, $\mathbb{V}$, $\mathbb{W}$ に対し，写像 $f : \mathbb{U} \times \mathbb{V} \to \mathbb{W}$ が

$$\forall a, b \in \mathbb{K}, \, \forall \boldsymbol{x}, \boldsymbol{y} \in \mathbb{U}, \, \boldsymbol{z} \in \mathbb{V} : \; f(a\boldsymbol{x} + b\boldsymbol{y}, \boldsymbol{z}) = af(\boldsymbol{x}, \boldsymbol{z}) + bf(\boldsymbol{y}, \boldsymbol{z}),$$
$$\forall a, b \in \mathbb{K}, \, \forall \boldsymbol{x} \in \mathbb{U}, \, \boldsymbol{y}, \boldsymbol{z} \in \mathbb{V} : \; f(\boldsymbol{x}, a\boldsymbol{y} + b\boldsymbol{z}) = af(\boldsymbol{x}, \boldsymbol{y}) + bf(\boldsymbol{x}, \boldsymbol{z})$$

をみたすとき，f を $\mathbb{U} \times \mathbb{V}$ から $\mathbb{W}$ への**双線型写像**（bilinear map）であるという.

$\mathbb{U} = \mathbb{V}$ かつ $\mathbb{W} = \mathbb{K}$ のとき双線型写像 $f : \mathbb{V} \times \mathbb{V} \to \mathbb{K}$ は双線型形式である.
また $\mathbb{U} = \mathbb{V}^*$ かつ $\mathbb{W} = \mathbb{K}$ のとき双線型写像 $f : \mathbb{V}^* \times \mathbb{V} \to \mathbb{K}$ は双対積（ペアリング）である.

問題 1.3 $\mathbb{U}$ と $\mathbb{V}$ を n 次元 $\mathbb{K}$ 線型空間とする. 双線型写像 $B : \mathbb{U} \times \mathbb{V} \to \mathbb{K}$ が与えられており，$\mathbb{U}$ の基底 $\{\boldsymbol{f}_1, \boldsymbol{f}_2, \ldots, \boldsymbol{f}_n\}$ と $\mathbb{V}$ の基底 $\{\boldsymbol{e}_1, \boldsymbol{e}_2, \ldots, \boldsymbol{e}_n\}$ で条件 $B(\boldsymbol{f}_i, \boldsymbol{e}_j) = \delta_{ij}$ $(1 \leq i, j \leq n)$ をみたすものが存在するとき $\sigma : \mathbb{U} \to \mathbb{V}$ を

$$\sigma(\boldsymbol{f})(\boldsymbol{x}) = B(\boldsymbol{f}, \boldsymbol{x})$$

で定めると σ は線型同型であることを確かめよ.

註 1.5 ペアリングはより広い対象について定義される概念である．可換環 K 上の加群（module）U, V, W に対し写像 $F: U \times V \to W$ で条件[*2]

$$F(a\boldsymbol{x} + b\boldsymbol{y}, \boldsymbol{w}) = aF(\boldsymbol{x}, \boldsymbol{w}) + bF(\boldsymbol{y}, \boldsymbol{w}), \quad a, b \in K, \quad \boldsymbol{x}, \boldsymbol{y} \in U, \boldsymbol{w} \in V,$$

$$F(\boldsymbol{x}, a\boldsymbol{v} + b\boldsymbol{w}) = aF(\boldsymbol{x}, \boldsymbol{v}) + bF(\boldsymbol{x}, \boldsymbol{w}), \quad a, b \in K, \quad \boldsymbol{x} \in U, \boldsymbol{v}, \boldsymbol{w} \in V$$

をみたすものをペアリングとよぶ．ペアリング F を用いて線型写像 $F_{\boldsymbol{x}}: V \to W$ を

$$F_{\boldsymbol{x}}(\boldsymbol{v}) = F(\boldsymbol{x}, \boldsymbol{v})$$

で定義できる．$F_{\boldsymbol{x}}$ は $\mathrm{Hom}_K(V, W)$ の元である．すべての $\boldsymbol{x} \in U$ に対し $F_{\boldsymbol{x}}$ が線型同型であるとき，このペアリングは**完全ペアリング**（perfect pairing）であると言われる．

ユークリッド空間 $\mathbb{E}^n$ をモデルとして次の定義を行う．

定義 1.6 $\mathbb{V}$ を有限次元実線型空間とする．対称双線型形式 f が条件（**正値性**）

$$\mathsf{f}(\boldsymbol{x}, \boldsymbol{x}) \geq 0, \ \ \mathsf{f}(\boldsymbol{x}) = 0 \text{ となるのは } \boldsymbol{x} = \boldsymbol{0} \text{ のときのみ}$$

をみたすとき $\mathbb{V}$ 上の**内積**（inner product）であるという．内積 f を $\mathbb{V}$ に指定したもの $(\mathbb{V}, \mathsf{f})$ を**ユークリッド線型空間**とよぶ．ユークリッド線型空間において，$\mathsf{f}(\boldsymbol{x}, \boldsymbol{y}) = 0$ のとき，$\boldsymbol{x}$ と $\boldsymbol{y}$ は直交するといい $\boldsymbol{x} \perp \boldsymbol{y}$ と表す．

実線型空間上の内積を表す表記法として

$$\langle \boldsymbol{x}, \boldsymbol{y} \rangle, \quad (\boldsymbol{x}, \boldsymbol{y}), \quad (\boldsymbol{x} | \boldsymbol{y})$$

などがよく用いられている．

より多くの例を得るために，線型汎函数から双線型形式をつくる操作を定めておこう．

[*2] この性質を双線型性という．

定義 1.7 線型汎函数 α, $\beta \in \mathbb{V}^*$ に対し

$$(\alpha \otimes \beta)(\boldsymbol{x}, \boldsymbol{y}) = \alpha(\boldsymbol{x})\beta(\boldsymbol{y}), \quad \boldsymbol{x}, \boldsymbol{y} \in \mathbb{V}$$

で双線型形式 $\alpha \otimes \beta$ を定めることができる．これを α と β の**テンソル積**（tensor product）という．

$\mathbb{V}$ 上の双線型形式の全体

$$\mathrm{T}_2^0(\mathbb{V}) = \{\mathsf{f} : \mathbb{V} \times \mathbb{V} \to \mathbb{K} \mid \mathsf{f} \text{ は双線型 }\}$$

に加法とスカラー倍を

$$(\mathsf{f} + \mathsf{g})(\boldsymbol{x}, \boldsymbol{y}) = \mathsf{f}(\boldsymbol{x}, \boldsymbol{y}) + \mathsf{g}(\boldsymbol{x}, \boldsymbol{y}), \quad (c\mathsf{f})(\boldsymbol{x}, \boldsymbol{y}) = c\mathsf{f}(\boldsymbol{x}, \boldsymbol{y}).$$

で定めると $\mathbb{K}$ 線型空間になる．この場合も零ベクトルは

$$0(\boldsymbol{x}, \boldsymbol{y}) = 0$$

で定まる双線型形式である．

$\mathbb{V}$ が有限次元のときに $\mathrm{T}_2^0(\mathbb{V})$ の次元を求めよう．$\dim \mathbb{V} = n$ とする．$\mathbb{V}$ の基底 $\mathcal{E} = \{\boldsymbol{e}_1, \boldsymbol{e}_2, \ldots, \boldsymbol{e}_n\}$ とその双対基底 $\Sigma = \{\sigma^1, \sigma^2, \ldots, \sigma^n\}$ を用いると

$$\begin{aligned}
\mathsf{f}(\boldsymbol{x}, \boldsymbol{y}) &= \mathsf{f}\left(\sum_{i=1}^{n} x^i \boldsymbol{e}_i, \sum_{j=1}^{n} y^j \boldsymbol{e}_j\right) = \sum_{i=1}^{n}\sum_{j=1}^{n} x^i y^j \mathsf{f}(\boldsymbol{e}_i, \boldsymbol{e}_j) \\
&= \sum_{i=1}^{n}\sum_{j=1}^{n} \mathsf{f}(\boldsymbol{e}_i, \boldsymbol{e}_j)\sigma^i(\boldsymbol{x})\sigma^j(\boldsymbol{y}) \\
&= \sum_{i=1}^{n}\sum_{j=1}^{n} \mathsf{f}(\boldsymbol{e}_i, \boldsymbol{e}_j)\,(\sigma^i \otimes \sigma^j)(\boldsymbol{x}, \boldsymbol{y})
\end{aligned}$$

と表せ $\{\sigma^i \otimes \sigma^j\}_{1 \leq i,j \leq n}$ は $\mathrm{T}_2^0(\mathbb{V})$ の基底であることが確かめられる．

問題 1.4 $\{\sigma^i \otimes \sigma^j\}_{1 \leq i,j \leq n}$ が線型独立であることを確かめよ．

したがって $\dim \mathrm{T}^0_2(\mathbb{V}) = n^2$. $\{\sigma^i \otimes \sigma^j\}_{1 \leq i,j \leq n}$ が $\mathrm{T}^0_2(\mathbb{V})$ の基底であることから

$$\mathrm{T}^0_2(\mathbb{V}) = \mathbb{V}^* \otimes \mathbb{V}^*$$

という記法もよく使われる. $\mathsf{f} \in \mathrm{T}^0_2(\mathbb{V})$ に対し基底 $\mathcal{E} = \{\boldsymbol{e}_1, \boldsymbol{e}_2, \ldots, \boldsymbol{e}_n\}$ を用いて

$$f_{ij} = f(\boldsymbol{e}_i, \boldsymbol{e}_j)$$

とおき, これを (i,j) 成分にもつ行列 $F = (f_{ij})$ を f の基底 $\mathcal{E}$ に関する**表現行列** (representation matrix) という. また各 f_{ij} を f の $\mathcal{E}$ に関する**成分** (component) という. $\boldsymbol{x} = \sum_{i=1}^{n} x^i \boldsymbol{e}_i$, $\boldsymbol{y} = \sum_{j=1}^{n} y^j \boldsymbol{e}_j$ に対し

$$\mathsf{f}(\boldsymbol{x}, \boldsymbol{y}) = \sum_{i,j=1}^{n} f_{ij} x^i y^j = (x^1 \ x^2 \ \ldots \ x^n) F \begin{pmatrix} y^1 \\ y^2 \\ \vdots \\ y^n \end{pmatrix}$$

と計算できることに注意しよう.

$\mathsf{f} \in \mathrm{T}^0_2(\mathbb{V})$ に対し

$$\mathsf{f}\text{ が対称線型形式} \iff F = (f_{ij}) \text{ は対称行列}$$
$$\mathsf{f}\text{ が交代線型形式} \iff F = (f_{ij}) \text{ は交代行列}$$

が成り立つ.

例 1.3 $\mathbb{V} = \mathbb{R}^n$ の自然な内積 $(\cdot|\cdot)$ の標準基底 $\{\mathbf{e}_1, \mathbf{e}_2, \ldots, \mathbf{e}_n\}$ に関する表現行列は n 次単位行列 $E = E_n$ である.

例 1.4 (行列式) $\mathbb{K}^2$ の行列式函数 $\det : \mathbb{K}^2 \times \mathbb{K}^2 \to \mathbb{K}$ の標準基底に関する $\det$ の表現行列は

$$\begin{pmatrix} 0 & 1 \\ -1 & 0 \end{pmatrix}$$

である．

双線型形式 f の基底 $\mathcal{E} = \{\boldsymbol{e}_1, \boldsymbol{e}_2, \ldots, \boldsymbol{e}_n\}$ に関する表現行列を $F = (f_{ij})$ とする．別の基底 $\widetilde{\mathcal{E}} = \{\widetilde{\boldsymbol{e}}_1, \widetilde{\boldsymbol{e}}_2, \ldots, \widetilde{\boldsymbol{e}}_n\}$ に関する表現行列を $\tilde{F} = (\tilde{f}_{ij})$ とする．基底の取り替え行列を $P = ({p_j}^i)$ としよう．すなわち $\widetilde{\boldsymbol{e}}_j = \sum_{i=1}^{n} {p_j}^i \boldsymbol{e}_i$.
F と $\tilde{F}$ の関係式を求めよう．

$$\tilde{f}_{ij} = f\left(\sum_{k=1}^{n} {p_i}^k \boldsymbol{e}_i, \sum_{l=1}^{n} {p_j}^l \boldsymbol{e}_i\right) = \sum_{k,l=1}^{n} {p_i}^k {p_j}^l f_{kl} = \sum_{k=1}^{n}(\sum_{l=1}^{n} {({}^tP)_l}^j f_{kl}){p_i}^k$$

より

$$\tilde{F} = {}^tPFP \tag{1.3}$$

を得る．後々，説明される「テンソル」の概念を用いると，双線型形式は**2階共変テンソル**とか $(0,2)$ 型テンソルと言い表せる．用語の先取りになるが，双線型形式の変換法則を次のように表示しておく．

2階共変テンソルの変換法則

$$(\tilde{\boldsymbol{e}}_1, \tilde{\boldsymbol{e}}_2, \ldots, \tilde{\boldsymbol{e}}_n) = (\boldsymbol{e}_1, \boldsymbol{e}_2, \ldots, \boldsymbol{e}_n)P, \quad \tilde{F} = {}^tPFP$$

行列式を計算すると

$$\det \tilde{F} = \det P \cdot \det F \cdot \det P = (\det P)^2 \ \det F$$

であるから $\det F \neq 0 \iff \det \tilde{F} \neq 0$ が言える．つまり表現行列が正則であるかどうかは**基底の選び方に依存しない**．そこで次の定義を与える．

定義 1.8 n 次元 $\mathbb{K}$ 線型空間 $\mathbb{V}$ 上の双線型形式 f の表現行列が正則であるとき，f は**非退化** (non-degenerate) であるという．

非退化性を定義する際に基底を利用したが，基底を用いない定義をしておくと都合がよい．そのために次の補題を証明してほしい．

補題 1.1 n 次元 $\mathbb{K}$ 線型空間 $\mathbb{V}$ 上の双線型形式 f に対し次の 3 つの条件は互いに同値である．

(1) f は非退化．

(2) $\forall \boldsymbol{x} \in \mathbb{V}: \mathsf{f}(\boldsymbol{x}, \boldsymbol{y}) = 0 \Longrightarrow \boldsymbol{y} = \boldsymbol{0}$.

(3) $\forall \boldsymbol{y} \in \mathbb{V}: \mathsf{f}(\boldsymbol{x}, \boldsymbol{y}) = 0 \Longrightarrow \boldsymbol{x} = \boldsymbol{0}$.

問題 1.5 補題 1.1 を証明せよ．

基底の取り替えの下で成分がどう変わるかを説明する関係式 (1.3) を具体的に書くと

$$\tilde{f}_{ij} = \sum_{k,l=1}^{n} f_{kl}\, {p_i}^k {p_j}^l \tag{1.4}$$

である．(1.3) および (1.4) を双線型形式の**成分変換則**とよぶ．

ここで

$$\mathrm{S}^2(\mathbb{V}) = \{\mathsf{f} \in \mathbb{V}^* \otimes \mathbb{V}^* \ |\mathsf{f}(\boldsymbol{x}, \boldsymbol{y}) = \mathsf{f}(\boldsymbol{x}, \boldsymbol{y})\},$$
$$\mathrm{A}^2(\mathbb{V}) = \{\mathsf{f} \in \mathbb{V}^* \otimes \mathbb{V}^* \ |\mathsf{f}(\boldsymbol{x}, \boldsymbol{y}) = -\mathsf{f}(\boldsymbol{x}, \boldsymbol{y})\}$$

とおく．これらはともに $\mathbb{V}^* \otimes \mathbb{V}^*$ の線型部分空間である（確かめよ）．これらの線型部分空間の基底を求めるために次の二つの操作を定義する．

定義 1.9 (対称積) $\alpha, \beta \in \mathbb{V}^*$ に対し

$$\alpha \odot \beta = \frac{1}{2}(\alpha \otimes \beta + \beta \otimes \alpha)$$

と定めると $\alpha \odot \beta \in \mathrm{S}^2(\mathbb{V})$ である．$\alpha \odot \beta$ を α と β の**対称積**（symmetric product）という．

定義 1.10 (交代積・外積) $\alpha, \beta \in \mathbb{V}^*$ に対し

$$\alpha \wedge \beta = \alpha \otimes \beta - \beta \otimes \alpha$$

と定めると $\alpha\wedge\beta \in \mathrm{A}^2(\mathbb{V})$ である．$\alpha\wedge\beta$ を α と β の**外積** (exterior product) または**交代積**とよぶ．

対称積と外積の定義の仕方が不揃いであるが，そこは気にしない[*3]．これは

$$\alpha \otimes \alpha = \alpha \odot \alpha$$

が成り立つようにするための規約である．例 1.1 と例 1.2 も参照されたい．

$\mathrm{S}^2(\mathbb{V})$ と $\mathrm{A}^2(\mathbb{V})$ との次元を求めよう．$\mathsf{f} \in \mathrm{T}^0_2(\mathbb{V})$ に対し

$$\begin{aligned}
\mathsf{f}(\boldsymbol{x},\boldsymbol{y}) = & \sum_{i=1}^{n}\sum_{j=1}^{n} x^i y^j f(\boldsymbol{e}_i,\boldsymbol{e}_j) = \sum_{i=1}^{n}\sum_{j=1}^{n} f(\boldsymbol{e}_i,\boldsymbol{e}_j)\sigma^i(\boldsymbol{x})\sigma^j(\boldsymbol{y}) \\
= & \sum_{i=1}^{n}\sum_{j=1}^{n} \mathsf{f}(\boldsymbol{e}_i,\boldsymbol{e}_j)\,(\sigma^i\otimes\sigma^j)(\boldsymbol{x},\boldsymbol{y}) \\
= & \sum_{i=1}^{n} \mathsf{f}(\boldsymbol{e}_i,\boldsymbol{e}_i)\,(\sigma^i\otimes\sigma^i)(\boldsymbol{x},\boldsymbol{y}) + \sum_{i<j} \mathsf{f}(\boldsymbol{e}_i,\boldsymbol{e}_j)\,(\sigma^i\otimes\sigma^j)(\boldsymbol{x},\boldsymbol{y}) \\
& + \sum_{i>j} \mathsf{f}(\boldsymbol{e}_i,\boldsymbol{e}_j)\,(\sigma^i\otimes\sigma^j)(\boldsymbol{x},\boldsymbol{y})
\end{aligned}$$

と分解できる．$f_{ij} = \mathsf{f}(\boldsymbol{e}_i,\boldsymbol{e}_j)$ と略記しよう．

$\mathsf{f} \in \mathrm{S}^2(\mathbb{V})$ の場合，$f_{ij} = f_{ji}$ を用いると

$$\mathsf{f} = \sum_{i=1}^{n} f_{ij}\,(\sigma^i \odot \sigma^i) + 2\sum_{i<j} f_{ij}\,(\sigma^i \odot \sigma^j)$$

と表せる．$\{\sigma^i \odot \sigma^j \mid i \leq j\}$ は線型独立である（確かめよ）．したがって $\mathrm{S}^2(\mathbb{V})$ の基底を与えるので $\dim \mathrm{S}^2(\mathbb{V}) = n(n+1)/2$ である．

[*3] 不揃いなのを嫌って $\alpha\wedge\beta = (\alpha\otimes\beta - \beta\otimes\alpha)/2$ と定義している本もある．

$\mathsf{f} \in \mathrm{A}^2(\mathbb{V})$ の場合，$f_{ji} = -f_{ij}$ であるから

$$\mathsf{f} = \sum_{i<j} f_{ij}\,(\sigma^i \wedge \sigma^j)$$

と表せる．$\{\sigma^i \wedge \sigma^j \mid i < j\}$ は線型独立である（確かめよ）．したがって $\mathrm{A}^2(\mathbb{V})$ の基底を与えるので $\dim \mathrm{S}^2(\mathbb{V}) = n(n-1)/2$ である．

$$\dim \mathrm{S}^2(\mathbb{V}) = {}_n\mathrm{H}_2 = {}_{n+2-1}\mathrm{C}_2, \quad \dim \mathrm{A}^2(\mathbb{V}) = {}_n\mathrm{C}_2.$$

註 1.6 $f \in \mathrm{A}^2(\mathbb{V})$ は

$$\mathsf{f} = \sum_{i<j}^{n} f_{ij}\sigma^i \wedge \sigma^j.$$

と表示できる．一方

$$\begin{aligned} 2\sum_{i<j}^{n} f_{ij}\sigma^i \wedge \sigma^j &= \sum_{i<j}^{n} \alpha_{ij}\sigma^i \wedge \sigma^j + \sum_{i<j}^{n} f_{ij}\sigma^i \wedge \sigma^j \\ &= \sum_{i<j}^{n} f_{ij}\sigma^i \wedge \sigma^j + \sum_{j<i}^{n} f_{ji}\sigma^j \wedge \sigma^i \\ &= \sum_{i,j=1}^{n} f_{ij}\sigma^i \wedge \sigma^j \end{aligned}$$

と計算できるので

$$\mathsf{f} = \sum_{i<j}^{n} f_{ij} = \frac{1}{2}\sum_{i,j=1}^{n} f_{ij}\sigma^i \wedge \sigma^j \tag{1.5}$$

という 2 通りの表示方法が得られる．後者を交代双線型形式の**未整理表示**という．

例 1.5 $\mathbb{R}^n$ のユークリッド内積 $(\cdot|\cdot)$ は対称双線型形式．$\sigma^1 = (1,0,\ldots,0)$, $\sigma^2 = (0,1,0,\ldots,0), \ldots, \sigma^n = (0,\ldots,0,1) \in \mathbb{R}_n = (\mathbb{R}^n)^*$ に対し

$$(\cdot|\cdot) = \sigma^1 \odot \sigma^1 + \sigma^2 \odot \sigma^2 + \cdots + \sigma^n \odot \sigma^n.$$

例 1.6 $\mathbb{K}^2$ の行列式函数

$$\det : \mathbb{K}^2 \times \mathbb{K}^2 \to \mathbb{K};\ \det(\boldsymbol{x}, \boldsymbol{y}) = \begin{vmatrix} x^1 & y^1 \\ x^2 & y^2 \end{vmatrix}$$

は交代双線型形式で $\det = \sigma^1 \wedge \sigma^2$ と表せる．

ところで $\mathsf{f} \in \mathrm{T}^0_2(\mathbb{V})$ に対し

$$\mathcal{S}(\mathsf{f})(\boldsymbol{x}, \boldsymbol{y}) = \frac{1}{2}(\mathsf{f}(\boldsymbol{x}, \boldsymbol{y})) + \mathsf{f}(\boldsymbol{y}, \boldsymbol{x})), \tag{1.6}$$

$$\mathcal{A}(\mathsf{f})(\boldsymbol{x}, \boldsymbol{y}) = \frac{1}{2}(\mathsf{f}(\boldsymbol{x}, \boldsymbol{y})) - \mathsf{f}(\boldsymbol{y}, \boldsymbol{x})) \tag{1.7}$$

と定めると $\mathcal{S}(\mathsf{f}) \in \mathrm{S}^2(\mathbb{V})$ かつ $\mathcal{A}(\mathsf{f}) \in \mathrm{A}^2(\mathbb{V})$ である．さらに

$$\mathsf{f} = \mathcal{S}(\mathsf{f}) + \mathcal{A}(\mathsf{f})$$

と書き直せる．ところで $\mathrm{S}^2(\mathbb{V}) \cap \mathrm{A}^2(\mathbb{V})$ は $0 \in \mathrm{T}^0_2(\mathbb{V})$ であることに注意すると次の事実に気づく．

命題 1.3 有限次元 $\mathbb{K}$ 線型空間 $\mathbb{V}$ に対し直和分解 $\mathrm{T}^0_2(\mathbb{V}) = \mathrm{S}^2(\mathbb{V}) \oplus \mathrm{A}^2(\mathbb{V})$ が成り立つ．

$\mathcal{S}(\mathsf{f})$ および $\mathcal{A}(\mathsf{f})$ をそれぞれ $\mathsf{f} \in \mathrm{T}^0_2(\mathbb{V})$ の**対称部分**，**交代部分**とよぶ．

$$\mathcal{S}(\sigma^i \otimes \sigma^j) = \sigma^i \odot \sigma^j, \quad \mathcal{A}(\sigma^i \otimes \sigma^j) = \frac{1}{2}(\sigma^i \wedge \sigma^j)$$

であることに注意．$\mathsf{f} \in \mathrm{T}^0_2(\mathbb{V})$ の表現行列 $F = (f_{ij}) \in \mathrm{M}_n\mathbb{K}$ について注意をしておこう．$\mathcal{S}(\mathsf{f})$ の表現行列は $(F + {}^tF)/2$，$\mathcal{A}(\mathsf{f})$ の表現行列は $(F - {}^tF)/2$ である．つまり分解 $f = \mathcal{S}(\mathsf{f}) + \mathcal{A}(\mathsf{f})$ は正方行列を「対称行列」と「交代行列」の和に分解することに対応している．対称行列の全体 $\mathrm{Sym}_n\mathbb{K}$ と交代行列の全体 $\mathrm{Alt}_n\mathbb{K}$ は $\mathrm{M}_n\mathbb{K}$ の線型部分空間であり直和分解 $\mathrm{M}_n\mathbb{K} = \mathrm{Sym}_n\mathbb{K} \oplus \mathrm{Alt}_n\mathbb{K}$ が成り立つ．実際 $X \in \mathrm{M}_n\mathbb{K}$ に対し

$$\mathrm{Sym}\,X = \frac{1}{2}(X + {}^tX), \quad \mathrm{Alt}\,X = \frac{1}{2}(X - {}^tX)$$

と定めると $\mathrm{Sym}\,X \in \mathrm{Sym}_n\mathbb{K}$ かつ $\mathrm{Alt}\,X \in \mathrm{Alt}_n\mathbb{K}$ であり $X = \mathrm{Sym}\,X + \mathrm{Alt}\,X$ が成り立つ．$\mathrm{Sym}\,X$ と $\mathrm{Alt}\,X$ を X の**対称部分**（symmetric part），**交代部分**（skew-symmetric part，alternating part）とよぶ．

系 1.1 $\mathbb{V}$ の基底 $\mathcal{E}$ に関する $f \in \mathrm{T}(\mathbb{V})$ の表現行列を F とすると，$\mathcal{S}(\mathsf{f})$ および $\mathcal{A}(\mathsf{f})$ の表現行列はそれぞれ $\mathrm{Sym}\,F$ と $\mathrm{Alt}\,F$ である．

つまり双線型形式の分解 $\mathrm{T}^0_2(\mathbb{V}) = \mathrm{S}^2(\mathbb{V}) \oplus \mathrm{A}^2(\mathbb{V})$ を成分で眺めると行列の分解 $\mathrm{M}_n\mathbb{K} = \mathrm{Sym}_n\mathbb{K} \oplus \mathrm{Alt}_n\mathbb{K}$ が導かれるのである．

例 1.7 (ポアンカレ双対) 双線型写像 $f : \mathbb{U} \times \mathbb{V} \to \mathbb{R}$ に対しても非退化の概念が定義できる．微分幾何学における例を紹介する．

$M = (M, g)$ を向きづけられた n 次元リーマン多様体とする．$0 \leq p \leq n$ なる整数 p に対し**ド・ラームコホモロジー群**（de Rham cohomology group）とよばれる実線型空間 $\mathrm{H}^p(M;\mathbb{R})$ が定義される．双線型写像 $\langle\cdot,\cdot\rangle : \mathrm{H}^p(M;\mathbb{R}) \times \mathrm{H}^{n-p}(M;\mathbb{R}) \to \mathbb{R}$ を

$$\langle[\alpha],[\beta]\rangle = \int_M \alpha \wedge \beta, \quad [\alpha] \in \mathrm{H}^p(M;\mathbb{R}),\ [\beta] \in \mathrm{H}^{n-p}(M;\mathbb{R})$$

で定めると非退化である．非退化性から $\mathrm{H}^p(M;\mathbb{R})$ の双対空間が $\mathrm{H}^{n-p}(M;\mathbb{R})$ と同一視されることが導ける．この事実を**ポアンカレの双対定理**（Poincaré duality）という．

《節末問題》

節末問題 1.2.1 3 次元線型空間 $\mathbb{V}$ において 2 組の基底 $\{\boldsymbol{e}_1, \boldsymbol{e}_2, \boldsymbol{e}_3\}$ と $\{\widetilde{\boldsymbol{e}}_1, \widetilde{\boldsymbol{e}}_2, \widetilde{\boldsymbol{e}}_3\}$ を与える．変換行列を $P = (p_j{}^i)$ とする．すなわち $\widetilde{\boldsymbol{e}}_j = \sum_{i=1}^{3} p_j{}^i \boldsymbol{e}_i$．このとき $\mathrm{T}^0_2(\mathbb{V})$ の基底 $\{\boldsymbol{e}_1 \otimes \boldsymbol{e}_1, \boldsymbol{e}_1 \otimes \boldsymbol{e}_2, \boldsymbol{e}_1 \otimes \boldsymbol{e}_3, \ldots, \boldsymbol{e}_3 \otimes \boldsymbol{e}_3\}$ と $\{\widetilde{\boldsymbol{e}}_1 \otimes \widetilde{\boldsymbol{e}}_1, \widetilde{\boldsymbol{e}}_1 \otimes \widetilde{\boldsymbol{e}}_2, \widetilde{\boldsymbol{e}}_1 \otimes \widetilde{\boldsymbol{e}}_3, \ldots, \widetilde{\boldsymbol{e}}_3 \otimes \widetilde{\boldsymbol{e}}_3\}$ の間の基底の取り替え行列を求めよ．

1.3 対称双線型形式

定義 1.6 (p. 58) で定めた実線型空間上の内積は対称双線型形式の例である．この節では「内積」の一般化に相当する対称双線型形式を取り扱う．最初は無限次元の場合も含めて定義を行う．

定義 1.11 $\mathbb{K}$ 線型空間 $\mathbb{V}$ 上の対称双線型形式 g が非退化であるとき，g を $\mathbb{V}$ 上の**スカラー積** (scalar product) とよぶ．

以後 $\mathbb{K} = \mathbb{R}$ の場合のみを取り扱う．

例 1.8 (内積) 実線型空間 $\mathbb{V}$ の内積 $(\cdot|\cdot)$ はスカラー積である．

定義 1.12 実線型空間 $\mathbb{V}$ にスカラー積 g を指定した組 $(\mathbb{V}, \mathrm{g})$ を**スカラー積空間** (scalar product space) という．とくに g が内積のとき，$(\mathbb{V}, \mathrm{g})$ は**ユークリッド線型空間**とか**実計量線型空間** (real metric linear space) とよばれる．複素線型空間にスカラー積を指定したものを**複素スカラー積空間** (complex scalar product space) という．

実線型空間上のスカラー積を表す表記法として $\langle\cdot,\cdot\rangle$ がよく用いられている．この記法は双対積にすでに用いているため，（読者の混乱を避けるため）ここでは g を用いたが，双対積と混乱しないという読者は $\langle\cdot,\cdot\rangle$ を用いるとよい[*4]．

ユークリッド線型空間については線型代数の教科書で学習済みと思うが確認の意味も込めて，基本事項を復習しておこう．

定義 1.13 ユークリッド線型空間 $(\mathbb{V}, (\cdot|\cdot))$ においてベクトルの長さ $\|\boldsymbol{x}\|$ を

$$\|\boldsymbol{x}\| = \sqrt{(\boldsymbol{x}|\boldsymbol{x})}$$

で定める．$\|\boldsymbol{x}\|$ は $\boldsymbol{x}$ の**ノルム** (norm) ともよばれる．

命題 1.4 ユークリッド線型空間において次が成り立つ．

$$|(\boldsymbol{x}|\boldsymbol{y})| \leq \|\boldsymbol{x}\|\,\|\boldsymbol{y}\| \quad \text{(コーシー・シュヴァルツの不等式)}. \tag{1.8}$$

[*4] この本では，今後も，初学の際の混同・とまどいを避けるため暫定的な記号を使うことがしばしばある．できるだけはやく標準的な記号・記法に慣れてほしい．

等号成立は $\boldsymbol{y} = \lambda \boldsymbol{x}$ (または $\boldsymbol{x} = \lambda \boldsymbol{y}$) と表せるとき ($\lambda \in \mathbb{R}$) である[*5].

$$\|\boldsymbol{x} + \boldsymbol{y}\| \leq \|\boldsymbol{x}\| + \|\boldsymbol{y}\|. \quad (\text{三角不等式}). \tag{1.9}$$

等号成立は $\boldsymbol{y} = \lambda \boldsymbol{x}$ (または $\boldsymbol{x} = \lambda \boldsymbol{y}$) と表せるとき ($\lambda \geq 0$) である.

【証明】 まず (1.8) を示す．$\boldsymbol{y} = 0$ ならば等号が成立する場合である．そこで $\boldsymbol{y} \neq \boldsymbol{0}$ とする ($\boldsymbol{x}$ は $\boldsymbol{0}$). すべての $a, b \in \mathbb{R}$ に対し

$$0 \leq \|a\boldsymbol{x} + b\boldsymbol{y}\|^2 = a^2 \|\boldsymbol{x}\|^2 + 2ab(\boldsymbol{x}|\boldsymbol{y}) + b^2\|\boldsymbol{b}\|^2$$

が成り立つ．そこで $a = \|\boldsymbol{y}\|^2 > 0$，$b = -(\boldsymbol{x}|\boldsymbol{y})$ と選ぶと

$$0 \leq \|\boldsymbol{y}\|^2 \left\{\|\boldsymbol{x}\|^2 \|\boldsymbol{y}\|^2 - (\boldsymbol{x}|\boldsymbol{y})^2\right\}$$

が得られるから，コーシー・シュヴァルツの不等式が導ける．

三角不等式 (1.9) の左辺の平方を計算する．

$$\|\boldsymbol{x} + \boldsymbol{y}\|^2 = (\boldsymbol{x} + \boldsymbol{y}|\boldsymbol{x} + \boldsymbol{y}) = \|\boldsymbol{x}\|^2 + 2(\boldsymbol{x}|\boldsymbol{y}) + \|\boldsymbol{y}\|^2.$$

コーシー・シュヴァルツの不等式より

$$\|\boldsymbol{x} + \boldsymbol{y}\|^2 \leq \|\boldsymbol{x}\|^2 + 2\|\boldsymbol{x}\| \|\boldsymbol{y}\| + \|\boldsymbol{y}\|^2 = (\|\boldsymbol{x}\| + \|\boldsymbol{y}\|)^2.$$

これより三角不等式が得られる．等号成立は $|(\boldsymbol{x}|\boldsymbol{y})| = \|\boldsymbol{x}\| \|\boldsymbol{y}\|$ のとき．右辺が非負なので $\boldsymbol{x} = \lambda \boldsymbol{y}$ または $\boldsymbol{y} = \lambda \boldsymbol{x}$，ただし $\lambda \geq 0$ と表せるとき． ■

$$\|\boldsymbol{x} + \boldsymbol{y}\|^2 = \|\boldsymbol{x}\|^2 + 2(\boldsymbol{x}|\boldsymbol{y}) + \|\boldsymbol{y}\|^2, \quad \|\boldsymbol{x} - \boldsymbol{y}\|^2 = \|\boldsymbol{x}\|^2 - 2(\boldsymbol{x}|\boldsymbol{y}) + \|\boldsymbol{y}\|^2.$$

より内積をノルムで表す公式

$$(\boldsymbol{x}|\boldsymbol{y}) = \frac{1}{4}\left(\|\boldsymbol{x} + \boldsymbol{y}\|^2 - \|\boldsymbol{x} - \boldsymbol{y}\|^2\right),$$

[*5] 名称については，一松信，コーシーの不等式，数学セミナー，2009 年 2 月号，10–13 参照.

が導ける．また**中線定理**とよばれる等式

$$\|\boldsymbol{x}+\boldsymbol{y}\|^2+\|\boldsymbol{x}-\boldsymbol{y}\|^2=2(\|\boldsymbol{x}+\boldsymbol{y}\|^2) \tag{1.10}$$

も得られる．

命題 1.5 (ノルムの性質) ユークリッド線型空間のノルムは次の性質をもつ．

(1) $\forall\,\boldsymbol{x}\in\mathbb{V}:\ \|\boldsymbol{x}\|\geq 0.$
(2) $\|\boldsymbol{x}\|=0\iff \boldsymbol{x}=\boldsymbol{0}.$
(3) $\forall\,\lambda\in\mathbb{R},\forall\,\boldsymbol{x}\in\mathbb{V}:\ \|\lambda\boldsymbol{x}\|=|\lambda|\,\|\boldsymbol{x}\|.$
(4) $\forall\,\boldsymbol{x},\boldsymbol{y}\in\mathbb{V}:\ \|\boldsymbol{x}+\boldsymbol{y}\|\leq\|\boldsymbol{x}\|+\|\boldsymbol{y}\|.$

この命題は 1.6 節で再度取り上げる．

ユークリッド線型空間 $\mathbb{V}$ の 2 点 $\boldsymbol{x}$ と $\boldsymbol{y}$ に対し

$$\mathrm{d}(\boldsymbol{x},\boldsymbol{y})=\|\boldsymbol{x}-\boldsymbol{y}\|$$

と定め，$\boldsymbol{x}$ と $\boldsymbol{y}$ の**ユークリッド距離**とよぶ．

例 1.9 $\mathbb{E}^n$ の場合ユークリッド距離は

$$\mathrm{d}(\mathbf{x},\mathbf{y})=\sqrt{\sum_{i=1}^{n}(x^i-y^i)^2},\quad \mathbf{x}=(x^1,x^2,\ldots,x^n),\ \mathbf{y}=(y^1,y^2,\ldots,y^n)$$

で与えられる．

命題 1.6 ユークリッド線型空間 $\mathbb{V}$ の 2 点の組 $(\boldsymbol{x},\boldsymbol{y})$ にユークリッド距離を対応させることで定まる 2 変数函数

$$\mathrm{d}:\mathbb{V}\times\mathbb{V}\to\mathbb{R};\ (\boldsymbol{x},\boldsymbol{y})\longmapsto \mathrm{d}(\boldsymbol{x},\boldsymbol{y})$$

を**ユークリッド距離函数**とよぶ．d は次の性質をみたす．

(1) $\mathrm{d}(\boldsymbol{x},\boldsymbol{y}) \geq 0$ である．$\mathrm{d}(\boldsymbol{x},\boldsymbol{y}) = 0 \Longleftrightarrow \boldsymbol{x} = \boldsymbol{y}$ が成り立つ．
(2) $\mathrm{d}(\boldsymbol{x},\boldsymbol{y}) = \mathrm{d}(\boldsymbol{y},\boldsymbol{x})$ が成り立つ．
(3) $\mathrm{d}(\boldsymbol{x},\boldsymbol{z}) \leq \mathrm{d}(\boldsymbol{x},\boldsymbol{y}) + \mathrm{d}(\boldsymbol{y},\boldsymbol{z})$ が成り立つ（**距離の三角不等式**）．

例 1.10 $\mathbb{E}^n$ の自然な内積から定まるユークリッド距離は

$$\mathrm{d}(\mathbf{x},\mathbf{y}) = \|\mathbf{x}-\mathbf{y}\| = \sqrt{\sum_{i=1}^{n}(x^i - y^i)^2}$$

で与えられる．

命題 1.6 を動機として次の定義を行う．

定義 1.14 (距離空間) 空でない集合 X 上の実数値 2 変数函数 d が以下の条件をみたすとき，X 上の**距離函数** (distance function) という．p, q, $r \in X$ に対し

(1) $d(p,q) \geq 0$ である．$d(p,q) = 0 \Longleftrightarrow p = q$ が成り立つ．
(2) $d(p,q) = d(q,p)$ が成り立つ．
(3) $d(p,r) \leq d(p,q) + d(q,r)$ が成り立つ（**距離の三角不等式**）．

距離函数が指定された集合 (X,d) を**距離空間** (metric space) という．距離空間 (X,d) 上の変換 f が距離函数を保つとき，すなわち

$$\forall p,q \in X: \ d(f(p),f(q)) = d(p,q)$$

をみたすとき，f は**等距離変換**とよばれる．

例 1.11 (合同変換) $\mathbb{E}^n$ 上の変換 f がユークリッド距離を保つとき，すなわち

$$\forall \boldsymbol{x},\boldsymbol{y} \in \mathbb{E}^n: \ \mathrm{d}(f(\boldsymbol{x}),f(\boldsymbol{y})) = \mathrm{d}(\boldsymbol{x},\boldsymbol{y})$$

をみたすとき，f は**合同変換**とよばれる．$\mathbb{E}^n$ の合同変換の全体を $\mathrm{E}(n)$ で表す．

註 1.7 (図形の合同) 図形の合同は本書の主題ではないので，詳しくは述べないが $\mathbb{E}^n$ 内の部分集合 $\mathcal{A}$ と $\mathcal{B}$ に対し

$$\mathcal{A} \equiv \mathcal{B} \Longleftrightarrow \exists f \in \mathrm{E}(n);\ \ f(\mathcal{A}) = \mathcal{B}$$

と定義される．合同について詳しくは [6] 参照．

ユークリッド線型空間 $\mathbb{V} = (\mathbb{V}, (\cdot|\cdot))$ の無限個の点に番号をつけて並べたもの

$$\boldsymbol{x}_1, \boldsymbol{x}_2, \ldots, \boldsymbol{x}_k, \ldots$$

を $\{\boldsymbol{x}_k\}$ と表記し，$\mathbb{V}$ 内の**点列**という．

定義 1.15 ユークリッド線型空間 $\mathbb{V}$ 内の点列 $\{\boldsymbol{x}_k\}$ と $\boldsymbol{a} \in \mathbb{V}$ に対し

$$\lim_{k \to \infty} \|\boldsymbol{x}_k - \boldsymbol{a}\| = 0$$

が成り立つとき $\{\boldsymbol{x}_k\}$ は $\boldsymbol{a}$ に**収束する**といい $\displaystyle\lim_{k \to \infty} \boldsymbol{x}_k = \boldsymbol{a}$ と表す．

また $\displaystyle\lim_{k,l \to \infty} \|\boldsymbol{x}_k - \boldsymbol{x}_l\| = 0$ をみたす点列を**コーシー列** (Cauchy sequence) という．

収束する点列はコーシー列である（確かめよ）．

定理 1.1 (完備性) 有限次元ユークリッド線型空間では，任意のコーシー列が収束する．この性質を有限次元ユークリッド線型空間の**完備性**という．

より一般に，すべてのコーシー列が収束する距離空間を**完備距離空間**という．

無限次元のユークリッド線型空間では，この性質が成り立つとは限らないので次の定義を行う．

定義 1.16 ユークリッド線型空間 $\mathbb{V}$ 内の任意のコーシー列が収束するとき，$\mathbb{V}$ を**実ヒルベルト空間**（real Hilbert space）とよぶ．

$\mathbb{V}$ が有限次元ならば，$\mathbb{V}$ は実ヒルベルト空間であることを注意しておく．

定義 1.17 $\mathbb{V}$ および $\mathbb{W}$ をユークリッド線型空間とする．$\mathbb{W}$ のノルムを $\|\cdot\|_{\mathbb{W}}$ とする．写像 $f:\mathbb{V}\to\mathbb{W}$，$\boldsymbol{a}\in\mathbb{V}$ と $\boldsymbol{a}$ に収束する任意の点列 $\{\boldsymbol{x}_n\}$ に対し

$$\lim_{n\to\infty}\|f(\boldsymbol{x}_n)-f(\boldsymbol{a})\|_{\mathbb{W}}=0$$

が成り立つとき f は $\boldsymbol{a}$ で**連続**であるという．すべての $\boldsymbol{a}\in\mathbb{V}$ で連続であるとき f は $\mathbb{V}$ 上で連続であるという．

註 1.8 (エルミート内積) 複素線型空間 $\mathbb{V}$ の内積は双線型形式でなく，**エルミート内積**とよばれるものである．エルミート内積については 1.5 節で取り扱う．

ここまでは無限次元も含む設定で考えてきたが，これ以降は有限次元実線型空間を取り扱う．無限次元のユークリッド線型空間は解析学（函数解析学）で詳しく扱われる．

内積でないスカラー積の例を挙げよう．ν を 0 以上で n 以下の整数とする．

例 1.12 (擬ユークリッド空間) $\mathbb{R}^n$ 上のスカラー積を

$$\langle\mathbf{x},\mathbf{y}\rangle=-\sum_{i=1}^{\nu}x^iy^i+\sum_{j=\nu+1}^{n}x^jy^j \tag{1.11}$$

で与える．このスカラー積を $\mathbb{R}^n$ に与えて得られるスカラー積空間を $\mathbb{E}^n_\nu$ で表し指数 ν の**擬ユークリッド空間**（semi-Euclidean n-space）とよぶ．行列 $E_{n-\nu,\nu}$ を

$$E_{n-\nu,\nu}=\begin{pmatrix}-E_\nu & O\\ O & E_{n-\nu}\end{pmatrix}$$

で定める．E_ν，$E_{n-\nu}$ はそれぞれ ν 次，$n-\nu$ 次の単位行列である．$E_{n-\nu,\nu}$ を $\mathbb{E}^n_\nu$ の**符号行列**とよぶ．符号行列を用いるとスカラー積 $\langle\cdot,\cdot\rangle$ とユークリッド内積 $(\cdot|\cdot)$ は関係式

$$\langle\mathbf{x},\mathbf{y}\rangle=(E_{n-\nu,\nu}\mathbf{x}|\mathbf{y})=(\mathbf{x}|E_{n-\nu,\nu}\mathbf{y}) \tag{1.12}$$

で結びつけられる．

とくに $\mathbb{E}^n_1$ は n 次元**ミンコフスキー空間**（Minkowski space）ともよばれる[*6]．また $\mathbb{E}^n_1$ は $\mathbb{L}^n$ とも表記される（L はローレンツに由来）．次の註を参照．

註 1.9 1905年にアインシュタイン（Albert Einstein, 1879–1955）がのちに**特殊相対性理論**（special theory of relativity）とよばれる物理学の理論を発表した．1908年にミンコフスキー（Hermann Minkowski, 1864–1909）は特殊相対性理論の数学的内容を説明するために4次元ミンコフスキー空間 $\mathbb{L}^4 = \mathbb{E}^4_1$ を導入した（**ミンコフスキー時空**とよばれる）．

特殊相対性理論（ローレンツ-ミンコフスキー幾何）の用語を流用して次の用語を定める．

定義 1.18 有限次元スカラー積空間 $(\mathbb{V}, \mathrm{g})$ 内のベクトル $\boldsymbol{x}$ に対し

(1) $\mathrm{g}(\boldsymbol{x}, \boldsymbol{x}) > 0$ または $\boldsymbol{x} = \boldsymbol{0}$ のとき $\boldsymbol{x}$ は**空間的**（spacelike）であるという．

(2) $\mathrm{g}(\boldsymbol{x}, \boldsymbol{x}) = 0$ かつ $\boldsymbol{x} \neq \boldsymbol{0}$ のとき $\boldsymbol{x}$ は**零的**(null)または**等方的**(istropic)であるという[*7]．

(3) $\mathrm{g}(\boldsymbol{x}, \boldsymbol{x}) < 0$ のとき $\boldsymbol{x}$ は**時間的**（timelike）であるという．

空間的でないベクトルのことを**因果的ベクトル**（causal vector）とよぶ．
零的ベクトルの全体

$$\Lambda = \{\boldsymbol{x} \in \mathbb{V} \mid \mathrm{g}(\boldsymbol{x}, \boldsymbol{x}) = 0,\ \boldsymbol{x} \neq \boldsymbol{0}\}$$

を**零錐**（nullcone）とか**等方錐**（isotropic cone）とよぶ相対性理論では**光錐**（lightcone）ともよばれる．

[*6] 数論におけるミンコフスキー空間と区別するためにローレンツ・ミンコフスキー空間とよぶこともある．

[*7] 相対性理論では**光的** (lightlike) ともよばれる．

ベクトル $\boldsymbol{x}$ の**長さ** (length) $|\boldsymbol{x}|$ は $|\boldsymbol{x}| = \sqrt{|\mathrm{g}(\boldsymbol{x}, \boldsymbol{x})|}$ で定義する．長さが 1 のベクトルを**単位ベクトル**（unit vector）とよぶ．

註 1.10 (過去と未来) n 次元ミンコフスキー空間 $\mathbb{L}^n$ において因果的ベクトル $\boldsymbol{x} = (x_1, x_2, \ldots, x_n)$ が $x_1 > 0$ をみたすとき $\boldsymbol{x}$ は**未来的**（future-pointing）であるという．$x_1 < 0$ のときは**過去的**（past-pointing）であるという．

スカラー積空間同士の「同型」を次のように定める．

定義 1.19 有限次元スカラー積空間の間の線型写像 $T : (\mathbb{V}, \mathrm{g}) \to (\mathbb{V}', \mathrm{g}')$ がスカラー積を保つとき，すなわち

$$\forall \boldsymbol{x}, \boldsymbol{y} \in \mathbb{V} : \ \mathrm{g}'(T(\boldsymbol{x}), T(\boldsymbol{y})) = \mathrm{g}(\boldsymbol{x}, \boldsymbol{y})$$

をみたすとき f は**等長的**であるという．とくに等長的な線型同型写像のことを**線型等長同型**（linear isometry）とよぶ．線型等長同型が存在するとき $(\mathbb{V}, \mathrm{g})$ と $(\mathbb{V}', \mathrm{g}')$ は**スカラー積空間として同型**であるという．

実スカラー積空間 $(\mathbb{V}, \mathrm{g})$ 上の線型等長同型の全体を

$$\mathrm{O}(\mathbb{V}, \mathrm{g}) = \{T \in \mathrm{GL}(\mathbb{V}) \mid \mathrm{g}(T(\boldsymbol{x}), T(\boldsymbol{y})) = \mathrm{g}(\boldsymbol{x}, \boldsymbol{y})\}$$

で表す．これは合成に関し群をなすことが確かめられる．この群を $\mathbb{V}$ の**線型等長群** (linear isometry group) という．スカラー積 g を明記しなくても差し支えないときは $\mathrm{O}(\mathbb{V})$ と略記する．

例 1.13 (擬直交群) 擬ユークリッド空間 $\mathbb{E}^n_\nu$ の線型変換 T の標準基底に関する表現行列を $A = (a_{ij})$ とする．すなわち

$$T(\mathbf{x}) = A\mathbf{x}, \quad \mathbf{x} \in \mathbb{E}^n_\nu.$$

関係式 (1.12) より $\mathrm{O}(\mathbb{E}^n_\nu)$ は

$$\mathrm{O}_\nu(n) = \{A \in \mathrm{M}_n\mathbb{R} \mid {}^tAE_{n-\nu,\nu}A = E_{n-\nu,\nu}\}$$

という行列のなす群と思ってよい．群 $\mathrm{O}_\nu(n)$ を指数 ν の n 次**擬直交群** (semi-orthogonal group of degree n with index ν) とよぶ[*8]．とくに $\mathrm{O}_0(n)$ は直交群 $\mathrm{O}(n)$ であることに注意.

$A \in \mathrm{O}_\nu(n)$ ならば ${}^tAE_{n-\nu,\nu}A = E_{n-\nu,\nu}$ の両辺の行列式を計算することで $(\det A)^2 = 1$ を得る．そこで

$$\mathrm{SO}_\nu(n) = \{A \in \mathrm{O}_\nu(n) \mid \det A = 1\}$$

とおくと $\mathrm{O}_\nu(n)$ の部分群である[*9] (確かめよ)．$\nu = 0$ のときは $\mathrm{SO}(n)$ と表記する.

ユークリッド空間 $\mathbb{E}^n$ の合同変換について次の基本定理が成り立つ ([6] 参照).

定理 1.2 $\mathbb{E}^n$ の合同変換 f に対し

$$f(\boldsymbol{x}) = A\mathbf{x} + \mathbf{b}, \quad \mathbf{x} \in \mathbb{E}^n$$

と表せる $A \in \mathrm{O}(n)$ と $\in \mathbb{R}^n$ がそれぞれただ一つずつ存在する．$\mathrm{E}(n)$ は積集合 $\mathrm{O}(n) \times \mathbb{R}^n$ に

$$(A_1, \boldsymbol{b}_1)(A_2, \boldsymbol{b}_2) = (A_1A_2, \boldsymbol{b}_1 + A_1\boldsymbol{b}_2)$$

で定まる積を与えて得られる群と同型である．$\mathrm{O}(n) \times \mathbb{R}^n$ にこの演算を与えた群を $\mathrm{O}(n) \ltimes \mathbb{R}^n$ で表す (したがって $\mathrm{E}(n) \cong \mathrm{O}(n) \ltimes \mathbb{R}^n$).

とくに $\mathrm{E}(n)$ はアフィン変換群 $\mathrm{GA}(n)$ の部分群である.

註 1.11 (複素直交群) n 次元複素線型空間上のスカラー積 g についても $\mathrm{O}(\mathbb{V}, \mathrm{g})$ を同じ要領で定義する．$\mathbb{C}^n$ の標準的スカラー積を

$$(\mathbf{z}|\mathbf{w}) = \sum_{k=1}^{n} z^k w^k$$

[*8] この記法は文献 [113] のものである.

[*9] Helgason の教科書 [92, § 10.2] の記法では $SO(\nu, n-\nu)$．また $E_{\nu,n-\nu}$ は $I_{\nu,n-\nu}$ と記されている.

で定める．$\mathrm{O}(\mathbb{C}^n)$ は行列のなす群

$$\mathrm{O}(n;\mathbb{C}) = \{A \in \mathrm{M}_n\mathbb{C} \mid {}^tAA = E_n\}$$

と思うことができる．この群を n 次**複素直交群** (complex orthogonal group) とよぶ．

例 1.14 (行列空間) $\mathrm{M}_n\mathbb{R}$ の内積を

$$(X|Y) = \mathrm{tr}({}^tXY) = \sum_{i,j=1}^{n} x_{ij}y_{ij}, \quad X = (x_{ij}),\, Y = (y_{ij}) \in \mathrm{M}_n\mathbb{R}$$

で定義する．

$$\|X\| = \sqrt{(X|X)} = \sqrt{\sum_{i,j=1}^{n} (x_{ij})^2}$$

を X の **2 乗ノルム**とか通常のノルム (standard norm) という．ここで $\varphi_{n,\mathbb{R}} : \mathrm{M}_n\mathbb{R} \to \mathbb{E}^{n^2}$ を

$$\varphi_{n,\mathbb{R}} = (x_{11}, x_{12}, \ldots, x_{nn})$$

で定めるとは線型等長写像である．

さて，スカラー積空間における線型部分空間の取り扱いについて述べよう．まず零化空間を定義する．有限次元 $\mathbb{K}$ 線型空間 $\mathbb{V}$ に対称双線型形式 g を与えた組 $(\mathbb{V},\mathrm{g})$ を考える（g の非退化性はまだ仮定しない）．

$$\mathrm{Null}(\mathbb{V}) := \{\boldsymbol{x} \in \mathbb{V} \mid \forall \boldsymbol{y} \in \mathbb{V} :\ \mathrm{g}(\boldsymbol{x},\boldsymbol{y}) = 0\}$$

で定まる $\mathbb{V}$ の線型部分空間を $\mathbb{V}$ の**零化空間** (null space) とか**根基** (radical) という．g が非退化であるための条件は $\mathrm{Null}(\mathbb{V}) = \{\mathbf{0}\}$ である．

まず最初にユークリッド線型空間 $(\mathbb{V},(\cdot|\cdot))$ の場合を考察しよう．

定理 1.3 (正規直交基底の存在定理) n 次元ユークリッド線型空間 $(\mathbb{V},(\cdot|\cdot))$ において

$$(\boldsymbol{u}_i|\boldsymbol{u}_j) = \delta_{ij}$$

をみたす基底 $\mathcal{U} = \{\boldsymbol{u}_1, \boldsymbol{u}_2, \ldots, \boldsymbol{u}_n\}$ が存在する．この条件をみたす基底を**正規直交基底** (orthonormal basis) という．

【証明】 なんでもよいから基底 $\mathcal{A} = \{\boldsymbol{a}_1, \boldsymbol{a}_2, \ldots, \boldsymbol{a}_n\}$ をとり，以下の操作を施す．

(1) $\boldsymbol{u}_1 = \boldsymbol{a}_1/\|\boldsymbol{a}_1\|$

(2) $\tilde{\boldsymbol{u}}_2 = \boldsymbol{a}_2 - (\boldsymbol{a}_2 \,|\, \boldsymbol{u}_1)\boldsymbol{u}_1$ とおき，さらに $\boldsymbol{u}_2 = \tilde{\boldsymbol{u}}_2/\|\tilde{\boldsymbol{u}}_2\|$ とおく．

(3) $k \geq 2$ に対し $\tilde{\boldsymbol{u}}_{k+1}$ を

$$\tilde{\boldsymbol{u}}_{k+1} = \boldsymbol{a}_{k+1} - \sum_{i=1}^{k} (\boldsymbol{a}_{k+1} \,|\, \boldsymbol{u}_i)\boldsymbol{u}_i$$

で定め，$\boldsymbol{u}_{k+1} = \tilde{\boldsymbol{u}}_{k+1}/\|\tilde{\boldsymbol{u}}_{k+1}\|$ とおく．この操作を $k = n-1$ まで繰り返す．

これで得られた $\mathcal{U} = \{\boldsymbol{u}_1, \boldsymbol{u}_2, \ldots, \boldsymbol{u}_n\}$ は正規直交基底である．この操作のことを**グラム-シュミットの正規直交化法**という． ■

正規直交化法を $\mathbb{E}^n$ で実行しよう．基底 $\mathcal{A} = \{\mathbf{a}_1, \mathbf{a}_2, \ldots, \mathbf{a}_n\} \in \mathcal{F}(\mathbb{R}^n)$ にグラム-シュミットの正規直交化法を施す：

$$\begin{aligned}
\mathbf{a}_1 &= \|\mathbf{a}_1\|\mathbf{u}_1, \\
\mathbf{a}_2 &= (\mathbf{a}_2|\mathbf{u}_1)\mathbf{u}_1 + \|\tilde{\mathbf{u}}_2\|\mathbf{u}_2, \\
&\ \vdots \\
\mathbf{a}_n &= \sum_{i=1}^{n-1} (\mathbf{a}_n|\mathbf{u}_i)\mathbf{u}_i + \|\tilde{\mathbf{u}}_n\|\mathbf{u}_n
\end{aligned}$$

$A = (\mathbf{a}_1 \ \mathbf{a}_2 \ \ldots \ \mathbf{a}_n) \in \mathrm{GL}_n\mathbb{R}$, $U = (\mathbf{u}_1 \ \mathbf{u}_2 \ \ldots \ \mathbf{u}_n) \in \mathrm{O}(n)$ とおき $A = UP$ と表すと P は上三角行列で，対角成分がすべて正である．この条件をみたす n 次実行列の全体を

$$\mathrm{B}_n^+\mathbb{R} = \{P = (p_j{}^i) \in \mathrm{M}_n\mathbb{R} \,|\, p_i{}^i > 0,\ i > j \Longrightarrow p_j{}^i = 0\}$$

と表すと，$\mathrm{B}_n^+\mathbb{R}$ は $\mathrm{GL}_n\mathbb{R}$ の部分群であり，次の定理をみたす[*10]．

定理 1.4 (グラムシュミット分解) $\mathrm{GL}_n\mathbb{R}$ は

$$\mathrm{GL}_n\mathbb{R} = \mathrm{O}(n)\cdot\mathrm{B}_n^+\mathbb{R}$$

と分解される．この分解を $\mathrm{GL}_n\mathbb{R}$ の**グラム-シュミット分解**とよぶ．数値解析分野では $A = QR$ という表記を用い **QR 分解**という名称を用いている．

$\mathrm{GL}_n\mathbb{R}$ は極分解とよばれる分解も許容する．まず次の補題を示そう．

補題 1.2 $A \in \mathrm{Sym}_n\mathbb{R}$ に対し以下の性質は互いに同値である．

(1) $A \in \mathrm{Sym}_n^+\mathbb{R}$.
(2) $\exists X \in \mathrm{Sym}_n^+\mathbb{R};\ X^2 = A$.
(3) $\forall \mathbf{x} \in \mathbb{R}^n \setminus \{\mathbf{0}\}:\ (A\mathbf{x}|\mathbf{x}) > 0$.

【証明】 (1) $\Longrightarrow$ (2)：$X = \sqrt{A}$ とおけばよい．
(2) $\Longrightarrow$ (3)：$\mathbf{x} \neq \mathbf{0}$ に対し

$$(A\mathbf{x}|\mathbf{x}) = (\sqrt{A}\sqrt{A}\boldsymbol{x}|\mathbf{x}) = (\sqrt{A}\boldsymbol{x}|\sqrt{A}\mathbf{x}) \geq 0.$$

$\sqrt{A}$ の固有値はすべて正だから $\sqrt{A}$ は正則．したがって，もし $\|\sqrt{A}\mathbf{x}\| = 0$ ならば $\boldsymbol{x} = \mathbf{0}$ となり矛盾．したがって $(A\boldsymbol{x}|\boldsymbol{x}) > 0$.
(3) $\Longrightarrow$ (1)：$U^{-1}AU = \mathrm{diag}(\lambda_1, \lambda_2, \ldots, \lambda_n) = \Lambda$ と対角化する ($U \in \mathrm{U}(n;\mathbb{K})$. $U = (\mathbf{u}_1\ \mathbf{u}_2\ \cdots\ \mathbf{u}_n)$ と列ベクトルに分解する．U は正則だから，列ベクトルたちはすべて $\mathbf{0}$ でない．$\mathbf{u}_k = U\mathbf{e}_k$ に注意．

$$\begin{aligned}\lambda_k =& \lambda_k(\mathbf{e}_k|\mathbf{e}_k) = (\lambda_k\mathbf{e}_k|\mathbf{e}_k) = (\Lambda\mathbf{e}_k|\mathbf{e}_k) = (\,({}^tUAU)\mathbf{e}_k|\mathbf{e}_k)\\ =& (AU\mathbf{e}_k|U\mathbf{e}_k) = (A\mathbf{u}_k|\mathbf{u}_k) > 0.\end{aligned}$$

■

[*10] $\mathrm{B}_n\mathbb{R} = \{P = (p_j{}^i) \in \mathrm{GL}_n\mathbb{R} \mid i > j \Longrightarrow p_j{}^i = 0\}$ は $\mathrm{GL}_n\mathbb{R}$ の**ボレル部分群** (Borel subgroup) とよばれるものである．

$\mathrm{Sym}_n^+\mathbb{R}$ は $\mathrm{GL}_n\mathbb{R}$ の部分群であることに注意しよう．

定理 1.5 (極分解) $\mathrm{GL}_n\mathbb{R}$ は次のように分解できる．この分解を $\mathrm{GL}_n\mathbb{R}$ の**極分解**（polar decomposition）という．

$$\mathrm{GL}_n\mathbb{R} = \mathrm{O}(n) \cdot \mathrm{Sym}_n^+\mathbb{R}$$

【証明】 $A \in \mathrm{GL}_n\mathbb{R}$ に対し $A^*A \in \mathrm{Sym}_n^+\mathbb{K}$ である．実際 $\mathbf{x} \neq \mathbf{0}$ に対し（A は正則なので）

$$(A^*A\mathbf{x}|\mathbf{x}) = (A\mathbf{x}|A\mathbf{x}) = \|A\mathbf{x}\|^2 > 0.$$

そこで

$$P = \sqrt{A^*A}, \quad U = AP^{-1}$$

とおくと

$$\begin{aligned} U^*U =&(AP^{-1})^*(AP^{-1}) = (P^{-1})^*A^*AP^{-1} = (P^{-1})^*P^2P^{-1} \\ =&(P^{-1})^*P = (P^*)^{-1}P = P^{-1}P = E_n \end{aligned}$$

だから

$$A = UP, \quad U \in \mathrm{O}(n), \quad P \in \mathrm{Sym}_n^+\mathbb{R}$$

である．一意性を示そう．もし $A = UP = VQ$ と 2 通りに分解できたならば

$$P^2 =A^*A = (VQ)^*(VQ) = Q^*V^*VQ = Q^*Q = QQ = Q^2.$$

ということは $Q = \sqrt{Q^2} = \sqrt{P^2} = P$ を得る．したがって $U = AP^{-1} = AQ^{-1} = V$. ■

ユークリッド線型空間では線型変換に対し自己共軛や反自己共軛という概念が定義される．

定義 1.20 ユークリッド線型空間 $(\mathbb{V}, (\cdot|\cdot))$ 上の線型変換 T に対し

$$(T(\boldsymbol{x})|\boldsymbol{y}) = (\boldsymbol{x}|{}^tT(\boldsymbol{y})), \quad \forall \boldsymbol{x}, \boldsymbol{y} \in \mathbb{V}$$

で定まる線型変換 ${}^tT$ を T の**随伴線型変換** (adjoint linear transformation) とよぶ（随伴変換と略称することも多い）.

定義 1.21 ユークリッド線型空間 $(\mathbb{V}, (\cdot|\cdot))$ 上の線型変換 T が**自己随伴線型変換**または**自己共軛線型変換** (self-adjoint) であるとは, ${}^tT = T$, すなわちすべての $\boldsymbol{x}$ と $\boldsymbol{y} \in \mathbb{V}$ に対し

$$(T(\boldsymbol{x})|\boldsymbol{y}) = (\boldsymbol{x}|T(\boldsymbol{y}))$$

をみたすことである. また T が**反自己随伴線型変換**または**歪共軛線型変換** (skew-adjoint) であるとは, ${}^tT = -T$, すなわちすべての $\boldsymbol{x}$ と $\boldsymbol{y} \in \mathbb{V}$ に対し

$$(T(\boldsymbol{x})|\boldsymbol{y}) = -(\boldsymbol{x}|T(\boldsymbol{y}))$$

をみたすことである.

正規直交基底 $\mathcal{U} = \{\boldsymbol{u}_1, \boldsymbol{u}_2, \ldots, \boldsymbol{u}_n\}$ をとり線型変換 $T \in \mathrm{End}(\mathbb{V})$ を成分表示する：

$$T(\boldsymbol{u}_j) = \sum_{i=1}^{n} t_j{}^i\, \boldsymbol{u}_i, \quad j = 1, 2, \ldots, n. \tag{1.13}$$

行列 $(t_j{}^i)$ は T の $\mathcal{U}$ に関する表現行列である.

$$(T(\boldsymbol{u}_j)|\boldsymbol{u}_i) = \left(\sum_{k=1}^{n} t_j{}^k\, \boldsymbol{u}_k \middle| \boldsymbol{u}_i\right) = \sum_{k=1}^{n} t_j{}^k \delta_{ki} = t_j{}^i$$

であることに注意しよう (式 (1.13) は $T(\boldsymbol{u}_j)$ の正規直交基底 $\mathcal{U}$ に関する展開である). T が自己共軛であるとは

$$(T(\boldsymbol{u}_j)|\boldsymbol{u}_i) = (\boldsymbol{u}_j|T(\boldsymbol{u}_i)), \quad i, j = 1, 2, \ldots, n$$

が成り立つことだから，

$$T \text{ は自己共軛} \iff (t_j{}^i) \in \mathrm{Sym}_n\mathbb{R}$$

であることに気づく．同様に

$$T \text{ は歪共軛} \iff (t_j{}^i) \in \mathrm{Alt}_n\mathbb{R}.$$

この観察に基づき，自己随伴線型変換，反自己随伴線型変換をそれぞれ**対称変換**（symmetric transformation），**交代変換**（skew-symmetric transformation）ともよぶ．なお無限次元の場合，対称変換と自己共軛（線型）変換は異なる意味で使われる．無限次元の場合，函数解析・偏微分方程式論・幾何解析などの分野では自己随伴よりも自己共軛の用語が多く使われている．さらに有限次元の場合でも内積をスカラー積に一般化した際に対称変換という名称は紛らわしい点（誤解を招く要素がある）ため，この本では以後，自己共軛の用語を用いることにする．

註 1.12 有限次元 $\mathbb{K}$ 線型空間 $\mathbb{V}$ 上の線型変換 f に対し，その双対写像 $f^* \in \mathrm{End}(\mathbb{V}^*)$ を考える．$\mathbb{V}$ の任意の基底 $\mathcal{E}$ に関する f の表現行列を $(f_j{}^i)$ とすると，$\mathcal{E}$ の双対基底に関する f^* の表現行列は $(f_j{}^i)$ の転置行列である（確かめよ）．そのため f^* を ${}^tf$ と表記する文献もある．

線型代数学で学んだように対称行列は直交行列により対角化される．この事実は次のように言い換えられる．

命題 1.7 有限次元ユークリッド線型空間 $\mathbb{V}$ 上の自己共軛な線型変換 T に対し，表現行列が対角行列となる $\mathbb{V}$ の正規直交基底が存在する．

極分解の活用を紹介しよう．

例 1.15 (内積の全体) $\mathbb{R}^n$ 上の内積をすべて集めてできる集合を $\mathcal{M}(\mathbb{R}^n)$ で表す．ここでは $\mathbb{R}^n$ の自然な内積を F_0 と表記する．すると各 $\mathsf{F} \in \mathcal{M}(\mathbb{R}^n)$ に対し正値対称行列 $A \in \mathrm{Sym}_n^+\mathbb{R}$ が存在し

$$\forall \boldsymbol{x}, \boldsymbol{y} \in \mathbb{R}^n : \ \mathsf{F}(\boldsymbol{x}, \boldsymbol{y}) = \mathsf{F}_0(\boldsymbol{x}, A\boldsymbol{y})$$

をみたす．逆に $A \in \mathrm{Sym}_n^+\mathbb{R}$ を1つ指定すれば

$$\mathsf{F}_A(\boldsymbol{x}, \boldsymbol{y}) = \mathsf{F}_0(\boldsymbol{x}, A\boldsymbol{y})$$

で $\mathsf{F}_A \in \mathcal{M}(\mathbb{R}^n)$ が定まるから，対応 $A \longmapsto \mathsf{F}_A$ は $\mathrm{Sym}_n^+\mathbb{R}$ から $\mathcal{M}(\mathbb{R}^n)$ への全単射である．したがって $\mathcal{M}(\mathbb{R}^n) = \mathrm{Sym}_n^+\mathbb{R}$ とみなすことができる．

一方，$\mathcal{M}(\mathbb{R}^n)$ には $\mathrm{GL}_n\mathbb{R}$ が右から作用する：

$$\rho : \mathcal{M}(\mathbb{R}^n) \times \mathrm{GL}_n\mathbb{R} \to \mathcal{M}(\mathbb{R}^n); \quad \rho(\mathsf{F}, A) = \mathsf{F}(A\boldsymbol{x}, A\boldsymbol{y}).$$

この作用は推移的である．F_0 における固定群は直交群であるから

$$\mathcal{M}(\mathbb{R}^n) = \mathrm{O}(n)\backslash\mathrm{GL}_n\mathbb{R}$$

と同一視される．$\mathrm{GL}_n\mathbb{R}$ の極分解 $\mathrm{GL}_n\mathbb{R} = \mathrm{O}(n) \cdot \mathrm{Sym}_n^+\mathbb{R}$ を思い出すと $\mathcal{M}(\mathbb{R}^n) = \mathrm{O}(n)\backslash\mathrm{GL}_n\mathbb{R}$ が成り立つことを納得できるだろう．

ここでは右作用を考えたが左作用を考え $\mathcal{M}(\mathbb{R}^n) = \mathrm{GL}_n\mathbb{R}/\mathrm{O}(n)$ と同一視してもよい．この右辺はAI型リーマン対称空間とよばれるリーマン多様体である．

内積を用いて線型部分空間を調べよう．n 次元ユークリッド線型空間 $(\mathbb{V}, (\cdot|\cdot))$ の線型部分空間 $\mathbb{W}$ に対し別の線型部分空間 $\mathbb{W}^\perp$ が

$$\mathbb{W}^\perp = \{\boldsymbol{v} \in \mathbb{V} \mid \forall \boldsymbol{w} \in \mathbb{W} : \ (\boldsymbol{v}|\boldsymbol{w}) = 0\} \tag{1.14}$$

で定義できる．これを $\mathbb{W}$ の**直交補空間** (orthogonal complement) とよぶ．とよぶ．$\mathbb{W}$ に $\mathbb{V}$ の内積 $(\cdot|\cdot)$ を制限すれば $\mathbb{W}$ がユークリッド線型空間である．そこで $k = \dim \mathbb{W}$ とし $\mathbb{W}$ の正規直交基底 $\{\boldsymbol{e}_1, \boldsymbol{e}_2, \ldots, \boldsymbol{e}_k\}$ をとろう．$\mathbb{V}$ の元 $\boldsymbol{x}$ に対し

$$\mathrm{P}_{\mathbb{W}}(\boldsymbol{x}) = \sum_{i=1}^{k} (\boldsymbol{x} \mid \boldsymbol{e}_i)\boldsymbol{e}_i$$

とおくと $\mathrm{P}_{\mathbb{W}}(\boldsymbol{x}) \in \mathbb{W}$ である．ここで $\mathrm{P}_{\mathbb{W}^\perp}(\boldsymbol{x}) = \boldsymbol{x} - \mathrm{P}_{\mathbb{W}}(\boldsymbol{x})$ とおくと $\mathrm{P}_{\mathbb{W}^\perp}(\boldsymbol{x}) \in \mathbb{W}^\perp$ である．したがって分解

$$\boldsymbol{x} = \mathrm{P}_{\mathbb{W}}(\boldsymbol{x}) + \mathrm{P}_{\mathbb{W}^\perp}(\boldsymbol{x})$$

が得られた．これより $\mathbb{V} = \mathbb{W} + \mathbb{W}^{\perp}$ であることがわかる．もし $\boldsymbol{x} \in \mathbb{W} \cap \mathbb{W}^{\perp}$ ならば $(\boldsymbol{x}|\boldsymbol{x}) = 0$ となるから $\boldsymbol{x} = \mathbf{0}$ である．以上より直和分解 $\mathbb{V} = \mathbb{W} \dot{+} \mathbb{W}^{\perp}$ が得られた．このとき $\mathbb{V}$ は $\mathbb{W}$ と $\mathbb{W}^{\perp}$ の**直交直和** (orthogonal direct sum) に分解されるという．

より一般に $\mathbb{V}$ が線型部分空間の直和

$$\mathbb{V} = \mathbb{W}_1 \oplus \mathbb{W}_2 \oplus \cdots \oplus \mathbb{W}_k$$

に分解され，各線型部分空間が互いに直交するとき[*11]，$\mathbb{V} = \mathbb{W}_1 \oplus \mathbb{W}_2 \oplus \cdots \oplus \mathbb{W}_k$ は**直交直和** であるという．

問題 1.6 有限次元ユークリッド線型空間の線型部分空間 $\mathbb{W}$，$\mathbb{W}_1$，$\mathbb{W}_2$ に対し次が成り立つことを確かめよ．

(1) $(\mathbb{W}^{\perp})^{\perp} = \mathbb{W}$.

(2) $(\mathbb{W}_1 + \mathbb{W}_2)^{\perp} = \mathbb{W}_1^{\perp} \cap \mathbb{W}_2^{\perp}$.

(3) $(\mathbb{W}_1 \cap \mathbb{W}_2)^{\perp} = \mathbb{W}_1^{\perp} + \mathbb{W}_2^{\perp}$.

$\mathrm{P}_{\mathbb{W}}$ は

$$(\mathrm{P}_{\mathbb{W}}(\boldsymbol{x})|\boldsymbol{y}) = (\boldsymbol{x}|\mathrm{P}_{\mathbb{W}}(\boldsymbol{y})), \quad \mathrm{P}_{\mathbb{W}}(\mathrm{P}_{\mathbb{W}}(\boldsymbol{x})) = \boldsymbol{x}$$

をみたすことを確かめてほしい．とくに $\mathbb{W}^{\perp}$ に沿う $\mathbb{W}$ への射影子である．

定義 1.22 ユークリッド線型空間 $\mathbb{V}$ 上の自己共軛線型変換 T が $T \circ T = T$ をみたすとき**直交射影子** (orthogonal projection) とよぶ．

直交射影子は次の性質をみたす ([37, 第 4 章問題 34]).

命題 1.8 $T \in \mathrm{End}(\mathbb{V})$ に対し

(1) 線型部分空間 $\mathbb{W}$ に対し $\mathrm{P}_{\mathbb{W}}$ は直交射影子である．

[*11] $i \neq j \Longrightarrow \mathbb{W}_i \perp \mathbb{W}_j$ ということ．$\mathbb{W}_i \perp \mathbb{W}_j \Longleftrightarrow \forall \boldsymbol{x} \in \mathbb{W}_i,\ \boldsymbol{y} \in \mathbb{W}_j : (\boldsymbol{x}|\boldsymbol{y}) = 0$.

(2) T が直交射影子であるための必要十分条件は $\mathbb{W} = T(\mathbb{V})$ とおくとき $\mathbb{W}^{\perp} = \operatorname{Ker} T$ であり，T の $\mathbb{W}$ への制限 $T|_{\mathbb{W}}$ は $\mathbb{W}$ の恒等変換であること．このとき $T = \mathrm{P}_{\mathbb{W}}$ である．

この命題から線型部分空間と直交射影子 $\mathrm{P}_{\mathbb{W}}$ が全単射対応することがわかる．

$\mathbb{V} = \mathbb{R}^n$ の場合をさらに詳しく調べよう．$\mathbb{R}^n$ 上の自己共軛線型変換全体は $\mathrm{Sym}_n\mathbb{R}$ と考えてよい．写像 $\mathrm{P} : \mathrm{Gr}_k(\mathbb{R}^n) \to \mathrm{Sym}_n\mathbb{R}$ を

$$\mathrm{P} : \mathrm{Gr}_k(\mathbb{R}^n) \to \mathrm{Sym}_n\mathbb{R}; \quad \mathbb{W} \longmapsto \mathrm{P}_{\mathbb{W}}$$

で定めよう．ただし $\mathrm{P}_{\mathbb{W}}$ を $\mathbb{R}^n$ の標準基底を介して対称行列と考える．すると P によるグラスマン多様体 $\mathrm{Gr}_k(\mathbb{R}^n)$ の像は

$$\{T \in \mathrm{Sym}_n\mathbb{R} \mid T^2 = T,\ \mathrm{tr}\, T = k\} \subset \mathrm{Sym}_n\mathbb{R} \cong \mathbb{R}^{n(n+1)/2}$$

であることがわかる．写像 P については 7.3 節で再度，取り扱う．

命題 0.3 および命題 0.4 から次を得る．

命題 1.9 $\mathrm{P} \in \mathrm{End}(\mathbb{V})$ が直交射影子ならば $\mathrm{Q} = \mathrm{Id} - \mathrm{P}$ も直交射影子であり

$$\mathrm{Q} \circ \mathrm{P} = \mathrm{P} \circ \mathrm{Q} = O, \quad \mathrm{P}(\mathbb{V}) = \operatorname{Ker} \mathrm{Q}, \quad \mathrm{Q}(\mathbb{V}) = \operatorname{Ker} \mathrm{P}$$

が成り立つ．

命題 1.10 $T_1, T_2, \ldots, T_k \in \mathrm{End}(\mathbb{V})$ が直交射影子で

$$\mathrm{Id} = T_1 + T_2 + \cdots + T_k, \quad T_i \circ T_j = O\,(i \neq j)$$

をみたせば

$$\mathbb{V} = T_1(\mathbb{V}) \oplus T_2(\mathbb{V}) \oplus \cdots \oplus T_k(\mathbb{V}), \quad T_i \perp T_j\,(i \neq j)$$

と直和分解される．このとき $\{T_1, T_2, \ldots, T_k\}$ を $\mathbb{V}$ の**完全直交射影系**とよぶ．

逆に $\mathbb{V}$ が $\mathbb{V} = \mathbb{W}_1 \oplus \mathbb{W}_2 \oplus \cdots \oplus \mathbb{W}_k$ と直交直和分解されているとき各 $\boldsymbol{v}$ を $\boldsymbol{v} = \boldsymbol{v}_1 + \boldsymbol{v} + \cdots + \boldsymbol{v}_k$ と分解し，線型変換 T_j を

$$T_j(\boldsymbol{v}) = \boldsymbol{v}_j$$

で定めれば $\{T_1, T_2, \ldots, T_k\}$ は $\mathbb{V}$ の完全直交射影系である．この T_j のことを $\mathrm{P}_{\mathbb{W}_j}$ と表記する．

定理 1.6 (スペクトル分解) n 次元ユークリッド線型空間 $\mathbb{V}$ 上の自己共軛線型変換 T の相異なる固有値を $\lambda_1 < \lambda_2 < \cdots < \lambda_k$ と並べる．また λ_i の重複度を m_i とする．$m_1 + m_2 + \cdots + m_k = n$ である．このとき $\mathbb{V}$ は固有空間の直和

$$\mathbb{V} = \mathbb{V}(\lambda_1) \oplus \mathbb{V}(\lambda_2) \oplus \cdots \oplus \mathbb{V}(\lambda_k)$$

に分解される．この直和分解は直交直和分解である．各固有空間 $\mathbb{V}(\lambda_i)$ への直交射影子 $\mathrm{P}_i = \mathrm{P}_{\mathbb{V}(\lambda_i)}$ を用いて

$$T = \lambda_1 \mathrm{P}_1 + \lambda_2 \mathrm{P}_2 + \cdots + \lambda_k \mathrm{P}_k$$

とただ一通りに表示できる．これを T の**スペクトル分解**という[*12]．

直交直和分解は一般のスカラー積でも可能だろうか．たとえば次の例をみてほしい．

例 1.16 ($\mathbb{W}^{\perp} = \mathbb{W}$ の例) $\mathbb{V} = \mathbb{E}^2_1$ において $\mathbb{W} = \{(t, t) \in \mathbb{E}^2_1 \mid t \in \mathbb{R}\}$ と選ぶと $\mathbb{W}^{\perp} = \mathbb{W}$ であり $\mathbb{E}^2_1 \neq \mathbb{W} \oplus \mathbb{W}^{\perp}$.

この例ではどの $\boldsymbol{w} \in \mathbb{W}$ についても $\langle \boldsymbol{w}, \boldsymbol{w} \rangle = 0$ である．直交直和分解を述べるために次の用語を用意しよう．

[*12] 通常，スペクトル分解では固有値の並べ方は指定しない．ここでは一意的な表示にするため，$\lambda_1 < \lambda_2 < \cdots < \lambda_k$ という仮定をおいた．

定義 1.23 有限次元スカラー積空間 $(\mathbb{V}, \mathrm{g})$ の線型部分空間 $\mathbb{W}$ 上で g が非退化のとき，$\mathbb{W}$ を**非退化部分空間** (nondegenerate subspace) という.

直交直和分解は次の状況下で成立する.

定理 1.7 (直交直和の定理) 有限次元スカラー積空間 $(\mathbb{V}, \mathrm{g})$ の線型部分空間 $\mathbb{W}$ に対し次が成り立つ.

(1) $\dim \mathbb{V} = \dim \mathbb{W} + \dim \mathbb{W}^{\perp}$.

(2) $(\mathbb{W}^{\perp})^{\perp} = \mathbb{W}$.

(3) $\mathbb{V} = \mathbb{W} \oplus \mathbb{W}^{\perp} \iff \mathbb{W}$ は非退化. このとき $\mathbb{W}^{\perp}$ も非退化.

【証明】 (1) $\dim \mathbb{V} = n$, $\dim \mathbb{W} = k$ とする $(0 < k \leq n)$. $\mathbb{W}$ の基底 $\{\boldsymbol{e}_1, \boldsymbol{e}_2, \ldots, \boldsymbol{e}_k\}$ を含む $\mathbb{V}$ の基底 $\{\boldsymbol{e}_1, \boldsymbol{e}_2, \ldots, \boldsymbol{e}_n\}$ をとる. $\boldsymbol{v} = v_1\boldsymbol{e}_1 + v_2\boldsymbol{e}_2 + \cdots + v_n\boldsymbol{e}_n$ と表す. $\mathrm{g}(\boldsymbol{e}_i, \boldsymbol{e}_j) = g_{ij}$ とおくと

$$
\begin{aligned}
v \in \mathbb{W}^{\perp} &\iff \mathrm{g}(\boldsymbol{e}_i, \boldsymbol{v}) = 0, \quad i = 1, 2, \ldots, k \\
&\iff \sum_{j=1}^{n} g_{ij} v_j = 0, \quad i = 1, 2, \ldots, k \\
&\iff \begin{pmatrix} g_{11} & g_{12} & \cdots & g_{1n} \\ g_{21} & g_{22} & \cdots & g_{2n} \\ \vdots & \vdots & \ddots & \vdots \\ g_{k1} & g_{k2} & \cdots & g_{kn} \end{pmatrix} \begin{pmatrix} v_1 \\ v_2 \\ \vdots \\ v_n \end{pmatrix} = \begin{pmatrix} 0 \\ 0 \\ \vdots \\ 0 \end{pmatrix}.
\end{aligned}
$$

対称双線型形式 g は非退化だから $(g_{ij})_{1 \leq i,j \leq n} \in \mathrm{GL}_n\mathbb{K}$ である. ゆえに $\mathrm{rank}\,(g_{ij})_{1 \leq i \leq k, 1 \leq j \leq n} = k$. したがって $\dim \mathbb{W}^{\perp} = n - k$.

(2) $\boldsymbol{x} \in \mathbb{W}$ ならば,

$$
\text{すべての } \boldsymbol{y} \in \mathbb{W}^{\perp} \text{ に対し } \mathrm{g}(\boldsymbol{x}, \boldsymbol{y}) = 0.
$$

ということは $\boldsymbol{x} \in (\mathbb{W}^{\perp})^{\perp}$. したがって $\mathbb{W} \subset (\mathbb{W}^{\perp})^{\perp}$. (1) より $\dim \mathbb{W} + \dim \mathbb{W}^{\perp} = n$. ふたたび (1) より $\dim \mathbb{W}^{\perp} + \dim(\mathbb{W}^{\perp})^{\perp} = n$ であるから $\dim \mathbb{W} = \dim(\mathbb{W}^{\perp})^{\perp}$. ということは $\mathbb{W} = (\mathbb{W}^{\perp})^{\perp}$.

(3) $\mathbb{W}$ の零化空間は $\mathbb{W} \cap \mathbb{W}^{\perp}$ であるから $\mathbb{W}$ が非退化であるための条件は $\mathbb{W} \cap \mathbb{W}^{\perp} = \{\vec{0}\}$. したがって $\mathbb{W} + \mathbb{W}^{\perp}$ は直和.

ここで

$$\dim \mathbb{W} + \dim \mathbb{W}^{\perp} = \dim(\mathbb{W} + \mathbb{W}^{\perp}) + \dim(\mathbb{W} \cap \mathbb{W}^{\perp})$$

より $\dim(\mathbb{W} \oplus \mathbb{W}^{\perp}) = n$ である. ■

g が内積のときは，どの線型部分空間も非退化であることに注意しよう.

直交直和分解を利用して直交射影子が定義できる.

命題 1.11 有限次元スカラー積空間 $\mathbb{V}$ とその非退化部分空間 $\mathbb{W}$ に対し直交直和分解 $\boldsymbol{x} = \boldsymbol{x}_1 + \boldsymbol{x}_2$（ただし $\boldsymbol{x}_1 \in \mathbb{W}$, $\boldsymbol{x}_2 \in \mathbb{W}_2$）を利用して線型写像 $\mathrm{P}_{\mathbb{W}} : \mathbb{V} \to \mathbb{W}$ を $\mathrm{P}_{\mathbb{W}}(\boldsymbol{x}) = \boldsymbol{x}_1$ で定義できる. $\mathrm{P}_{\mathbb{W}}$ を $\mathbb{W}$ に関する**直交射影子** (orthogonal projection) とよぶ. $\mathrm{P}_{\mathbb{W}}$ は次をみたす.

$$\forall\, \boldsymbol{x}, \boldsymbol{y} :\ \ \mathrm{g}(\mathrm{P}_{\mathbb{W}}(\boldsymbol{x}), \mathrm{P}_{\mathbb{W}}(\boldsymbol{y})) = \mathrm{g}(\boldsymbol{x}, \boldsymbol{y}),$$

$$\mathrm{P}_{\mathbb{W}} \circ \mathrm{P}_{\mathbb{W}} = \mathrm{P}_{\mathbb{W}},\ \text{すなわち}\quad \mathrm{P}_{\mathbb{W}}(\mathrm{P}_{\mathbb{W}}(\boldsymbol{x})) = \mathrm{P}_{\mathbb{W}}(\boldsymbol{x}).$$

問題 1.7 n 次元スカラー積空間 $\mathbb{V}$ とその非退化部分空間 $\mathbb{W}$ に対し線型変換 $S_{\mathbb{W}}$ を $S_{\mathbb{W}} = \mathrm{P}_{\mathbb{W}} - \mathrm{P}_{\mathbb{W}^{\perp}}$ で定め $\mathbb{W}$ に関する**鏡映**という. $S_{\mathbb{W}}$ は $\mathbb{V}$ 間の線型等長写像であることおよび $S_{\mathbb{W}} \circ S_{\mathbb{W}} = \mathrm{Id}$ を示せ.

定理 1.7 を利用して次の基本定理が示される.

定理 1.8 (シルヴェスターの慣性法則) n 次元**実**線型空間 $\mathbb{V}$ 上のスカラー積 g に対し次の条件をみたす基底 $\mathcal{U} = \{\boldsymbol{u}_1, \boldsymbol{u}_2, \cdots, \boldsymbol{u}_n\}$ が存在する.

$$\begin{aligned}
&\mathrm{g}(\boldsymbol{u}_i, \boldsymbol{u}_i) = -1, \quad 1 \leq i \leq \nu,\\
&\mathrm{g}(\boldsymbol{u}_i, \boldsymbol{u}_i) = 1, \quad \nu + 1 \leq i \leq n,\\
&\mathrm{g}(\boldsymbol{u}_i, \boldsymbol{u}_j) = 0, \quad i \neq j.
\end{aligned}$$

この基底 $\mathcal{U}$ を g に関する $\mathbb{V}$ の**正規直交基底**という．ν は正規直交基底に共通の値である．ν を g の**指数** (index) という．$(n-\nu,\nu)$ を g の**符号** (signature) とよぶ．

【証明】 g は非退化であるから $\mathrm{g}(\boldsymbol{a},\boldsymbol{a})\neq 0$ である $\boldsymbol{a}\in\mathbb{V}$ が存在する．そこで $\epsilon_1=\mathrm{g}(\boldsymbol{a},\boldsymbol{a})/|\mathrm{g}(\boldsymbol{a},\boldsymbol{a})|=\pm 1$ とおく．さらに $\boldsymbol{u}_1=\boldsymbol{a}/\sqrt{|\mathrm{g}(\boldsymbol{a},\boldsymbol{a})|}$ とおく．$\mathrm{g}(\boldsymbol{u}_1,\boldsymbol{u}_1)=\epsilon_1$ である．$\mathbb{R}\boldsymbol{e}_1=\mathbb{R}\boldsymbol{a}$ は $\mathbb{V}$ の非退化部分空間．そこで
$\mathbb{W}_1=\{\boldsymbol{v}\in\mathbb{V}\mid \mathrm{g}(\boldsymbol{v},\boldsymbol{u}_1)=0\}$ とおく．これは $\mathbb{V}$ の非退化部分空間で $\mathbb{W}_1=(\mathbb{R}\boldsymbol{e}_1)^{\perp}$ である．g を $\mathbb{W}_1$ に制限したものを g_1 としよう．$(\mathbb{W}_1,\mathrm{g}_1)$ も非退化であるから $\mathrm{g}_1(\boldsymbol{b},\boldsymbol{b})\neq 0$ である $\boldsymbol{b}\in\mathbb{W}_1$ が存在する．そこで $\epsilon_2=\mathrm{g}_1(\boldsymbol{b},\boldsymbol{b})/|\mathrm{g}_1(\boldsymbol{b},\boldsymbol{b})|=\pm 1$ とおく．さらに $\boldsymbol{u}_2=\boldsymbol{b}/\sqrt{|\mathrm{g}_1(\boldsymbol{b},\boldsymbol{b})|}$ とおく．$\mathrm{g}(\boldsymbol{u}_2,\boldsymbol{u}_2)=\epsilon_2$ に注意．$\mathbb{R}\boldsymbol{u}_2$ は $\mathbb{W}_1$ の非退化部分空間．そこで
$\mathbb{W}_2=\{\boldsymbol{v}\in\mathbb{W}_1\mid \mathrm{g}_1(\boldsymbol{v},\boldsymbol{u}_2)=0\}$ とおくと，これは $\mathbb{W}_1$ の非退化部分空間である．g_1 を $\mathbb{W}_2$ に制限したものを g_2 としよう．$(\mathbb{W}_2,\mathrm{g}_2)$ も非退化である．したがって $\mathrm{g}_2(\boldsymbol{c},\boldsymbol{c})\neq 0$ である $\boldsymbol{c}\in\mathbb{W}_2$ が存在する．したがって ϵ_2 と $\boldsymbol{u}_2$ を定めたやり方で $\epsilon_3=\pm 1$ と $\boldsymbol{u}_3$ が定まる．以下この操作を繰り返して $\mathbb{V}$ の基底 $\{\boldsymbol{u}_1,\boldsymbol{u}_2,\ldots,\boldsymbol{u}_n\}$ で $\mathrm{g}(\boldsymbol{u}_i,\boldsymbol{u}_i)=\epsilon_i=\pm 1$ となるものが見つかる．並べ替えを行って

$$\epsilon_1=\epsilon_2=\cdots=\epsilon_\nu=-1,\quad \epsilon_{\nu+1}=\epsilon_{\nu+2}=\cdots=\epsilon_n=1$$

となるようにしておこう．この基底に関し各 $\boldsymbol{x}\in\mathbb{V}$ は

$$\boldsymbol{x}=\sum_{i=1}^{n}\epsilon_i x^i\boldsymbol{u}_i,\quad x^i=\mathrm{g}(\boldsymbol{x},\boldsymbol{u}_i)$$

と表せるので

$$\mathrm{g}(\boldsymbol{x},\boldsymbol{x})=-\sum_{i=1}^{\nu}(x^i)^2+\sum_{i=\nu+1}^{n}(x^i)^2$$

と計算される．

別の正規直交基底 $\{\boldsymbol{v}_1, \boldsymbol{v}_2, \ldots, \boldsymbol{v}_n\}$ をとる．やはり並べ替えを行って $\tilde{\epsilon}_i := \mathrm{g}(\boldsymbol{v}_i, \boldsymbol{v}_i)$ が

$$\tilde{\epsilon}_1 = \tilde{\epsilon}_2 = \cdots = \tilde{\epsilon}_q = -1,\ \tilde{\epsilon}_{q+1} = \tilde{\epsilon}_{q+2} = \cdots = \tilde{\epsilon}_n = 1$$

をみたすようにしておく．各 $\boldsymbol{x}$ を

$$\boldsymbol{x} = \sum_{i=1}^{n} \tilde{\epsilon}_i \tilde{x}^i \boldsymbol{v}_i, \quad \tilde{x}^i = \mathrm{g}(\boldsymbol{x}, \boldsymbol{v}_i)$$

と表すと，$\mathrm{g}(\boldsymbol{x}, \boldsymbol{x})$ は

$$\mathrm{g}(\boldsymbol{x}, \boldsymbol{x}) = -\sum_{i=1}^{\nu}(x^i)^2 + \sum_{i=\nu+1}^{n}(x^i)^2 = -\sum_{i=1}^{q}(\tilde{x}^i)^2 + \sum_{i=q+1}^{n}(\tilde{x}^i)^2$$

と2通りに表示される．$\{\boldsymbol{u}_1, \boldsymbol{u}_2, \ldots, \boldsymbol{u}_\nu, \boldsymbol{v}_{q+1}, \boldsymbol{v}_{q+2}, \ldots, \boldsymbol{v}_n\}$ の線型独立性を示そう．

$$\sum_{i=1}^{\nu} \lambda_i \boldsymbol{u}_i + \sum_{j=q+1}^{n} \mu_j \boldsymbol{v}_j = \boldsymbol{0}$$

とおくと

$$\boldsymbol{u} := \sum_{i=1}^{\nu} \lambda_i \boldsymbol{u}_i = -\sum_{j=q+1}^{n} \mu_j \boldsymbol{v}_j$$

に対し

$$\mathrm{g}(\boldsymbol{u}, \boldsymbol{u}) = -\sum_{i=1}^{\nu}(\lambda_i)^2 = \sum_{j=q+1}^{n}(\mu_j)^2$$

であるから $\lambda_1 = \lambda_2 = \cdots = \lambda_\nu = \mu_{q+1} = \mu_{q+2} = \cdots = \mu_n = 0$．したがって $\{\boldsymbol{u}_1, \boldsymbol{u}_2, \ldots, \boldsymbol{u}_\nu, \boldsymbol{v}_{q+1}, \boldsymbol{v}_{q+2}, \ldots, \boldsymbol{v}_n\}$ は線型独立．したがって $\nu + (n - q) \leq n$．すなわち $\nu \leq q$．同様に $\{\boldsymbol{v}_1, \boldsymbol{v}_2, \ldots, \boldsymbol{v}_q, \boldsymbol{u}_{\nu+1}, \boldsymbol{u}_{\nu+2}, \ldots, \boldsymbol{u}_n\}$ も線型独立であることが示され $q + (n - \nu) \leq n$ を得る．すなわち $q \leq \nu$．以上より $\nu = q$.

■

註 1.13 g が非退化とは限らない場合は，シルヴェスターの慣性法則は次のように修正される[*13].

n 次元**実**線型空間 $\mathbb{V}$ 上の対称双線型形式 g に対し次の条件をみたす基底 $\mathcal{U} = \{\boldsymbol{u}_1, \boldsymbol{u}_2, \cdots, \boldsymbol{u}_n\}$ が存在する.

$$\begin{aligned} &\mathrm{g}(\boldsymbol{u}_i, \boldsymbol{u}_i) = -1, \quad 1 \leq i \leq q, \\ &\mathrm{g}(\boldsymbol{u}_i, \boldsymbol{u}_i) = 1, \quad q+1 \leq i \leq q+p, \\ &\mathrm{g}(\boldsymbol{u}_i, \boldsymbol{u}_i) = 0, \quad q+p+1 \leq i \leq q+p+r = n, \\ &\mathrm{g}(\boldsymbol{u}_i, \boldsymbol{u}_j) = 0, \quad i \neq j. \end{aligned}$$

(p, q, r) はこの条件をみたす基底に共通の値である．$p+q$ は g の表現行列の階数に等しい．また $r = \dim \mathrm{Null}(\mathbb{V})$ である．(p, q) を g の**符号**（signature）とよぶ.

問題 1.8 有限次元**実**線型空間 $\mathbb{V}$ 上の対称双線型形式 g が**正値性条件**

$$\mathrm{g}(\boldsymbol{x}, \boldsymbol{x}) \geq 0. \ \text{とくに}\ \mathrm{g}(\boldsymbol{x}, \boldsymbol{x}) = 0 \Rightarrow \boldsymbol{x} = \boldsymbol{0}$$

をみたすことと g が指数 0 のスカラー積であることが同値であることを確かめよ.

問題 1.9 有限次元**複素**線型空間 $\mathbb{V}$ 上のスカラー積 g に対し $\mathrm{g}(\boldsymbol{u}_i, \boldsymbol{u}_j) = \delta_{ij}$ をみたす基底 $\mathcal{U} = \{\boldsymbol{u}_1, \boldsymbol{u}_2, \cdots, \boldsymbol{u}_n\}$ が存在することを確かめよ．したがって，複素スカラー積空間では「指数」や「符号」は意味をなさない.

有限次元実線型空間上の内積でないスカラー積のことを**不定値スカラー積**（indefinite scalar product）とか**不定値内積**（indefinite inner product）とよぶ．とくに指数 1 のスカラー積は**ローレンツ・スカラー積**または**ローレンツ内積**とよばれる.

例 1.17（擬ユークリッド空間） 擬ユークリッド空間 $\mathbb{E}^n_\nu$ の標準基底 $\mathcal{E} = \{\mathrm{e}_1, \mathrm{e}_2, \ldots, \mathrm{e}_n\}$ は正規直交基底である.

シルヴェスターの慣性法則からスカラー積空間 $(\mathbb{V}, \mathrm{g})$ で正規直交基底をとれる．したがって $\mathrm{O}(\mathbb{V}, \mathrm{g})$ は正規直交基底を介して $\mathrm{O}_\nu(n)$ と同一視できる.

[*13] 線型代数学の教科書を参照（[2, 定理 7.2.5], [26], [63, 定理 9.14]).

実スカラー積空間 $(\mathbb{V},\mathrm{g})$ において正規直交基底 $\mathcal{U}=\{\boldsymbol{u}_1,\boldsymbol{u}_2,\ldots,\boldsymbol{u}_n\}$ をとり $\varepsilon_i=\mathrm{g}(\boldsymbol{u}_i,\boldsymbol{u}_i)$ とおく[*14].

各 $\boldsymbol{x}\in\mathbb{V}$ は

$$\boldsymbol{x}=\sum_{i=1}^{n}\varepsilon_i x^i\boldsymbol{u}_i,\quad x^i=\mathrm{g}(\boldsymbol{x},\boldsymbol{u}_i) \tag{1.15}$$

と表すことができる．この式を $\boldsymbol{x}$ の $\mathcal{U}$ に関する**展開**という．

$\mathbb{V}=\mathbb{R}^n$ の場合についての注意をひとつ．対称双線型形式 g が与えられたとき，標準基底 $\{\mathbf{e}_1,\mathbf{e}_2,\ldots,\mathbf{e}_n\}$ に関する表現行列を $A=(a_{ij})$ とすると $\mathbb{R}^n$ の標準内積 $(\cdot|\cdot)$ を用いて g は

$$\mathrm{g}(\mathbf{x},\mathbf{y})={}^t\mathbf{x}A\mathbf{y}=(A\mathbf{x}|\mathbf{y})=(\mathbf{x}|A\mathbf{y})$$

と表せる．g の定める二次形式は

$$\mathrm{g}(\mathbf{x},\mathbf{x})=\sum_{i,j=1}^{n}a_{ij}x^ix^j={}^t\mathbf{x}A\mathbf{x}$$

と書き直せることに注意しよう．この二次形式を $A[\mathbf{x}]$ と表記する (ジーゲルの記法). $\mathbb{R}^n$ の二次形式に対する「シルヴェスターの慣性法則」は次のように述べられる[*15].

系 1.2 二次形式 $F(\mathbf{x})=A[\mathbf{x}]$ に対し F を

$$\sum_{i=1}^{p}(\xi^i)^2-\sum_{j=1}^{q}(\xi^{p+j})^2,\quad p+q\leq n$$

と表示できる線型座標系 $(\xi^1,\xi^2,\cdots,\xi^n)$ が存在する．この表示を F の**標準形**という．二次形式の標準形は一意的に定まり正の項の数 p と負の項の数 q は，一定である．(p,q) を F の**符号** (signature) という．

---

*14 正規直交基底をとる際には $(\varepsilon_1,\varepsilon_2,\ldots,\varepsilon_n)$ は必ずしも $(-1,-1,\ldots,-1,1,1,\ldots,1)$ と並んでなくてもよいとする．

*15 線型代数の教科書で通常述べられている「シルヴェスターの慣性法則」はこの表現である．

問題 1.10 $\mathrm{M}_n\mathbb{R}$ のスカラー積を

$$\langle X, Y\rangle = \mathrm{tr}\,(XY) \tag{1.16}$$

で与える．このスカラー積の符号を求めよ．$\mathrm{M}_n\mathbb{R}$ の線型部分空間 $\mathrm{Sym}_n\mathbb{R}$ と $\mathrm{Alt}_n\mathbb{R}$ 上にこのスカラー積を制限した場合の符号も調べよ．

有限次元実線型空間 $\mathbb{V}$ に内積を与える**メリット**をここで復習しておこう．まず，内積がない状態だと線型部分空間 $\mathbb{W}$ に対し $\mathbb{W}$ の補空間を一意的に定めることができない．しかし内積 $(\cdot|\cdot)$ が与えられていると直交補空間 $\mathbb{W}^{\perp}$ を選ぶことができる．内積がない場合は補空間の代わりに商線型空間 $\mathbb{V}/\mathbb{W}$ を使うことが考えられる．補空間は一意的でないが $\mathbb{V}/\mathbb{W}$ はただひとつだから．複素線型空間のときはエルミート内積を用いて直交補空間 $\mathbb{W}^{\perp}$ がただひとつ定まる．また実線型空間で不定値スカラー積が与えられているときは考える対象を非退化部分空間に限定すれば補空間をただひとつ定めることができる．

次に有限次元 $\mathbb{K}$ 線型空間 $\mathbb{V}$ の双対空間 $\mathbb{V}^*$ を考える．$\mathbb{V}$ と $\mathbb{V}^*$ の間には canonical isomorphism は存在しない．$\mathbb{V}$ と $\mathbb{V}^{**}$ の間には存在したが．ここでスカラー積 g があると状況は変わる．

g は非退化なので写像 $\flat : \mathbb{V} \to \mathbb{V}^*$ を

$$\flat\boldsymbol{v}(\boldsymbol{w}) = \mathrm{g}(\boldsymbol{v}, \boldsymbol{w})$$

で定めることができる．$\flat$ は線型同型写像である．実際，g の非退化性から $\sharp : \mathbb{V}^* \to \mathbb{V}$ が等式

$$\alpha(\boldsymbol{w}) = \mathrm{g}(\sharp\alpha, \boldsymbol{w}), \quad \boldsymbol{w} \in \mathbb{V}$$

で定まる．定め方より $\sharp = \flat^{-1}$ である．$\flat$ は基底の選び方には当然，依存していない．スカラー積を用いてよいという状況下では，$\flat$ は canonical isomorphism とみなせる．

ベクトル $\boldsymbol{v} \in \mathbb{V}$ に対し $\flat\boldsymbol{v}$ を $\boldsymbol{v}$ の g に関する**計量的双対コベクトル** (metrical dual covector) とよぶ．双対コベクトルと略称することも多い．

また $\alpha \in \mathbb{V}^*$ に対し $\sharp\alpha \in \mathbb{V}$ を $\alpha \in \mathbb{V}^*$ の**計量的双対ベクトル**とよぶ．これも双対ベクトルと略称されることが多い．

$\sharp$ と $\flat$ は線型同型写像であるから $\mathbb{V}^*$ のスカラー積 g^* を

$$\mathrm{g}^*(\alpha, \beta) = \mathrm{g}(\sharp\alpha, \sharp\beta) \tag{1.17}$$

で定めることができる．g^* を**双対スカラー積**という．

逆に $\mathbb{V}^*$ の方にスカラー積 g^* が与えられているが $\mathbb{V}$ にまだスカラー積が与えられていないとき

$$\mathrm{g}(\boldsymbol{v}, \boldsymbol{w}) = \mathrm{g}^*(\flat\boldsymbol{v}, \flat\boldsymbol{w}) \tag{1.18}$$

で $\mathbb{V}$ のスカラー積 g を与えることができる．この g を g^* の双対スカラー積とよぶ[*16]．

とくに $\mathbb{V}$ が実線型空間で g が内積のときは双対スカラー積は**双対内積**とよばれる．

実スカラー積空間 $(\mathbb{V}, \mathrm{g})$ の正規直交基底 $\{\boldsymbol{u}_1, \boldsymbol{u}_2, \ldots, \boldsymbol{u}_n\}$ の双対基底 $\{\sigma^1, \sigma^2, \ldots, \sigma^n\}$ をとろう．双対基底の定義より $\sigma^i(\boldsymbol{e}_i) = 1$, $i \neq j$ のとき $\sigma^i(\boldsymbol{e}_j) = 0$ であった．さて $\boldsymbol{e}_i$ の計量的双対コベクトル $\flat\boldsymbol{u}_i$ は

$$\flat\boldsymbol{u}_i(\boldsymbol{u}_j) = \mathrm{g}(\boldsymbol{u}_i, \boldsymbol{u}_j)$$

で定義されたことから $i \neq j$ のとき $\flat\boldsymbol{u}_i(\boldsymbol{u}_j) = 0$, $\flat\boldsymbol{u}_i(\boldsymbol{u}_i) = \varepsilon_i$ をみたすことから

$$\flat\boldsymbol{u}_i = \varepsilon_i \sigma^i, \quad i = 1, 2, \ldots, n$$

を得る．とくに g が**内積**のときは $\sigma^i = \flat\boldsymbol{u}_i$ である．

正規直交とは限らない一般の基底 $\mathcal{E} = \{\boldsymbol{e}_1, \boldsymbol{e}_2, \ldots, \boldsymbol{e}_n\}$ を用いてベクトル $\boldsymbol{x}$ を

$$\boldsymbol{x} = \sum_{i=1}^{n} x^i \boldsymbol{e}_i$$

[*16] このやり方はリー環論においてルート系を扱うときに用いる（『リー環』4.7 節）．

と表す．$\mathcal{E}$ の双対基底 $\Sigma = \{\sigma^1, \sigma^2, \ldots, \sigma^n\}$ を用いて $\alpha = \flat \boldsymbol{x}$ を表示してみよう．

$$\alpha = \sum_{i=1}^{n} \alpha_i \sigma^i, \quad g_{ij} = \mathsf{g}(\boldsymbol{e}_i, \boldsymbol{e}_j)$$

とおくと

$$\alpha_j = \alpha(\boldsymbol{e}_j) = \mathsf{g}(\boldsymbol{x}, \boldsymbol{e}_j) = \sum_{i=1}^{n} x^i \mathsf{g}(\boldsymbol{e}_i, \boldsymbol{e}_j) = \sum_{i,j=1}^{n} g_{ij} x^i$$

である．そこで α_j のことを x_j と書いてしまう．そして $\flat \boldsymbol{x}$ を

$$\flat \boldsymbol{x} = \sum_{j=1}^{n} x_j \sigma^j, \quad x_j = \sum_{i=1}^{n} g_{ji} x^i$$

と表記する．x^i を g を介して x_i に変換すると考えて $\flat$ という記号を使っている．次に $\sharp$ を考えよう．そのために行列 (g_{ij}) の逆行列が必要になる．多重線型代数では次のような表記方法を用いる．

> g_{ij} を (i,j) 成分とする行列の逆行列の (i,j) 成分を g^{ij} と表す．$g^{ij} = g^{ji}$ に注意．

この規約を用いると

$$\sum_{j=i}^{n} g_{ij} g^{jk} = \delta_i{}^k, \quad \sum_{j=i}^{n} g^{ij} g_{jk} = \delta_k{}^i$$

という計算公式が得られる．

$$x_j = \sum_{i=1}^{n} g_{ji} x^i$$

の両辺に f^{kj} をかけて j で和をとってみると

$$\sum_{j=1}^{n} g^{kj} x_j = \sum_{i=1}^{n} \left(\sum_{j=1}^{n} g^{kj} g_{ji} \right) x^i = \sum_{i=1}^{n} \delta_i{}^k x^i = x^i$$

つまり

$$x^i = \sum_{j=1}^{n} g^{kj} x_j$$

が得られた．ということは

$$\alpha = \sum_{i=1}^{n} \alpha_i \, \sigma^i \in \mathbb{V}^*$$

に対し $\sharp\alpha$ は

$$\sharp\alpha = \sum_{i=1}^{n} \alpha^i \boldsymbol{e}_i, \quad \alpha^i = \sum_{j=1}^{n} g^{kj} \alpha_j$$

と表せるということである．$\sharp$ および $\flat$ は古典的テンソル理論では index-rising operator，index-lowering operator とよばれていた．また g_{ij} を**計量テンソル** (metric tensor) とよんだ．現代では $\sharp$ および $\flat$ は musical isomorphisms とよばれている．

註 1.14 ユークリッド線型空間において $\mathbb{V}^* = \mathbb{V}$ と同一視すると線型部分空間 $\mathbb{W}$ に対し $\mathbb{W}^\circ = \mathbb{W}^\perp$ と同一視される．節末問題 1.1.5 の結果から問題 1.6 の結果が直ちに得られる．この事実から $\mathbb{W}^\circ$ は $\mathbb{V}$ に内積がない場合の $\mathbb{W}^\perp$ の代替品と捉えられる．

1.4 交代双線型形式

スカラー積と同様に次の定義を与える．

定義 1.24 $\mathbb{K}$ 線型空間 $\mathbb{V}$ 上の交代双線型形式 Ω が非退化であるとき，Ω を $\mathbb{V}$ 上の**斜交形式** (linear symplectic form) とよぶ．

ここで交代行列の行列式を思い出そう．$A \in \mathrm{Alt}_n\mathbb{K}$ に対し ${}^tA = -A$ より

$$\det A = \det({}^tA) = \det(\,(-1)A\,) = (-1)^n A$$

であるから A が正則行列ならば n は偶数である．したがって有限次元 $\mathbb{K}$ 線型空間 $\mathbb{V}$ が非退化な交代双線型形式 $\mathit{\Omega}$ をもてば $\mathbb{V}$ は偶数次元である．偶数次元 $\mathbb{K}$ 線型空間 $\mathbb{V}$ に非退化な交代双線型形式を指定したものを**斜交線型空間**（symplectic linear space）という．また非退化な交代双線型形式を**線型斜交形式**（linear symplectic form）とよぶ．

例 1.18 (標準斜交形式) 自然数 m に対し行列 J_m を

$$J_m = \begin{pmatrix} O_m & -E_m \\ E_m & O_m \end{pmatrix}$$

で定める．O_m は m 次正方零行列，E_m は m 次単位行列を表す．$\mathbb{K}^{2m}$ の双線型形式 Ω を

$$\Omega(\mathbf{x}, \mathbf{y}) = {}^t\mathbf{x} J_m \mathbf{y}$$

で定めると Ω は斜交形式である．この斜交形式を $\mathbb{K}^{2m}$ の**標準斜交形式**とよぶ．標準基底 $\{\mathbf{e}_1, \mathbf{e}_2, \ldots, \mathbf{e}_{2m}\}$ の双対基底を $\{\sigma^1, \sigma^2, \ldots, \sigma^{2m}\}$ とすると

$$\Omega = -\sum_{i=1}^{m} \sigma^i \wedge \sigma^{m+i}$$

と表示できる．より一般に $A \in \mathrm{Alt}_n\mathbb{K} \cap \mathrm{GL}_n\mathbb{K}$ を用いて

$$\mathit{\Omega}_A(\mathbf{x}, \mathbf{y}) = {}^t\mathbf{x} A \mathbf{y}$$

と定めれば斜交形式である．$\mathbb{R}^{2n}$ の場合，標準内積 $(\cdot|\cdot)$ を用いると $\mathit{\Omega}_A$ は

$$\mathit{\Omega}_A(\mathbf{x}, \mathbf{y}) = (\mathbf{x}|A\mathbf{y}) = -(A\mathbf{x}|\mathbf{y})$$

と表せる．

斜交線型空間 $(\mathbb{V}, \mathit{\Omega})$ のベクトル $\boldsymbol{x} \neq \mathbf{0}$ と $\boldsymbol{y} \neq \mathbf{0}$ が $\mathit{\Omega}(\boldsymbol{x}, \boldsymbol{y}) = 0$ をみたすとき $\boldsymbol{x}$ と $\boldsymbol{y}$ は**歪直交する**という．どのベクトルも自分自身と歪直交する[*17]．

[*17] アーノルドの教科書 [1] では歪直交に $\perp$ の縦棒を 45° 傾けた記号を使っている．

ふたつの斜交線型空間の間の線型写像 $f:(\mathbb{V},\Omega)\to(\mathbb{V}',\Omega')$ において

$$\Omega'(f(\boldsymbol{x}),f(\boldsymbol{y}))=\Omega(\boldsymbol{x},\boldsymbol{y})$$

がすべての $\boldsymbol{x}$, $\boldsymbol{y}\in\mathbb{V}$ に対し成立するとき f は**斜交線型写像**であるという．線型同型である斜交線型写像 $f:(\mathbb{V},\Omega)\to(\mathbb{V}',\Omega')$ が存在するとき $(\mathbb{V},\Omega)$ と $(\mathbb{V}',\Omega')$ は斜交線型空間として同型であるという．$(\mathbb{V},\Omega)=(\mathbb{V}',\Omega')$ のとき斜交線型写像は**斜交変換**ともよばれる．$(\mathbb{V},\Omega)$ の斜交変換全体のなす群を

$$\mathrm{Sp}(\mathbb{V},\Omega)$$

で表す．Ω を省いても差し支えないときは $\mathrm{Sp}(\mathbb{V})$ と略記する．$\mathbb{K}^{2m}$ に標準斜交形式 Ω を与えた斜交線型空間では $T\in\mathrm{Sp}(\mathbb{K}^{2m},\Omega)$ を $\mathbb{K}^{2m}$ の標準基底に関する表現行列と同一視すると $\mathrm{Sp}(\mathbb{K}^{2m},\Omega)$ は

$$\mathrm{Sp}(m;\mathbb{K})=\{A\in\mathrm{GL}_{2m}\mathbb{K}\mid {}^tAJ_mA=J_m\}$$

と思える．この群は $\mathbb{K}$ **斜交群** (symplectic group) とよばれる[*18]．

シルヴェスターの慣性法則に相当する事実を述べよう．

定理 1.9 $2m$ 次元 $\mathbb{K}$ 線型空間 $\mathbb{V}$ の線型斜交形式 Ω に対し以下の条件をみたす基底 $\{\boldsymbol{u}_1,\boldsymbol{u}_2,\ldots,\boldsymbol{u}_m;\boldsymbol{v}_1,\boldsymbol{v}_2,\ldots,\boldsymbol{v}_m\}$ が存在する．

$$\Omega(\boldsymbol{u}_i,\boldsymbol{u}_j)=\Omega(\boldsymbol{v}_i,\boldsymbol{v}_j)=0,\ \Omega(\boldsymbol{u}_i,\boldsymbol{v}_j)=\delta_{ij}.$$

この基底に関する Ω の表現行列は J_m である．この基底を Ω に関する**斜交基底** (symplectic basis) とよぶ．

この定理は表現行列で見れば次の系となる．

[*18] Helgason の教科書 [92, § 10.2] の記法では $Sp(m,\mathbb{K})$．また本書の $-J_m$ を J_m としている．

系 1.3 $A \in \mathrm{Alt}_{2m}\mathbb{K} \cap \mathrm{GL}_{2m}\mathbb{K}$ に対し ${}^tPAP = J_m$ をみたす $P \in \mathrm{GL}_{2m}\mathbb{K}$ が存在する．

$A \in \mathrm{Alt}_{2m}\mathbb{R} \cap \mathrm{GL}_{2m}\mathbb{R}$ に対し $J_m = {}^tPAP$ の両辺の行列式を計算すると

$$1 = \det J_m = \det({}^tPAP) = (\det P)^2 \ \det A.$$

したがって $\det A = \{\det(P^{-1})\}^2$ を得る．実は $\det A = (\mathrm{Pf}\ A)^2$ をみたす関数 $\mathrm{Pf} : \mathrm{Alt}_{2m}\mathbb{R} \to \mathbb{R}$ が存在する (詳細は [54, 定理 4.7] 参照)．$m = 1$ のときは

$$\begin{vmatrix} 0 & a_{12} \\ -a_{12} & 0 \end{vmatrix} = (a_{12})^2.$$

$m = 2$ の場合は

$$\begin{vmatrix} 0 & a_{12} & a_{13} & a_{14} \\ -a_{12} & 0 & a_{23} & a_{24} \\ -a_{13} & -a_{23} & 0 & a_{34} \\ -a_{14} & -a_{24} & -a_{34} & 0 \end{vmatrix} = (a_{12}a_{34} - a_{13}a_{24} + a_{14}a_{23})^2.$$

$\det A = (\mathrm{Pf}\ A)^2$ をみたす関数 Pf はどう定めたらよいだろうか．たとえば $m = 1$ のとき $\mathrm{Pf}\ A$ として a_{12} と $a_{21} = -a_{12}$ の 2 通りの選び方がある．$m = 2$ のときも $a_{12}a_{34} - a_{13}a_{24} + a_{14}a_{23}$ と $-a_{12}a_{34} + a_{13}a_{24} - a_{14}a_{23}$ の 2 通り選べる．そこで $\mathrm{Pf}\ A$ を一意的に定めるために次の条件を課そう．

$$\mathrm{Pf}\,(J_1 \oplus J_1 \oplus \cdots \oplus J_1) = -1. \tag{1.19}$$

ここで $J_1 \oplus J_1 \oplus \cdots \oplus J_1$ は J_1 を対角線上に並べてできる $2m$ 次行列

$$\begin{pmatrix} J_1 & O & \dots & O \\ O & J_1 & \dots & O \\ \vdots & \vdots & \ddots & \vdots \\ O & O & \dots & J_1 \end{pmatrix}$$

を表す．このようにして定められた $\mathrm{Pf}\ A$ を交代行列 A の**パフィアン** (Phaffian) とよぶ ($\mathrm{Pf}\ A$ の定め方の詳細は [54, 定理 4.7] 参照)．

$m = 1$，2 のときのパフィアンを書いてみよう．

$m = 1$ のとき $\mathrm{Pf}\, A = a_{12}$，$m = 2$ のとき $\mathrm{Pf}\, A = a_{12}a_{34} - a_{13}a_{24} + a_{14}a_{23}$.

なお $\mathrm{Pf}\, J_m = -1$ と定める流儀もある．このように定めたものと上の定義の Pf は $(-1)^{m(m-1)/2}$ 倍の違いである．

パフィアンは無限可積分系理論における「直接法」で用いられる．詳しくは広田 [59] を参照．また微分位相幾何学で特性類を扱う際にも利用する (小林 [31] を参照). パフィアンについては文献 [5] も参照されたい．

斜交線型空間における線型部分空間の扱いを調べよう．まず，その前に斜交形式を使って双対空間との対応をつけておこう．

斜交線型空間 $(\mathbb{V}, \Omega)$ において $\flat_{\mathrm{L}} : \mathbb{V} \to \mathbb{V}^*$ と $\flat_{\mathrm{R}} : \mathbb{V} \to \mathbb{V}^*$ を次のように定める．

$$(\flat_{\mathrm{L}}\boldsymbol{x})(\boldsymbol{y}) = \Omega(\boldsymbol{x}, \boldsymbol{y}), \quad (\flat_{\mathrm{R}}\boldsymbol{x})(\boldsymbol{y}) = \Omega(\boldsymbol{y}, \boldsymbol{x}).$$

$\flat_{\mathrm{L}}$ と $\flat_{\mathrm{R}}$ はともに線型同型である．スカラー積のときと異なり $\flat_{\mathrm{L}}$ と $\flat_{\mathrm{R}}$ の区別が必要である．

註 1.15 ユークリッド線型空間 $(\mathbb{V}, (\cdot|\cdot))$ に斜交形式 Ω が与えられたとき

$$\Omega(\boldsymbol{x}, \boldsymbol{y}) = (T_{\mathsf{L}}(\boldsymbol{x})|\boldsymbol{y}) = (\boldsymbol{x}|T_{\mathsf{R}}(\boldsymbol{y}))$$

で $T_{\mathsf{L}}, T_{\mathsf{R}} \in \mathrm{End}(\mathbb{V})$ が定義できる．$T_{\mathsf{L}} = {}^tT_{\mathsf{R}}$ であることに注意.

$$(\flat_{\mathsf{L}}\boldsymbol{x})(\boldsymbol{y}) = \Omega(\boldsymbol{x}, \boldsymbol{y}) = (T_{\mathsf{L}}(\boldsymbol{x})|\boldsymbol{y}) = ({}^tT_{\mathsf{R}}(\boldsymbol{x})|\boldsymbol{y})$$
$$(\flat_{\mathsf{R}}\boldsymbol{x})(\boldsymbol{y}) = \Omega(\boldsymbol{y}, \boldsymbol{x}) = (\boldsymbol{y}|T_{\mathsf{R}}(\boldsymbol{x})) = (\boldsymbol{y}|{}^tT_{\mathsf{L}}(\boldsymbol{x}))$$

という関係にあるから $\flat_{\mathsf{L}}\boldsymbol{x} = T_{\mathsf{L}}(\boldsymbol{x})$，$\flat_{\mathsf{R}}\boldsymbol{x} = T_{\mathsf{R}}(\boldsymbol{x})$.

斜交線型空間 $\mathbb{V}$ の線型部分空間 $\mathbb{W}$ に対しスカラー積の場合をまねて

$$\mathbb{W}^{\perp_\Omega} := \{\boldsymbol{y} \in \mathbb{V} \mid \text{すべての } \boldsymbol{x} \in \mathbb{W} \text{ に対し } \Omega(\boldsymbol{x}, \boldsymbol{y}) = 0\}$$

とおくと $\mathbb{V}$ の線型部分空間である*19.

命題 1.12 有限次元 $\mathbb{K}$ 斜交線型空間 $\mathbb{V}$ の線型部分空間 $\mathbb{W}$ に対し

$$\dim \mathbb{W} + \dim \mathbb{W}^{\perp_\Omega} = \dim \mathbb{V}, \quad (\mathbb{W}^{\perp_\Omega})^{\perp_\Omega} = \mathbb{W}$$

が成り立つ.

【証明】 $(\mathbb{V}^*)^* = \mathbb{V}$ を利用する. $\flat_{\mathrm{L}}$ は線型同型なので $\dim \mathbb{W} = \dim \flat_{\mathrm{L}}(\mathbb{W})$. $\sharp_{\mathrm{L}}(\mathbb{W})$ を $\mathbb{V}^{**}$ の零化空間は

$$\begin{aligned}(\flat_{\mathrm{L}}(\mathbb{W}))^\circ =& \{\boldsymbol{y} \in (\mathbb{V}^*)^* \mid \forall \boldsymbol{x} \in \mathbb{W}:\ \boldsymbol{y}(\flat_{\mathrm{L}}\boldsymbol{x}) = 0\} \\ =& \{\boldsymbol{y} \in \mathbb{V} \mid \forall \boldsymbol{x} \in \mathbb{W}:\ (\flat_{\mathrm{L}}\boldsymbol{x})(\boldsymbol{y}) = 0\} \\ =& \{\boldsymbol{y} \in \mathbb{V} \mid \forall \boldsymbol{x} \in \mathbb{W}:\ \varOmega(\boldsymbol{x}, \boldsymbol{y}) = 0\} = \mathbb{W}^{\perp_\Omega}\end{aligned}$$

であるから節末問題 1.1.5 より $\dim \mathbb{V} = \dim \mathbb{W} + \dim \mathbb{W}^{\perp_\Omega}$ および $(W^{\perp_\Omega})^{\perp_\Omega} = \mathbb{W}$ を得る. ■

(x^1, x^2, x^3, x^4) を座標系とする $\mathbb{K}^4$ に標準的斜交形式

$$\Omega(\mathbf{x}, \mathbf{y}) = (x^1, x^2, x^3, x^4)\, J_2 \mathbf{y} = x^3 y^1 + x^4 y^2 - x^1 y^3 - x^2 y^4$$

を与えて得られる斜交線型空間 $(\mathbb{K}^4, \Omega)$ で例を挙げよう. 1 次元線型部分空間 $\mathbb{W} = \{(t, 0, 0, 0) \mid t \in \mathbb{R}\}$ に対し $\mathbb{W}^{\perp_\Omega} = \{(x^1, x^2, 0, x^4)\}$ であるから $\mathbb{W} \subset \mathbb{W}^\circ$ がわかる.

定義 1.25 斜交線型空間 $\mathbb{V}$ の線型部分空間 $\mathbb{W}$ に対し

- $\mathbb{W} \subset \mathbb{W}^{\perp_\Omega}$ のとき $\mathbb{W}$ を**等方的**部分空間 (isotropic subspace) という.
- $\mathbb{W}^{\perp_\Omega} \subset \mathbb{W}$ のとき $\mathbb{W}$ を**余等方的**部分空間 (coisotropic subspace) という.

*19 アーノルドの記号 ($\perp$ の縦棒を斜めにした記号) を使うのがよいのかもしれないが $\perp$ あるいは $\circ$ が広まっている.

- $\mathbb{W} = \mathbb{W}^{\perp_\Omega}$ のとき**ラグランジュ部分空間** (Lagrangian subspace) という．

$\dim \mathbb{V} = 2m$ ならばラグランジュ部分空間は m 次元であることに注意しよう．

$2m$ 次元実斜交線型空間 $(\mathbb{V}, \Omega)$ では斜交移換という線型変換が定義できる．$\boldsymbol{n} \neq \boldsymbol{0}$ と実数 $\lambda \neq 0$ に対し線型変換 $\tau_{\boldsymbol{n}}^{\lambda}$ を

$$\tau_{\boldsymbol{n}}^{\lambda}(\boldsymbol{x}) = \boldsymbol{x} - \lambda\Omega(\boldsymbol{x}, \boldsymbol{n})\boldsymbol{n}$$

で定め**斜交移換** (symplectic transvection) という．斜交移換は斜交変換であり $\tau_{\boldsymbol{n}}^{\lambda} \circ \tau_{\boldsymbol{n}}^{\mu} = \tau_{\boldsymbol{n}}^{\lambda+\mu}$ をみたす．$(\mathbb{R}\boldsymbol{n})^{\perp_\Omega}$ は $\mathbb{V}$ の $(2m-1)$ 次元線型部分空間であり $\tau_{\boldsymbol{n}}^{\lambda}$ は $(\mathbb{R}\boldsymbol{n})^{\perp_\Omega}$ を不変にする．すなわち $\boldsymbol{x} \in (\mathbb{R}\boldsymbol{n})^{\perp_\Omega}$ ならば $\tau_{\boldsymbol{n}}^{\lambda}(\boldsymbol{x}) \in (\mathbb{R}\boldsymbol{n})^{\perp_\Omega}$．

とくに $\mathbb{R}^{2m}$ に標準的斜交形式 Ω を与えた斜交線型空間の場合に斜交移換を具体的に書いてみよう．$\mathbb{R}^{2m}$ の標準基底 $\mathcal{E} = \{\boldsymbol{e}_1, \boldsymbol{e}_2, \ldots, \boldsymbol{e}_{2m}\}$ は Ω に関する斜交基底であり

$$\Omega(\mathbf{x}, \mathbf{y}) = \sum_{i=1}^{m} x^{m+i}y^i - \sum_{i=1}^{m} x^i y^{m+i}$$

と表される．$\mathbf{n} \neq \mathbf{0}$ に対し，斜交移換 $\tau_{\mathbf{n}}^{\lambda}$ の標準基底 $\mathcal{E}$ に関する表現行列は $E_{2m} + \lambda \mathbf{n}\,{}^t\mathbf{n} J_m$ である．これを**斜交移換行列**とよぶ．

【研究課題】　(斜交形式の全体) $\mathbb{R}^{2m}$ 上の斜交形式の全体は例 1.15 と同様に $\mathrm{Sp}(m;\mathbb{R})\backslash \mathrm{GL}_{2m}\mathbb{R}$ と表示できるかどうか調べよ．

1.5　エルミート形式

線型代数学で学んだと思うが，複素線型空間上の内積は対称双線型形式ではなく，（この本の用語だと）エルミート内積とよばれるものである．この節では対称双線型形式とエルミート内積の相違点について手短かに説明する．まずエルミート内積の定義をしよう．

定義 1.26 (エルミート内積) 複素線型空間 $\mathbb{V}$ 上の 2 変数函数 $\langle\cdot|\cdot\rangle : \mathbb{V}\times\mathbb{V}\to\mathbb{C}$ で条件

(1) $\langle\cdot|\cdot\rangle$ は第 1 変数について複素線型，すなわち

$$\langle\lambda\boldsymbol{x}+\mu\boldsymbol{y}|\boldsymbol{z}\rangle=\lambda\langle\boldsymbol{x}|\boldsymbol{z}\rangle+\mu\langle\boldsymbol{y}|\boldsymbol{z}\rangle,\quad \boldsymbol{x},\boldsymbol{y},\boldsymbol{z}\in\mathbb{V},\quad \lambda,\mu\in\mathbb{C}.$$

(2) $\langle\cdot|\cdot\rangle$ は第 2 変数について共軛複素線型，すなわち

$$\langle\boldsymbol{x}|\lambda\boldsymbol{y}+\mu\boldsymbol{z}\rangle=\bar{\lambda}\langle\boldsymbol{x}|\boldsymbol{y}\rangle+\bar{\mu}\langle\boldsymbol{x}|\boldsymbol{z}\rangle,\quad \boldsymbol{x},\boldsymbol{y},\boldsymbol{z}\in\mathbb{V},\quad \lambda,\mu\in\mathbb{C}.$$

(3) $\langle\boldsymbol{y}|\boldsymbol{x}\rangle=\overline{\langle\boldsymbol{x}|\boldsymbol{y}\rangle},\quad \boldsymbol{x},\ \boldsymbol{y}\in\mathbb{V}.$

(4) $\langle\boldsymbol{x}|\boldsymbol{x}\rangle\geq 0$ が成り立つ．$\langle\boldsymbol{x}|\boldsymbol{x}\rangle=0$ となるのは $\boldsymbol{x}=\boldsymbol{0}$ のときのみ.

をみたすものを $\mathbb{V}$ 上の**内積** (inner product) という．対称双線型形式でないことを強調するために**エルミート内積** (Hermitian inner product) ともよばれる．**エルミート線型空間** (Hermitian linear space)，**ユニタリ空間** (unitary space) あるいは**前ヒルベルト空間** (pre Hilbert space) とよぶ. エルミート線型空間ではベクトルの長さ（ノルム）が $\|\boldsymbol{x}\|=\sqrt{\langle\boldsymbol{x}|\boldsymbol{x}\rangle}$ で定義される.

また $\langle\boldsymbol{x}|\boldsymbol{x}\rangle=0$ のとき，$\boldsymbol{x}$ と $\boldsymbol{y}$ は直交するといい $\boldsymbol{x}\perp\boldsymbol{y}$ と表す.

この本では「エルミート内積」という名称を採用する.

註 1.16 エルミート内積の定義は文献によって異なるので注意が必要である．(1) と (2) を

(1) $\langle\cdot|\cdot\rangle$ は第 1 変数について共軛複素線型,

$$\langle\lambda\boldsymbol{x}+\mu\boldsymbol{y}|\boldsymbol{z}\rangle=\bar{\lambda}\langle\boldsymbol{x}|\boldsymbol{z}\rangle+\bar{\mu}\langle\boldsymbol{y}|\boldsymbol{z}\rangle,\quad \boldsymbol{x},\boldsymbol{y},\boldsymbol{z}\in\mathbb{V},\quad \lambda,\mu\in\mathbb{C}.$$

(2) $\langle\cdot|\cdot\rangle$ は第 2 変数について複素線型，すなわち

$$\langle\boldsymbol{x}|\lambda\boldsymbol{y}+\mu\boldsymbol{z}\rangle=\lambda\langle\boldsymbol{x}|\boldsymbol{y}\rangle+\mu\langle\boldsymbol{x}|\boldsymbol{z}\rangle,\quad \boldsymbol{x},\boldsymbol{y},\boldsymbol{z}\in\mathbb{V},\quad \lambda,\mu\in\mathbb{C}.$$

とする文献もある．物理学 (量子力学) ではこちらの方式をとるものが標準的である.

命題 1.13 エルミート線型空間において次が成り立つ.

$$|(\boldsymbol{x}|\boldsymbol{y})| \leq \|\boldsymbol{x}\|\,\|\boldsymbol{y}\| \quad (\text{コーシー・シュヴァルツの不等式}). \tag{1.20}$$

等号成立は $\boldsymbol{y} = \lambda\boldsymbol{x}$ (または $\boldsymbol{x} = \lambda\boldsymbol{y}$) と表せるとき ($\lambda \in \mathbb{R}$).

$$\|\boldsymbol{x}+\boldsymbol{y}\| \leq \|\boldsymbol{x}\| + \|\boldsymbol{y}\|. \quad (\text{三角不等式}). \tag{1.21}$$

等号成立は $\boldsymbol{y} = \lambda\boldsymbol{x}$ (または $\boldsymbol{x} = \lambda\boldsymbol{y}$) と表せるとき ($\lambda \geq 0$).

【証明】 まず (1.20) を示す. $\boldsymbol{y} = 0$ ならば等号が成立する場合である. そこで $\boldsymbol{y} \neq \boldsymbol{0}$ とする ($\boldsymbol{x}$ は $\boldsymbol{0}$). すべての $a, b \in \mathbb{C}$ に対し

$$0 \leq \|a\boldsymbol{x}+b\boldsymbol{y}\|^2 = a^2\,\|\boldsymbol{x}\|^2 + a\bar{b}\langle\boldsymbol{x}|\boldsymbol{y}\rangle + \bar{a}b\overline{\langle\boldsymbol{x}|\boldsymbol{y}\rangle} + b^2\|\boldsymbol{b}\|^2$$

が成り立つ. そこで $a = \|\boldsymbol{y}\|^2 > 0$, $b = -\langle\boldsymbol{x}|\boldsymbol{y}\rangle$ と選ぶと

$$0 \leq \|\boldsymbol{y}\|^2\left\{\|\boldsymbol{x}\|^2\,\|\boldsymbol{y}\|^2 - |\langle\boldsymbol{x}|\boldsymbol{y}\rangle|^2\right\}$$

が得られるから, コーシー・シュヴァルツの不等式が導ける.

三角不等式 (1.21) の左辺の平方を計算する.

$$\|\boldsymbol{x}+\boldsymbol{y}\|^2 = \langle\boldsymbol{x}+\boldsymbol{y}|\boldsymbol{x}+\boldsymbol{y}\rangle = \|\boldsymbol{x}\|^2 + \langle\boldsymbol{x}|\boldsymbol{y}\rangle + \overline{\langle\boldsymbol{x}|\boldsymbol{y}\rangle} + \|\boldsymbol{y}\|^2.$$

コーシー・シュヴァルツの不等式より

$$\|\boldsymbol{x}+\boldsymbol{y}\|^2 \leq \|\boldsymbol{x}\|^2 + 2\|\boldsymbol{x}\|\,\|\boldsymbol{y}\| + \|\boldsymbol{y}\|^2 = (\|\boldsymbol{x}\| + \|\boldsymbol{y}\|)^2.$$

これより三角不等式が得られる. 等号成立は $|(\boldsymbol{x}|\boldsymbol{y})| = \|\boldsymbol{x}\|\,\|\boldsymbol{y}\|$ のとき. 右辺が非負なので $\boldsymbol{x} = \lambda\boldsymbol{y}$ または $\boldsymbol{y} = \lambda\boldsymbol{x}$, ただし $\lambda \geq 0$ と表せるとき. ■

複素数 $z = x + y\mathrm{i}$ に対し x と y をそれぞれ z の実部, 虚部といい

$$x = \operatorname{Re} z, \quad y = \operatorname{Im} z$$

と表す．この表記を用いると

$$\|\boldsymbol{x}+\boldsymbol{y}\|^2 = \|\boldsymbol{x}\|^2 + 2\mathrm{Re}\,\langle \boldsymbol{x}|\boldsymbol{y}\rangle + \|\boldsymbol{y}\|^2, \quad \|\boldsymbol{x}-\boldsymbol{y}\|^2 = \|\boldsymbol{x}\|^2 - 2\mathrm{Re}\,\langle \boldsymbol{x}|\boldsymbol{y}\rangle + \|\boldsymbol{y}\|^2.$$

と表示できる．ゆえにユークリッド線型空間と同様に**中線定理**とよばれる等式

$$\|\boldsymbol{x}+\boldsymbol{y}\|^2 + \|\boldsymbol{x}-\boldsymbol{y}\|^2 = 2(\|\boldsymbol{x}+\boldsymbol{y}\|^2) \tag{1.22}$$

も得られる (1.3 の (1.10))．

一方

$$\begin{aligned}\|\boldsymbol{x}+\mathtt{i}\boldsymbol{y}\|^2 =& \langle \boldsymbol{x}+\mathtt{i}\boldsymbol{y}|\boldsymbol{x}+\mathtt{i}\boldsymbol{y}\rangle = \|\boldsymbol{x}\|^2 - \mathtt{i}\langle \boldsymbol{x}|\boldsymbol{y}\rangle + \mathtt{i}\,\overline{\langle \boldsymbol{x}|\boldsymbol{y}\rangle} + \|\boldsymbol{y}\|^2 \\ =& \|\boldsymbol{x}\|^2 - \mathtt{i}(\langle \boldsymbol{x}|\boldsymbol{y}\rangle - \overline{\langle \boldsymbol{x}|\boldsymbol{y}\rangle}) + \|\boldsymbol{y}\|^2 \\ =& \|\boldsymbol{x}\|^2 - 2\mathtt{i}\,\mathrm{Im}\,\langle \boldsymbol{x}|\boldsymbol{y}\rangle + \|\boldsymbol{y}\|^2.\end{aligned}$$

同様に

$$\|\boldsymbol{x}-\mathtt{i}\boldsymbol{y}\|^2 = \|\boldsymbol{x}\|^2 + 2\mathtt{i}\,\mathrm{Im}\,\langle \boldsymbol{x}|\boldsymbol{y}\rangle + \|\boldsymbol{y}\|^2$$

を得るから

$$\begin{aligned}\|\boldsymbol{x}+\boldsymbol{y}\|^2 - \|\boldsymbol{x}-\boldsymbol{y}\|^2 &= 4\mathrm{Re}\,\langle \boldsymbol{x}|\boldsymbol{y}\rangle, \\ \|\boldsymbol{x}+\mathtt{i}\boldsymbol{y}\|^2 - \|\boldsymbol{x}-\mathtt{i}\boldsymbol{y}\|^2 &= -4\mathtt{i}\mathrm{Im}\,\langle \boldsymbol{x}|\boldsymbol{y}\rangle.\end{aligned}$$

これよりエルミート内積をノルムで表す公式

$$\langle \boldsymbol{x}|\boldsymbol{y}\rangle = \frac{1}{4}\left\{\|\boldsymbol{x}+\boldsymbol{y}\|^2 - \|\boldsymbol{x}-\boldsymbol{y}\|^2\right\} + \frac{\mathtt{i}}{4}\left\{\|\boldsymbol{x}+\mathtt{i}\boldsymbol{y}\|^2 - \|\boldsymbol{x}-\mathtt{i}\boldsymbol{y}\|^2\right\} \tag{1.23}$$

が導ける．

命題 1.14 (ノルムの性質) エルミート線型空間のノルムは次の性質をもつ．

(1) $\forall \boldsymbol{x} \in \mathbb{V}:\ \|\boldsymbol{x}\| \geq 0.$

(2) $\|\boldsymbol{x}\| = 0 \Longleftrightarrow \boldsymbol{x} = \mathbf{0}.$

(3) $\forall\,\lambda \in \mathbb{R}, \forall\,\boldsymbol{x} \in \mathbb{V}:\ \|\lambda \boldsymbol{x}\| = |\lambda|\,\|\boldsymbol{x}\|$.

(4) $\forall\,\boldsymbol{x}, \boldsymbol{y} \in \mathbb{V}:\ \|\boldsymbol{x}+\boldsymbol{y}\| \leq \|\boldsymbol{x}\| + \|\boldsymbol{y}\|$.

【証明】 証明すべきは (4) のみ.

$$\mathrm{Re}\,\langle \boldsymbol{x}|\boldsymbol{y}\rangle \leq |\langle \boldsymbol{x}|\boldsymbol{y}\rangle| \leq \|\boldsymbol{x}\|\,\|\boldsymbol{y}\|$$

を用いると

$$\begin{aligned}\|\boldsymbol{x}+\boldsymbol{y}\|^2 =& \langle \boldsymbol{x}+\boldsymbol{y}|\boldsymbol{x}+\boldsymbol{y}\rangle \\ =& \|\boldsymbol{x}\|^2 + 2\mathrm{Re}\,|\langle \boldsymbol{x}|\boldsymbol{y}\rangle + \|\boldsymbol{y}\|^2 \\ \leq& \|\boldsymbol{x}\|^2 + 2\|\boldsymbol{x}\|\,\|\boldsymbol{y}\| + \|\boldsymbol{y}\|^2 = (\|\boldsymbol{x}\| + \|\boldsymbol{y}\|)^2\end{aligned}$$

■

この命題も 1.6 節で再度取り上げる.

次にエルミート内積を一般化したエルミート・スカラー積を定義する.

定義 1.27 (エルミート・スカラー積) 複素線型空間 $\mathbb{V}$ 上の 2 変数函数 $\mathsf{h}:\mathbb{V}\times\mathbb{V}\to\mathbb{C}$ で

(1) h は第 1 変数について複素線型，すなわち

$$\mathsf{h}(\lambda\boldsymbol{x}+\mu\boldsymbol{y},\boldsymbol{z}) = \lambda\mathsf{h}(\boldsymbol{x},\boldsymbol{z}) + \mu\mathsf{h}(\boldsymbol{y},\boldsymbol{z}), \quad \boldsymbol{x},\boldsymbol{y},\boldsymbol{z}\in\mathbb{V}, \quad \lambda,\mu\in\mathbb{C}.$$

(2) h は第 2 変数について共軛複素線型，すなわち

$$\mathsf{h}(\boldsymbol{x},\lambda\boldsymbol{y}+\mu\boldsymbol{z}) = \bar{\lambda}\mathsf{h}(\boldsymbol{x},\boldsymbol{y}) + \bar{\mu}\mathsf{h}(\boldsymbol{x},\boldsymbol{z}), \quad \boldsymbol{x},\boldsymbol{y},\boldsymbol{z}\in\mathbb{V}, \quad \lambda,\mu\in\mathbb{C}.$$

(3) $\mathsf{h}(\boldsymbol{y},\boldsymbol{x}) = \overline{\mathsf{h}(\boldsymbol{x},\boldsymbol{y})}$, $\boldsymbol{x},\ \boldsymbol{y}\in\mathbb{V}$.

(4) h は非退化，すなわち

$$\forall\boldsymbol{x}\in\mathbb{V}:\ \mathsf{h}(\boldsymbol{x},\boldsymbol{y}) = 0 \Longrightarrow \boldsymbol{y} = \boldsymbol{0}$$

をみたすものを $\mathbb{V}$ 上の**エルミート・スカラー積** (Hermitian scalar product) という．エルミート・スカラー積が指定された複素線型空間 $(\mathbb{V}, \mathsf{h})$ を**エルミート・スカラー積空間** (Hermitian scalar product space) とよぶ．

もちろんエルミート内積はエルミート・スカラー積の特別なものである．

エルミート・スカラー積 h に対し

$$\mathsf{f}(\boldsymbol{x}, \boldsymbol{y}) = \mathsf{h}(\boldsymbol{x}, \overline{\boldsymbol{y}})$$

と定めると f は非退化な対称双線型形式（複素スカラー積）である．逆に複素スカラー積 f からエルミート・スカラー積 h が定まる．

例 1.19 複素数空間 $\mathbb{C}^n$ においてエルミート・スカラー積 $\langle \cdot, \cdot \rangle$ を

$$\langle \mathbf{z}, \mathbf{w} \rangle = -\sum_{k=1}^{\nu} z^i \overline{w^i} + \sum_{k=\nu+1}^{n} z^i \overline{w^i} \tag{1.24}$$

で与えられる．このエルミート・スカラー積を指定した $\mathbb{C}^n$ を $\mathbb{C}^n_\nu$ と表記する．ただし $\mathbb{C}^n_0$ は $\mathbb{C}^n$ と略記する．

ユークリッド線型空間における「グラム-シュミットの正規直交化法」は内積をエルミート内積に置き換えてそのまま成り立つ．

定理 1.10 (正規直交基底の存在定理) n 次元エルミート線型空間 $(\mathbb{V}, \langle \cdot | \cdot \rangle)$ において

$$\langle \boldsymbol{u}_i | \boldsymbol{u}_j \rangle = \delta_{ij}$$

をみたす基底 $\mathcal{U} = \{\boldsymbol{u}_1, \boldsymbol{u}_2, \ldots, \boldsymbol{u}_n\}$ が存在する．この条件をみたす基底を**正規直交基底** (orthonormal basis) という．

【証明】 なんでもよいから基底 $\mathcal{A} = \{\boldsymbol{a}_1, \boldsymbol{a}_2, \ldots, \boldsymbol{a}_n\}$ をとり，以下の操作を施す．

(1) $\boldsymbol{u}_1 = \boldsymbol{a}_1 / \|\boldsymbol{a}_1\|$

(2) $\tilde{\boldsymbol{u}}_2 = \boldsymbol{a}_2 - \langle \boldsymbol{a}_2 \,|\, \boldsymbol{e}_1 \rangle \boldsymbol{e}_1$ とおき，さらに $\boldsymbol{u}_2 = \tilde{\boldsymbol{u}}_2/\|\tilde{\boldsymbol{u}}_2\|$ とおく．

(3) $k \geq 2$ に対し $\tilde{\boldsymbol{u}}_{k+1}$ を

$$\tilde{\boldsymbol{u}}_{k+1} = \boldsymbol{a}_{k+1} - \sum_{i=1}^{k+1} \langle \boldsymbol{a}_{k+1} \,|\, \boldsymbol{u}_i \rangle \boldsymbol{u}_i$$

で定め，$\boldsymbol{u}_{k+1} = \tilde{\boldsymbol{u}}_{k+1}/\|\tilde{\boldsymbol{u}}_{k+1}\|$ とおく．この操作を $k = n-1$ まで繰り返す．

これで得られた $\mathcal{U} = \{\boldsymbol{u}_1, \boldsymbol{u}_2, \ldots, \boldsymbol{u}_n\}$ は正規直交基底である．この操作のことを**グラム-シュミットの正規直交化法**という． ■

$\mathbb{C}^n$ の基底 $\mathcal{A} = \{\mathbf{a}_1 \ \mathbf{a}_2 \ \ldots \ \mathbf{a}_n\}$ に正規直交化を施して正規直交基底 $\mathcal{U} = \{\mathbf{u}_1 \ \mathbf{u}_2 \ \ldots \ \mathbf{u}_n\}$ が得られとする．$A = (\mathbf{a}_1 \ \mathbf{a}_2 \ \ldots \ \mathbf{a}_n) \in \mathrm{GL}_n\mathbb{C}$, $U = (\mathbf{u}_1 \ \mathbf{u}_2 \ \ldots \ \mathbf{u}_n) \in \mathrm{U}(n)$ とおき $A = UP$ と表すと P は上三角行列で，対角成分がすべて正の実数である．この条件をみたす n 次複素行列の全体を

$$\mathrm{B}_n^+\mathbb{C} = \{P = (p_j{}^i) \in \mathrm{M}_n\mathbb{C} \,|\, p_i{}^i > 0,\ i > j \Longrightarrow p_j{}^i = 0\}$$

と表すと，$\mathrm{B}_n^+\mathbb{C}$ は $\mathrm{GL}_n\mathbb{C}$ の部分群であり，次の定理をみたす[*20]．

定理 1.11 (グラムシュミット分解) $\mathrm{GL}_n\mathbb{C}$ は

$$\mathrm{GL}_n\mathbb{C} = \mathrm{U}(n) \cdot \mathrm{B}_n^+\mathbb{C}$$

と分解される．この分解を $\mathrm{GL}_n\mathbb{C}$ の**グラム-シュミット分解**とよぶ．

補題 1.2 と同様に次が成り立つ．

補題 1.3 $A \in \mathrm{Her}_n\mathbb{C}$ に対し以下の性質は互いに同値である．

(1) $A \in \mathrm{Her}_n^+\mathbb{C}$.

[*20] $\mathrm{B}_n\mathbb{C} = \{P = (p_j{}^i) \in \mathrm{GL}_n\mathbb{C} \,|\, i > j \Longrightarrow p_j{}^i = 0\}$ は $\mathrm{GL}_n\mathbb{C}$ の**ボレル部分群** (Borel subgroup) とよばれるものである．

(2) $\exists X \in \mathrm{Her}_n^+\mathbb{C};\ X^2 = A.$

(3) $\forall \mathbf{x} \in \mathbb{C}^n \setminus \{\mathbf{0}\} : \langle A\mathbf{x}|\mathbf{x}\rangle > 0.$

定理 1.5 の証明をよく見れば，次の定理が直ちに得られる.

定理 1.12 (極分解) $\mathrm{GL}_n\mathbb{C}$ は

$$\mathrm{GL}_n\mathbb{C} = \mathrm{U}(n) \cdot \mathrm{Her}_n^+\mathbb{C}$$

と分解される．この分解を $\mathrm{GL}_n\mathbb{C}$ の**極分解** (polar decomposition) という.

【研究課題】 $\mathbb{R}^n$ 上の内積全体は $\mathrm{O}(n)\backslash\mathrm{GL}_n\mathbb{R}$ と同一視できた．$\mathbb{C}^n$ 上のエルミート内積全体は $\mathrm{U}(n)\backslash\mathrm{GL}_n\mathbb{C}$ と同一視できるかどうか検証せよ.

エルミート線型空間では線型変換に対し自己共軛や反自己共軛という概念が定義される.

定義 1.28 エルミート線型空間 $(\mathbb{V}, \langle\cdot|\cdot\rangle)$ 上の線型変換 T に対し

$$\langle T(\boldsymbol{x})|\boldsymbol{y}\rangle = \langle \boldsymbol{x}|T^*(\boldsymbol{y})\rangle, \quad \forall \boldsymbol{x}, \boldsymbol{y} \in \mathbb{V}$$

で定まる線型変換 ${}^tT$ を T の**随伴線型変換** (adjoint linear transformation) とよぶ (随伴変換と略称することも多い).

定義 1.29 エルミート線型空間 $(\mathbb{V}, \langle\cdot|\cdot\rangle)$ 上の線型変換 T が**自己随伴線型変換**または**自己共軛線型変換** (self-adjoint) であるとは，$T^* = T$，すなわちすべての $\boldsymbol{x}$ と $\boldsymbol{y} \in \mathbb{V}$ に対し

$$\langle T(\boldsymbol{x})|\boldsymbol{y}\rangle = \langle \boldsymbol{x}|T(\boldsymbol{y})\rangle$$

をみたすことである．また T が**反自己随伴線型変換**または**歪共軛線型変換** (skew-adjoint) であるとは，$T^* = -T$，すなわちすべての $\boldsymbol{x}$ と $\boldsymbol{y} \in \mathbb{V}$ に対し

$$\langle T(\boldsymbol{x})|\boldsymbol{y}\rangle = -\langle \boldsymbol{x}|T(\boldsymbol{y})\rangle$$

をみたすことである．

正規直交基底 $\mathcal{U} = \{\boldsymbol{u}_1, \boldsymbol{u}_2, \ldots, \boldsymbol{u}_n\}$ をとり線型変換 $T \in \mathrm{End}(\mathbb{V})$ を成分表示する：

$$T(\boldsymbol{u}_j) = \sum_{i=1}^{n} t_j^{\ i}\, \boldsymbol{u}_i, \quad j = 1, 2, \ldots, n. \tag{1.25}$$

行列 $(t_j^{\ i})$ は T の $\mathcal{U}$ に関する表現行列である．

$$\langle T(\boldsymbol{u}_j) | \boldsymbol{u}_i \rangle = \left\langle \sum_{k=1}^{n} t_j^{\ k}\, \boldsymbol{u}_k \middle| \boldsymbol{u}_i \right\rangle = \sum_{k=1}^{n} t_j^{\ k} \delta_{ki} = t_j^{\ i}$$

であることに注意しよう．また

$$\langle \boldsymbol{u}_j | T(\boldsymbol{u}_i) \rangle = \left\langle \boldsymbol{u}_j \middle| \sum_{k=1}^{n} t_i^{\ k}\, \boldsymbol{u}_k \right\rangle = \sum_{k=1}^{n} \overline{t_i^{\ k}} \delta_{ki} = \overline{t_j^{\ i}}$$

であるから

$$T \text{ は自己共軛} \Longleftrightarrow (t_j^{\ i}) \in \mathrm{Her}_n\mathbb{C}$$

である．同様に

$$T \text{ は歪共軛} \Longleftrightarrow (t_j^{\ i}) \in \mathrm{sHerm}_n\mathbb{C}.$$

この観察に基づき，自己随伴線型変換，反自己随伴線型変換をそれぞれ**エルミート変換** (Hermitian transformation)，**反エルミート変換** (skew-Hermitian transformation) ともよぶ．反エルミート変換は**歪エルミート変換** (skew-Hermitian transformation) ともよばれる．

n 次元エルミート線型空間 $(\mathbb{V}, (\cdot|\cdot))$ の線型部分空間 $\mathbb{W}$ に対し別の線型部分空間 $\mathbb{W}^{\perp}$ が

$$\mathbb{W}^{\perp} = \{\boldsymbol{v} \in \mathbb{V} \mid \forall \boldsymbol{w} \in \mathbb{W} : \ \langle \boldsymbol{v} | \boldsymbol{w} \rangle = 0\} \tag{1.26}$$

で定義できる．これを $\mathbb{W}$ の**直交補空間** (orthogonal complement) とよぶ．とよぶ．$\mathbb{W}$ に $\mathbb{V}$ のエルミート内積 $\langle\cdot|\cdot\rangle$ を制限すれば $\mathbb{W}$ もエルミート線型

空間である．そこで $k = \dim \mathbb{W}$ とし $\mathbb{W}$ の正規直交基底 $\{\boldsymbol{u}_1, \boldsymbol{u}_2, \ldots, \boldsymbol{u}_k\}$ をとろう．$\mathbb{V}$ の元 $\boldsymbol{x}$ に対し

$$\mathrm{P}_{\mathbb{W}}(\boldsymbol{x}) = \sum_{i=1}^{k} \langle \boldsymbol{x} \mid \boldsymbol{u}_i \rangle \boldsymbol{u}_i$$

とおくと $\mathrm{P}_{\mathbb{W}}(\boldsymbol{x}) \in \mathbb{W}$ である．ここで $\mathrm{P}_{\mathbb{W}^\perp}(\boldsymbol{x}) = \boldsymbol{x} - \mathrm{P}_{\mathbb{W}}(\boldsymbol{x})$ とおくと $\mathrm{P}_{\mathbb{W}^\perp}(\boldsymbol{x}) \in \mathbb{W}^\perp$ である．したがって分解

$$\boldsymbol{x} = \mathrm{P}_{\mathbb{W}}(\boldsymbol{x}) + \mathrm{P}_{\mathbb{W}^\perp}(\boldsymbol{x})$$

が得られた．これより $\mathbb{V} = \mathbb{W} + \mathbb{W}^\perp$ であることがわかる．もし $\boldsymbol{x} \in \mathbb{W} \cap \mathbb{W}^\perp$ ならば $(\boldsymbol{x}|\boldsymbol{x}) = 0$ となるから $\boldsymbol{x} = \mathbf{0}$ である．以上より直和分解 $\mathbb{V} = \mathbb{W} \oplus \mathbb{W}^\perp$ が得られた．このとき $\mathbb{V}$ は $\mathbb{W}$ と $\mathbb{W}^\perp$ の**直交直和** (orthogonal direct sum) に分解されるという．

問題 1.11 有限次元エルミート線型空間の線型部分空間 $\mathbb{W}$，$\mathbb{W}_1$，$\mathbb{W}_2$ に対し次が成り立つことを確かめよ．
(1) $(\mathbb{W}^\perp)^\perp = \mathbb{W}$.
(2) $(\mathbb{W}_1 + \mathbb{W}_2)^\perp = \mathbb{W}_1^\perp \cap \mathbb{W}_2^\perp$.
(3) $(\mathbb{W}_1 \cap \mathbb{W}_2)^\perp = \mathbb{W}_1^\perp + \mathbb{W}_2^\perp$.

エルミート線型空間においても直交射影子が考えられる．

定義 1.30 エルミート線型空間 $\mathbb{V}$ 上の自己共軛線型変換 T が $T \circ T = T$ をみたすとき**直交射影子** (orthogonal projection) とよぶ．

命題 1.15 $T \in \mathrm{End}(\mathbb{V})$ に対し

(1) 線型部分空間 $\mathbb{W}$ に対し $\mathrm{P}_{\mathbb{W}}$ は直交射影子である．
(2) T が直交射影子であるための必要十分条件は $\mathbb{W} = T(\mathbb{V})$ とおくとき $\mathbb{W}^\perp = \mathrm{Ker}\, T$ であり，T の $\mathbb{W}$ への制限 $T|_{\mathbb{W}}$ は $\mathbb{W}$ の恒等変換であること．このとき $T = \mathrm{P}_{\mathbb{W}}$ である．

この命題から線型部分空間と直交射影子 $\mathrm{P}_{\mathbb{W}}$ が全単射対応することがわかる.

ここで点と線型部分空間の距離を考察しておこう.

定義 1.31 $\mathbb{V}$ を有限次元 $\mathbb{K}$ 線型空間, $\langle\cdot|\cdot\rangle$ は $\mathbb{K}=\mathbb{C}$ のときエルミート内積, $\mathbb{K}=\mathbb{R}$ のときであるとする. 線型部分空間 $\mathbb{W}$ とベクトル $\boldsymbol{v}$ に対し

$$\mathrm{d}(\boldsymbol{v},\mathbb{W})=\inf\{\mathrm{d}(\boldsymbol{v},\boldsymbol{y})\mid \boldsymbol{y}\in\mathbb{W}\}=\inf\{\|\boldsymbol{v}-\boldsymbol{y}\|;\ \boldsymbol{y}\in\mathbb{W}\}$$

を $\boldsymbol{v}$ と $\mathbb{W}$ の**距離**という.

$\mathbb{V}=\mathbb{E}^3$, $\dim\mathbb{W}=2$ ならば $\mathrm{d}(\boldsymbol{v},\mathbb{W})$ は高等学校で学んだ「点と平面の距離」の特別な場合である ([18, 例題 3.7]).

註 1.17 距離空間 (X,d) の空でない 2 つの部分集合 A と B に対し

$$d(A,B)=\{\inf d(a,b)\,|a\in A,\ b\in B\}$$

を A と B の距離という.

このとき, 次の定理が成り立つ.

定理 1.13 有限次元 $\mathbb{K}$ 線型空間にエルミート内積 $\langle\cdot|\cdot\rangle$ が与えられてるとする ($\mathbb{K}=\mathbb{R}$ のときは内積とする). 線型部分空間 $\mathbb{W}$ と $\boldsymbol{z}\in\mathbb{V}$ に対し $\mathrm{d}(\boldsymbol{z},\mathbb{W})=\mathrm{d}(\boldsymbol{z},\boldsymbol{w})$ を与える $\boldsymbol{w}\in\mathbb{W}$ が唯一存在する.

【証明】 $\boldsymbol{w}=\mathrm{P}_{\mathbb{W}}(\boldsymbol{z})$ が答え. 実際, $\boldsymbol{z}-\mathrm{P}_{\mathbb{W}}(\boldsymbol{z})\in\mathbb{W}^{\perp}$ であるから

$$\forall\boldsymbol{\xi}\in\mathbb{W}:\ \langle\boldsymbol{z}-\mathrm{P}_{\mathbb{W}}(\boldsymbol{z})\,|\,\mathrm{P}_{\mathbb{W}}(\boldsymbol{z})-\boldsymbol{\xi}\rangle=0$$

が成り立つ ($\mathrm{P}_{\mathbb{W}}(\boldsymbol{z})-\boldsymbol{\xi}\in\mathbb{W}$ だから). すると

$$\begin{aligned}\mathrm{d}(\boldsymbol{z},\boldsymbol{\xi})^2=\|\boldsymbol{z}-\boldsymbol{\xi}\|^2&=\|(\boldsymbol{z}-\mathrm{P}_{\mathbb{W}}(\boldsymbol{z}))+(\mathrm{P}_{\mathbb{W}}(\boldsymbol{z})-\boldsymbol{\xi})\|^2\\&=\|\boldsymbol{z}-\mathrm{P}_{\mathbb{W}}(\boldsymbol{z})\|^2+\|\mathrm{P}_{\mathbb{W}}(\boldsymbol{z})-\boldsymbol{\xi}\|^2\geq\|\boldsymbol{z}-\mathrm{P}_{\mathbb{W}}(\boldsymbol{z})\|^2\end{aligned}$$

等号成立は $\boldsymbol{\xi}=\mathrm{P}_{\mathbb{W}}(\boldsymbol{z})$ のときである. ■

シルヴェスターの慣性法則はエルミート・スカラー積の場合，次のように改められる．

定理 1.14 (シルヴェスターの慣性法則) n 次元**複素**線型空間 $\mathbb{V}$ 上のエルミート・スカラー積 h に対し次の条件をみたす基底 $\mathcal{U}=\{\boldsymbol{u}_1,\boldsymbol{u}_2,\cdots,\boldsymbol{u}_n\}$ が存在する．

$$
\begin{aligned}
\mathsf{h}(\boldsymbol{u}_i,\boldsymbol{u}_i)&=-1, \quad 1\leq i\leq \nu,\\
\mathsf{h}(\boldsymbol{u}_i,\boldsymbol{u}_i)&=1, \quad \nu+1\leq i\leq n,\\
\mathsf{h}(\boldsymbol{u}_i,\boldsymbol{u}_j)&=0, \quad i\neq j.
\end{aligned}
$$

この基底 $\mathcal{U}$ を h に関する $\mathbb{V}$ の**正規直交基底**という．ν は正規直交基底に共通の値である．ν を h の**指数** (index) という．$(n-\nu,\nu)$ を h の**符号** (signature) とよぶ．

$\mathbb{C}^n_\nu$ のエルミート・スカラー積は指数 ν である．もちろん $\mathbb{C}^n_0=\mathbb{C}^n$ のエルミート内積は指数 0. 擬直交群をまねて**擬ユニタリー群** (pseudo-unitary group) $\mathrm{U}_\nu(n)$ を

$$
\mathrm{U}_\nu(n)=\{A\in \mathrm{M}_n\mathbb{C}\mid {}^t\bar{A}E_{\nu,n-\nu}A=E_{\nu,n-\nu}\}
$$

で定める．$\mathrm{U}_0(n)$ はユニタリー群 $\mathrm{U}(n)$ である．

$\mathbb{C}^n$ の標準エルミート内積を実線型空間の観点から調べておこう．まず $\mathbf{z}=(z^1,z^2,\dots,z^n)$ の各成分を $z^k=x^k+\sqrt{-1}\,y^k$ と分解し

$$
\mathbf{x}=(x^1,x^2,\dots,x^n),\quad \mathbf{y}=(y^1,y^2,\dots,y^n)\in\mathbb{R}^n
$$

とおく．$\mathbf{z}=\mathbf{x}+\sqrt{-1}\mathbf{y}$ と表示する．$\varphi_{\mathbb{C}^n}:\mathbb{C}^n\to\mathbb{R}^{2n}$ を

$$
\varphi_{\mathbb{C}^n}(\mathbf{z})=(\mathbf{x},\mathbf{y})
$$

で定めると**実**線型空間の意味での線型同型である．$\mathbf{z}=\mathbf{x}+\sqrt{-1}\mathbf{y}$, $\mathbf{w}=\mathbf{u}+\sqrt{-1}\mathbf{v}\in\mathbb{C}^n$ に対し $\langle\mathbf{z}|\mathbf{w}\rangle$ を計算すると

$$\langle \mathbf{z}|\mathbf{w}\rangle = \sum_{k=1}^{n} z^k \overline{w^k} = \sum_{k=1}^{n} (x^k + \sqrt{-1}\, y^k)(u^k - \sqrt{-1}\, v^k)$$
$$= \sum_{k=1}^{n} (x^k u^k + y^k v^k) + \sqrt{-1} \sum_{k=1}^{n} (-x^k v^k + y^k u^k)$$

となる．$\mathbb{E}^{2n}$ のユークリッド内積

$$((\boldsymbol{x}, \boldsymbol{y})\,|(\boldsymbol{u}, \boldsymbol{v})\,) = \sum_{k=1}^{n} (x^k u^k + y^k v^k)$$

と $\mathbb{R}^{2n}$ の標準的斜交形式

$$\Omega((\boldsymbol{x}, \boldsymbol{y})\,|(\boldsymbol{u}, \boldsymbol{v})\,) = \sum_{k=1}^{n} (-x^k v^k + y^k u^k)$$

が登場していることに注意しよう．そこでこの計算結果を

$$\langle \mathbf{z}|\mathbf{w}\rangle = (\boldsymbol{z}|\boldsymbol{w}) + \sqrt{-1}\Omega(\boldsymbol{z}, \boldsymbol{w})$$

と表すことにしよう．$A \in \mathrm{M}_n\mathbb{C}$ がユニタリー行列であるとは $\langle\cdot|\cdot\rangle$ を保つということであるが，この計算結果から直交行列と斜交行列の両方の性質を備えていることがわかる．この事実をより明確にするために「実表示」を用いよう．$\varphi_{\mathbb{C}^n} : \mathbb{C}^n \to \mathbb{R}^{2n}$ を用いて $\mathbb{C}^n$ を $\mathbb{R}^{2n}$ に書き換える．$C \in \mathrm{M}_n\mathbb{C}$ を $C = A + \sqrt{-1}B$ と分解すると

$$\varphi_{\mathbb{C}^n}(C\mathbf{z}) = \begin{pmatrix} A & -B \\ B & A \end{pmatrix} \begin{pmatrix} \mathbf{x} \\ \mathbf{y} \end{pmatrix}$$

と写る．そこで写像 $\phi_n : \mathrm{M}_n\mathbb{C} \to \mathrm{M}_{2n}\mathbb{R}$ を

$$\phi_n(A + \sqrt{-1}B) = \begin{pmatrix} A & -B \\ B & A \end{pmatrix}$$

で定めよう．ϕ_n は実線型空間としての同型である．$\phi_n(C)$ を C の**実表示** (real expression) とよぶ．

問題 1.12 ϕ_n は次の性質をもつことを確かめよ.

(1) $\phi_n(ZW) = \phi_n(Z)\phi_n(W)$.

(2) $\phi(Z^{-1}) = \phi_n(Z)^{-1}$.

(3) $\phi(\overline{{}^tZ}) = {}^t\phi_n(Z)$.

(4) $\det\phi_n(Z) = |\det Z|^2$. すなわち

$$\det\begin{pmatrix} A & -B \\ B & A \end{pmatrix} = |\det(A+\sqrt{-1}B)|^2$$

標準的斜交形式の表現行列である J_n を使うと

$$\phi_n(\mathrm{M}_n\mathbb{C}) = \mathrm{M}_{2n}\mathbb{R}_J = \{X \in \mathrm{M}_{2n}\mathbb{R} \mid XJ_n = J_nX\}\}$$

と書き直せることを注意しておく. $\mathrm{M}_{2n}\mathbb{R}_J$ を $\mathrm{M}_n\mathbb{C}$ の**実表示**とよぶ.

すると $\mathrm{U}(n)$ の実表示 $\phi_n(\mathrm{U}(n))$ は $\mathrm{O}(2n) \cap \mathrm{Sp}(n;\mathbb{R})$ と一致することがわかる. そこでしばしば

$$\mathrm{U}(n) = \mathrm{O}(2n) \cap \mathrm{Sp}(n;\mathbb{R})$$

と表記する. エルミート内積は内積（対称双線型形式）と斜交形式（交代双線型形式）を実部と虚部にもっている[*21].

スカラー積空間の場合, スカラー積を用いて線型同型 $\flat : \mathbb{V} \to \mathbb{V}^*$ が定まった. エルミート・スカラー積の場合はどうだろうか. エルミート・スカラー積 h は第1変数について複素線型だが, 第2変数については共軛線型なので

$$\flat_{\mathsf{L}} : \mathbb{V} \to \mathbb{V}^*;\ \boldsymbol{w} \longmapsto \mathsf{h}(\boldsymbol{w}, \cdot)$$

と

$$\flat_{\mathsf{R}} : \mathbb{V} \to \mathbb{V}^*;\ \boldsymbol{w} \longmapsto \mathsf{h}(\cdot, \boldsymbol{w})$$

の区別が必要である. $(\flat_{\mathsf{R}}\boldsymbol{w})(\boldsymbol{z}) = \mathsf{h}(\boldsymbol{z}, \boldsymbol{w})$ は $\boldsymbol{z}$ について複素線型なので $\flat_{\mathsf{R}}\boldsymbol{w} \in \mathbb{V}^*$ である. h は非退化なので, $\flat_{\mathsf{R}}$ は全単射であるが, $\lambda \in \mathbb{C}$ に対し

$$(\flat_{\mathsf{R}}(\lambda\boldsymbol{w}))(\boldsymbol{z}) = \mathsf{h}(\boldsymbol{z}, \lambda\boldsymbol{w}) = \bar{\lambda}(\flat_{\mathsf{R}}\boldsymbol{w})(\boldsymbol{z})$$

---

*21 より詳しくはリー群の教科書を参照. 拙著 [9] でも解説してある.

となるので線型同型ではない（共軛線型同型であると言い表す）．一方，$\flat_{\mathsf{L}}\boldsymbol{w} \notin \mathbb{V}^*$ であるが，$(\flat_{\mathsf{L}}(\lambda\boldsymbol{w})) = \lambda\flat_{\mathsf{L}}\boldsymbol{w}$ をみたしている．$\flat_{\mathsf{R}}$ の逆写像を $\sharp_{\mathsf{R}}$ と表記すると

$$\mathsf{h}(\boldsymbol{z}, \sharp_{\mathsf{R}}\alpha) = \alpha(\boldsymbol{z})$$

である．実際

$$(\flat_{\mathsf{R}}(\sharp_{\mathsf{R}}\alpha))(\boldsymbol{z}) = \mathsf{h}(\boldsymbol{z}, \sharp_{\mathsf{R}}\alpha) = \alpha(\boldsymbol{z}),$$

$$\mathsf{h}(\boldsymbol{z}, \sharp_{\mathsf{R}}(\flat_{\mathsf{R}}\boldsymbol{w})) = (\flat_{\mathsf{R}}\boldsymbol{w})(\boldsymbol{z}) = \mathsf{h}(\boldsymbol{z}, \boldsymbol{w})$$

だから，たしかに $\sharp_{\mathsf{R}} = \flat_{\mathsf{R}}^{-1}$ である．また $\sharp_{\mathsf{R}} : \mathbb{V}^* \to \mathbb{V}$ も共軛線型である．そこで

$$\mathsf{h}^*(\alpha, \beta) = \mathsf{h}(\sharp_{\mathsf{R}}\alpha, \sharp_{\mathsf{R}}\beta)$$

と定めてみると $\lambda, \mu \in \mathbb{C}$ に対し

$$\mathsf{h}^*(\lambda\alpha, \mu\beta) = \mathsf{h}(\bar{\lambda}\sharp_{\mathsf{R}}\alpha, \bar{\mu}\sharp_{\mathsf{R}}\beta) = \bar{\lambda}\mu\mathsf{h}^*(\alpha, \beta)$$

なので h^* はエルミート・スカラー積ではない．

エルミート内積 $\mathsf{h} = \langle\cdot|\cdot\rangle$ の場合を考えよう．このとき $\langle\cdot|\cdot\rangle$ はエルミート内積ではないが

$$\langle\lambda\alpha|\lambda\alpha\rangle^* = |\lambda|^2\,\|\sharp_{\mathsf{R}}\alpha\|^2 \geq 0$$

が成り立つので

$$\|\alpha\| = \|\sharp_{\mathsf{R}}\alpha\| \tag{1.27}$$

により $\mathbb{V}^*$ にノルムを定めることができる．

【研究課題】 (エルミート内積の全体) $\mathbb{C}^n$ 上のエルミート内積の全体 $\mathcal{H}(\mathbb{C}^n)$ は例 1.15 と同様に $\mathrm{U}(n)\backslash\mathrm{GL}_n\mathbb{C}$ と表示できるかどうか調べよ．

1.6 ヒルベルト空間 ⋆

この本は有限次元の $\mathbb{K}$ 線型空間上の多重線型代数を解説するために書かれているが，この節と次節では少しだけ無限次元の話題に触れる[*22]．線型代数（と微分積分）の範囲に話題を止めるため，いくつかの定理の証明は割愛する．興味ある読者は函数解析の教科書 (たとえば黒田 [28]) を見てほしい．

有限次元とは限らない $\mathbb{K}$ 線型空間 $\mathbb{V}$ をこの節では考察する[*23]．

1.6.1 ノルム空間

無限次元のときは内積やエルミート内積が与えられてはいないが「ベクトルの長さ」は与えられている場合も取り扱う．

定義 1.32 $\mathbb{K}$ 線型空間 $\mathbb{V}$ 上の実数値函数 $\|\cdot\|$ が

(1) $\forall \boldsymbol{x} \in \mathbb{V}: \|\boldsymbol{x}\| \geq 0$.

(2) $\|\boldsymbol{x}\| = 0 \Longleftrightarrow \boldsymbol{x} = \mathbf{0}$.

(3) $\forall \lambda \in \mathbb{K}, \forall \boldsymbol{x} \in \mathbb{V}: \|\lambda \boldsymbol{x}\| = |\lambda|\,\|\boldsymbol{x}\|$.

(4) $\forall \boldsymbol{x}, \boldsymbol{y} \in \mathbb{V}: \|\boldsymbol{x} + \boldsymbol{y}\| \leq \|\boldsymbol{x}\| + \|\boldsymbol{y}\|$.

をみたすとき $\|\cdot\|$ を $\mathbb{V}$ 上の**ノルム** (norm) といい，ノルムを指定した $\mathbb{K}$ 線型空間 $\mathbb{V} = (\mathbb{V}, \|\cdot\|)$ を**ノルム空間** (normed space) とよぶ．

[*22] 多重線型代数を数学専攻の授業で取り上げると意欲的な受講生から「一般の体上ではどうなるんですか」という質問と「無限次元のときはどうなるんですか」と尋ねられてしまうのが執筆理由．

[*23] 函数解析の教科書では無限次元線型空間を X, Y や $\mathcal{X}, \mathcal{Y}$ あるいは $\mathfrak{X}, \mathfrak{Y}$ などの記号で表記することが多い．またヒルベルト空間を $\mathcal{H}$ や $\mathscr{H}$ のような記号で表すこともある．そのような標準的な記号を用いないと違和感を感じる読者もいると思う．本書は有限次元の場合を主に扱い無限次元については参考程度の記述なので有限次元の場合の記号を用いるのでご容赦願いたい．

命題 1.5 と命題 1.14 より，これまで「ノルム」とよんできたものはすべてこの定義の意味でのノルムである．ノルム空間では

$$\mathrm{d}(\boldsymbol{x}, \boldsymbol{y}) = \|\boldsymbol{x} - \boldsymbol{y}\|$$

で距離函数が自然に定まるので，ノルム空間はこの距離に関する距離空間と考える．ノルム空間における点列 $\{\boldsymbol{x}_k\}$ が

$$\lim_{k,l\to\infty} \|\boldsymbol{x}_k - \boldsymbol{x}_l\| = 0$$

をみたすとき**コーシー列**という．また $\boldsymbol{x} \in \mathbb{V}$ が存在して

$$\lim_{n\to\infty} \|\boldsymbol{x}_n - \boldsymbol{x}\| = 0$$

が成り立つとき $\{\boldsymbol{x}_k\}$ は $\boldsymbol{x}$ に**収束する**という．コーシー列がつねに収束するときノルム空間 $(\mathbb{V}, \|\cdot\|)$ は**バナッハ空間** (Banach space) とよばれる．

$\mathbb{K}^n$ では通常のノルムの他にも $p \geq 1$ に対し **p 乗ノルム**

$$\|\boldsymbol{x}\|_p = \left(\sum_{i=1}^{n} |x^i|^p\right)^{\frac{1}{p}}$$

も用いられる．1 乗ノルムは

$$\|\boldsymbol{x}\|_1 = \sum_{i=1}^{n} |x^i|.$$

2 乗ノルムはユークリッド内積のノルム

$$\|\boldsymbol{x}\|_2 = \left(\sum_{i=1}^{n} |x^i|^2\right)^{\frac{1}{2}}$$

である．さらに

$$\|\boldsymbol{x}\|_\infty = \max\{|x^1|, |x^2|, \ldots, |x^n|\}$$

もノルムを与える．次の不等式が成り立つ ([37] 参照)．

$$\frac{1}{n}\|\boldsymbol{x}\|_1 \leq \|\boldsymbol{x}\|_\infty \leq \|\boldsymbol{x}\|_2 \leq \|\boldsymbol{x}\|_1.$$

1.6.2 行列のノルム

行列 $A \in \mathrm{M}_{m,n}\mathbb{K}$ のノルムを考察しよう．対応

$$A = (a_{ij}) \longmapsto (a_{11}, a_{12}, \ldots, a_{1n}, a_{21}, ;a_{mn})$$

で $\mathrm{M}_{m,n}\mathbb{K}$ を $\mathbb{K}^{mn}$ と考えてみよう．$\mathbb{K}^{mn}$ の p 乗ノルムを $\mathrm{M}_{m,n}\mathbb{K}$ に移植する．

$$\|A\|_p = \left(\sum_{i=1}^{m} \sum_{j=1}^{n} |a_{ij}| \right)^{\frac{1}{p}}.$$

このとき $\|\cdot\|_p$ はノルムの性質

(1) $\|A\|_p \geq 0$.

(2) $\|A\|_p = 0 \Longleftrightarrow A = O$.

(3) $\|\lambda A\|_p = |\lambda|\, \|A\|_p$.

(4) $\|A + B\|_p \leq \|A\|_p + \|B\|_p$.

をみたす上に

$$\|AB\|_p \leq \|A\|_p\, \|B\|_p, \quad A \in \mathrm{M}_{m,n}\mathbb{K},\ B \in \mathrm{M}_{n,r}\mathbb{K}$$

をみたしている．行列では積が重要なので次の定義を行う．

定義 1.33 $\mathrm{M}_{m,n}\mathbb{K}$ 上の実数値函数 $\|\cdot\|$ が

(1) $\forall\, A \in \mathrm{M}_{m,n}\mathbb{K} : \|A\| \geq 0$.

(2) $\|A\| = O \Longleftrightarrow A = O$.

(3) $\forall\, \lambda \in \mathbb{K}, \forall\, A \in \mathrm{M}_{m,n}\mathbb{K} : \|\lambda A\| = |\lambda|\, \|A\|$.

(4) $\forall\, A, B \in \mathrm{M}_{m,n}\mathbb{K} : \|A + B\| \leq \|A\| + \|B\|$.

(5) $\forall\, A \in \mathrm{M}_{m,n}\mathbb{K},\ B \in \mathrm{M}_{n,r}\mathbb{K} : \|AB\| \leq \|A\|\, \|B\|$.

をみたすとき $\|\cdot\|$ を $\mathrm{M}_{m,n}\mathbb{K}$ 上の**行列ノルム** (matrix norm) という．

$\mathbb{K}^{mn}$ の ∞-ノルムをそのまま $\mathrm{M}_{m,n}\mathbb{K}$ に移植したもの

$$\max|a_{ij}|$$

はノルムではあるが行列ノルムではない（積に関する不等式をみたさない）．そこで

$$\|A\|_\infty = \sqrt{mn}\max|a_{ij}|$$

と修正すると行列ノルムになるので，$\|\cdot\|_\infty$ の定義はこれを採用する．さらに

$$\|A\|_0 = \max_{\|\boldsymbol{x}\|=1}\{\|A\boldsymbol{x}\|\} = \sup_{\boldsymbol{x}\neq\boldsymbol{0}}\frac{\|A\boldsymbol{x}\|}{\|\boldsymbol{x}\|}$$

も行列ノルムを与える．$\|\cdot\|_0$ を**作用素ノルム** (operator norm) とよぶ．

次の不等式が成り立つ ([37, pp. 65-66])．

$$\frac{1}{\sqrt{mn}}\|A\|_\infty \le \|A\|_0 \le \|A\|_2 \le \|A\|_1 \le \sqrt{mn}\|A\|_\infty$$

無限次元ノルム空間の例を挙げよう．

例 1.20 (一様ノルム) 有界閉区間 $[a,b]$ で定義され $\mathbb{K}$ に値をもつ連続函数の全体を $C^0([a,b],\mathbb{K})$ と表す．$\mathbb{K}=\mathbb{R}$ のときは $C^0[a,b]$ と略記する[*24]．

$$\|f\| = \max_{a\le x\le b}|f(x)|$$

で $C^0([a,b],\mathbb{K})$ のノルムを与えられる．このノルムを**一様ノルム**とよぶ．$C^0([a,b],\mathbb{K})$ の点列，すなわち連続函数の列 $\{f_n\}$ が f に一様ノルムに関し収束するとは $\{f_n\}$ が f に**一様収束**することに他ならない．

[*24] 函数解析では $C^0([a,b],\mathbb{C})$ を $C^0[a,b]$ と略記することが多い．

1.6.3 ヒルベルト空間

次は内積およびエルミート内積を考察しよう．$\mathbb{K}=\mathbb{R}$ のとき，内積の定義は有限次元のときと全く同じである．ユークリッド線型空間 $(\mathbb{V},(\cdot|\cdot))$ ではノルムを $\|\boldsymbol{x}\|=\sqrt{(\boldsymbol{x}|\boldsymbol{x})}$ で与えられる．このノルムに関しバナッハ空間になるときユークリッド線型空間 $(\mathbb{V},(\cdot|\cdot))$ を**実ヒルベルト空間** (real Hilbert space) とよぶ (1.3 節で述べた).

$\mathbb{K}=\mathbb{C}$ のときはエルミート内積を指定したエルミート線型空間 $(\mathbb{V},\langle\cdot|\cdot\rangle)$ を考える．この場合もノルムを $\|\boldsymbol{x}\|=\sqrt{\langle\boldsymbol{x}|\boldsymbol{x}\rangle}$ で与える．このノルムに関しバナッハ空間になるときエルミート線型空間 $(\mathbb{V},\langle\cdot|\cdot\rangle)$ を**ヒルベルト空間** (Hilbert space) とよぶ.

有限次元のときは実・複素いずれの場合も自動的にヒルベルト空間になっていることに注意しよう．完備性（コーシー列の収束）は無限次元の時には「仮定しなければならない性質」である．実際，完備性をもたない例が存在する.

例 1.21 有限次元ヒルベルト空間の例を一つ挙げておく．$\mathrm{M}_{m,n}\mathbb{K}$ において

$$\langle A|B\rangle=\sum_{i=1}^{m}\sum_{j=1}^{n}a_{ij}\overline{b_{ij}},\quad A=(a_{ij}),\,B=(b_{ij})\in\mathrm{M}_{m,n}\mathbb{K}$$

と定めると $\mathrm{M}_{m,n}\mathbb{K}$ はヒルベルト空間である．とくに $m=n$ のとき，このエルミート内積は

$$\langle A|B\rangle=\mathrm{tr}({}^{t}A\bar{B})=\mathrm{tr}(AB^{*}) \tag{1.28}$$

と表せる.

ところでユークリッド線型空間では

$$(\boldsymbol{x}|\boldsymbol{y})=\frac{1}{2}\left\{\|\boldsymbol{x}+\boldsymbol{y}\|^2-\|\boldsymbol{x}\|^2-\|\boldsymbol{y}\|^2\right\}=\frac{1}{4}\left\{\|\boldsymbol{x}+\boldsymbol{y}\|^2-\|\boldsymbol{x}-\boldsymbol{y}\|^2\right\}.$$

エルミート線型空間では

$$\langle \boldsymbol{x}|\boldsymbol{y}\rangle = \frac{1}{4}\left\{\|\boldsymbol{x}+\boldsymbol{y}\|^2 - \|\boldsymbol{x}-\boldsymbol{y}\|^2\right\} + \frac{\mathrm{i}}{4}\left\{\|\boldsymbol{x}+\mathrm{i}\boldsymbol{y}\|^2 - \|\boldsymbol{x}-\mathrm{i}\boldsymbol{y}\|^2\right\},\ \mathrm{i}=\sqrt{-1}$$

とノルムから内積・エルミート内積を復元できた．ということはノルムを与えれば内積・エルミート内積が導入されてしまうのだろうか？　実は**無条件では成り立たない**のである．ノルムが中線定理

$$\|\boldsymbol{x}+\boldsymbol{y}\|^2 + \|\boldsymbol{x}-\boldsymbol{y}\|^2 = 2(\|\boldsymbol{x}\|^2 + \|\boldsymbol{y}\|^2) \tag{1.29}$$

をみたせばノルムから内積を定めることができる．

定理 1.15 (フレシェ-フォン・ノイマン-ヨルダンの定理) 実ノルム空間 $\mathbb{V} = (\mathbb{V}, \|\cdot\|)$ が中線定理 (1.29) をみたせば

$$(\boldsymbol{x}|\boldsymbol{y}) = \frac{1}{4}\left(\|\boldsymbol{x}+\boldsymbol{y}\|^2 - \|\boldsymbol{x}-\boldsymbol{y}\|^2\right) \tag{1.30}$$

は $\mathbb{V}$ 上の内積であり $\sqrt{(\boldsymbol{x}|\boldsymbol{x})}$ は $\boldsymbol{x}$ のノルムと一致する．

【証明】　まず $(\cdot|\cdot)$ の定義から

$$(\boldsymbol{x}|\boldsymbol{y}) = (\boldsymbol{y}|\boldsymbol{x}), \quad (\boldsymbol{x}|\boldsymbol{x}) = \|\boldsymbol{x}\|^2$$

が成り立っているので $(\cdot|\cdot)$ が前のスロットについて線型であることを確かめれば済む．中線定理を使って計算すると

$$\begin{aligned}
4\{(\boldsymbol{x}|\boldsymbol{z}) + (\boldsymbol{y}|\boldsymbol{z})\} &= (\|\boldsymbol{x}+\boldsymbol{z}\|^2 - \|\boldsymbol{x}-\boldsymbol{z}\|^2) + (\|\boldsymbol{y}+\boldsymbol{z}\|^2 - \|\boldsymbol{y}-\boldsymbol{z}\|^2) \\
&= (\|\boldsymbol{x}+\boldsymbol{z}\|^2 + (\|\boldsymbol{y}+\boldsymbol{z}\|^2) - (\|\boldsymbol{x}-\boldsymbol{z}\|^2 + (\|\boldsymbol{y}-\boldsymbol{z}\|^2) \\
&= \frac{1}{2}(\|\boldsymbol{x}+\boldsymbol{y}+2\boldsymbol{z}\|^2 - \|\boldsymbol{x}-\boldsymbol{y}\|^2) \\
&= -\frac{1}{2}(\|\boldsymbol{x}+\boldsymbol{y}-2\boldsymbol{z}\|^2 - \|\boldsymbol{x}-\boldsymbol{y}\|^2) \\
&= \frac{1}{2}(\|\boldsymbol{x}+\boldsymbol{y}+2\boldsymbol{z}\|^2 - \|\boldsymbol{x}+\boldsymbol{y}-2\boldsymbol{z}\|^2) \\
&= \frac{1}{2}\cdot 4(\boldsymbol{x}+\boldsymbol{y}|2\boldsymbol{z}).
\end{aligned}$$

したがって

$$(\boldsymbol{x}|\boldsymbol{z})+(\boldsymbol{y}|\boldsymbol{z})=\frac{1}{2}(\boldsymbol{x}+\boldsymbol{y}|2\boldsymbol{z}),\quad \forall\boldsymbol{x},\boldsymbol{y},\boldsymbol{z}\in\mathbb{V} \tag{1.31}$$

を得た．等式 (1.31) において $\boldsymbol{y}=\mathbf{0}$ と選ぶと

$$(\boldsymbol{x}|\boldsymbol{z})=\frac{1}{2}(\boldsymbol{x}|\,2\boldsymbol{z}),\quad \forall\boldsymbol{x},\boldsymbol{z}\in\mathbb{V}$$

が得られる．一方，$(\cdot|\cdot)$ の定義式 (1.30) から，任意の $\boldsymbol{z}\in\mathbb{V}$ に対し

$$4(\mathbf{0}|\boldsymbol{z})=\|\mathbf{0}+\boldsymbol{z}\|^2-\|\mathbf{0}-\boldsymbol{z}\|^2=0,$$

すなわち

$$(\mathbf{0}|\boldsymbol{z})=0 \tag{1.32}$$

が示された．(1.32) より任意の $\boldsymbol{y}\in\mathbb{V}$ に対し $(\boldsymbol{y}|\mathbf{0})=(\mathbf{0}|\boldsymbol{y})=0.$ である．これと (1.31) を併せると

$$(\boldsymbol{x}|\boldsymbol{z})=\frac{1}{2}(\boldsymbol{x}|2\boldsymbol{z}),\quad \forall\boldsymbol{x},\boldsymbol{z}\in\mathbb{V} \tag{1.33}$$

が導けた．したがって

$$(\boldsymbol{x}+\boldsymbol{y}|\boldsymbol{z})=\frac{1}{2}(\boldsymbol{x}+\boldsymbol{y}|2\boldsymbol{z}),\quad \forall\boldsymbol{x},\boldsymbol{y},\boldsymbol{z}\in\mathbb{V}$$

が証明された．以上より

$$(\boldsymbol{x}|\boldsymbol{z})+(\boldsymbol{y}|\boldsymbol{z})=(\boldsymbol{x}+\boldsymbol{y}|\boldsymbol{z}) \tag{1.34}$$

が示された．

残るは

$$(t\boldsymbol{x}|\boldsymbol{y})=t\,(\boldsymbol{x}|\boldsymbol{y}),\quad \forall t\in\mathbb{R},\ \boldsymbol{x},\boldsymbol{y}\in\mathbb{V}$$

である．(1.34) を繰り返し使えば

$$(m\boldsymbol{x}|\boldsymbol{y})=m\,(\boldsymbol{x}|\boldsymbol{y}),\quad m\in\mathbb{N}\cup\{0\}$$

が得られる．次に $n \in \mathbb{N}$ に対し

$$(\boldsymbol{x}|\boldsymbol{y}) = (1\,\boldsymbol{x}|\boldsymbol{y}) = \left(n\left(\frac{1}{n}\boldsymbol{x}\right)\middle|\boldsymbol{y}\right) = n\left(\frac{1}{n}\boldsymbol{x}\middle|\boldsymbol{y}\right)$$

が言えるから

$$\left(\frac{1}{n}\boldsymbol{x}\middle|\boldsymbol{y}\right) = \frac{1}{n}(\boldsymbol{x}|\boldsymbol{y})$$

が成り立つ．さらに $m \in \mathbb{N}$ に対し

$$\left(\frac{m}{n}\boldsymbol{x}\middle|\boldsymbol{y}\right) = m\left(\frac{1}{n}\boldsymbol{x}\middle|\boldsymbol{y}\right) = \frac{m}{n}(\boldsymbol{x}|\boldsymbol{y})$$

も言える．$\boldsymbol{x}$ と $\boldsymbol{y}$ を固定して $t \in \mathbb{R}$ の函数 $f(t)$ を

$$f(t) = (t\boldsymbol{x}|\boldsymbol{y})$$

で定めよう．$f(t)$ は $\mathbb{R}$ 上の連続函数である．ここまでの議論で

$$f(r) = r\,f(1) \quad r \in \mathbb{Q}$$

が成り立つことがわかっている．各 $t \in \mathbb{R}$ に対し t に収束する有理数列 $\{t_n\}$ をとると f の連続性より

$$f(t) = f\left(\lim_{n\to\infty} t_n\right) = \lim_{n\to\infty} f(t_n) = \lim_{n\to\infty}(t_n\,f(1)) = tf(1)$$

を得る．つまり $(t\boldsymbol{x}|\boldsymbol{y}) = t(\boldsymbol{x}|\boldsymbol{y})$. 以上より $(\cdot|\cdot)$ は内積を与える． ■

エルミート内積の場合は次の定理が成り立つ．

定理 1.16 (フレシェ-フォン・ノイマン-ヨルダンの定理) 複素ノルム空間 $\mathbb{V} = (\mathbb{V}, \|\cdot\|)$ が中線定理 (1.29) をみたせば

$$\langle\boldsymbol{x}|\boldsymbol{y}\rangle = \frac{1}{4}\left\{\|\boldsymbol{x}+\boldsymbol{y}\|^2 - \|\boldsymbol{x}\|^2 - \|\boldsymbol{y}\|^2\right\} + \frac{\mathrm{i}}{4}\left\{\|\boldsymbol{x}+\mathrm{i}\boldsymbol{y}\|^2 - \|\boldsymbol{x}-\mathrm{i}\boldsymbol{y}\|^2\right\} \quad (1.35)$$

は $\mathbb{V}$ 上のエルミート内積であり $\sqrt{\langle\boldsymbol{x}|\boldsymbol{x}\rangle}$ は $\boldsymbol{x}$ のノルムと一致する．

【証明】 まず $(\cdot|\cdot)$ を式 (1.30) で定義する．すると $\langle\cdot|\cdot\rangle$ は

$$\langle \boldsymbol{x}|\boldsymbol{y}\rangle = (\boldsymbol{x}|\boldsymbol{y}) + \mathtt{i}(\boldsymbol{x}|\mathtt{i}\boldsymbol{y}) \tag{1.36}$$

と書き直せることを利用する．$\langle\cdot|\cdot\rangle$ は実数の範囲で線型であることがわかるから，

$$\langle \boldsymbol{y}|\boldsymbol{x}\rangle = \overline{\langle \boldsymbol{x}|\boldsymbol{y}\rangle}, \quad \langle \mathtt{i}\boldsymbol{x}|\boldsymbol{y}\rangle = \mathtt{i}\langle \boldsymbol{x}|\boldsymbol{y}\rangle$$

を示せば第 1 スロットについて複素線型，第 2 スロットについて複素共軛線型であることがわかる．

式 (1.30) から

$$(\boldsymbol{x}|\boldsymbol{y}) = (\boldsymbol{y}|\boldsymbol{x}), \quad (\mathtt{i}\boldsymbol{x}|\mathtt{i}\boldsymbol{y}) = (\boldsymbol{y}|\boldsymbol{x})$$

が成り立つことに注意する．$-1 \in \mathbb{R}$ だから

$$(\boldsymbol{y}|\mathtt{i}\boldsymbol{x}) = ((\mathtt{i})(-\mathtt{i}\boldsymbol{y})|\mathtt{i}\boldsymbol{x}) = (-\mathtt{i}\boldsymbol{y}|\boldsymbol{x}) = -(\mathtt{i}\boldsymbol{y}|\boldsymbol{x})$$

が言える．これを使うと

$$\begin{aligned}\langle \boldsymbol{y}|\boldsymbol{x}\rangle =&(\boldsymbol{y}|\boldsymbol{x}) + \mathtt{i}(\boldsymbol{y}|\mathtt{i}\boldsymbol{x}) \\ =&(\boldsymbol{x}|\boldsymbol{y}) - \mathtt{i}(\boldsymbol{y}|\mathtt{i}\boldsymbol{x}) = \overline{\langle \boldsymbol{x}|\boldsymbol{y}\rangle}\end{aligned}$$

が示された．さらに

$$\begin{aligned}\langle \mathtt{i}\boldsymbol{x}|\boldsymbol{y}\rangle =&(\mathtt{i}\boldsymbol{x}|\boldsymbol{y}) + \mathtt{i}(\mathtt{i}\boldsymbol{x}|\mathtt{i}\boldsymbol{y}) \\ =&-\mathtt{i}(\mathtt{i}\boldsymbol{y}|\boldsymbol{x}) + \mathtt{i}(\boldsymbol{x}|\boldsymbol{y}) = \mathtt{i}\{(\boldsymbol{x}|\boldsymbol{y}) + \mathtt{i}(\boldsymbol{x}|\mathtt{i}\boldsymbol{y})\} = \mathtt{i}\langle \boldsymbol{x}|\boldsymbol{y}\rangle\end{aligned}$$

が得られた．最後に $\langle \boldsymbol{x}|\boldsymbol{x}\rangle = \|\boldsymbol{x}\|^2$ を確認しよう．(1.36) より

$$\begin{aligned}\langle \boldsymbol{x}|\boldsymbol{x}\rangle =&(\boldsymbol{x}|\boldsymbol{x}) + \mathtt{i}(\boldsymbol{x}|\mathtt{i}\boldsymbol{x}) \\ =&\frac{1}{4}(\|2\boldsymbol{x}\|^2) + \mathtt{i}(\boldsymbol{x}|\mathtt{i}\boldsymbol{x}) = \|\boldsymbol{x}\|^2 + \mathtt{i}(\boldsymbol{x}|\mathtt{i}\boldsymbol{x})\end{aligned}$$

である．ここで

$$4(\boldsymbol{x}|\mathtt{i}\boldsymbol{x}) = \|\boldsymbol{x} + \mathtt{i}\boldsymbol{x}\|^2 - \|\boldsymbol{x} - \mathtt{i}\boldsymbol{x}\|^2 = (|1+\mathtt{i}|^2 - |1-\mathtt{i}|^2)\|\boldsymbol{x}\|^2 = 0.$$

以上より $\langle\cdot|\cdot\rangle$ は $\|\cdot\|$ をノルムとするエルミート内積である． ■

1.6.4 直交直和分解

有限次元実スカラー積空間のとき，線型部分空間に関する直交直和分解は無条件では成り立たず「非退化性」を仮定しなければならなかった．ヒルベルト空間ではどうだろうか？　内積（正定値）だから有限次元のときと同じだろうか．実は「閉」という仮定が要請される．

定義 1.34 $\mathbb{K}$ 上のヒルベルト空間 $\mathbb{V}$ の線型部分空間 $\mathbb{W}$ が**閉部分空間** (closed subspace) であるとは $\mathbb{W}$ が $\mathbb{V}$ の閉集合であること，すなわち点列 $\{\boldsymbol{x}_n\} \subset \mathbb{W}$ が収束するならば，その極限点は $\mathbb{W}$ に収まることである．

閉部分空間 $\mathbb{W}$ もヒルベルト空間であることに注意．

定理 1.17 $\mathbb{W}$ が $\mathbb{K}$ 上のヒルベルト空間 $\mathbb{V}$ の閉線型部分空間ならば直交直和分解 $\mathbb{V} = \mathbb{W} \oplus \mathbb{W}^{\perp}$ が成り立つ．

この定理の証明は附録 A.5 節で与える．

1.6.5 双対空間

次は双対空間である．双対空間を考える前に次の事実が重要である．

定理 1.18 $\mathbb{K}$ 上の有限次元ヒルベルト空間の間の線型写像 $f : \mathbb{V} \to \mathbb{W}$ は連続である．

この事実を念頭におくと双対空間を次のように定めるのが妥当である．

$$\mathbb{V}^* = \{\alpha : \mathbb{V} \to \mathbb{K} \mid \text{連続な線型写像}\}.$$

このように定めてもちゃんと $\mathbb{K}$ 上の線型空間になっている．ここで函数解析における基本的な知識を説明しておこう．

定理 1.19 $\mathbb{K}$ 上のヒルベルト空間の間の線型写像 $f:\mathbb{V}\to\mathbb{W}$ は連続であるための必要十分条件は f が有界であること．すなわち

$$\exists M>0;\ \forall \boldsymbol{x}\in\mathbb{V}:\ \|f(\boldsymbol{x})\|_{\mathbb{W}}\leq M\,\|\boldsymbol{x}\|_{\mathbb{V}}$$

が成り立つことである．$\|\cdot\|_{\mathbb{V}}$ および $\|\cdot\|_{\mathbb{W}}$ は $\mathbb{V}$，$\mathbb{W}$ のノルムである．

【証明】 ($\Longleftarrow$) f を有界とすると $\boldsymbol{x}$ に収束する点列 $\{\boldsymbol{x}_n\}$ に対し

$$\|f(\boldsymbol{x})-f(\boldsymbol{x}_n)\|_{\mathbb{W}}=\|f(\boldsymbol{x}-\boldsymbol{x}_n)\|_{\mathbb{W}}\leq M\,\|\boldsymbol{x}-\boldsymbol{x}_n\|_{\mathbb{V}}$$

より $\boldsymbol{x}_n\to\boldsymbol{x}$ ならば $f(\boldsymbol{x}_n)\to f(\boldsymbol{x})$ である．
($\Longrightarrow$) f が有界でなければ f は連続でないことを示す．仮定より

$$\forall n\in\mathbb{N}:\ \exists\boldsymbol{x}_n\in\mathbb{V};\ \|f(\boldsymbol{x}_n)\|_{\mathbb{W}}\geq n\,\|\boldsymbol{x}\|_{\mathbb{V}}.$$

そこで $\boldsymbol{y}_n=\boldsymbol{x}_n/(n\|\boldsymbol{x}\|_{\mathbb{V}})$ とおくと f は線型なので $f(\boldsymbol{0})=\boldsymbol{0}$ であることに注意すると

$$\|f(\boldsymbol{y}_n)-f(\boldsymbol{0})\|_{\mathbb{W}}=\|f(\boldsymbol{y}_n-\boldsymbol{0})\|_{\mathbb{W}}=\|f(\boldsymbol{y}_n)\|_{\mathbb{W}}>1$$

となるので f は連続ではない． ■

この事実から

$$\mathbb{V}^*=\{\alpha:\mathbb{V}\to\mathbb{K}\,|\,\text{有界線型写像}\}$$

と書き直すことができる．

さて無限次元ヒルベルト空間でも $\mathbb{V}$ と $\mathbb{V}^*$ は（エルミート）内積を介して同一視できるかどうかが気になるであろう．この点については次の定理が成り立つ（証明は附録 A.5 節で与える）．

定理 1.20 (リースの表現定理) 各 $\alpha\in\mathbb{V}^*$ に対し $\boldsymbol{v}\in\mathbb{V}$ がただひとつ存在し

$$\forall\boldsymbol{x}\in\mathbb{V}:\ \alpha(\boldsymbol{x})=(\boldsymbol{x}|\boldsymbol{v})$$

をみたす．

有限次元 $\mathbb{K}$ 線型空間 $\mathbb{V}$ においては 1.1 節の問題 1.2 で与えて線型写像 $\phi : \mathbb{V} \to \mathbb{V}^{**}$ は線型同型であった．しかし無限次元のときは一般には単射に過ぎない．ϕ が線型同型であるバナッハ空間は**反射的** (reflexive) であるとよばれる (註 1.3)．リースの表現定理よりヒルベルト空間は反射的である．

函数のなすヒルベルト空間やバナッハ空間においては双対空間を（函数空間として）**具体的に表現することが大事**である[*25]．ここでは詳細に立ち入らず例を一つ紹介することに止めよう (附録 A.2 節参照)．

例 1.22 $\mathbb{R}^n$ 内のルベーグ可測集合 Ω 上で定義されたルベーグ可測函数 f に対し

$$\|f\|_{L^p} = \left(\int_\Omega |f(\boldsymbol{x})|^p \, \mathrm{d}\boldsymbol{x}\right)^{\frac{1}{p}}$$

と定め L^p ノルムとよぶ．$p \geq 1$ は実数である．このノルムを用いて

$$L^p(\Omega) = \{f : \Omega \to \mathbb{R} \mid f \text{ は可測で } \|f\|_{L^p} < \infty\}$$

とおくと $L^p(\Omega)$ はバナッハ空間になる ($p = 2$ のときはヒルベルト空間)．$q \in \mathbb{R}$ を $\frac{1}{p} + \frac{1}{q} = 1$ で選び p の**共軛指数** (conjugate exponent) とよぶ．各 $v \in L^q(\Omega)$ に対し

$$f_v(u) = \int_\Omega u(\boldsymbol{x})v(\boldsymbol{x}) \, \mathrm{d}\boldsymbol{x}, \quad u \in L^p(\Omega)$$

と定めると $f_v \in (L^p(\Omega))^*$ である．さらに対応 $v \longmapsto f_v$ は $L^q(\Omega)$ と $(L^p(\Omega))^*$ の間のバナッハ空間としての同型を与える．この同型を介して $(L^p(\Omega))^* = L^q(\Omega)$ とみなす．

[*25] 有限次元の場合でも．例 1.7.

1.7　超函数 ⋆

無限次元ではあるが，線型汎函数や双対積が解析学で使われる例を紹介する．未習の概念や用語があっても気にせず雰囲気をつかんでほしい．

有界閉区間 $[a,b]$ 上の C^1 級函数全体 $C^1[a,b]$ は実線型空間であり部分積分

$$\int_a^b f'(x)g(x)\,\mathrm{d}x = \Big[f(x)g(x)\Big]_a^b - \int_a^b f(x)g'(x)\,\mathrm{d}x$$

が成立する．とくに

$$\mathbb{V} = \{f \in C^1[a,b] \mid f(a) = f(b) = 0\}$$

という線型部分空間においては

$$\int_a^b f'(x)g(x)\,\mathrm{d}x = -\int_a^b f(x)g'(x)\,\mathrm{d}x$$

が成立する．この式に着目しよう．$f \in \mathbb{V}$ をひとつ選び

$$\langle \alpha, g\rangle = \alpha(g) = \int_a^b f'(x)g(x)\,\mathrm{d}x$$

と定めると α は線型汎函数である．部分積分を用いて

$$\langle \alpha, g\rangle = -\int_a^b f(x)g'(x)\,\mathrm{d}x \tag{1.37}$$

と書き換える．

f が微分可能でない函数（ただし $f(a) = f(b) = 0$）であっても等式 (1.37) をすべての $g \in \mathbb{V}$ に対してみたす線型汎函数 α が**存在するなら**，f' が存在しなくても α を f' の代用品と考えることにしよう．方程式 (1.37) の解である線型汎函数 α が存在するとき α を f の**超函数微分**とよぼう．f が C^1 級ならばもちろん $\langle \alpha, g\rangle = \langle f', g\rangle$ である．

ここまでは，有界閉区間 $[a,b]$ 上の函数を考えてきたが数直線 $\mathbb{R} = (-\infty,+\infty)$ や半無限の区間 $[a,+\infty)$, $(-\infty,b]$ においても広義積分を用いて同様の考察ができる．たとえば数直線 $\mathbb{R} = (-\infty,+\infty)$ 上の函数を扱う際には

$$\mathbb{V} = \{f : \mathbb{R} \to \mathbb{R} \mid C^1\text{級},\ \lim_{x\to\infty} f(x) = \lim_{x\to-\infty} = 0\}$$

上で広義積分を用いて線型汎函数

$$\alpha(g) = -\int_{-\infty}^{+\infty} f(x)g'(x)\,\mathrm{d}x$$

を考察する．

量子力学では次のような広義積分が登場する．

$$\int_{-\infty}^{+\infty} \exp\left(p_x(x-\bar{x})\right)\,\frac{\mathrm{d}p_x}{2\pi\hbar}.$$

これはすべての複素平面波を等しい振幅で重ね合わせて得られる波束を表す．この積分を $\delta(x-\bar{x})$ で表す．$\delta(x-\bar{x})$ は次の性質をみたしているはずである．

$$\int_{-\infty}^{+\infty} \delta(x-\bar{x})\,\mathrm{d}\bar{x} = 1, \quad \int_{-\infty}^{+\infty} \delta(x)\phi(x)\,\mathrm{d}x = \phi(0)$$

このような性質をもつ函数 $\delta(x)$ は存在するのだろうか．上で述べた性質から δ を敢えて書き出すと

$$\delta(x) = \begin{cases} 0 & (x \neq 0) \\ \infty & (x = 0) \end{cases}$$

となるが，これでは函数として定義できない．物理学者ディラックは δ を函数とみなしてデルタ函数とよんだ[*26]．デルタ函数とは一体なんだろうか．

[*26] ディラック以前にキルヒホッフは

$$\delta(x) = \frac{1}{\sqrt{\pi}}\mu\exp(-\mu^2x^2), \quad x \in \mathbb{R}$$

という函数を考えデルタ函数とよんでいた（1882）．

ここで線型汎函数の概念が活躍する．というのは δ が函数として数学的にきちんと定まっていなくても良いのである．ディラックは実際には

$$\int_{-\infty}^{+\infty} \delta(x)\phi(x)\,\mathrm{d}x = \phi(0)$$

や

$$\int_{-\infty}^{+\infty} \delta'(x)\phi(x)\,\mathrm{d}x = \phi'(x)$$

という“公式”として利用していた．シュヴァルツ[*27]は次の画期的な着想を得た．

$$\langle \delta, \phi \rangle = \int_{-\infty}^{+\infty} \delta(x)\phi(x)\,\mathrm{d}x = \phi(0)$$

がどんな $\phi(x)$ についても成り立てばよい．$\delta(x)$ という函数が存在しなくても線型汎函数 $\phi \longmapsto \langle \delta, \phi \rangle$ が**定義できればよい**というように発想を転換するのである．

ここまでの観察を厳密化するためには (例 1.22 と同様に) ルベーグ積分の知識が必要になる．以下，若干の説明を行うが詳細は気にせずイメージをつかんでほしい．

$L^1_{\mathrm{loc}}(\mathbb{R})$ を $\mathbb{R}$ 上の局所ルベーグ積分可能な函数全体とする．$L^1_{\mathrm{loc}}(\mathbb{R})$ は無限次元の実線型空間である．次にコンパクトな台をもつ $\mathbb{R}$ 上の C^∞ 級函数の全体を $C_0^\infty(\mathbb{R})$ で表す[*28]．これも無限次元実線型空間である．$f \in L^1_{\mathrm{loc}}(\mathbb{R})$ に対し

$$\mathsf{f}(\phi) = \langle f, \phi \rangle = \int_{\mathbb{R}} f(x)\phi(x)\,\mathrm{d}x$$

[*27] Laurent Schwartz(1915–2002), *Théorie des distributions*, 1 (1950), 2 (1951). 1950 年にフィールズ賞．

[*28] 附録 A.5 節参照．

を**すべての** $\phi \in C_0^\infty(\mathbb{R})$ に対してみたす $C_0^\infty(\mathbb{R})$ 上の連続な線型汎函数 f を f の**シュワルツ超函数**（distribution）といい同じ記号 f で表す[*29]．この定義で用いられる $\phi \in C_0^\infty(\mathbb{R})$ を**試料函数**（テスト函数，test function）という．$\mathbb{R}$ 上のシュワルツ超函数全体を $\mathcal{D}'(\mathbb{R})$ で表す．

註 1.18 $f, g \in L^1_{\mathrm{loc}}(\mathbb{R})$ に対し

$$f = g \text{ in } L^1_{\mathrm{loc}}(\mathbb{R}) \iff f(x) = g(x) \text{ a.e. on } \mathbb{R}$$

と定義されている．もし

$$\int_{\mathbb{R}} f(x)\phi(x)\,\mathrm{d}x = \int_{\mathbb{R}} g(x)\phi(x)\,\mathrm{d}x, \quad {}^{\forall}\phi \in C_0^\infty(\mathbb{R})$$

ならば $f = g$ (in $L^1_{\mathrm{loc}}(\mathbb{R})$) であるから対応 $f \longmapsto \mathsf{f}$ は 1 対 1．この対応で $L^1_{\mathrm{loc}}(\mathbb{R}) \subset \mathcal{D}'(\mathbb{R})$ と見なす．

デルタ函数はシュワルツ超函数として厳密に定義される．試料函数 ϕ に対し

$$\langle \delta, \phi \rangle = \phi(0)$$

をみたす線型汎函数 δ をディラックの**デルタ函数**という．$a \in \mathbb{R}$ に対し

$$\int_{-\infty}^{+\infty} \delta(x-a)\phi(x) = \phi(a)$$

が成り立つことを確かめてみよう．

問題 1.13 次を示せ．

$$x\delta(x) = 0, \quad a \neq 0 \text{ に対し } \delta(ax) = \frac{1}{|a|}\delta(x).$$

[*29] ここでいう「連続性」をきちんと述べると次のようになる．任意の有界閉区間 K に対し $M > 0$ と $p \in \mathbb{N}$ が存在し

$$\phi \in C_0^\infty(\mathbb{R});\ \mathrm{supp}(\phi) \subset K \Longrightarrow |\mathsf{f}(\phi)| \leq M \sum_{k \leq p} \max |\phi^{(k)}(x)|$$

が成り立つ．

超函数微分を改めて考察しよう.

$$\langle Df, \phi\rangle = -\langle f, \phi'\rangle$$

という等式を考える．すなわち

$$\int_{-\infty}^{+\infty} (Df)(x)\phi(x)\,\mathrm{d}x = -\int_{-\infty}^{+\infty} f(x)\phi'(x)\,\mathrm{d}x.$$

この等式をすべての $\phi \in C_0^\infty(\mathbb{R})$ に対しみたす線型汎函数 $\langle Df, \cdot\rangle$ が存在するとき，この線型汎函数を f の**超函数微分**という．しばしば Df を f' と略記する．

註 1.19 (ブラとケット) 量子力学を学んでいる読者は内積

$$\langle f|g\rangle = \int_{-\infty}^{+\infty} f(x)g(x)\,\mathrm{d}x$$

を利用してみるとよい．$C_0^\infty(\mathbb{R})$ の元を $|g\rangle$ と表記し（ケットベクトル），線型汎函数を $\langle f|$ （ブラベクトル）と表記する．$\langle f|$ と $|g\rangle$ の双対積は $\langle f|g\rangle$ で与えられる．f の超函数微分 Df は $\langle Df|g\rangle = -\langle f|g'\rangle$ で定まる．

例 1.23 (デルタ函数) デルタ函数の超函数微分を求めてみよう．

$$\int_{-\infty}^{+\infty} (D\delta)(x)\phi(x)\,\mathrm{d}x = -\int_{-\infty}^{+\infty} \delta(x)\phi'(x)\,\mathrm{d}x = -\phi'(0)$$

より δ の超函数微分は

$$D\delta(\phi) = -\phi'(0)$$

で定まる線型汎函数である．

例題 1.1 ヘヴィサイド函数（階段函数ともよばれる）は

$$\theta(x) = \begin{cases} 0 & (x < 0) \\ 1 & (x \geq 0) \end{cases}$$

で定義される．$\theta(x)$ の超函数微分を求めよ．

【解答】 $\lim_{M\to\infty}\phi(M)=0$ に注意する．

$$\begin{aligned}\langle D\theta,\phi\rangle &= \int_{-\infty}^{+\infty}(D\theta)(x)\phi(x)\,\mathrm{d}x\\ &= -\int_{-\infty}^{+\infty}\theta(x)\phi'(x)\,\mathrm{d}x = -\int_0^{\infty}\phi'(x)\,\mathrm{d}x = \Big[\phi(x)\Big]_0^{\infty}\\ &= \lim_{M\to\infty}(\phi(M)-\phi(0)) = \phi(0).\end{aligned}$$

より θ の超函数微分はデルタ函数 $\delta(x)$ である． □

《節末問題》

節末問題 1.7.1 $\mathbb{R}$ 上の函数 $f(x)$ を

$$f(x)=\begin{cases}0 \ (x<0)\\ x \ (x\geq 0)\end{cases}$$

で定める[*30]．f の超函数微分を求めよ．

節末問題 1.7.2 符号函数（signum function）$\operatorname{sgn} x$ を

$$\operatorname{sgn} x=\begin{cases}-1 & (x<0)\\ \ \ 0 & (x=0)\\ \ \ 1 & (x>0)\end{cases}$$

で定める．この函数の超函数微分を求めよ．

節末問題 1.7.3 函数 $f(x)$ を

$$f(x)=\begin{cases}x+2 & (x\geq 0)\\ x & (x<0)\end{cases}$$

で定義する．$f(x)$ の超函数微分を求めよ．

[*30] $f(x)=\max(0,x)$ とも表せる．**ランプ函数** (ramp function) とか**正規化線型函数** (ReLU 函数, rectified linear function, rectified linear unit) とよばれる．

節末問題 1.7.4

$$\left(\frac{\mathrm{d}}{\mathrm{d}x} - \lambda\right)(\theta(x)e^{\lambda x})$$

を超函数の意味で計算せよ (λ は実の定数).

節末問題 1.7.5

$$\left(\frac{\mathrm{d}^2}{\mathrm{d}x^2} + \omega^2\right)\left(\frac{\theta(x)\sin(\omega x)}{\omega}\right)$$

を超函数の意味で計算せよ (ω は 0 でない実の定数).

2 多重線型形式

線型汎函数はベクトル 1 本を変数にもつ函数，双線型形式はベクトル 2 本を変数にもつ函数であった．この章では，変数の数をさらに増やしてみる．

2.1 多重線型形式

有限次元 $\mathbb{K}$ 線型空間 $\mathbb{V}$ を $r \geq 1$ 個とって得られる直積集合を

$$\mathbb{V}^r = \overbrace{\mathbb{V} \times \mathbb{V} \times \cdots \times \mathbb{V}}^{r}$$

と表す．$\mathbb{V}^r$ 上の函数

$$F : \mathbb{V}^r \to \mathbb{K}; \quad (\boldsymbol{x}_1, \boldsymbol{x}_2, \ldots, \boldsymbol{x}_r) \longmapsto F(\boldsymbol{x}_1, \boldsymbol{x}_2, \ldots, \boldsymbol{x}_r)$$

がすべての変数について線型であるとき r-**線型形式**（r-linear form）という．r-線型形式は r 階の**共変テンソル** (covariant tensor) ともよばれる．r-線型形式 $(r = 0, 1, 2, \ldots)$ をまとめて**多重線型形式**（multilinear form）という．$\mathbb{V}$ 上の r 階の共変テンソルの全体を $\mathrm{T}^0_r(\mathbb{V})$ で表す．1 階の共変テンソルは線型汎函数，2 階の共変テンソルは双線型形式である．便宜上 0 階の共変テンソルを定めておく．スカラーのことを 0 階の共変テンソルと定める．

$$\mathrm{T}^0_0(\mathbb{V}) = \mathbb{K}, \quad \mathrm{T}^0_1(\mathbb{V}) = \mathbb{V}^*.$$

$F, G \in \mathrm{T}^0_r(\mathbb{V})$ に対し

$$(F + G)(\boldsymbol{x}_1, \boldsymbol{x}_2, \ldots, \boldsymbol{x}_r) = F(\boldsymbol{x}_1, \boldsymbol{x}_2, \ldots, \boldsymbol{x}_r) + G(\boldsymbol{x}_1, \boldsymbol{x}_2, \ldots, \boldsymbol{x}_r)$$

と定める．また $c \in \mathbb{K}$ に対し

$$(cF)(\boldsymbol{x}_1, \boldsymbol{x}_2, \ldots, \boldsymbol{x}_r) = cF(\boldsymbol{x}_1, \boldsymbol{x}_2, \ldots, \boldsymbol{x}_r)$$

と定めると $\mathrm{T}_r^0(\mathbb{V})$ は $\mathbb{K}$ 上の線型空間である．テンソル積を一般化しておこう．$F \in \mathrm{T}_p^0(\mathbb{V})$, $G \in \mathrm{T}_q^0(\mathbb{V})$ に対し，**テンソル積** $F \otimes G$ を

$$\begin{aligned}&(F \otimes G)(\boldsymbol{x}_1, \boldsymbol{x}_2, \ldots, \boldsymbol{x}_p, \boldsymbol{x}_{p+1}, \boldsymbol{x}_{p+2}, \ldots, \boldsymbol{x}_{p+q})\\ =&F(\boldsymbol{x}_1, \boldsymbol{x}_2, \ldots, \boldsymbol{x}_p)\, G(\boldsymbol{x}_{p+1}, \boldsymbol{x}_{p+2}, \ldots, \boldsymbol{x}_{p+q})\end{aligned}$$

で定める．$F \otimes G \in \mathrm{T}_{p+q}^0(\mathbb{V})$ である．

$\mathbb{V}$ が有限次元のときに，テンソル積を用いて $\mathrm{T}_r^0(\mathbb{V})$ の基底を構成しよう．まず，いつものように $\mathbb{V}$ の基底 $\mathcal{E} = \{\boldsymbol{e}_1, \boldsymbol{e}_2, \ldots, \boldsymbol{e}_n\}$ を 1 つとる $(\dim \mathbb{V} = n)$．その双対基底を $\Sigma = \{\sigma^1, \sigma^2, \ldots, \sigma^n\}$ とする．r 本のベクトル $\boldsymbol{x}_1$, $\boldsymbol{x}_2, \ldots, \boldsymbol{x}_r$ を

$$\boldsymbol{x}_k = \sum_{i_k=1}^{n} x^{i_k} \boldsymbol{x}_{i_k}, \quad k = 1, 2, \ldots, r$$

と表すと多重線型性より

$$F(\boldsymbol{x}_1, \boldsymbol{x}_2, \cdots, \boldsymbol{x}_r) = \sum_{i_1, i_2, \ldots, i_r = 1}^{n} x^{i_1} x^{i_2} \cdots x^{i_r} F(\boldsymbol{e}_{i_1}, \boldsymbol{e}_{i_2}, \ldots, \boldsymbol{e}_{i_r}).$$

一方

$$\begin{aligned}(\sigma^{i_1} \otimes \sigma^{i_2} \otimes \cdots \sigma^{i_r})(\boldsymbol{x}_1, \boldsymbol{x}_2, \ldots, \boldsymbol{x}_r) =&\sigma^{i_1}(\boldsymbol{x}_1)\sigma^{i_2}(\boldsymbol{x}_2) \cdots \sigma^{i_r}(\boldsymbol{x}_r)\\ =&x^{i_1} x^{i_2} \cdots x^{i_r}\end{aligned}$$

であるから

$$\begin{aligned}&F(\boldsymbol{x}_1, \boldsymbol{x}_2, \ldots, \boldsymbol{x}_r)\\ =&\sum F(\boldsymbol{e}_{i_1}, \boldsymbol{e}_{i_2}, \cdots, \boldsymbol{e}_{i_r})\,(\sigma^{i_1} \otimes \sigma^{i_2} \otimes \cdots \sigma^{i_r})(\boldsymbol{x}_1, \boldsymbol{x}_2, \ldots, \boldsymbol{x}_r)\end{aligned}$$

が得られた．すなわち，共変テンソルとしての等式

$$F = \sum_{i_1, i_2, \ldots, i_r = 1}^{n} F(\boldsymbol{e}_{i_1}, \boldsymbol{e}_{i_2}, \cdots, \boldsymbol{e}_{i_r})\,(\sigma^{i_1} \otimes \sigma^{i_2} \otimes \cdots \sigma^{i_r})$$

が得られた．次の問題を解いてみよう．

問題 2.1 $\{\sigma^{i_1} \otimes \sigma^{i_2} \otimes \cdots \otimes \sigma^{i_r}\}$ が線型独立であることを確かめよ．

したがって $\{\sigma^{i_1} \otimes \sigma^{i_2} \otimes \cdots \sigma^{i_r}\}$ が $\mathrm{T}^0_r(\mathbb{V})$ の基底であることがわかった．$\dim \mathrm{T}^0_r(\mathbb{V}) = n^r$.

この事実に基づき

$$\mathrm{T}^0_r(\mathbb{V}) = \bigotimes^r \mathbb{V}^*$$

とも表記する．

問題 2.2 $F \in \mathrm{T}^0_p(\mathbb{V})$, $G \in \mathrm{T}^0_q(\mathbb{V})$, $H \in \mathrm{T}^0_r(\mathbb{V})$ に対し結合法則

$$(F \otimes G) \otimes H = F \otimes (G \otimes H)$$

を確かめよ ($p = q = 1$, $r = 2$ としてよい).

成分の変換法則を調べておこう．$\mathbb{V}$ の基底 $\{\boldsymbol{e}_1, \boldsymbol{e}_2, \ldots, \boldsymbol{e}_n\}$ の双対基底を $\{\sigma^1, \sigma^2, \ldots, \sigma^n\}$ とする．別の基底 $\{\tilde{\boldsymbol{e}}_1, \tilde{\boldsymbol{e}}_2, \ldots, \tilde{\boldsymbol{e}}_n\}$ の双対基底を $\{\tilde{\sigma}^1, \tilde{\sigma}^2, \ldots, \tilde{\sigma}^n\}$ とする．基底の変換行列 $P = (p_j^{\,i})$ は (式 (1.3) 参照)

$$\tilde{\boldsymbol{e}}_j = \sum_{i=1}^{n} p_j^{\,i} \boldsymbol{e}_i, \quad j = 1, 2, \ldots, n$$

で与えられる．双対基底の間の変換法則は

$$\sigma^i = \sum_{j=1}^{n} p_j^{\,i}\, \tilde{\sigma}^j, \quad i = 1, 2, \ldots, n$$

で与えられた．$F \in \mathbb{T}^0_p(\mathbb{V})$ を

$$F = \sum_{i_1, i_2, \ldots, i_r = 1}^{n} F_{i_1 i_2 \ldots i_r} (\sigma^{i_1} \otimes \sigma^{i_2} \otimes \cdots \sigma^{i_r})$$
$$= \sum_{j_1, j_2, \ldots, j_r = 1}^{n} \tilde{F}_{j_1 i_2 \ldots j_r} (\tilde{\sigma}^{j_1} \otimes \tilde{\sigma}^{j_2} \otimes \cdots \tilde{\sigma}^{j_r})$$

と 2 通りに表したときにそれぞれの成分の間の関係式を導き出そう．

$$\begin{aligned}\tilde{F}_{j_1 j_2 \ldots j_r} =& F(\tilde{\boldsymbol{e}}_{j_1}, \tilde{\boldsymbol{e}}_{j_2}, \cdots, \tilde{\boldsymbol{e}}_{j_r}) \\ =& F\left(\sum_{i_1=1}^{n} p_{j_1}^{i_1} \boldsymbol{e}_{i_1}, \sum_{i_2=1}^{n} p_{j_2}^{i_2} \boldsymbol{e}_{i_2}, \ldots, \sum_{i_r=1}^{n} p_{j_n}^{i_r} \boldsymbol{e}_{i_r},\right) \\ =& \sum_{i_1, i_2, \ldots, i_r = 1}^{n} p_{j_1}^{i_1} p_{j_2}^{i_2} \cdots p_{j_n}^{i_r} F_{i_1 i_2 \ldots i_r}.\end{aligned}$$

r 階共変テンソルの変換法則

$$(\tilde{\boldsymbol{e}}_1, \tilde{\boldsymbol{e}}_2, \ldots, \tilde{\boldsymbol{e}}_n) = (\boldsymbol{e}_1, \boldsymbol{e}_2, \ldots, \boldsymbol{e}_n) P$$
$$\Longrightarrow \tilde{F}_{j_1 j_2 \ldots j_r} = \sum_{i_1, i_2, \ldots, i_r = 1}^{n} p_{j_1}^{i_1} p_{j_2}^{i_2} \cdots p_{j_n}^{i_r} F_{i_1 i_2 \ldots i_r}.$$

基底の変換法則も書いてみよう．

$$\begin{aligned}& \sigma^{i_1} \otimes \sigma^{i_2} \otimes \cdots \sigma^{i_r} \\ =& \left(\sum_{j_1=1}^{n} p_{j_1}^{i_1} \tilde{\sigma}^{j_1}\right) \otimes \left(\sum_{j_2=1}^{n} p_{j_2}^{i_2} \tilde{\sigma}^{j_2}\right) \otimes \cdots \otimes \left(\sum_{j_r=1}^{n} p_{j_r}^{i_r} \tilde{\sigma}^{j_r}\right) \\ =& \sum_{j_1, j_2, \ldots, j_r = 1}^{n} p_{j_1}^{i_1} p_{j_2}^{i_2} \cdots p_{j_r}^{i_r} (\tilde{\sigma}^{j_1} \otimes \tilde{\sigma}^{j_2} \otimes \cdots \otimes \tilde{\sigma}^{j_r}).\end{aligned}$$

r 階共変テンソルの変換法則

$$(\tilde{\boldsymbol{e}}_1, \tilde{\boldsymbol{e}}_2, \ldots, \tilde{\boldsymbol{e}}_n) = (\boldsymbol{e}_1, \boldsymbol{e}_2, \ldots, \boldsymbol{e}_n)P$$

$$\Rightarrow \sigma^{i_1} \otimes \sigma^{i_2} \otimes \cdots \otimes \sigma^{i_r} = \sum_{j_1, j_2, \ldots, j_r = 1}^{n} p_{j_1}^{\ i_1} p_{j_2}^{\ i_2} \cdots p_{j_r}^{\ i_r} \tilde{\sigma}^{j_1} \otimes \tilde{\sigma}^{j_2} \otimes \cdots \otimes \tilde{\sigma}^{j_r}.$$

この節で扱った共変テンソルは，次のように一般化できる．$(r+1)$ 個の線型空間 $\mathbb{V}_1, \mathbb{V}_2, \ldots, \mathbb{V}_r, \mathbb{W}$ が与えられたとき，写像

$$F : \mathbb{V}_1 \times \mathbb{V}_2 \times \cdots \times \mathbb{V}_r \to \mathbb{W}$$

に対し r-線型性を拡張できる．とくに $\mathbb{W} = \mathbb{K}$ のとき，r-線型写像 $F : \mathbb{V}_1 \times \mathbb{V}_2 \times \cdots \times \mathbb{V}_r \to \mathbb{K}$ の全体を $\mathbb{V}_1^* \otimes \mathbb{V}_2^* \otimes \cdots \otimes \mathbb{V}_r^*$ と表す．

《節末問題》

節末問題 2.1.1 $F, G \in \mathrm{T}_p^0(\mathbb{V})$ に対し $F \otimes G = G \otimes F \iff F = 0$ または $G = aF$ $(a \in \mathbb{K})$ が成り立つことを示せ．

節末問題 2.1.2 線型写像 $f : \mathbb{V} \to \mathbb{W}$ と $G \in \mathrm{T}_p^0(\mathbb{W})$ に対し

$$(f^*G)(\boldsymbol{x}_1, \boldsymbol{x}_2, \ldots, \boldsymbol{x}_p) = G(f(\boldsymbol{x}_1), f(\boldsymbol{x}_2), \ldots, f(\boldsymbol{x}_p))$$

と定めると $f^*G \in \mathrm{T}_p^0(\mathbb{V})$ であることを確かめよ．f^*G を G の f による**引き戻し** (pull-back) とよぶ．$p = 1$ のときは節末問題 1.1.6 で定めた「引き戻し」と一致している．

2.2 反変テンソルと混合テンソル

共変テンソルの定義において $\mathbb{V}$ をその双対空間 $\mathbb{V}^*$ で置き換えてみよう．$(\mathbb{V}^*)^r$ 上の函数

$$X : (\mathbb{V}^*)^r \to \mathbb{K}; \quad (\alpha^1, \alpha^2, \ldots, \alpha^r) \longmapsto X(\alpha^1, \alpha^2, \ldots, \alpha^r)$$

がすべての変数について線型であるとき，これは $\mathbb{V}^*$ 上の r 階の共変テンソルであるが，$\mathbb{V}$ 上の r 階**反変テンソル** (contravariant tensor) とよぶ．$\mathbb{V}$ 上の r 階反変テンソルの全体を $\mathrm{T}_0^r(\mathbb{V})$ と定義する．定義より

$$\mathrm{T}_0^r(\mathbb{V}) = \mathrm{T}_r^0(\mathbb{V}^*)$$

である．$\mathrm{T}_1^0(\mathbb{V}) = \mathbb{V}^*$ であったことを思い出そう．すると $\mathrm{T}_0^1(\mathbb{V}) = \mathbb{V}^{**}$ である．$\mathbb{V}$ の基底 $\mathcal{E} = \{\boldsymbol{e}_1, \boldsymbol{e}_2, \ldots, \boldsymbol{e}_n\}$ の双対基底を $\Sigma = \{\sigma^1, \sigma^2, \ldots, \sigma^n\}$ としよう．Σ の双対基底を $\{\boldsymbol{e}_1^*, \boldsymbol{e}_2^*, \ldots, \boldsymbol{e}_n^*\}$ とすると $T \in \mathrm{T}_0^1(\mathbb{V}) = \mathbb{V}^{**}$ に対し

$$T(\alpha) = T\left(\sum_{i=1}^n \alpha_i\, \sigma^i\right) = \sum_{i=1}^n T(\sigma^i)\alpha^i = \left(\sum_{i=1}^n T(\sigma^i)\boldsymbol{e}_i^*\right)(\alpha)$$

と表せる．ここで $T^i = T(\sigma^i)$ とおく．基底 $\mathcal{E} = \{\boldsymbol{e}_1, \boldsymbol{e}_2, \ldots, \boldsymbol{e}_n\}$ を別の基底 $\widetilde{\mathcal{E}} = \{\tilde{\boldsymbol{e}}_1, \tilde{\boldsymbol{e}}_2, \ldots, \tilde{\boldsymbol{e}}_n\}$ に取り替える．

$$\widetilde{\boldsymbol{e}}_j = \sum_{i=1}^n p_j{}^i \boldsymbol{e}_i.$$

このときベクトル $\boldsymbol{v} \in \mathbb{V}$ の成分の変換法則は

$$\boldsymbol{v} = \sum_{j=1}^n \tilde{v}^j \widetilde{\boldsymbol{e}}_j = \sum_{j=1}^n \tilde{v}^j \left(\sum_{i=1}^n p_j{}^i \boldsymbol{e}_i\right)$$

より

$$v^i = \sum_{j=1}^n p_j{}^i\, \tilde{v}^j$$

で与えられる．双対基底は

$$\sigma^i = \sum_{j=1}^n p_j{}^i \tilde{\sigma}^j$$

と変換されるので $\widetilde{T}^j = T(\tilde{\sigma}^j)$ とおくと

$$T_i = T(\sigma^i) = T\left(\sum_{j=1}^{n} p_j{}^i \tilde{\sigma}^j\right) = \sum_{j=1}^{n} p_j{}^i \widetilde{T}_j$$

が得られる．この変換法則はベクトル（反変ベクトル）の成分の変換法則と同じである．つまり「変換法則からは $\mathbb{V}$ の元も $\mathbb{V}^{**}$ の元も同じ」と思うことができる．ここで有限次元の特性を思い出そう．$\mathbb{V}$ が有限次元なので $\mathbb{V}^{**} = \mathbb{V}$ とみなせる．すなわち $\boldsymbol{v} \in \mathbb{V}$ を

$$\boldsymbol{v}(\alpha) = \alpha(\boldsymbol{v}), \quad \alpha \in \mathbb{V}^*$$

という $\mathbb{V}^{**}$ の元と考えることにする[*1]．つまり $\boldsymbol{e}_i = \boldsymbol{e}_i^*$ とみなすということだが，この同一視では

$$\mathbb{V} \ni \sum_{i=1}^{n} v^i \boldsymbol{e}_i = \sum_{i=1}^{n} v^i \boldsymbol{e}_i^* \in \mathbb{V}^{**}$$

ということ．変換法則の立場からは $\displaystyle\sum_{i=1}^{n} v^i \boldsymbol{e}_i$ も $\displaystyle\sum_{i=1}^{n} v^i \boldsymbol{e}_i^*$ も**同一の反変ベクトルであり区別できない**のである．線型代数の観点からは $\mathbb{V} = \mathbb{V}^{**}$ と同一視される．一方，変換法則の観点からもこの同一視を納得できる．以下では $\mathbb{V}^{**} = \mathbb{V}$ に基づき

$$\mathrm{T}_0^1(\mathbb{V}) = \mathbb{V}$$

と考えることにしよう．

共変テンソルと反変テンソルを統合しよう．

p, q を 0 以上の整数とする．n 次元 $\mathbb{K}$ 線型空間 $\mathbb{V}$ に対し $\mathbb{V}^*$ の p 個の直積集合 $(\mathbb{V}^*)^p$ と $\mathbb{V}$ の q 個の直積集合の直積集合 $(\mathbb{V}^*)^p \times \mathbb{V}^q$ を考える．

[*1] こういう抽象的同一視をすると受講生の内にいる物理学専攻の学生の一部から「疑念」や抵抗をしばしば示されるのだが，古典的テンソル理論ときちんと整合している．

$(\mathbb{V}^*)^p \times \mathbb{V}^q$ から $\mathbb{K}$ への写像 $T : (\mathbb{V}^*)^p \times \mathbb{V}^q \to \mathbb{K}$ がすべての変数について線型であるとき，T のことを $\mathbb{V}$ 上の (p,q) 型**テンソル** (tensor of type (p,q)) といい，その全体を $\mathrm{T}^p_q(\mathbb{V})$ で表す．たとえば $(2,3)$ 型テンソル T とは $T : (\mathbb{V}^*)^2 \times \mathbb{V}^3 \to \mathbb{K}$ で

$$T(\alpha^1, \alpha^2, \boldsymbol{x}_1, \boldsymbol{x}_2, \boldsymbol{x}_3)$$

というものである．これまでの議論を併せれば $\mathrm{T}^p_q(\mathbb{V})$ に線型空間の構造をどう定めればよいかはわかるだろう．

$\mathbb{V}$ の基底 $\mathcal{E} = \{\boldsymbol{e}_1, \boldsymbol{e}_2, \ldots, \boldsymbol{e}_n\}$ とその双対基底 $\Sigma = \{\sigma^1, \sigma^2, \ldots \sigma^n\}$ を用いると $T \in \mathrm{T}^2_3(\mathbb{V})$ に対し

$$\begin{aligned}
&T(\alpha^1, \alpha^2, \boldsymbol{x}_1, \boldsymbol{x}_2, \boldsymbol{x}_3) \\
=&T\left(\sum_{k_1=1}^n \alpha_{1k_1}\sigma^{k_1}, \sum_{k_2=1}^n \alpha_{2k_2}\sigma^{k_2}, \sum_{l_1=1}^n x^{1l_1}\boldsymbol{e}_{l_1}, \sum_{l_1=1}^n x^{2l_2}\boldsymbol{e}_{l_2}, \sum_{l_1=1}^n x^{3l_3}\boldsymbol{e}_{l_3},\right) \\
=&\sum_{k_1,k_2,l_1,l_2,l_3=1}^n T(\sigma^{k_1}, \sigma^{k_2}, \boldsymbol{e}_{l_1}, \boldsymbol{e}_{l_2}, \boldsymbol{e}_{l_3})\alpha_{1k_1}\alpha_{2k_2}x^{1l_1}x^{2l_2}x^{3l_3}
\end{aligned}$$

と書き直せる．ここで $\boldsymbol{e}_k \in \mathbb{V}$ は $\mathbb{V}^{**}$ と考えることを思い出そう．すなわち

$$\boldsymbol{e}_k(\alpha^j) = \boldsymbol{e}_k\left(\sum_{l=1}^n \alpha_{jl}\sigma^l\right) = \sum_{k=1}^n \alpha_{jl}\boldsymbol{e}_k(\sigma^l) = \sum_{k=1}^n \alpha_{jl}\sigma^l(\boldsymbol{e}_k) = \alpha_{jk}$$

と解釈する．すると

$$\begin{aligned}
&T(\alpha^1, \alpha^2, \boldsymbol{x}_1, \boldsymbol{x}_2, \boldsymbol{x}_3) \\
=&\sum_{k_1,k_2,l_1,l_2,l_3=1}^n T(\sigma^{k_1}, \sigma^{k_2}, \boldsymbol{e}_{l_1}, \boldsymbol{e}_{l_2}, \boldsymbol{e}_{l_3})\boldsymbol{e}_{k_1} \otimes \boldsymbol{e}_{k_2} \otimes \sigma^{l_1} \otimes \sigma^{l_2} \otimes \sigma^{l_3}
\end{aligned}$$

と書き直せることから

$$\{\boldsymbol{e}_{k_1} \otimes \boldsymbol{e}_{k_2} \otimes \sigma^{l_1} \otimes \sigma^{l_2} \otimes \sigma^{l_3}\}_{1 \le k_1,k_2,l_1,l_2,l_3 \le n}$$

が $\mathrm{T}_3^2(\mathbb{V})$ の基底を与えることがわかる（線型独立性の確認はこれまでと同様）．より一般に $\mathrm{T}_q^p(\mathbb{V})$ は

$$\{\boldsymbol{e}_{k_1} \otimes \boldsymbol{e}_{k_2} \otimes \boldsymbol{e}_{k_p} \otimes \sigma^{l_1} \otimes \sigma^{l_2} \otimes \sigma^{l_q}\}_{1 \leq k_1, k_2, \ldots, k_p, l_1, l_2, \ldots, l_q \leq n}$$

を基底にもつことがわかる．

古典的なテンソル理論では共変テンソル，反変テンソル，混合テンソルの３種類のテンソルが考察対象である．古典的な定義を（少し数学的に修正して）述べよう．

定義 2.1 (共変テンソル) n 次元線型空間 $\mathbb{V}$ のある基底 $\{\boldsymbol{e}_1, \boldsymbol{e}_2, \ldots, \boldsymbol{e}_n\}$ に関する線型座標系を $(x^1, x^2, \ldots, x^n)$ とする．スカラーの集合 $\{A^{i_1 i_2 \cdots i_r}\}$ が与えられており線型座標系の変換

$$\begin{pmatrix} x^1 \\ x^2 \\ \vdots \\ x^n \end{pmatrix} = P \begin{pmatrix} \tilde{x}^1 \\ \tilde{x}^2 \\ \vdots \\ \tilde{x}^n \end{pmatrix}, \quad P = (p_j{}^i)$$

を施したとき，新しい線型座標系 $(\tilde{x}^1, \tilde{x}^2, \ldots, \tilde{x}^n)$ の下では

$$\tilde{A}_{j_1 j_2 \ldots j_r} = \sum_{j_1, j_2, \ldots j_r = 1}^{n} A_{i_1 i_2 \ldots i_r} p_{j_1}^{i_1} p_{j_2}^{i_2} \cdots p_{j_r}^{i_r}$$

と与えられるとき $\{A_{i_1 i_2 \ldots i_r}\}$ は r 階の**共変テンソル** (covariant tensor) を定めるという．

定義 2.2 (反変テンソル) n 次元線型空間 $\mathbb{V}$ のある基底 $\{\boldsymbol{e}_1, \boldsymbol{e}_2, \ldots, \boldsymbol{e}_n\}$ に関する線型座標系を $(x^1, x^2, \ldots, x^n)$ とする．スカラーの集合 $\{A^{i_1 i_2 \cdots i_r}\}$ が与えられており線型座標系の変換

$$\begin{pmatrix} x^1 \\ x^2 \\ \vdots \\ x^n \end{pmatrix} = P \begin{pmatrix} \tilde{x}^1 \\ \tilde{x}^2 \\ \vdots \\ \tilde{x}^n \end{pmatrix}, \quad P = (p_j{}^i)$$

を施したとき，新しい線型座標系 $(\tilde{x}^1, \tilde{x}^2, \ldots, \tilde{x}^n)$ の下では

$$A^{i_1 i_2 \ldots i_r} = \sum_{i_1, i_2, \ldots i_r = 1}^{n} \tilde{A}^{j_1 j_2 \ldots j_r} p_{j_1}^{\ i_1} p_{j_2}^{\ i_2} \cdots p_{j_r}^{\ i_r}$$

と与えられるとき $\{A^{i_1 i_2 \ldots i_r}\}$ は r 階の**反変テンソル** (contravariant tensor) を定めるという．

この定義の下では $\displaystyle\sum_{i=1}^{n} v^i \boldsymbol{e}_i \in \mathbb{V}$ と $\displaystyle\sum_{i=1}^{n} v^i \boldsymbol{e}_i^* \in \mathbb{V}^{**}$ の成分はどちらも同じ変換法則をみたすことから $\mathbb{V} = \mathbb{V}^{**}$ と考えるのは自然である．

より一般に次の定義が行える．

定義 2.3 n 次元線型空間 $\mathbb{V}$ のある基底 $\{\boldsymbol{e}_1, \boldsymbol{e}_2, \ldots, \boldsymbol{e}_n\}$ に関する線型座標系を $(x^1, x^2, \ldots, x^n)$ とする．スカラーの集合 $\{A_{j_1 j_2 \cdots j_s}^{\ \ i_1 i_2 \ldots i_r}\}$ が与えられており線型座標系の変換

$$\begin{pmatrix} x^1 \\ x^2 \\ \vdots \\ x^n \end{pmatrix} = P \begin{pmatrix} \tilde{x}^1 \\ \tilde{x}^2 \\ \vdots \\ \tilde{x}^n \end{pmatrix}, \quad P = (p_j^{\ i}), \quad Q = (q_j^{\ i}) = P^{-1}$$

を施したとき，新しい線型座標系 $(\tilde{x}^1, \tilde{x}^2, \ldots, \tilde{x}^n)$ の下では

$$\tilde{A}_{j_1 j_2 \ldots j_s}^{\ \ i_1 i_2 \ldots i_r} = \sum A_{l_1 l_2 \ldots l_s}^{\ \ k_1 k_2 \ldots k_r} q_{i_1}^{\ k_1} q_{i_2}^{\ k_2} \cdots q_{i_r}^{\ k_r} p_{j_1}^{\ l_1} p_{j_2}^{\ l_2} \cdots p_{j_s}^{\ l_s} \tag{2.1}$$

と与えられるとき $\{A_{j_1 j_2 \cdots j_s}^{\ \ i_1 i_2 \ldots i_r}\}$ は (r, s) 型の**テンソル** を定めるという．

古典的テンソル理論では線型変換の成分は混合テンソルとか $(1, 1)$ 型テンソルとよばれる．線型変換はテンソルなのかどうかを検討しよう．

まず $(1, 1)$ 型テンソルから出発する．$f \in \mathbb{T}_1^1(\mathbb{V})$ は

$$f(\alpha, \boldsymbol{v}) = f\left(\sum_{i=1}^{n} \alpha_i \sigma^i, \sum_{j=1}^{n} v^j \boldsymbol{e}_j\right) = \sum_{i,j=1}^{n} f(\sigma^i, \boldsymbol{e}_j)\alpha^i\, v^j$$
$$= \sum_{i,j=1}^{n} f(\sigma^i, \boldsymbol{e}_j)\alpha^i\, \sigma^j(\boldsymbol{v})$$

と計算される．ここで $\boldsymbol{e}_i \in \mathbb{V}$ を $\mathbb{V}^{**}$ の元と考えるので

$$f(\alpha, \boldsymbol{v}) = \sum_{i,j=1}^{n} f(\sigma^i, \boldsymbol{e}_j)\boldsymbol{e}_i(\alpha)\, \sigma^j(\boldsymbol{v})$$

と書き直せる．したがって $\{\boldsymbol{e}_i \otimes \sigma^j\}$ は $\mathrm{T}^1_1(\mathbb{V})$ の基底を与える．

一方 $\mathbb{V}$ 上の線型変換の全体 $\mathrm{End}(\mathbb{V}) = \mathrm{Hom}(\mathbb{V}, \mathbb{V})$ において $F \in \mathrm{End}(\mathbb{V})$ は

$$F(\boldsymbol{v}) = F\left(\sum_{j=1}^{n} v^j \boldsymbol{e}_j\right) = \sum_{j=1}^{n} v^j F(\boldsymbol{e}_j) = \sum_{j=1}^{n} F(\boldsymbol{e}_j)\sigma^j(\boldsymbol{v})$$

と計算できる．$F(\boldsymbol{e}_j) = \sum_{i=1}^{n} f_j{}^i \boldsymbol{e}_i$ とおくと $F = \sum_{i,j=1}^{n} f_j{}^i \boldsymbol{e}_i \otimes \sigma^j$ と表示できる．したがって F と f を対応させることで $\mathrm{End}(\mathbb{V}) = \mathbb{T}^1_1(\mathbb{V})$ と同一視できる．いまここでは基底を使って同一視を与えたが，基底に依存しない線型同型 (canonical isomorphism) を与えることができる．実際 $F \in \mathrm{End}(\mathbb{V})$ に対し

$$f(\alpha, \boldsymbol{x}) = \alpha(F(\boldsymbol{x}))$$

と定めると $f \in \mathrm{T}^1_1(\mathbb{V})$ であり対応 $F \longmapsto f$ は canonical isomorphism である．もちろん，線型変換と $(1,1)$ 型テンソルの**変換法則は同一**である．線型変換の変換法則は命題 0.2 で与えてあったことを思い出そう．

定義 2.4 (混合テンソル) n 次元線型空間 $\mathbb{V}$ のある基底 $\{\boldsymbol{e}_1, \boldsymbol{e}_2, \ldots, \boldsymbol{e}_n\}$ に関する線型座標系を $(x^1, x^2, \ldots, x^n)$ とする．スカラーの集合 $\{A_j{}^i\}$ が与え

られており線型座標系の変換

$$\begin{pmatrix} x^1 \\ x^2 \\ \vdots \\ x^n \end{pmatrix} = P \begin{pmatrix} \tilde{x}^1 \\ \tilde{x}^2 \\ \vdots \\ \tilde{x}^n \end{pmatrix}, \quad P = (p_j{}^i)$$

を施したとき，新しい線型座標系 $(\tilde{x}^1, \tilde{x}^2, \dots, \tilde{x}^n)$ の下では

$$\sum_{k=1}^{n} p_k{}^i A_j{}^k = \sum_{k=1}^{m} \tilde{A}_k{}^i p_j{}^k$$

と与えられるとき $\{A_j{}^i\}$ は**混合テンソル**を定めるという．$A_j{}^i$ を (i,j) 成分にもつ行列を A，$\tilde{A}_j{}^i$ を (i,j) 成分にもつ行列を $\tilde{A}$ とすれば変換法則は

$$PA = \tilde{A}P \iff \tilde{A} = PAP^{-1}$$

と書き直せる．

より一般に $\mathbb{V}^q$ から $\mathbb{V}$ への写像で，各変数について $\mathbb{K}$ 線型であるものの全体のなす線型空間 $\mathrm{T}_q^0(\mathbb{V};\mathbb{V})$ と $\mathrm{T}_q^1(\mathbb{V})$ を同一視できる．実際，$F \in \mathrm{T}_q^0(\mathbb{V};\mathbb{V})$ に対し

$$T(\alpha, \boldsymbol{x}_1, \boldsymbol{x}_2, \dots, \boldsymbol{x}_q) = \alpha(F(\boldsymbol{x}_1, \boldsymbol{x}_2, \dots, \boldsymbol{x}_q))$$

で定まる $T \in \mathrm{T}_q^1(\mathbb{V})$ を対応させればよい．$\mathrm{T}_q^0(\mathbb{V};\mathbb{V})$ の元を $\mathbb{V}$ 上の $\mathbb{V}$ **値共変テンソル** ($\mathbb{V}$-valued covariant tensor) という．

例 2.1 ((1,3) 型テンソル) n 次元実線型空間 $\mathbb{V}$ の基底 $\{\boldsymbol{e}_1, \boldsymbol{e}_2, \dots, \boldsymbol{e}_n\}$ とその双対基底 $\{\sigma^1, \sigma^2, \dots, \sigma^n\}$ を用いると $F \in \mathrm{T}_3^0(\mathbb{V};\mathbb{V})$ に対し

$$F = \sum_{i,j,kl=1}^{n} F_{ijk}^l \sigma^i \otimes \sigma^j \otimes \sigma^k \, \boldsymbol{e}_l, \quad F(\boldsymbol{e}_i, \boldsymbol{e}_j, \boldsymbol{e}_k) = \sum_{l=1}^{n} F_{ijk}^l$$

と表示できる．$\boldsymbol{e}_l$ を $(\mathbb{V}^*)^*$ の元と解釈し F を

$$F = \sum_{i,j,kl=1}^{n} F_{ijk}^l \boldsymbol{e}_l \otimes \sigma^i \otimes \sigma^j \otimes \sigma^k$$

と書き直すと，これは $(1,3)$ 型テンソルである．この解釈で F を $(1,3)$ 型テンソルとみなす．この同型はリーマン幾何においてリーマン曲率 R を $(1,3)$ 型テンソル場として理解する際に活用する．第 6 章で再度，説明する．

n 次元線型空間 $\mathbb{V}$ に対し，その双対空間 $\mathbb{V}^*$ と $\mathbb{V}^*$ の**テンソル積** $\mathbb{V}^* \otimes \mathbb{V}^*$ を $\mathbb{V}^* \otimes \mathbb{V}^* = \mathrm{T}^0_2(\mathbb{V})$ で定義した[*2]．この考えを進めて

$$\otimes^r \mathbb{V}^* = \overbrace{\mathbb{V}^* \otimes \mathbb{V}^* \otimes \cdots \otimes \mathbb{V}^*}^{r\text{ 個}} = \mathrm{T}^0_r(\mathbb{V})$$

と定義する．

$\mathbb{V}^{**} = \mathbb{V}$ を利用して $\mathbb{V}$ と $\mathbb{V}$ のテンソル積 $\mathbb{V} \otimes \mathbb{V}$ を

$$\mathbb{V} \otimes \mathbb{V} = \mathrm{T}^0_2(\mathbb{V}^*)$$

で定義する．これが最もやさしい $\mathbb{V} \otimes \mathbb{V}$ の定義であるが，一旦，$\mathbb{V}^*$ を経由しなければばならない．$\mathbb{V}^*$ を経由せずに $\mathbb{V} \otimes \mathbb{V}$ を定義する方法は第 3 巻で説明する．もちろん $r \geq 1$ に対し

$$\otimes^r \mathbb{V} = \overbrace{\mathbb{V} \otimes \mathbb{V} \otimes \cdots \otimes \mathbb{V}}^{r\text{ 個}} = \mathrm{T}^r_0(\mathbb{V})$$

と定義する．

ところで $\mathrm{T}^0_r(\mathbb{V})$ の双対空間は，どう表されるだろうか．定義から

$$\mathrm{T}^0_r(\mathbb{V})^* = \{B : \mathrm{T}^0_r(\mathbb{V}) \to \mathbb{K} \mid \mathbb{K}\text{ 線型 }\}$$

であるが，共変テンソルの空間上の線型汎函数ではちょっとわかりにくい．反変テンソルの空間を利用して $\mathrm{T}^0_r(\mathbb{V})^*$ を表示してみよう．

命題 2.1 各 $F \in \mathrm{T}^0_r(\mathbb{V})$ に対し条件

$$F(\boldsymbol{x}_1, \boldsymbol{x}_2, \cdots, \boldsymbol{x}_r) = F^{\Diamond}(\boldsymbol{x}_1 \otimes \boldsymbol{x}_2 \otimes \cdots \otimes \boldsymbol{x}_r)$$

[*2] すなわち $\mathbb{V}^* \otimes \mathbb{V}^*$ は集合 $\{\alpha \otimes \beta \mid \alpha, \beta \in \mathbb{V}^*\}$ で生成される線型空間である．

をみたす $F^{\Diamond} \in \mathrm{T}^0_r(\mathbb{V}^*)^*$ が唯一存在する．対応 $\Diamond : F \longmapsto F^{\Diamond}$ は $\mathrm{T}^0_r(\mathbb{V})$ から $\mathrm{T}^0_r(\mathbb{V}^*)^*$ への線型同型である．

【証明】 記述の簡略化のため $p = 3$ の場合を記す．$\mathbb{V}$ の基底 $\{\boldsymbol{e}_1, \boldsymbol{e}_2, \boldsymbol{e}_3\}$ とその双対基底 $\{\sigma^1, \sigma^2, \sigma^3\}$ を採る．$\mathrm{T}^0_3(\mathbb{V})$ は $\{\sigma^i \otimes \sigma^j \otimes \sigma^k\}$ で張られる．また $\mathrm{T}^0_3(\mathbb{V}^*)$ は $\{\boldsymbol{e}_i \otimes \boldsymbol{e}_j \otimes \boldsymbol{e}_k\}$ で張られる．$F \in \mathrm{T}^0_3(\mathbb{V})$ と $\boldsymbol{x}_1$，$\boldsymbol{x}_2$，$\boldsymbol{x}_3$ をそれぞれ

$$F = \sum_{i,j,k=1}^{3} F_{ijk}\sigma^i \otimes \sigma^j \otimes \sigma^k, \quad \boldsymbol{x}_j = \sum_{i=1}^{3} x_{i_j}\boldsymbol{e}_i$$

と表す．ここで $F^{\Diamond} \in \mathrm{T}^0_r(\mathbb{V}^*)^*$ を

$$F^{\Diamond}\left(\sum_{i,j,k=1}^{3} X^{ijk}\boldsymbol{e}_i \otimes \boldsymbol{e}_j \otimes \boldsymbol{e}_k\right) = \sum_{i,j,k=1}^{3} X^{ijk}\, F(\boldsymbol{e}_i, \boldsymbol{e}_j, \boldsymbol{e}_k)$$

と定める．すると

$$\begin{aligned}
F(\boldsymbol{x}_1, \boldsymbol{x}_2, \boldsymbol{x}_3) =& F\left(\sum_{i=1}^{3} x_{i_1}\boldsymbol{e}_i, \sum_{j=1}^{3} x_{j_2}\boldsymbol{e}_j, \sum_{k=1}^{3} x_{k_3}\boldsymbol{e}_k\right) \\
=& \sum_{i,j,k=1}^{3} x_{i_1}x_{j_2}x_{k_3}\, F(\boldsymbol{e}_i, \boldsymbol{e}_j, \boldsymbol{e}_k) \\
=& F^{\Diamond}\left(\left(\sum_{i=1}^{3} x_{i_1}\boldsymbol{e}_i\right) \otimes \left(\sum_{j=1}^{3} x_{j_2}\boldsymbol{e}_j\right) \otimes \left(\sum_{k=1}^{3} x_{k_3}\boldsymbol{e}_k\right)\right) \\
=& F^{\Diamond}(\boldsymbol{x}_1 \otimes \boldsymbol{x}_2 \otimes \cdots \otimes \boldsymbol{x}_r)
\end{aligned}$$

が成り立つ．一意性を確かめる．$F^{\Diamond}$ の他にもう 1 つ同じ条件をみたす $\mathcal{G} \in \mathrm{T}^0_r(\mathbb{V}^*)^*$ が存在するならば

$$F^{\Diamond}(\boldsymbol{e}_i \otimes \boldsymbol{e}_j \otimes \boldsymbol{e}_k) = F(\boldsymbol{e}_i, \boldsymbol{e}_j, \boldsymbol{e}_k) = \mathcal{G}(\boldsymbol{e}_i \otimes \boldsymbol{e}_j \otimes \boldsymbol{e}_k)$$

をみたすから $F^\lozenge = \mathcal{G}$ が導かれる．対応 $F \longmapsto F^\lozenge$ が線型写像であることは容易に確かめられるので，検証は読者に委ねよう．線型写像 $\lozenge$ の核

$$\mathrm{Ker}(\lozenge) = \{G \in \mathrm{T}^0_r(\mathbb{V}) \mid G^\lozenge = 0\}$$

の元 G に対し

$$G(\boldsymbol{x}_1, \boldsymbol{x}_2, \boldsymbol{x}_3) = G^\lozenge(\boldsymbol{x}_1 \otimes \boldsymbol{x}_2 \otimes \boldsymbol{x}_3) = 0$$

がすべての $\boldsymbol{x}_1, \boldsymbol{x}_2, \boldsymbol{x}_3 \in \mathbb{V}$ について成り立つのだから $G = 0 \in \mathrm{T}^0_3(\mathbb{V})$ である．したがってこの対応は単射．$\dim \mathrm{T}^0_3(\mathbb{V}) = \dim \mathrm{T}^0_3(\mathbb{V}^*)^*$ だから線型同型である．■

この命題で与えた線型同型を介して $\mathrm{T}^0_r(\mathbb{V})$ と $\mathrm{T}^0_r(\mathbb{V}^*)^*$ を同一視することができる．すると $\mathrm{T}^0_r(\mathbb{V}^*)$ の双対積（ペアリング）は

$$\begin{aligned}\langle \alpha_1 \otimes \alpha_2 \otimes \cdots \otimes \alpha_r, \boldsymbol{x}_1 \otimes \boldsymbol{x}_2 \otimes \cdots \boldsymbol{x}_r \rangle &= (\alpha_1 \otimes \alpha_2 \otimes \cdots \otimes \alpha_r)(\boldsymbol{x}_1, \boldsymbol{x}_2, \cdots, \boldsymbol{x}_r) \\ &= \alpha_1(\boldsymbol{x}_1)\alpha_2(\boldsymbol{x}_2)\cdots\alpha_r(\boldsymbol{x}_r)\end{aligned}$$

と計算される．同一視 $\mathrm{T}^0_r(\mathbb{V}^*)^* = \mathrm{T}^0_r(\mathbb{V})$，すなわち

$$(\otimes^r \mathbb{V})^* = \otimes^r \mathbb{V}^*$$

において両辺の双対を採る（あるいは $\mathbb{V}$ を $\mathbb{V}^*$ で置き換える）と $\mathrm{T}^0_r(\mathbb{V})^* = \mathrm{T}^0_r(\mathbb{V}^*)$，すなわち

$$(\otimes^r \mathbb{V}^*)^* = \otimes^r \mathbb{V}$$

を得る．この等式を以て $\otimes^r \mathbb{V}$ の定義とすることもできる．

$\mathrm{T}^0_r(\mathbb{V})$ の双対積（ペアリング）は $\mathbb{V}^{**} = \mathbb{V}$ に注意すると

$$\begin{aligned}\langle \boldsymbol{x}_1 \otimes \boldsymbol{x}_2 \otimes \cdots \boldsymbol{x}_r, \alpha_1 \otimes \alpha_2 \otimes \cdots \otimes \alpha_r \rangle &= (\boldsymbol{x}_1 \otimes \boldsymbol{x}_2 \otimes \cdots \otimes \boldsymbol{x}_r)(\alpha_1, \alpha_2, \cdots, \alpha_r) \\ &= \alpha_1(\boldsymbol{x}_1)\alpha_2(\boldsymbol{x}_2)\cdots\alpha_r(\boldsymbol{x}_r)\end{aligned}$$

と計算される．

命題 2.2 $r \geq 0$ に対し $\mathrm{T}^0_r(\mathbb{V})^* = \mathrm{T}^0_r(\mathbb{V}^*)$ とみなせる．$r \geq 1$ のとき双対積は

$$\langle \boldsymbol{x}_1 \otimes \boldsymbol{x}_2 \otimes \cdots \boldsymbol{x}_r, \alpha_1 \otimes \alpha_2 \otimes \cdots \otimes \alpha_r \rangle = \alpha_1(\boldsymbol{x}_1)\alpha_2(\boldsymbol{x}_2)\cdots\alpha_r(\boldsymbol{x}_r) \quad (2.2)$$

で与えられる．

2.3 交代形式

共変テンソルの対称性や交代性は置換を使って定義する．置換について未修の読者は手元に線型代数の教科書をおいて併読しながら読み進めてほしい．この本では置換を

$$\tau = \begin{pmatrix} 1 & 2 & 3 \\ 3 & 1 & 2 \end{pmatrix}$$

のように表記する．すなわち τ は集合 $\{1,2,3\}$ から $\{1,2,3\}$ への写像で

$$\tau(1) = 3, \quad \tau(2) = 1, \quad \tau(3) = 2$$

で定まるものである．より一般に n 文字の置換とは全単射 $\tau : \{1,2,\ldots,n\} \to \{1,2,\ldots,n\}$ のことである．n 文字の置換の全体を $\mathfrak{S}_n$ で表す ($\mathfrak{S}$ は S のドイツ文字，フラクトゥール体[*3])． 置換 τ の符号を $\mathrm{sgn}(\tau)$ で表す．

共変テンソル $F \in \mathrm{T}^0_r(\mathbb{V})$ と $\tau \in \mathfrak{S}_r$ に対し $\tau \cdot F_\tau \in \mathrm{T}^0_r(\mathbb{V})$ を

$$\tau \cdot F_\tau(\boldsymbol{x}_1, \boldsymbol{x}_2, \ldots, \boldsymbol{x}_r) = F(\boldsymbol{x}_{\tau(1)}, \boldsymbol{x}_{\tau(2)}, \ldots, \boldsymbol{x}_{\tau(r)}) \quad (2.3)$$

で定める．

定義 2.5 r 階の共変テンソル F が条件

$$\forall \tau \in \mathfrak{S}_r : \tau \cdot F = \mathrm{sgn}(\tau) F$$

[*3] 手書きのときは S や $\mathcal{S}$ や筆記体の S で代用してよい．

をみたすとき，すなわち

$$F(\boldsymbol{x}_{\tau(1)}, \boldsymbol{x}_{\tau(2)}, \ldots, \boldsymbol{x}_{\tau(r)}) = \mathrm{sgn}(\tau) F(\boldsymbol{x}_1, \boldsymbol{x}_2, \ldots, \boldsymbol{x}_r)$$

をすべての r 文字置換 τ と $\boldsymbol{x}_1, \boldsymbol{x}_2, \ldots, \boldsymbol{x}_r \in \mathbb{V}$ に対してみたすとき F は r 階の**交代形式**または r 階の**交代共変テンソル**でまたはであるという．r 階の交代形式の全体を $\mathrm{A}^r(\mathbb{V})$ で表す．

$r = 2$ のとき 1.2 節の定義と一致することを確かめておくこと．

問題 2.3 $\mathrm{A}^r(\mathbb{V})$ が $\mathrm{T}^0_r(\mathbb{V})$ の線型部分空間であることを確かめよ．

$\mathbb{V} = \mathbb{K}^n$ の場合にもっとも重要な例を挙げよう．$\mathbf{x}_1, \mathbf{x}_2, \ldots, \mathbf{x}_n \in \mathbb{K}^n$ を並べて作った正方行列 $X = (\mathbf{x}_1\ \mathbf{x}_2\ \cdots\ \mathbf{x}_n)$ の行列式 $\det X$ は交代形式を与える．この交代形式も同じ記号 det で表そう．$\mathbb{K}^n$ の標準基底 $\{\mathbf{e}_1, \mathbf{e}_2, \ldots, \mathbf{e}_n\}$ を用いて

$$\mathbf{x}_j = \sum_{k=1}^{n} x_{i_k\, j} \mathbf{e}_{i_k}, \quad i_1, i_2, \ldots, i_n, j = 1, 2, \ldots, n$$

と表すと

$$\det(\mathbf{x}_1\ \mathbf{x}_2\ \cdots\ \mathbf{x}_n) = \sum_{\tau \in \mathfrak{S}_n} \mathrm{sgn}(\tau)\, x_{1\tau(1)} x_{2\tau(2)} \cdots x_{n\tau(n)}$$

と計算される．これは，行列式 $\det X$ の定義式である．

一般の $F \in \mathrm{A}^n(\mathbb{K}^n)$ に対し

$$F(\mathbf{x}_1\ \mathbf{x}_2\ \cdots\ \mathbf{x}_n) = \sum_{i_1=1}^{n} \sum_{i_2=1}^{n} \cdots \sum_{i_n=1}^{n} x_{i_1\, 1} x_{i_2\, 1} \cdots x_{i_n\, n} F(\mathbf{e}_{i_1}, \mathbf{e}_{i_2}, \ldots, \mathbf{e}_{i_n})$$

と計算される．$\mathbf{e}_{i_1}, \mathbf{e}_{i_2}, \ldots, \mathbf{e}_{i_n}$ の内に同じものがあれば
$F(\mathbf{e}_{i_1}, \mathbf{e}_{i_2}, \ldots, \mathbf{e}_{i_n}) = 0$ になるから，$i_1, i_2, \ldots, i_n$ は相異なるものだけ考

えればよい．ということは $i_1, i_2, \ldots, i_n$ は $1, 2, \ldots, n$ を並べ替えたものになっている．そこで置換 τ を

$$\tau = \begin{pmatrix} 1 & 2 & \cdots & n \\ i_1 & i_2 & \cdots & i_n \end{pmatrix}$$

とおくと

$$F(\mathbf{e}_{i_1}, \mathbf{e}_{i_2}, \ldots, \mathbf{e}_{i_n}) = \mathrm{sgn}(\tau)\, F(\mathbf{e}_1, \mathbf{e}_2, \ldots, \mathbf{e}_n).$$

ここで $c = F(\mathbf{e}_1, \mathbf{e}_2, \ldots, \mathbf{e}_n)$ とおくと

$$\begin{aligned} F(\mathbf{x}_1, \mathbf{x}_2, \ldots, \mathbf{x}_n) =& c \sum_{\tau \in \mathfrak{S}_n} \mathrm{sgn}(\tau)\, x_{\tau(1)1} x_{\tau(2)2} \cdots x_{\tau(n)n} \\ =& c \det(\mathbf{x}_1 \ \ \mathbf{x}_2 \ \ \cdots \ \ \mathbf{x}_n) \end{aligned}$$

を得る．

定理 2.1 (行列式の特徴付定理) $F \in \mathrm{A}^n(\mathbb{K}^n)$ は

$$F = c \det, \quad c = F(\mathbf{e}_1, \mathbf{e}_2, \ldots, \mathbf{e}_n)$$

と表せる．とくに $F(\mathbf{e}_1, \mathbf{e}_2, \ldots, \mathbf{e}_n) = 1$ をみたす n 階交代形式は行列式に限る．det は $\mathrm{A}^n(\mathbb{K}^n)$ の基底である．

註 2.1 (組立単位の考え方) $\mathbb{R}^2$ にユークリッド内積 $(\cdot|\cdot)$ が与えられているとしよう．するとベクトルの長さが測れる．単位ベクトルの概念が定まる．これは「長さの単位」が指定されたということである（たとえば m）．$\mathrm{A}^2(\mathbb{R})^2$ の 0 でない元 F を 1 つ選べば $\mathbb{R}^2$ 上で面積の概念が定まる．基準となる正方形の面積を 1 とすることで面積の単位が定まる．$\mathbb{E}^2$ では単位正方形の面積は $F(\boldsymbol{e}_1, \boldsymbol{e}_2)$ で与えられるから $F(\boldsymbol{e}_1, \boldsymbol{e}_2) = 1$ と定めることで「面積の単位」が決まる．つまり，長さの単位が m ならば m^2 は $F = \det$ で定まるのである．

対称形式も交代形式と同様に定義される．

定義 2.6 $F \in \mathrm{T}^0_r(\mathbb{V})$ が

$$F(\boldsymbol{x}_{\tau(1)}, \boldsymbol{x}_{\tau(2)}, \ldots, \boldsymbol{x}_{\tau(r)}) = F(\boldsymbol{x}_1, \boldsymbol{x}_2, \ldots, \boldsymbol{x}_r)$$

をすべての r 文字置換 τ と $\boldsymbol{x}_1, \boldsymbol{x}_2, \ldots, \boldsymbol{x}_r \in \mathbb{V}$ に対してみたすとき F は r 階の**対称形式**または r 階の**対称共変テンソル** (symmetric tensor) であるという. r 階の対称形式の全体を $\mathrm{S}^r(\mathbb{V})$ で表す.

$\mathrm{S}^r(\mathbb{V})$ が $\mathrm{T}^0_r(\mathbb{V})$ の線型部分空間であることは容易に確認できる（はず).

一般の共変テンソルは対称でも交代でもない. 与えられた共変テンソルから交代テンソルや対称テンソルを作り出すことができる.

命題 2.3 $F \in \mathrm{T}^0_r(\mathbb{V})$ に対し

$$(\mathcal{A}F)(\boldsymbol{x}_1, \boldsymbol{x}_2, \ldots, \boldsymbol{x}_r) = \frac{1}{r!}\sum_{\tau \in \mathfrak{S}_r} \mathrm{sgn}(\sigma) F(\boldsymbol{x}_{\tau(1)}, \boldsymbol{x}_{\tau(2)}, \ldots, \boldsymbol{x}_{\tau(r)})$$

で $\mathcal{A}(F) \in \mathrm{T}^0_r(\mathbb{V})$ を定めると $\mathcal{A}(F) \in \mathrm{A}^r(\mathbb{V})$ である. これを F の**交代化** (alternation) という. 対応 $F \longmapsto \mathcal{A}(F)$ で定まる線型写像 $\mathcal{A} : \mathrm{T}^0_r(\mathbb{V}) \to \mathrm{A}^r(\mathbb{V})$ を**交代化作用素**とよぶ. 次数を明記することが望ましいときは $\mathcal{A}_r$ と表記する.

【証明】 置換 ν に対し

$$\begin{aligned}
&(\mathcal{A}F)(\boldsymbol{x}_{\nu(1)}, \boldsymbol{x}_{\nu(2)}, \ldots, \boldsymbol{x}_{\nu(r)}) \\
&= \frac{1}{r!}\sum_{\tau \in \mathfrak{S}_r} \mathrm{sgn}(\tau) F(\boldsymbol{x}_{\tau(\nu(1))}, \boldsymbol{x}_{\tau(\nu(2)))}, \ldots, \boldsymbol{x}_{\tau(\nu(r))}).
\end{aligned}$$

ここで $\mu = \tau \circ \nu$ とおくと対応 $\tau \longmapsto \tau \circ \nu$ は $\mathfrak{S}_r$ 上の全単射なので

$$\begin{aligned}
&\frac{1}{r!}\sum_{\tau \in \mathfrak{S}_r} \mathrm{sgn}(\tau) F(\boldsymbol{x}_{\tau(\nu(1))}, \boldsymbol{x}_{\tau(\nu(2)))}, \ldots, \boldsymbol{x}_{\tau(\nu(r))}) \\
&= \frac{1}{r!}\sum_{\mu \in \mathfrak{S}_r} \mathrm{sgn}(\nu)\mathrm{sgn}(\mu)\, F(\boldsymbol{x}_{\mu(1)}, \boldsymbol{x}_{\mu(2)}, \ldots, \boldsymbol{x}_{\mu(r)}) \\
&= \frac{1}{r!}\mathrm{sgn}(\nu) \sum_{\mu \in \mathfrak{S}_r} \mathrm{sgn}(\mu)\, F(\boldsymbol{x}_{\mu(1)}, \boldsymbol{x}_{\mu(2)}, \ldots, \boldsymbol{x}_{\mu(r)}) \\
&= \mathrm{sgn}(\nu)(\mathcal{A}F)(\boldsymbol{x}_1, \boldsymbol{x}_2, \ldots, \boldsymbol{x}_r)
\end{aligned}$$

を得る．$\mathcal{A}$ の定義の仕方から $\mathcal{A}$ が線型写像であることが読みとれる． ■

$r=2$ のとき (1.7) で定めた $\mathcal{A}$ と一致していることに注意.

交代化を具体的に基底で表示してみよう．基底 $\{\boldsymbol{e}_1, \boldsymbol{e}_2, \ldots, \boldsymbol{e}_n\}$ を用いると，$F \in \mathrm{T}_2^0(\mathbb{V})$ に対し

$$\mathcal{A}(F)(\boldsymbol{x}, \boldsymbol{y}) = \frac{1}{2} \sum_{i,j=1}^{n} \begin{vmatrix} x_i & y_i \\ x_j & y_j \end{vmatrix} F(\boldsymbol{e}_i, \boldsymbol{e}_j).$$

$F \in \mathrm{T}_3^0(\mathbb{V})$ に対し

$$\mathcal{A}(F)(\boldsymbol{x}, \boldsymbol{y}, \boldsymbol{z}) = \frac{1}{3!} \sum_{i,j=1}^{n} \begin{vmatrix} x_i & y_i & z_i \\ x_j & y_j & z_j \\ x_k & y_k & z_k \end{vmatrix} F(\boldsymbol{e}_i, \boldsymbol{e}_j, \boldsymbol{e}_k)$$

と計算される．

特に $F \in \mathrm{T}_n^0(\mathbb{V})$ の場合，各 $\boldsymbol{x}_j = x_{j1}\boldsymbol{e}_1 + x_{j2} + \cdots + x_{jn}\boldsymbol{e}_n$ に対し

$$\mathbf{x}_j = (x_{j1}, x_{j2}, \ldots, x_{jn}) \in \mathbb{K}^n$$

とおくと

$$\mathcal{A}(F)(\boldsymbol{x}_1, \boldsymbol{x}_2, \ldots, \boldsymbol{x}_n) = \frac{1}{n!} \det(\mathbf{x}_1 \ \ \mathbf{x}_2 \ \ \cdots \ \ \mathbf{x}_n)\, F(\boldsymbol{e}_1, \boldsymbol{e}_2, \ldots, \boldsymbol{e}_n)$$

を得る．

命題 2.4 $\mathbb{K}$ 線型空間 $\mathbb{V}$ において，$\alpha^1, \alpha^2, \ldots, \alpha^r \in \mathbb{V}^*$，$\boldsymbol{x}_1, \boldsymbol{x}_2, \ldots, \boldsymbol{x}_r \in \mathbb{V}$，$\tau \in \mathfrak{S}_r$ に対し以下が成り立つ．

$$\mathcal{A}(\alpha^1 \otimes \alpha^2 \otimes \cdots \otimes \alpha^r)(\boldsymbol{x}_1, \boldsymbol{x}_2, \ldots, \boldsymbol{x}_r) = \frac{1}{r!} \det(\alpha^i(\boldsymbol{x}_j)), \tag{2.4}$$

$$\mathcal{A}(\alpha^1 \otimes \alpha^2 \otimes \cdots \otimes \alpha^r) = \frac{1}{r!} \sum_{\nu \in \mathfrak{S}_r} \mathrm{sgn}(\nu) \alpha^{\nu(1)} \otimes \alpha^{\nu(2)} \otimes \cdots \otimes \alpha^{\nu(r)}, \tag{2.5}$$

$$\mathcal{A}(\alpha^{\nu(1)} \otimes \alpha^{\nu(2)} \otimes \cdots \otimes \alpha^{\nu(r)}) = \mathrm{sgn}(\nu)\, \mathcal{A}(\alpha^1 \otimes \alpha^2 \otimes \cdots \otimes \alpha^r). \tag{2.6}$$

【証明】 $\mathcal{A}$ の定義より

$$\begin{aligned}&\mathcal{A}(\alpha^1\otimes\alpha^2\otimes\cdots\otimes\alpha^r)\\=&\frac{1}{r!}\sum_{\nu\in\mathfrak{S}_r}\operatorname{sgn}(\nu)(\alpha^1\otimes\alpha^2\otimes\cdots\otimes\alpha^r)(\boldsymbol{x}_{\nu(1)},\boldsymbol{x}_{\nu(2)},\ldots,\boldsymbol{x}_{\nu(r)})\\=&\frac{1}{r!}\sum_{\nu\in\mathfrak{S}_r}\operatorname{sgn}(\nu)\alpha^1(\boldsymbol{x}_{\nu(1)})\alpha^2(\boldsymbol{x}_{\nu(2)})\cdots\alpha^r(\boldsymbol{x}_{\nu(r)})\\=&\frac{1}{r!}\det(\alpha^i(\boldsymbol{x}_j)).\end{aligned}$$

これで (2.4) が得られた．次に

$$\begin{aligned}\det(\alpha^i(\boldsymbol{x}_j))&=\det{}^t(\alpha^i(\boldsymbol{x}_j))\\&=\frac{1}{r!}\sum_{\nu\in\mathfrak{S}_r}\operatorname{sgn}(\nu)\alpha^{\nu(1)}(\boldsymbol{x}_1)\alpha^{\nu(2)}(\boldsymbol{x}_2)\cdots\alpha^{\nu(r)}(\boldsymbol{x}_r)\end{aligned}$$

より (2.5) が得られる．(2.5)（あるいは (2.4)）から (2.6) が導ける． ■

交代化の定義において $1/r!$ をつけているのは次の命題が理由である．

命題 2.5 $F\in\mathrm{T}^0_r(\mathbb{V})$ に対し

$$F\in\mathrm{A}^r(\mathbb{V})\Longleftrightarrow\mathcal{A}(F)=F.$$

命題 2.4 から次が示される．

命題 2.6 $\alpha\in\mathrm{T}^0_p(\mathbb{V})$，$\beta\in\mathrm{T}^0_q(\mathbb{V})$ に対し

$$\mathcal{A}_{p+q}(\mathcal{A}_p(\alpha)\otimes\mathcal{A}_q(\beta))=\mathcal{A}_{p+q}(\alpha\otimes\beta).\tag{2.7}$$

【証明】 交代化作用素は線型なので

$$\alpha=\alpha^1\otimes\alpha^2\otimes\cdots\otimes\alpha^p,\quad\beta=\beta^{p+1}\otimes\beta^{p+2}\otimes\cdots\otimes\beta^{p+q},$$

$$\alpha^1,\alpha^2,\ldots,\alpha^p,\beta^{p+1},\beta^{p+2},\ldots,\beta^{p+q}\in\mathrm{A}^1(\mathbb{V})$$

について (2.6) を確かめておけばよい．ここで p 文字の置換群を $\mathfrak{S}_p$ とし $\{p+1, p+2, \ldots, p+q\}$ の置換群を

$$\mathfrak{S}'_q = \left\{ \nu = \begin{pmatrix} p+1 & p+2 & \cdots & p+q \\ \nu(p+1) & \nu(p+2) & \cdots & \nu(p+q) \end{pmatrix} \right\}$$

で表す．

$$\begin{aligned} \tau &= \begin{pmatrix} 1 & 2 & \cdots & p \\ \tau(1) & \tau(2) & \cdots & \tau(p) \end{pmatrix} \in \mathfrak{S}_p, \\ \nu &= \begin{pmatrix} p+1 & p+2 & \cdots & p+q \\ \nu(p+1) & \nu(p+2) & \cdots & \nu(p+q) \end{pmatrix} \in \mathfrak{S}'_q \end{aligned}$$

をそれぞれ

$$\begin{aligned} \tau &= \begin{pmatrix} 1 & 2 & \cdots & p & p+1 & p+2 & \cdots & p+q \\ \tau(1) & \tau(2) & \cdots & \tau(p) & p+1 & p+2 & \cdots & p+q \end{pmatrix}, \\ \nu &= \begin{pmatrix} 1 & 2 & \cdots & p & p+1 & p+2 & \cdots & p+q \\ 1 & 2 & \cdots & p & \nu(p+1) & \nu(p+2) & \cdots & \nu(p+q) \end{pmatrix} \end{aligned}$$

という $(p+q)$ 文字置換とみなす．この解釈で $\tau\nu \in \mathfrak{S}_{p+q}$ を定める．すなわち

$$\tau\nu = \begin{pmatrix} 1 & 2 & \cdots & p & p+1 & p+2 & \cdots & p+q \\ \tau(1) & \tau(2) & & \tau(p) & \nu(p+1) & \nu(p+2) & & \nu(p+q) \end{pmatrix}$$

また，スペース節約のため

$$\alpha_\tau = \alpha^{\tau(1)} \otimes \alpha^{\tau(2)} \otimes \cdots \otimes \alpha^{\tau(p)}, \quad \beta_\nu = \beta^{\nu(1)} \otimes \beta^{\nu(2)} \otimes \cdots \otimes \beta^{\nu(q)}$$

という略記をしよう．

$$\mathcal{A}_p(\alpha) \otimes \mathcal{A}_q(\beta) = \left(\frac{1}{p!} \sum_{\tau \in \mathfrak{S}_p} \mathrm{sgn}(\tau)\alpha_\tau \right) \otimes \left(\frac{1}{q!} \sum_{\nu \in \mathfrak{S}'_q} \mathrm{sgn}(\nu)\beta^\nu \right)$$

より

$$\mathcal{A}_p(\alpha)\otimes\mathcal{A}_q(\beta)=\frac{1}{p!q!}\sum_{\substack{\tau\in\mathfrak{S}_p\\ \nu\in\mathfrak{S}'_q}}\operatorname{sgn}(\tau\nu)\alpha^{\tau}\otimes\beta^{\nu}.$$

$\mathcal{A}$ は線型だから

$$\mathcal{A}_{p+q}(\mathcal{A}_p(\alpha)\otimes\mathcal{A}_q(\beta))=\frac{1}{p!q!}\sum_{\substack{\tau\in\mathfrak{S}_p\\ \nu\in\mathfrak{S}'_q}}\operatorname{sgn}(\tau\nu)\mathcal{A}_{p+q}\left(\alpha^{\tau}\otimes\beta^{\nu}\right).$$

ここで $\mu=\tau\nu$ とおくと

$$\mathcal{A}_{p+q}(\mathcal{A}_p(\alpha)\otimes\mathcal{A}_q(\beta))=\frac{1}{p!q!}\sum_{\mu\in\mathfrak{S}_{p+q}}\operatorname{sgn}(\mu)\mathcal{A}_{p+q}\{(\alpha\otimes\beta)_{\mu}\},$$

と書き換えられる．ただし

$$(\alpha\otimes\beta)_{\mu}=\left(\alpha^{\mu(1)}\otimes\alpha^{\mu(2)}\otimes\cdots\otimes\alpha^{\mu(p)}\otimes\beta^{\mu(p+1)}\otimes\beta^{\mu(p+2)}\otimes\cdots\otimes\beta^{\mu(p+q)}\right)$$

である．(2.6) より

$$\mathcal{A}_{p+q}\{(\alpha\otimes\beta)_{\mu}\}=\operatorname{sgn}(\mu)\mathcal{A}_{p+q}(\alpha\otimes\beta)$$

であるから

$$\mathcal{A}_p(\alpha)\otimes\mathcal{A}_q(\beta)=\frac{1}{p!q!}\sum_{\mu\in\mathfrak{S}_{p+q}}\mathcal{A}_{p+q}(\alpha\otimes\beta)=\mathcal{A}_{p+q}(\alpha\otimes\beta).$$

■

線型汎函数同士の外積 $\wedge$ を一般化しよう．

定義 2.7 $\alpha \in \mathrm{A}^p(\mathbb{V})$, $\beta \in \mathrm{A}^q(\mathbb{V})$ に対し α と β の**外積**を

$$\alpha \wedge \beta = \frac{(p+q)!}{p!q!}\mathcal{A}(\alpha \otimes \beta) \in \mathrm{A}^{p+q}(\mathbb{V})$$

で定める．

$p = q = 1$ のとき

$$\begin{aligned}(\alpha \wedge \beta)(\boldsymbol{x}_1, \boldsymbol{x}_2) &= \frac{2!}{1!1!} \cdot \frac{1}{2!}\{(\alpha \otimes \beta)(\boldsymbol{x}_1, \boldsymbol{x}_2) - (\alpha \otimes \beta)(\boldsymbol{x}_2, \boldsymbol{x}_1)\} \\ &= \alpha(\boldsymbol{x}_1)\beta(\boldsymbol{x}_2) - \beta(\boldsymbol{x}_1)\alpha(\boldsymbol{x}_2) \\ &= \{(\alpha \otimes \beta) - (\beta \otimes \alpha)\}(\boldsymbol{x}_1, \boldsymbol{x}_2)\end{aligned}$$

なので以前の定義と一致している．$p = 0$ または $q = 0$ の場合はどうなっているか確認しておこう．$p = 0$ のとき

$$\alpha \wedge \beta = \mathcal{A}_q(\alpha\,\beta) = \alpha\,\mathcal{A}_q(\beta) = \alpha\,\beta$$

なので α によるスカラー乗法である．$q = 0$ のときも同様に

$$\alpha \wedge \beta = \mathcal{A}_p(\alpha\,\beta) = \beta\,\mathcal{A}_p(\alpha) = \beta\,\alpha$$

なので β によるスカラー乗法である．

註 2.2 $(p+q)$ 文字の置換 τ が

$$1 \leq i < j \leq p \text{ または } p+1 \leq i < j \leq p+q \Longrightarrow \tau(i) < \tau(j)$$

をみたすとき (p,q) 型の**シャッフル** (shuffle) という[*4]．(p,q) 型シャッフルの全体を $\mathfrak{S}_{p,q}$ で表すことにすると，$\alpha \in \mathrm{A}^p(\mathbb{V})$ と $\beta \in \mathrm{A}^q(\mathbb{V})$ の外積 $\alpha \wedge \beta$ は

[*4] シャッフルとよばれる置換には様々なものがある．たとえば，トランプをきる操作（ランダム・カット），すなわち，下から上に並んだ n 枚のカードをランダムに 2 の山に分け，上の山を下の山の前に移動する操作は $p \in \{1, 2, \ldots, n\}$ に対し置換

$$\sigma = \begin{pmatrix} 1 & 2 & \cdots & p & p+1 & p+2 & \cdots & p+q \\ q+1 & q+2 & \cdots & q+p & 1 & 2 & \cdots & q \end{pmatrix}$$

を施すことである $(q = n - p)$．(p,q) 型シャッフルは**リフルシャッフル** (riffle shuffle) の 1 つである．$(0,n)$ 型，$(1, n-1)$ 型，$\cdots$，$(n, 0)$ 型のシャッフルを総称してリフルシャッフルとよぶ．

$$(\alpha \wedge \beta)(\boldsymbol{x}_1, \boldsymbol{x}_2, \ldots, \boldsymbol{x}_{p+q})$$
$$= \sum_{\tau \in \mathfrak{S}_{p,q}} \operatorname{sgn}\tau \, \alpha(\boldsymbol{x}_{\sigma(1)}, \boldsymbol{x}_{\sigma(2)}, \ldots, \boldsymbol{x}_{\sigma(p)}) \, \beta(\boldsymbol{x}_{\sigma(p+1)}, \boldsymbol{x}_{\sigma(p+2)}, \ldots, \boldsymbol{x}_{\sigma(p+q)})$$

と書き直せる.

テンソル積と交代化作用素を使って $\wedge$ が定義されているので $\wedge$ は次の性質をもつことがわかる.

命題 2.7 外積 $\wedge$ を $\wedge : \mathrm{A}^p(\mathbb{V}) \times \mathrm{A}^q(\mathbb{V}) \to \mathrm{A}^{p+q}(\mathbb{V})$ という写像と考えると

(1) $(\alpha + \beta) \wedge \gamma = \alpha \wedge \gamma + \beta \wedge \gamma, \quad \alpha, \beta \in \mathrm{A}^p(\mathbb{V}), \gamma \in \mathrm{A}^q(\mathbb{V})$.

(2) $c(\alpha \wedge \gamma) = (c\alpha) \wedge \gamma = \alpha \wedge (c\gamma), \quad c \in \mathbb{K}, \alpha \in \mathrm{A}^p(\mathbb{V}), \gamma \in \mathrm{A}^q(\mathbb{V})$

(3) $\alpha \wedge (\gamma + \eta) = \alpha \wedge \gamma + \alpha \wedge \eta, \quad \alpha \in \mathrm{A}^p(\mathbb{V}), \gamma, \eta \in \mathrm{A}^q(\mathbb{V})$.

が成り立つ.

さらにが次が成り立つ.

命題 2.8 $\alpha \in \mathrm{A}^p(\mathbb{V})$, $\beta \in \mathrm{A}^q(\mathbb{V})$, $\gamma \in \mathrm{A}^r(\mathbb{V})$ に対し

$$(\alpha \wedge \beta) \wedge \gamma = \alpha \wedge (\beta \wedge \gamma), \tag{2.8}$$

$$\alpha \wedge \beta = (-1)^{pq} \beta \wedge \alpha \tag{2.9}$$

が成立する.

【証明】 $\mathcal{A}(\alpha) = \alpha$ かつ $\mathcal{A}(\gamma) = \gamma$ であることに注意する. 命題 2.6 を使うと

$$
\begin{aligned}
&(\alpha \wedge \beta) \wedge \gamma \\
=& \frac{(p+q+r)!}{(p+q)!r!} \mathcal{A}((\alpha \wedge \beta) \otimes \gamma) \\
=& \frac{(p+q+r)!}{(p+q)!r!} \mathcal{A}_{p+q+r} \left\{ \frac{(p+q)!}{p!q!} \mathcal{A}_{p+q}(\alpha \otimes \beta) \otimes \gamma \right\} \\
=& \frac{(p+q+r)!}{(p+q)!r!} \mathcal{A}_{p+q+r} \left\{ \frac{(p+q)!}{p!q!} \mathcal{A}_{p+q}(\alpha \otimes \beta) \otimes \mathcal{A}_r(\gamma) \right\} \\
=& \frac{(p+q+r)!}{(p+q)!r!} \mathcal{A}_{p+q+r}((\alpha \otimes \beta) \otimes \gamma).
\end{aligned}
$$

同様の議論で

$$
\alpha \wedge (\beta \wedge \gamma) = \frac{(p+q+r)!}{(p+q)!r!} \mathcal{A}_{p+q+r}(\alpha \otimes (\beta \otimes \gamma))
$$

を得るから，$(\alpha \otimes \beta) \otimes \gamma = \alpha \otimes (\beta \otimes \gamma)$ より $(\alpha \wedge \beta) \wedge \gamma = \alpha \wedge (\beta \wedge \gamma)$ が示された．次に置換 μ を

$$
\mu = \begin{pmatrix} 1 & 2 & \cdots & p & p+1 & p+2 & \cdots & p+q \\ q+1 & q+2 & \cdots & q+p & 1 & 2 & \cdots & q \end{pmatrix}
$$

で与える．$\mathrm{sgn}(\mu) = (-1)pq$ である．$\alpha \wedge \beta \in \mathrm{A}^{p+q}(\mathbb{V})$ より

$$
\mu \cdot (\alpha \wedge \beta) = \mathrm{sgn}(\mu)\, \alpha \wedge \beta
$$

が成り立つから

$$
\begin{aligned}
&\mathrm{sgn}(\mu)(\alpha \wedge \beta)(\boldsymbol{x}_1, \boldsymbol{x}_2, \ldots, \boldsymbol{x}_{p+q}) \\
=&\{\mu \cdot (\alpha \wedge \beta)\}(\boldsymbol{x}_1, \boldsymbol{x}_2, \ldots, \boldsymbol{x}_{p+q}) \\
=&(\alpha \wedge \beta)(\boldsymbol{x}_{\mu(1)}, \boldsymbol{x}_{\mu(2)}, \ldots, \boldsymbol{x}_{\mu(p+q)}) \\
=&(\alpha \wedge \beta)(\boldsymbol{x}_{q+1}, \boldsymbol{x}_{q+2}, \ldots, \boldsymbol{x}_{q+p}, \boldsymbol{x}_1, \boldsymbol{x}_2, \ldots, \boldsymbol{x}_q) \\
=&\frac{(p+q)!}{p!q!} \mathcal{A}_{p+q}(\alpha \otimes \beta)(\boldsymbol{x}_{q+1}, \boldsymbol{x}_{q+2}, \ldots, \boldsymbol{x}_{q+p}, \boldsymbol{x}_1, \boldsymbol{x}_2, \ldots, \boldsymbol{x}_q).
\end{aligned}
$$

ここで

$$\begin{aligned}
&(p+q)!\,\mathcal{A}_{p+q}(\alpha\otimes\beta)(\boldsymbol{x}_{q+1},\boldsymbol{x}_{q+2},\ldots,\boldsymbol{x}_{q+p},\boldsymbol{x}_1,\boldsymbol{x}_2,\ldots,\boldsymbol{x}_q)\\
=&\sum_{\tau\in\mathfrak{S}_{p+q}}\mathrm{sgn}(\tau)(\alpha\otimes\beta)(\boldsymbol{x}_{\tau(q+1)},\boldsymbol{x}_{\tau(q+2)},\ldots,\boldsymbol{x}_{\tau(q+p)},\boldsymbol{x}_{\tau(1)},\boldsymbol{x}_{\tau(2)},\ldots,\boldsymbol{x}_{\tau(q)})\\
=&\sum_{\tau\in\mathfrak{S}_{p+q}}\mathrm{sgn}(\tau)\,\alpha(\boldsymbol{x}_{\tau(q+1)},\boldsymbol{x}_{\tau(q+2)},\ldots,\boldsymbol{x}_{\tau(q+p)})\,\beta(\boldsymbol{x}_{\tau(1)},\boldsymbol{x}_{\tau(2)},\ldots,\boldsymbol{x}_{\tau(q)})\\
=&\sum_{\tau\in\mathfrak{S}_{p+q}}\mathrm{sgn}(\tau)\beta(\boldsymbol{x}_{\tau(1)},\boldsymbol{x}_{\tau(2)},\ldots,\boldsymbol{x}_{\tau(q)})\,\alpha(\boldsymbol{x}_{\tau(q+1)},\boldsymbol{x}_{\tau(q+2)},\ldots,\boldsymbol{x}_{\tau(q+p)})\\
=&\sum_{\tau\in\mathfrak{S}_{p+q}}\mathrm{sgn}(\tau)(\beta\otimes\alpha)(\boldsymbol{x}_{\tau(1)},\boldsymbol{x}_{\tau(2)},\ldots,\boldsymbol{x}_{\tau(q+p)})\\
=&(p+q)!\,\mathcal{A}_{p+q}(\beta\otimes\alpha)(\boldsymbol{x}_1,\boldsymbol{x}_2,\ldots,\boldsymbol{x}_{q+p})
\end{aligned}$$

と計算できるから

$$\mathrm{sgn}(\mu)(\alpha\wedge\beta)(\boldsymbol{x}_1,\boldsymbol{x}_2,\ldots,\boldsymbol{x}_{p+q})=(\beta\wedge\alpha)(\boldsymbol{x}_1,\boldsymbol{x}_2,\ldots,\boldsymbol{x}_{p+q})$$

が得られた．すなわち $\alpha\wedge\beta=(-1)^{pq}\beta\wedge\alpha$. ■

問題 2.4 $\eta\in\mathrm{A}^1(\mathbb{V})$ と $\Omega\in\mathrm{A}^2(\mathbb{V})$ に対し $\eta\wedge\Omega=\Omega\wedge\eta$ が成り立つことを確かめよ．

$(\alpha\wedge\beta)\wedge\gamma=\alpha\wedge(\beta\wedge\gamma)$ が成り立つので，この交代テンソルを $\alpha\wedge\beta\wedge\gamma$ と書いてよい．より一般に $\alpha^1,\alpha^2,\ldots,\alpha^r\in\mathrm{A}^1(\mathbb{V})$ に対し $\alpha^1\wedge\alpha^2\wedge\cdots\wedge\alpha^r$ がきちんと定まるが，公式 (2.4) より

$$(\alpha^1\wedge\alpha^2\wedge\cdots\wedge\alpha^r)(\boldsymbol{x}_1,\boldsymbol{x}_2,\ldots,\boldsymbol{x}_r)=\det(\alpha^i(\boldsymbol{x}_j)), \tag{2.10}$$

が成り立つことを注意しておこう．

$\mathrm{A}^1(\mathbb{V})=\mathbb{V}^*$ の基底 $\Sigma=\{\sigma^1,\sigma^2,\ldots,\sigma^n\}$ が与えられると $F\in\mathrm{A}^2(\mathbb{V})$ は

$$F=\sum_{i<j}F_{ij}\sigma^i\wedge\sigma^j$$

と表示でき $\{\sigma^i\wedge\sigma^j\,|\,1\leq i<j\leq n\}$ が $\mathrm{A}^2(\mathbb{V})$ の基底を与えていた．$r>2$ のときも同様に $\mathrm{A}^r(\mathbb{V})$ は

$$\{\sigma^{i_1}\wedge\sigma^{i_2}\wedge\cdots\wedge\sigma^{i_r}\mid 1\leq i_1<i_2<\cdots<i_r\leq n\}$$

で張られることがわかる（確かめよ）．したがって $\dim \mathrm{A}^r(\mathbb{V}) = {}_n\mathrm{C}_r$．とくに

$$\dim \mathrm{A}^0(\mathbb{V}) = \dim \mathrm{A}^n(\mathbb{V}) = 1, \quad r > n \Longrightarrow \dim \mathrm{A}^r(\mathbb{V}) = 0$$

である．$r > n$ のとき $\sigma^{i_1} \wedge, \sigma^{i_2}, \ldots, \sigma^{i_r}$ の内に必ず同じものが現れる（すべて異なるということにはならない）から，$\sigma^{i_1} \wedge \sigma^{i_2} \wedge \cdots \wedge \sigma^{i_r} = 0$ となってしまうから $\dim \mathrm{A}^r(\mathbb{V}) = 0$ であるのは当然のことである．$\dim \mathrm{A}^n(\mathbb{V}) = 1$ に着目し，次の定義を与えよう (この名称を導入する理由は 2.6 節で説明する).

定義 2.8 n 次元線型空間 $\mathbb{V}$ において $\omega \in \mathrm{A}^n(\mathbb{V})$ (ただし $\omega \neq 0 \in \mathrm{A}^n(\mathbb{V})$) のことを $\mathbb{V}$ の**体積要素** (volume element) とよぶ．$n = 1$ のときは**線素** (linee element)，$n = 2$ のときは**面積要素** (area element) ともよぶ.

体積要素 ω を指定した線型空間 $(\mathbb{V}, \omega)$ を**等積線型空間**とよぶ．線型変換 $T : \mathbb{V} \to \mathbb{V}$ が ω を保つ，すなわち

$$\omega(T\boldsymbol{x}_1, T\boldsymbol{x}_2, \ldots, T\boldsymbol{x}_n) = \omega(\boldsymbol{x}_1, \boldsymbol{x}_2, \ldots, \boldsymbol{x}_n)$$

をつねにみたすとき，**等積線型変換**とよぶ．等積線型変換の全体を $\mathrm{End}_\omega(\mathbb{V})$ で表す．引き戻しを使うと

$$\mathrm{End}_\omega(\mathbb{V}) = \{T \in \mathrm{End}(\mathbb{V}) \mid T^*\omega = \omega\}$$

と表せる.

$n = 2$ のとき，$\omega \in \mathrm{A}^2(\mathbb{V})$ が 0 でなければ ω は非退化であるから ω は斜交形式である．したがって $\mathrm{End}_\omega(\mathbb{V}) = \mathrm{Sp}(\mathbb{V}, \omega)$ が成り立つ.

体積要素の「成分変換法則」を計算しよう．2 組の $\mathbb{V}$ の基底

$$\{\boldsymbol{e}_1, \boldsymbol{e}_2, \ldots, \boldsymbol{e}_n\}, \quad \{\tilde{\boldsymbol{e}}_1, \tilde{\boldsymbol{e}}_2, \ldots, \tilde{\boldsymbol{e}}_n\}$$

の間の取り替え行列を $P=(p_j^{\ i})$ とする．すなわち

$$\tilde{\boldsymbol{e}}_j=\sum_{i=1}^{n}p_j^{\ i}\boldsymbol{e}_i.$$

このとき双対基底 $\{\sigma^1,\sigma^2,\ldots,\sigma^n\}$ と $\{\tilde{\sigma}^1,\tilde{\sigma}^2,\ldots,\tilde{\sigma}^n\}$ の間の変換法則は

$$\sigma^i=\sum_{j=1}^{n}p_j^{\ i}\,\tilde{\sigma}^i,$$

で与えられるから

$$\sigma^1\wedge\sigma^2\wedge\cdots\wedge\sigma^n=\sum_{j_1,j_2,\ldots,j_n=1}^{n}p_{j_1}^{\ 1}p_{j_2}^{\ 2}\cdots p_{j_n}^{\ n}\,\tilde{\sigma}^{j_1}\wedge\tilde{\sigma}^{j_2}\wedge\cdots\wedge\tilde{\sigma}^{j_n}.$$

ここで $j_1,j_2,\cdots,j_n$ の内に同じものがあると $\tilde{\sigma}^{j_1}\wedge\tilde{\sigma}^{j_2}\wedge\cdots\wedge\tilde{\sigma}^{j_n}=0$ となるので，$j_1,j_2,\cdots,j_n$ が相異なるものだけの総和をとればよい．そこで $1,2,\ldots,n$ をそれぞれ $j_1,j_2,\cdots,j_n$ に写す置換を τ と書くと

$$\begin{aligned}\sigma^1\wedge\sigma^2\wedge\cdots\wedge\sigma^n&=\sum_{j_1,j_2,\ldots,j_n=1}^{n}p_{j_1}^{\ 1}p_{j_2}^{\ 2}\cdots p_{j_n}^{\ n}\,\tilde{\sigma}^{j_1}\wedge\tilde{\sigma}^{j_2}\wedge\cdots\wedge\tilde{\sigma}^{j_n}\\&=\sum_{\tau\in\mathfrak{S}_n}p_{\tau(1)}^{\ 1}p_{\tau(2)}^{\ 2}\cdots p_{\tau(n)}^{\ n}\,\mathrm{sgn}(\tau)\tilde{\sigma}^1\wedge\tilde{\sigma}^2\wedge\cdots\wedge\tilde{\sigma}^n\\&=\det P\,\tilde{\sigma}^1\wedge\tilde{\sigma}^2\wedge\cdots\wedge\tilde{\sigma}^n\end{aligned}$$

より

$$\sigma^1\wedge\sigma^2\wedge\cdots\sigma^n=\det P\,\tilde{\sigma}^1\wedge\tilde{\sigma}^2\wedge\cdots\wedge\tilde{\sigma}^n \tag{2.11}$$

を得る．したがって

$$\omega=\omega_{12\ldots n}\sigma^1\wedge\sigma^2\wedge\cdots\wedge\sigma^n=\tilde{\omega}_{12\ldots n}\tilde{\sigma}^1\wedge\tilde{\sigma}^2\wedge\cdots\wedge\tilde{\sigma}^n$$

ならば

$$\widetilde{\omega}_{12\ldots n}=\det P\,\omega_{12\ldots n}$$

という変換則に従う.

体積要素の変換法則

$$(\tilde{e}_1, \tilde{e}_2, \ldots, \tilde{e}_n) = (e_1, e_2, \ldots, e_n)P$$
$$\Longrightarrow \sigma^1 \wedge \sigma^2 \wedge \cdots \sigma^n = \det P\, \tilde{\sigma}^1 \wedge \tilde{\sigma}^2 \wedge \cdots \wedge \tilde{\sigma}^n.$$

問題 2.5 $n > 2$ のときでも，等積線型変換は可逆（正則）であることを確かめよ.

外積を演算のように思いたい．そこで直和線型空間

$$\wedge^*\mathbb{V}^* = \bigoplus_{r=0}^{n} \mathrm{A}^r(\mathbb{V}) = \mathrm{A}^0(\mathbb{V}) \oplus \mathrm{A}^1(\mathbb{V}) \oplus \cdots \oplus \mathrm{A}^n(\mathbb{V})$$

を作る．$\wedge^*\mathbb{V}^*$ の元は

$$\alpha = \alpha^0 + \alpha^1 + \cdots + \alpha^n, \quad \alpha^j \in \mathrm{A}^j(\mathbb{V})$$

という形をしている．加法は

$$\alpha + \beta = (\alpha^0 + \beta^0) + (\alpha^1 + \beta^1) + \cdots + (\alpha^n + \beta^n)$$

で定義され，スカラー乗法は

$$\lambda\alpha = \lambda\alpha^0 + \lambda\alpha^1 + \cdots + \lambda\alpha^n$$

で定められる．外積 $\wedge$ は $\wedge^*\mathbb{V}^*$ 上の演算であり結合法則をみたすので結合代数（結合的多元環）である．$\wedge^*\mathbb{V}^*$ を $\mathbb{V}$ の**外積代数** (exterior algebra) とか**グラスマン代数** (Grassmann algebra) とよぶ.

例 2.2 ($\mathbb{K}^3$ の場合) $\mathbb{V} = \mathbb{K}^3$ の標準基底を $\{\mathbf{e}_1, \mathbf{e}_2, \mathbf{e}_3\}$ とする．その双対基底 $\{\mathbf{e}^1, \mathbf{e}^2, \mathbf{e}^3\}$ は

$$\mathbf{e}_1 = (1\ 0\ 0), \quad \mathbf{e}_2 = (0\ 1\ 0), \quad \mathbf{e}_3 = (0\ 0\ 1) \in \mathbb{K}_3 = (\mathbb{K}^3)^*$$

で与えられるから

$$\begin{aligned} \mathrm{A}^1(\mathbb{K}^3) &= \{\alpha = \alpha_1\,\mathbf{e}^1 + \alpha_2\,\mathbf{e}^2 + \alpha_3\,\mathbf{e}^3 \mid \alpha_1, \alpha_2, \alpha_3 \in \mathbb{K}\} \\ &= \{(\alpha_1\ \ \alpha_2\ \ \alpha_3) \mid \alpha_1, \alpha_2, \alpha_3 \in \mathbb{K}\} \end{aligned}$$

と表示できる．テンソル積 $\mathbf{e}^i \otimes \mathbf{e}^j$ は行列単位 E_{ij} と解釈できる．

$$\mathbf{e}^i \otimes \mathbf{e}^j = {}^t(\mathbf{e}^i)\mathbf{e}^j = \mathbf{e}_i\mathbf{e}^j = E_{ij}$$

実際,

$$(\mathbf{e}^i \otimes \mathbf{e}^j)(\mathbf{x}, \mathbf{y}) = \mathbf{e}^i(\mathbf{x})\,\mathbf{e}^j(\mathbf{y}) = x^i y^j.$$

一方

$${}^t\mathbf{x}\,E_{ij}\,\mathbf{y} = x^i y^j$$

であるから

$$(\mathbf{e}^i \otimes \mathbf{e}^j)(\mathbf{x}, \mathbf{y}) = {}^t\mathbf{x}\,E_{ij}\,\mathbf{y}$$

が成り立つ．したがって $F \in \mathrm{A}^2(\mathbb{K}^3)$ に対し F の表現行列を (f_{ij}) とすると

$$F(\mathbf{x}, \mathbf{y}) = {}^t\mathbf{x}(f_{ij})\mathbf{y}$$

と表せる．すると $\mathbf{e}^i \wedge \mathbf{e}^j$ は

$$\mathbf{e}^i \wedge \mathbf{e}^j = \mathbf{e}^i \otimes \mathbf{e}^j - \mathbf{e}^j \otimes \mathbf{e}^i = E_{ij} - E_{ji}$$

と解釈できる．すると

$$\mathrm{A}^2(\mathbb{V}) = \{\alpha_1\mathbf{e}^2 \wedge \mathbf{e}^3 + \alpha_2\mathbf{e}^3 \wedge \mathbf{e}^1 + \alpha_3\mathbf{e}^1 \wedge \mathbf{e}^2 \mid \alpha_1, \alpha_2, \alpha_3 \in \mathbb{R}\}$$

は

$$\mathrm{A}^2(\mathbb{V}) = \{\alpha_1(E_{23} - E_{32}) + \alpha_2(E_{31} - E_{13}) + \alpha_3(E_{12} - E_{21}) \mid \alpha_1, \alpha_2, \alpha_3 \in \mathbb{R}\}$$

と解釈できる．

$$\mathrm{A}^3(\mathbb{K}^3) = \{\alpha\,\mathbf{e}^1 \wedge \mathbf{e}^2 \wedge \mathbf{e}^3 \mid \alpha \in \mathbb{R}\}$$

においては $\mathbf{e}^1 \wedge \mathbf{e}^2 \wedge \mathbf{e}^3 = \det$ と解釈する．

$\mathrm{A}^p(\mathbb{V})$ の双対空間を調べておこう．2.2 節で $(\mathrm{T}^0_p(\mathbb{V}))^* = \mathrm{T}^0_p(\mathbb{V}^*)$ と同一視できることを説明した．双対積は

$$\langle \boldsymbol{x}_1 \otimes \boldsymbol{x}_2 \otimes \cdots \otimes \boldsymbol{x}_p, \alpha^1 \otimes \alpha^2 \otimes \cdots \otimes \alpha^p \rangle = \alpha^1(\boldsymbol{x}_1)\alpha^2(\boldsymbol{x}_2)\cdots\alpha^p(\boldsymbol{x}_p)$$

で与えられた．$\mathrm{A}^p(\mathbb{V}) \subset \mathrm{T}^0_p(\mathbb{V})$ は線型部分空間であるから，この同一視と双対積を $\mathrm{A}^p(\mathbb{V})$ に制限して $(\mathrm{A}^p(\mathbb{V}))^* = \mathrm{A}^p(\mathbb{V}^*)$ と同一視できることを確かめておこう．$\boldsymbol{x}_1, \boldsymbol{x}_2, \cdots, \boldsymbol{x}_p \in \mathbb{V}$ と $\alpha^1, \alpha^2, \cdots, \alpha^p \in \mathbb{V}^*$ に対し命題 2.1 で見つけた線型同型 $\Diamond$ により

$$(\alpha^1 \wedge \alpha^2 \wedge \cdots \alpha^p)(\boldsymbol{x}_1, \boldsymbol{x}_2, \ldots, \boldsymbol{x}_p) = (\alpha^1 \wedge \alpha^2 \wedge \cdots \alpha^p)^{\Diamond}(\boldsymbol{x}_1 \otimes \boldsymbol{x}_2 \otimes \cdots \otimes \boldsymbol{x}_p)$$

が成り立つ．ここで

$$\begin{aligned} \boldsymbol{x}_1 \wedge \boldsymbol{x}_2 \wedge \cdots \wedge \boldsymbol{x}_p &= \mathcal{A}(\boldsymbol{x}_1 \otimes \boldsymbol{x}_2 \otimes \cdots \otimes \boldsymbol{x}_p) \\ &= \sum_{\tau \in \mathfrak{S}_p} \mathrm{sgn}(\tau) \boldsymbol{x}_{\tau(1)} \otimes \boldsymbol{x}_{\tau(2)} \otimes \cdots \otimes \boldsymbol{x}_{\tau(p)} \in \mathrm{A}^p(\mathbb{V}^*) \end{aligned}$$

と公式 (2.10) を用いると

$$\begin{aligned} &(\alpha^1 \wedge \alpha^2 \wedge \cdots \wedge \alpha^p)^{\Diamond}(\boldsymbol{x}_1 \wedge \boldsymbol{x}_2 \wedge \cdots \wedge \boldsymbol{x}_p) \\ &= \sum_{\tau \in \mathfrak{S}_p} \mathrm{sgn}(\tau)(\alpha^1 \wedge \alpha^2 \wedge \cdots \wedge \alpha^p)^{\Diamond}(\boldsymbol{x}_{\tau(1)} \otimes \boldsymbol{x}_{\tau(2)} \otimes \cdots \otimes \boldsymbol{x}_{\tau(p)}) \\ &= \sum_{\tau \in \mathfrak{S}_p} \mathrm{sgn}(\tau)(\alpha^1 \wedge \alpha^2 \wedge \cdots \wedge \alpha^p)(\boldsymbol{x}_{\tau(1)}, \boldsymbol{x}_{\tau(2)}, \cdots, \boldsymbol{x}_{\tau(p)}) \\ &= \sum_{\tau \in \mathfrak{S}_p} \mathrm{sgn}(\tau) \det(\alpha^i(\boldsymbol{x}_{\tau(j)})) \\ &= p! \det(\alpha^i(\boldsymbol{x}_j)) \end{aligned}$$

が得られる．$\Diamond$ を $\mathrm{A}^p(\mathbb{V})$ に制限すると $\Diamond|_{\mathrm{A}^p(\mathbb{V})} : \mathrm{A}^p(\mathbb{V}) \to (\mathrm{A}^p(\mathbb{V}^*))^*$ は線型同型を与える（確かめよ）．したがって $\mathrm{A}^p(\mathbb{V})^* = \mathrm{A}^p(\mathbb{V}^*)$ と同一視される．$\Diamond$ の $\mathrm{A}^p(\mathbb{V})$ への制限 $\Diamond|_{\mathrm{A}^p(\mathbb{V})}$ を介して $\mathrm{A}^p(\mathbb{V})$ と $(\mathrm{A}^p(\mathbb{V}^*))^*$ を同一視し

てもよいのだが $p!$ という**無駄**が発生する（同じ量を重複して計算してしまう）．そこで双対積 $\langle\cdot,\cdot\rangle : \mathrm{A}^p(\mathbb{V})^* \times \mathrm{A}^p(\mathbb{V}) \to \mathbb{K}$ を

$$\langle \boldsymbol{x}_1 \wedge \boldsymbol{x}_2 \wedge \cdots \wedge \boldsymbol{x}_p, \alpha^1 \wedge \alpha^2 \wedge \cdots \wedge \alpha^p \rangle = \det(\alpha^i(\boldsymbol{x}_j)) \tag{2.12}$$

となるように線型同型を修正する．

canonical isomorphism$\mathbb{V}^{**} = \mathbb{V}$ を介して外積代数 $\wedge^*\mathbb{V} = \wedge^*((\mathbb{V}^*)^*)$ を考えることができる．$\mathrm{A}^p(\mathbb{V}^*)$ のことを $\wedge^p\mathbb{V}$ と表記する．たとえば $\wedge^2\mathbb{V}$ は

$$\wedge^2\mathbb{V} = \mathbb{V} \wedge \mathbb{V} = \mathrm{span}\{\boldsymbol{x} \wedge \boldsymbol{y} \mid \boldsymbol{x}, \boldsymbol{y} \in \mathbb{V}\}.$$

$\wedge^p\mathbb{V}$ の元を p-**ベクトル** ともよぶ．1-ベクトル，2-ベクトル，$\cdots$，n-ベクトルを総称して**多重ベクトル** (multi-vector) とよぶ．

多重ベクトルに関する基本用語を挙げておく．

定義 2.9 r-ベクトル $\boldsymbol{\alpha}$ が

$$\boldsymbol{\alpha} = \boldsymbol{x}_1 \wedge \boldsymbol{x}_2 \wedge \cdots \wedge \boldsymbol{x}_r, \quad \boldsymbol{x}_1, \boldsymbol{x}_2, \ldots, \boldsymbol{x}_r \in \mathbb{V}$$

と表せるとき $\boldsymbol{\alpha}$ は**分解可能** (decomposable) であるという．totally decomposable という用語を用いる文献もある ([91])．

命題 2.9 $\boldsymbol{x}_1, \boldsymbol{x}_2, \ldots, \boldsymbol{x}_r \in \mathbb{V}$ が線型従属であるための必要十分条件は，$\boldsymbol{x}_1 \wedge \boldsymbol{x}_2 \wedge \cdots \wedge \boldsymbol{x}_r = 0 \in \wedge^r\mathbb{V}$ であること．

【証明】 ($\Longrightarrow$) 仮定より，どれか 1 つのベクトルが他のベクトルたちの線型結合で表せる．たとえば $\boldsymbol{x}_r = c_1\boldsymbol{x}_1 + c_2\boldsymbol{x}_2 + \cdots + c_{r-1}\boldsymbol{x}_{r-1}$ と表せる場合，

$$\boldsymbol{x}_1 \wedge \boldsymbol{x}_2 \wedge \cdots \wedge \boldsymbol{x}_r = \sum_{i=1}^{r-1} c_i \boldsymbol{x}_1 \wedge \boldsymbol{x}_2 \wedge \cdots \wedge \boldsymbol{x}_{r-1} \wedge \boldsymbol{x}_i = 0.$$

($\Longleftarrow$) 対偶を示す．$\boldsymbol{x}_1, \boldsymbol{x}_2, \ldots, \boldsymbol{x}_r \in \mathbb{V}$ が線型独立ならば，これらを含む $\mathbb{V}$ の基底 $\{\boldsymbol{x}_1, \boldsymbol{x}_2, \ldots, \boldsymbol{x}_n\}$ が存在する．すると $\boldsymbol{x}_1 \wedge \boldsymbol{x}_2 \wedge \cdots \wedge \boldsymbol{x}_n$ は体積要

素なので $\wedge^n\mathbb{V}$ の零ベクトルにならない．ということは途中の r 個までの外積 $\boldsymbol{x}_1\wedge\boldsymbol{x}_2\wedge\cdots\wedge\boldsymbol{x}_r$ も $\wedge^r\mathbb{V}$ の零ベクトルにならない． ■

例 2.3 $\dim\mathbb{V}=3$ のとき $\wedge^2\mathbb{V}$ の元はすべて分解可能．$\boldsymbol{v}_1\wedge\boldsymbol{v}_2+\boldsymbol{v}_3\wedge\boldsymbol{v}_4\neq 0\in\wedge^2\mathbb{V}$ が分解可能であることを示せばよい（なぜか？）．$\mathrm{Span}\{\boldsymbol{v}_1,\boldsymbol{v}_2\}$ が異なるならば $\mathrm{Span}\{\boldsymbol{v}_3,\boldsymbol{v}_4\}$ は必ず交わる．$\boldsymbol{w}_1\in\mathrm{Span}\{\boldsymbol{v}_1,\boldsymbol{v}_2\}\cap\mathrm{Span}\{\boldsymbol{v}_3,\boldsymbol{v}_4\}$ を 1 つ選ぶ（もちろん $\boldsymbol{w}_1\neq\boldsymbol{0}$）．すると $\boldsymbol{v}_1\wedge\boldsymbol{v}_2=\boldsymbol{w}_1\wedge\boldsymbol{w}_2$ となる $\boldsymbol{w}_2\in\mathrm{Span}\{\boldsymbol{v}_1,\boldsymbol{v}_2\}$ が見つかる．同じ要領で $\boldsymbol{v}_3\wedge\boldsymbol{v}_4=\boldsymbol{w}_1\wedge\boldsymbol{w}_3$ となる $\boldsymbol{w}_3\in\mathrm{Span}\{\boldsymbol{v}_3,\boldsymbol{v}_4\}$ が見つかる．すると

$$\boldsymbol{v}_1\wedge\boldsymbol{v}_2+\boldsymbol{v}_3\wedge\boldsymbol{v}_4=\boldsymbol{w}_1\wedge(\boldsymbol{w}_2+\boldsymbol{w}_3)$$

と書き直せる．

例 2.4 $\dim\mathbb{V}\geq 4$ のとき $\wedge^2\mathbb{V}$ の元は分解可能でない元を含む．線型独立な $\{\boldsymbol{v}_1,\boldsymbol{v}_2,\boldsymbol{v}_3,\boldsymbol{v}_4\}$ に対し $\boldsymbol{v}_1\wedge\boldsymbol{v}_2+\boldsymbol{v}_3\wedge\boldsymbol{v}_4\neq 0$ は分解不可能．もし $\boldsymbol{x}=\boldsymbol{v}_1\wedge\boldsymbol{v}_2+\boldsymbol{v}_3\wedge\boldsymbol{v}_4$ が分解可能なら $\boldsymbol{x}=\boldsymbol{y}\wedge\boldsymbol{z}$ と表せるから

$$\boldsymbol{x}\wedge\boldsymbol{x}=\boldsymbol{y}\wedge\boldsymbol{z}\wedge\boldsymbol{y}\wedge\boldsymbol{z}=0.$$

一方，

$$(\boldsymbol{v}_1\wedge\boldsymbol{v}_2+\boldsymbol{v}_3\wedge\boldsymbol{v}_4)\wedge(\boldsymbol{v}_1\wedge\boldsymbol{v}_2+\boldsymbol{v}_3\wedge\boldsymbol{v}_4)=2\,\boldsymbol{v}_1\wedge\boldsymbol{v}_2\wedge\boldsymbol{v}_3\wedge\boldsymbol{v}_4\neq 0.$$

命題 2.10 $\boldsymbol{\alpha}\in\wedge^r\mathbb{V}$ と $\boldsymbol{v}\in\mathbb{V}$ に対し，次の 2 条件は互いに同値である．

(1) ある $\boldsymbol{\beta}\in\wedge^{r-1}\mathbb{V}$ を用いて $\boldsymbol{\alpha}=\boldsymbol{v}\wedge\boldsymbol{\beta}$ と表せる．

(2) $\boldsymbol{\alpha}\wedge\boldsymbol{v}=0$.

【証明】 (1) $\Longrightarrow$ (2) は明らか．(2) $\Longrightarrow$ (1) を示そう．$\boldsymbol{v}_1=\boldsymbol{v}$ とおき，これを含む基底 $\{\boldsymbol{v}_1,\boldsymbol{v}_2,\ldots,\boldsymbol{v}_n\}$ を採る．この基底を用いて $\boldsymbol{\alpha}$ を

$$\boldsymbol{\alpha}=\sum_{1\leq i_1<i_2<\cdots<i_r}a_{i_1i_2\ldots i_r}\boldsymbol{v}_{i_1}\wedge\boldsymbol{v}_{i_2}\wedge\cdots\wedge\boldsymbol{v}_{i_r}$$

と表す.

$$0 = \boldsymbol{v}_1 \wedge \boldsymbol{\alpha} = \sum_{1<i_1<i_2<\cdots<i_r} a_{i_1 i_2 \ldots i_r} \boldsymbol{v}_1 \wedge \boldsymbol{v}_{i_1} \wedge \boldsymbol{v}_{i_2} \wedge \cdots \wedge \boldsymbol{v}_{i_r}$$

より

$$1 < i_1 < i_2 < \cdots < i_r \leq n \Longrightarrow a_{i_1 i_2 \ldots i_r} = 0$$

が成り立つから

$$\begin{aligned}
\boldsymbol{\alpha} &= \sum_{1\leq i_1<i_2<\cdots<i_r\leq n} a_{i_1 i_2 \ldots i_r} \boldsymbol{v}_{i_1} \wedge \boldsymbol{v}_{i_2} \wedge \cdots \wedge \boldsymbol{v}_{i_r} \\
&= \sum_{i_1=1<i_2<\cdots<i_r\leq n} a_{1 i_2 \ldots i_r} \boldsymbol{v}_1 \wedge \boldsymbol{v}_{i_2} \wedge \cdots \wedge \boldsymbol{v}_{i_r} \\
&= \boldsymbol{v} \wedge \left(\sum_{1<i_1<i_2<\cdots<i_r\leq n} a_{1 i_2 \ldots i_r} \boldsymbol{v}_{i_2} \wedge \cdots \wedge \boldsymbol{v}_{i_r} \right).
\end{aligned}$$

この右辺に登場した $(r-1)$ ベクトルを $\boldsymbol{\beta}$ とおけばよい. ■

この命題を元に，線型写像

$$\wedge\boldsymbol{\alpha} : \mathbb{V} \to \wedge^{r+1}\mathbb{V}; \quad \boldsymbol{v} \longmapsto \boldsymbol{v} \wedge \boldsymbol{\alpha}$$

を考察しよう. この線型写像の核 $\mathrm{Ker}(\wedge\boldsymbol{\alpha})$ を調べよう.

命題 2.11 $\boldsymbol{\alpha} \in \wedge^r\mathbb{V}$ に対し，$\boldsymbol{\alpha}$ が分解可能であるための必要十分条件は $\dim \mathrm{Ker}(\wedge\boldsymbol{\alpha}) = r$ なることである.

【証明】 $\boldsymbol{\alpha} = 0$ のときは自明なので，以下 $\boldsymbol{\alpha} \neq 0$ とする. (1) $\Longrightarrow$ (2): $\boldsymbol{\alpha} = \boldsymbol{x}_1 \wedge \boldsymbol{x}_2 \wedge \cdots \wedge \boldsymbol{x}_r$ とすると $\{\boldsymbol{x}_1, \boldsymbol{x}_2, \cdots, \boldsymbol{x}_r\}$ は線型独立なので $\dim \mathrm{Span}\{\boldsymbol{x}_1, \boldsymbol{x}_2, \cdots, \boldsymbol{x}_r\} = r$. このことから $\dim \mathrm{Ker}(\wedge\boldsymbol{\alpha}) = r$ がわかる. (2) $\Longrightarrow$ (2): $\mathrm{Ker}(\wedge\boldsymbol{\alpha})$ の基底 $\{\boldsymbol{x}_1, \boldsymbol{x}_2, \cdots, \boldsymbol{x}_r\}$ を採る. 各 $i \in \{1, 2, \ldots, r\}$ に対し $\boldsymbol{\alpha} \wedge \boldsymbol{v}_i = 0$ である. $\boldsymbol{\alpha}$ を

$$\boldsymbol{\alpha} = \sum_{1\leq i_1<i_2<\cdots<i_r} a_{i_1 i_2 \ldots i_r} \boldsymbol{x}_{i_1} \wedge \boldsymbol{x}_{i_2} \wedge \cdots \wedge \boldsymbol{x}_{i_r}$$

と表すと $\boldsymbol{\alpha} \wedge \boldsymbol{v}_i = 0$ より $\{i_1 i_2 \ldots i_r\} \neq \{1, 2, \ldots, r\}$ ならば $a_{i_1 i_2 \ldots i_r} = 0$ となってしまう．したがって

$$\boldsymbol{\alpha} = (a_{12\ldots r}\boldsymbol{x}_1) \wedge \boldsymbol{x}_2 \wedge \cdots \wedge \boldsymbol{x}_r$$

と表せることがわかった． ■

註 2.3 $\boldsymbol{\alpha} \in \wedge^r \mathbb{V}$ に対し，$\boldsymbol{\alpha}$ が分解可能であるための必要十分条件は $\mathrm{rank}(\wedge\boldsymbol{\alpha}) \leq n - r$ なることである．

$\mathcal{P} : \wedge^r \mathbb{V} \to \mathrm{Hom}(\mathbb{V}, \wedge^{r+1}\mathbb{V})$ を $\mathcal{P}(\boldsymbol{\alpha}) = \boldsymbol{\alpha}\wedge$ で定めると，これは線型写像である．グラスマン多様体が射影代数多様体であることを証明する際にこの事実は活用される．[91, Lecture 6] を参照．

次の補題はカルタンの補題とよばれ微分幾何学で活用されている[*5]．

補題 2.1 (カルタンの補題) $\boldsymbol{x}_1, \boldsymbol{x}_2, \ldots, \boldsymbol{x}_r \in \mathbb{V}$ が線型独立であるとする．$\boldsymbol{y}_1, \boldsymbol{y}_2, \ldots, \boldsymbol{y}_r \in \mathbb{V}$ が

$$\sum_{i=1}^{r} \boldsymbol{x}_i \wedge \boldsymbol{y}_i = 0 \in \wedge^2 \mathbb{V}$$

ならば，対称行列 $A = (a_{ij}) \in \mathrm{Sym}_r\mathbb{R}$ が存在して

$$(\boldsymbol{y}_1 \ \boldsymbol{y}_2 \ \cdots \ \boldsymbol{y}_r) = (\boldsymbol{x}_1 \ \boldsymbol{x}_2 \ \cdots \ \boldsymbol{x}_r)A$$

が成り立つ．

【証明】 $\{\boldsymbol{x}_1, \boldsymbol{x}_2, \ldots, \boldsymbol{x}_r\}$ がを含む $\mathbb{V}$ の基底 $\{\boldsymbol{x}_1, \boldsymbol{x}_2, \ldots, \boldsymbol{x}_n\}$ を採り

$$\boldsymbol{y}_i = \sum_{j=1}^{r} a_{ij}\boldsymbol{x}_j + \sum_{j=r+1}^{n} b_{ij}\boldsymbol{x}_j, \quad i = 1, 2, \ldots, r$$

[*5] E. Cartan, *Les systèmes différentiels exterieurs et leurs applications geométriques*, Actualités Scientifiques et Industrielles. No. 994, Hermann & Cie., 1945.

と表示する．

$$
\begin{aligned}
0 = \sum_{i=1}^{r} \boldsymbol{x}_i \wedge \boldsymbol{y}_i &= \sum_{i,j=1}^{r} a_{ij} \boldsymbol{x}_i \wedge \boldsymbol{x}_j + \sum_{i=1}^{n} \sum_{j=r+1}^{n} b_{ij} \boldsymbol{x}_i \wedge \boldsymbol{x}_j \\
&= \sum_{i<j\le r} (a_{ij} - a_{ji}) \boldsymbol{x}_i \wedge \boldsymbol{x}_j + \sum_{i\le r<j} b_{ij} \boldsymbol{x}_i \wedge \boldsymbol{x}_j
\end{aligned}
$$

より $a_{ij} = a_{ji}$ かつ $b_{ij} = 0$ を得る． ■

《節末問題》

節末問題 2.3.1 $F \in \mathrm{A}^p(\mathbb{V})$ と $\boldsymbol{v} \in \mathbb{V}$ に対し $\boldsymbol{v}$ による F の**内部積** (interior product) $\iota_{\boldsymbol{v}} F \in \mathrm{A}^{p-1}(\mathbb{V})$ を

$$
(\iota_{\boldsymbol{v}} F)(\boldsymbol{x}_1, \boldsymbol{x}_2, \ldots, \boldsymbol{x}_{p-1}) = F(\boldsymbol{v}, \boldsymbol{x}_1, \boldsymbol{x}_2, \ldots, \boldsymbol{x}_{p-1})
$$

で定義する．$F \in \mathrm{A}^p(\mathbb{V})$，$G \in \mathrm{A}^q(\mathbb{V})$ に対し

$$
\iota_{\boldsymbol{v}}(F \wedge G) = (\iota_{\boldsymbol{v}} F) \wedge G + (-1)^p F \wedge (\iota_{\boldsymbol{v}} G) \tag{2.13}
$$

が成り立つことを確かめよ．内部積は $F \lrcorner \boldsymbol{v}$ とか $\boldsymbol{v} \llcorner F$ とも書かれる．

註 2.4 交代化作用素の定義には 2 通りの流儀がある．$F \in \mathrm{A}^p(\mathbb{V})$ に対し

(1) $\mathcal{A}(F) = \frac{1}{p!} \sum_{\tau \in \mathfrak{S}_p} \mathrm{sgn}(\tau)\, (\tau \cdot F)$.

(2) $\overline{\mathcal{A}}(F) = \sum_{\tau \in \mathfrak{S}_p} \mathrm{sgn}(\tau)\, (\tau \cdot F)$.

区別のため (2) の流儀の交代化作用素を $\overline{\mathcal{A}}$ と記した．本書は (1) を採用している．

- 文献 [40, 64] では交代化作用素を (2) で定義し，外積を

$$
\alpha \wedge \beta = \frac{1}{p!q!} \overline{\mathcal{A}}_{p+q}(\alpha \otimes \beta), \quad \alpha \in \mathrm{A}^p(\mathbb{V}),\ \beta \in \mathrm{A}^q(\mathbb{V})
$$

  と定義している．外積の定義はこの本の定義と一致する．したがって (2.13) が成り立つ．

- 文献 [98] では交代化作用素を (1) で定義し，外積を

$$
\alpha \,\overline{\wedge}\, \beta = \mathcal{A}_{p+q}(\alpha \otimes \beta), \quad \alpha \in \mathrm{A}^p(\mathbb{V}),\ \beta \in \mathrm{A}^q(\mathbb{V})
$$

で定義している（区別のため外積の記号を $\bar{\wedge}$ に変えてある）．この本の外積 $\wedge$ とは

$$\alpha \,\bar{\wedge}\, \beta = \frac{1}{(p+q)!} \alpha \wedge \beta$$

という関係にある．内部積は $F \in \mathrm{A}^p(\mathbb{V})$ に対し

$$(\iota_{\boldsymbol{v}} F)(\boldsymbol{x}_1, \boldsymbol{x}_2, \ldots, \boldsymbol{x}_{p-1}) = p\, F(\boldsymbol{v}, \boldsymbol{x}_1, \boldsymbol{x}_2, \ldots, \boldsymbol{x}_{p-1})$$

と定義する．この定義の下で (2.13) が成り立つ．

流儀の違いの長所・短所については文献 [39, 第 3 章. 付録]，[40, § 4.3 脚注] も参照されたい．文献 [39] では (1) を流儀 B，(2) を流儀 A とよんでいる．

2.4 対称形式

前節で交代形式を扱った．この節では対称形式を取り扱う．前節と同様の議論で説明される部分については，繰り返しを避けて概要の紹介にとどめ，相違点に力点を置くことにする．まず対称化作用素を定義する．

行列式の「対称版」である恒久式を説明しよう．

$\mathbb{K}^n$ の n 本のベクトル $\mathbf{x}_1, \mathbf{x}_2, \ldots, \mathbf{x}_n$ を標準基底 $\{\mathbf{e}_1, \mathbf{e}_2, \ldots, \mathbf{e}_n\}$ を用いて

$$\mathbf{x}_j = \sum_{k=1}^{n} x_{i_k\, j} \mathbf{e}_{i_k}, \quad i_1, i_2, \ldots, i_n, j = 1, 2, \ldots, n$$

と表す．

$$\mathrm{per}\,(\mathbf{x}_1 \ \mathbf{x}_2 \ \cdots \ \mathbf{x}_n) = \sum_{\tau \in \mathfrak{S}_n} x_{1\tau(1)} x_{2\tau(2)} \cdots x_{n\tau(n)}$$

で $\mathrm{per} \in \mathrm{T}_n^0(\mathbb{K}^n)$ を定め，**恒久式**（永久式，permanent）とよぶ．per は $\mathbb{K}^n$ 上の n 階の対称形式である（パーマネントとよばれることが多い）．

正方行列 $X = (x_j{}^i) \in \mathrm{M}_n\mathbb{K}$ に対し $X = (\mathbf{x}_1 \ \mathbf{x}_2 \ \ldots \ \mathbf{x}_n)$ と列ベクトルに分解し

$$\mathrm{per}\, X = \mathrm{per}\,(\mathbf{x}_1 \ \mathbf{x}_2 \ \cdots \ \mathbf{x}_n)$$

と定め X の恒久式とよぶ．

問題 2.6 $A=(a_{ij})\in \mathrm{M}_2\mathbb{R}$ が $a_{11}+a_{12}=a_{21}+a_{22}=a_{11}+a_{21}=a_{12}+a_{22}=1$ かつ $0\leq a_{11},a_{12},a_{21},a_{22}\leq 1$ をみたすとき $\mathrm{per}\,A$ の最小値を求めよ.

命題 2.12 $F\in \mathrm{T}^0_r(\mathbb{V})$ に対し

$$(\mathcal{S}F)(\boldsymbol{x}_1,\boldsymbol{x}_2,\ldots,\boldsymbol{x}_r)=\frac{1}{r!}\sum_{\tau\in\mathfrak{S}_r}F(\boldsymbol{x}_{\tau(1)},\boldsymbol{x}_{\tau(2)},\ldots,\boldsymbol{x}_{\tau(r)})$$

で $\mathcal{S}(F)\in \mathrm{T}^0_r(\mathbb{V})$ を定めると $\mathcal{S}(F)\in \mathrm{S}^r(\mathbb{V})$ である. これを F の**対称化** (symmetrization) という. 対応 $F\longmapsto \mathcal{S}(F)$ で定まる線型写像 $\mathcal{S}:\mathrm{T}^0_r(\mathbb{V})\to \mathrm{S}^r(\mathbb{V})$ を**対称化作用素**とよぶ. 次数を明記することが望ましいときは $\mathcal{S}_r$ と表記する.

定義の仕方から $\mathcal{S}$ が線型写像であることが読みとれる. $r=2$ のとき (1.6) で定めた $\mathcal{S}$ と一致していることに注意.

命題 2.13 $\mathbb{K}$ 線型空間 $\mathbb{V}$ において, $\alpha^1,\alpha^2,\ldots,\alpha^r\in\mathbb{V}^*$, $\boldsymbol{x}_1,\boldsymbol{x}_2,\ldots,\boldsymbol{x}_r\in\mathbb{V}$, $\tau\in\mathfrak{S}_r$ に対し以下が成り立つ.

$$\mathcal{S}(\alpha^1\otimes\alpha^2\otimes\cdots\otimes\alpha^r)(\boldsymbol{x}_1,\boldsymbol{x}_2,\ldots,\boldsymbol{x}_r)=\frac{1}{r!}\,\mathrm{per}(\alpha^i(\boldsymbol{x}_j)), \tag{2.14}$$

$$\mathcal{S}(\alpha^1\otimes\alpha^2\otimes\cdots\otimes\alpha^r)=\frac{1}{r!}\sum_{\nu\in\mathfrak{S}_r}\alpha^{\nu(1)}\otimes\alpha^{\nu(2)}\otimes\cdots\otimes\alpha^{\nu(r)}, \tag{2.15}$$

$$\mathcal{S}(\alpha^{\nu(1)}\otimes\alpha^{\nu(2)}\otimes\cdots\otimes\alpha^{\nu(r)})=\mathcal{S}(\alpha^1\otimes\alpha^2\otimes\cdots\otimes\alpha^r). \tag{2.16}$$

命題 2.5 と同様に次が成り立つ.

命題 2.14 $F\in\mathrm{T}^0_r(\mathbb{V})$ に対し $F\in\mathrm{S}^r(\mathbb{V})\Longleftrightarrow\mathcal{S}(F)=F$.

$$F\in\mathrm{S}^r(\mathbb{V})\Longrightarrow\mathcal{A}(F)=0,\quad F\in\mathrm{A}^r(\mathbb{V})\Longrightarrow\mathcal{S}(F)=0$$

であることを注意しておこう.

命題 2.13 から次が示される.

命題 2.15 $\alpha \in \mathrm{T}_p^0(\mathbb{V})$, $\beta \in \mathrm{T}_q^0(\mathbb{V})$ に対し

$$\mathcal{S}_{p+q}(\mathcal{S}_p(\alpha) \otimes \mathcal{S}_q(\beta)) = \mathcal{S}_{p+q}(\alpha \otimes \beta). \tag{2.17}$$

次に対称積を定めるが，外積と不揃いな定義を採用することを注意しておく*6.

定義 2.10 $\alpha \in \mathrm{S}^p(\mathbb{V})$, $\beta \in \mathrm{S}^q(\mathbb{V})$ に対し α と β の**対称積**を

$$\alpha \odot \beta = \mathcal{S}(\alpha \otimes \beta) \in \mathrm{S}^{p+q}(\mathbb{V})$$

で定める.

$\alpha, \beta \in \mathrm{S}^1(\mathbb{V})$ の場合

$$\alpha \odot \beta = \frac{1}{2}(\alpha \otimes \beta + \beta \otimes \alpha)$$

である. $p = 0$ または $q = 0$ の場合はどうなっているか確認しておこう. $p = 0$ のとき

$$\alpha \odot \beta = \mathcal{S}_q(\alpha\, \beta) = \alpha\, \mathcal{S}_q(\beta) = \alpha\, \beta$$

なので α によるスカラー乗法である. $q = 0$ のときも同様に

$$\alpha \odot \beta = \mathcal{S}_p(\alpha\, \beta) = \beta\, \mathcal{S}_p(\alpha) = \beta\, \alpha$$

なので β によるスカラー乗法である. テンソル積と対称化作用素を使って $\odot$ が定義されているので $\odot$ は次の性質をもつことがわかる.

命題 2.16 対称積 $\odot$ を $\odot : \mathrm{S}^p(\mathbb{V}) \times \mathrm{S}^q(\mathbb{V}) \to \mathrm{S}^{p+q}(\mathbb{V})$ という写像と考えると

---

*6 代数学などを専攻する読者からすると「不揃い」で奇妙に思えるかもしれないが，$\wedge$ と $\odot$ については，幾何学や数理物理学で多く用いられる定義をこの本では採用している. この本の外積と対称積の定義は多様体の教科書 [64] と一致する.

(1) $(\alpha+\beta)\odot\gamma=\alpha\wedge\gamma+\beta\odot\gamma,\quad \alpha,\beta\in \mathrm{S}^p(\mathbb{V}),\ \gamma\in \mathrm{S}^q(\mathbb{V})$.

(2) $c(\alpha\odot\gamma)=(c\alpha)\odot\gamma=\alpha\odot(c\gamma),\quad c\in\mathbb{K},\ \alpha\in \mathrm{S}^p(\mathbb{V}),\ \gamma\in \mathrm{S}^q(\mathbb{V})$

(3) $\alpha\odot(\gamma+\eta)=\alpha\odot\gamma+\alpha\odot\eta,\quad \alpha\in \mathrm{S}^p(\mathbb{V}),\ \gamma,\eta\in \mathrm{S}^q(\mathbb{V})$.

が成り立つ.

さらに次が成り立つ.

命題 2.17 $\alpha\in \mathrm{S}^p(\mathbb{V})$, $\beta\in \mathrm{S}^q(\mathbb{V})$, $\gamma\in \mathrm{S}^r(\mathbb{V})$ に対し

$$(\alpha\odot\beta)\odot\gamma=\alpha\odot(\beta\odot\gamma), \tag{2.18}$$

$$\alpha\odot\beta=\beta\odot\alpha \tag{2.19}$$

が成立する.

$\mathbb{V}$ 上の対称形式のなす線型空間 $\mathrm{S}^r(\mathbb{V})$ の次元を求めよう. $\mathbb{V}$ の基底 $\{\boldsymbol{e}_1,\boldsymbol{e}_2,\ldots,\boldsymbol{e}_n\}$ をとり, その双対基底を $\Sigma=\{\sigma^1,\sigma^2,\ldots,\sigma^n\}$ とすると, $F\in \mathrm{S}^2(\mathbb{V})$ に対し $f_{ij}=F(\boldsymbol{e}_i,\boldsymbol{e}_j)$ とおくと $f_{ij}=f_{ji}$ より

$$F=\sum_{i,j=1}^{n} f_{ij}\sigma^i\otimes\sigma^j=\sum_{i=1}^{n} f_{ii}\sigma^i\otimes\sigma^i+\sum_{i<j} f_{ii}\sigma^i\odot\sigma^j$$

と表せる. $\sigma^i\otimes\sigma^i=\sigma^i\odot\sigma^i$ に注意すると

$$\{\sigma^i\odot\sigma^j\}_{1\leq i\leq j\leq n}$$

が $\mathrm{S}^2(\mathbb{V})$ の基底である（既習！）. この議論と同様に

$$\{\sigma^{i_1}\odot\sigma^{i_2}\odot\cdots\odot\sigma^{i_r}\mid 1\leq i_1\leq i_2\leq\cdots\leq i_r\leq n\}$$

が $\mathrm{S}^r(\mathbb{V})$ の基底であることがわかる（確かめよ）. したがって

$$\dim \mathrm{S}^r(\mathbb{V})={}_n\mathrm{H}_r={}_{n+r-1}\mathrm{C}_r$$

である. 交代形式のときと異なり $r>n$ でも 0 でない交代形式が存在する.

外積代数と同様に対称代数を定義しよう．この場合は

$$\odot\mathbb{V}^* = \bigoplus_{r=0}^{\infty} \mathrm{S}^r(\mathbb{V}) = \mathrm{S}^0(\mathbb{V}) \oplus \mathrm{S}^1(\mathbb{V}) \oplus \cdots \oplus \mathrm{S}^n(\mathbb{V}) \oplus \cdots$$

という無限次元の線型空間（多元環）になる．正確には次のように定める．

$$F = \sum F^i = F^0 + F^1 + F^2 + \cdots + F^n + \cdots, \quad F^i \in \mathrm{S}^i(\mathbb{V})$$

という和の全体を $\odot\mathbb{V}^*$ とする．ただし $\{F^0, F^1, \ldots\}$ の内，0 でないものは**有限個**とする．すると F，$G \in \odot\mathbb{V}^*$ に対し

$$F + G = (F^0 + G^0) + (F^1 + G^1) + \cdots +$$

は有限個の和なのでちゃんと確定する．スカラー乗法も

$$cF = (cF^0) + (cF^1) + \cdots$$

と定義できて，$\odot\mathbb{V}^*$ は $\mathbb{K}$ 線型空間になる．ただし無限次元である．対称積 $\odot$ は $\odot\mathbb{V}^*$ 上の演算を定めていて，結合代数になっている．とくに対称積は可換である．$\odot\mathbb{V}^*$ を $\mathbb{V}$ の**対称代数** (symmetric algebra) とよぶ．

註 2.5 (テンソル代数) これまで，述べる機会がなかったので，紹介しそびれていたが無限次元の多元環

$$\bigoplus_{r=0}^{\infty} \mathrm{T}^0_r(\mathbb{V}) = \mathrm{T}^0_0(\mathbb{V}) \oplus \mathrm{T}^0_1(\mathbb{V}) \oplus \cdots \oplus \mathrm{T}^0_n(\mathbb{V}) \oplus \cdots$$

を対称代数と同様に定義できる．$\bigoplus_{r=0}^{\infty} \mathrm{T}^0_r(\mathbb{V})$ のことを $\mathbb{V}$ の**共変テンソル代数**という．同様に

$$\bigoplus_{r=0}^{\infty} \mathrm{T}^r_0(\mathbb{V}) = \mathrm{T}^0_0(\mathbb{V}) \oplus \mathrm{T}^1_0(\mathbb{V}) \oplus \cdots \oplus \mathrm{T}^n_0(\mathbb{V}) \oplus \cdots$$

を $\mathbb{V}$ の**反変テンソル代数**という（単に**テンソル代数**ということもある）．幾何学や物理の応用を視野に入れると多元環

$$\mathrm{T}(\mathbb{V}) = \bigoplus_{p,q=0}^{\infty} \mathrm{T}^p_q(\mathbb{V})$$

をテンソル代数とよぶと都合がよいのだが，代数学などでの用法も考慮し，この本では**全テンソル代数**とよぶことにする．

2.5　ユークリッド線型空間上のテンソル

この節では $\mathbb{V}$ を内積 $(\cdot|\cdot)$ が指定された n 次元ユークリッド線型空間とする．$\mathrm{A}^r(\mathbb{V})$ に内積を導入する方法を説明する．

$\mathbb{V}^*$ の正規直交基底

1.3 節で説明した $\mathbb{V}$ と $\mathbb{V}^*$ の線型同型を復習しよう．内積を介して $\mathbb{V}$ と $\mathbb{V}^*$ の間に基底に依存しない線型同型

$$\flat : \mathbb{V} \to \mathbb{V}^*; \quad \boldsymbol{v} \longmapsto \flat\boldsymbol{v}, \quad (\flat\boldsymbol{v})(\boldsymbol{w}) = (\boldsymbol{v}|\boldsymbol{w})$$

と $\sharp = \flat^{-1} : \mathbb{V}^* \to \mathbb{V}$ が定まる．$\mathbb{V}^*$ の内積 $(\cdot|\cdot)_{\mathbb{V}^*}$ を

$$(\alpha|\beta)_{\mathbb{V}^*} = (\sharp\alpha|\sharp\beta), \quad \alpha, \beta \in \mathbb{V}^*$$

で定義する．以後，$(\cdot|\cdot)_{\mathbb{V}^*}$ を $(\cdot|\cdot)$ と略記する．

$\mathbb{V}$ の基底 $\mathcal{E} = \{\boldsymbol{e}_1, \boldsymbol{e}_2, \ldots, \boldsymbol{e}_n\}$ の双対基底を（いつものように）$\Sigma = \{\sigma^1, \sigma^2, \ldots, \sigma^n\}$ とする．定義より $\sigma^i(\boldsymbol{e}_j) = \delta_j^{\ i}$ である．ここで $\sharp\sigma^i$ を求めてみると

$$(\sharp\sigma^i|\boldsymbol{e}_j) = \sigma^i(\boldsymbol{e}_j) = \delta_j^{\ i}$$

であるから $\sharp\sigma^i = \boldsymbol{e}_i$，すなわち $\sigma^i = \flat\boldsymbol{e}_i$ であることがわかる．

$$g_{ij} = (\boldsymbol{e}_i|\boldsymbol{e}_j), \quad 1 \leq i, j \leq n$$

とおこう．$g_{ij} = g_{ji}$ に注意．g_{ij} を (i,j) 成分にもつ行列 (g_{ij}) の逆行列 $(g_{ij})^{-1}$ の (i,j) 成分を g^{ij} とする．

ユークリッド線型空間 $\mathbb{V}$ においては $\mathbb{V}^* = \mathbb{V}$ と考えてよい．そのとき，ベクトル $\boldsymbol{v}$ を反変ベクトル（$\mathbb{V}$ の元）と考え

$$\boldsymbol{v} = \sum_{i=1}^{n} v^i \boldsymbol{e}_i$$

と表示したとき，この表示を $\boldsymbol{v}$ の**反変表示** $(v^1, v^2, \ldots, v^n)$ を $\boldsymbol{v}$ の**反変成分**という．一方，ベクトル $\boldsymbol{v}$ を共変ベクトル（$\mathbb{V}^*$ の元）と考え

$$\boldsymbol{v} = \sum_{i=1}^{n} v_i\, \sigma^i, \quad \sigma^i = \flat \boldsymbol{e}_i$$

と表示したとき，この表示を $\boldsymbol{v}$ の**共変表示** $(v_1, v_2, \ldots, v_n)$ を $\boldsymbol{v}$ の**共変成分**という．反変成分と共変成分は関係式

$$v^i = \sum_{j=1}^{n} g^{ij} v_j, \quad v_i = \sum_{j=1}^{n} g_{ij} v^j$$

で結びついている．

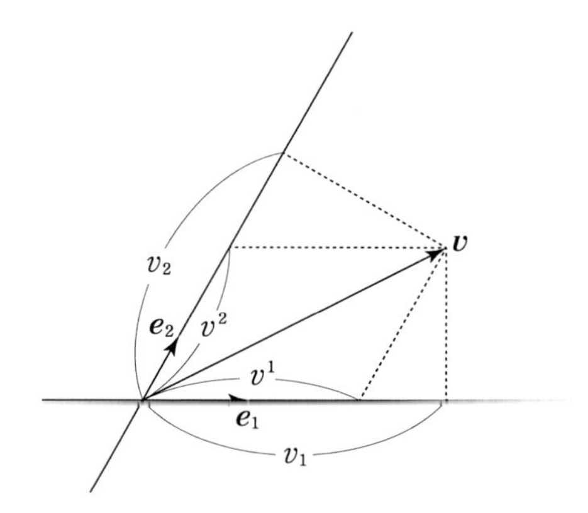

図 2.1 反変成分と共変成分

ユークリッド線型空間では正規直交基底を活用するとよい．$\mathbb{V}$ の正規直交基底 $\mathcal{U} = \{\boldsymbol{u}_1, \boldsymbol{u}_2, \ldots, \boldsymbol{u}_n\}$ に対し双対基底

$$\{\boldsymbol{u}^1, \boldsymbol{u}^2, \ldots, \boldsymbol{u}^n\}, \quad \boldsymbol{u}^i = \flat \boldsymbol{u}_1, \quad i = 1, 2, \ldots, n$$

も正規直交基底である．ベクトル $\boldsymbol{v} \in \mathbb{V}$ の反変成分 $(v^1, v^2, \ldots, v^n)$ と共変成分 $(v_1, v_2, \ldots, v_n)$ は $g_{ij} = (\boldsymbol{e}_i|\boldsymbol{e}_j) = \delta_{ij}$ より $v^i = v_i$ をみたすことがわかる（図 2.1 と見比べよ）．

反変ベクトルの成分変換法則と共変ベクトルの成分変換法則を正規直交基底の場合に書いてみよう．別の正規直交基底 $\widetilde{\mathcal{U}} = \{\tilde{\boldsymbol{u}}_1, \tilde{\boldsymbol{u}}_2, \ldots, \tilde{\boldsymbol{u}}_n\}$ と $\mathcal{U}$ は

$$(\tilde{\boldsymbol{u}}_1, \tilde{\boldsymbol{u}}_2, \ldots, \tilde{\boldsymbol{u}}_n) = (\boldsymbol{u}_1, \boldsymbol{u}_2, \ldots, \boldsymbol{u}_n)P$$

で結びついているならば P は直交行列である．実際

$$\begin{aligned}(\tilde{\boldsymbol{u}}_i \,|\tilde{\boldsymbol{u}}_j) &= \left(\sum_{k=1}^{n} p_i{}^k \boldsymbol{u}_k \,\middle|\, \sum_{l=1}^{n} p_j{}^l \boldsymbol{u}_l\right) = \sum_{k=1}^{n}\sum_{l=1}^{n} p_i{}^k p_j{}^l (\boldsymbol{u}_k|\boldsymbol{u}_l) \\ &= \sum_{k=1}^{n}\sum_{l=1}^{n} p_i{}^k p_j{}^l \,\delta_{kl} = \sum_{k=1}^{n} p_i{}^k p_j{}^k = ({}^tPP)_j{}^i\end{aligned}$$

だから．双対基底の変換は (1.2) より

$$\left(\tilde{\sigma}^1, \tilde{\sigma}^1, \ldots \tilde{\sigma}^n\right) = ({}^tP)^{-1}(\sigma^1, \sigma^2, \ldots, \sigma^n)$$

で与えられるが，今は $\tilde{\sigma}^j = \flat\boldsymbol{u}_j = \boldsymbol{u}^j$，$P \in \mathrm{O}(n)$ より

$$(\tilde{\boldsymbol{u}}^1, \tilde{\boldsymbol{u}}^2, \ldots, \tilde{\boldsymbol{u}}^n) = (\boldsymbol{u}^1, \boldsymbol{u}^2, \ldots, \boldsymbol{u}^n)P$$

と書き換えられる．つまり**変換法則だけを見ているだけでは**反変ベクトル $\sum_{i=1}^{n} v^i \boldsymbol{u}_i$ と共変ベクトル $\sum_{i=1}^{n} v_i \,\boldsymbol{u}_i$ は**区別できない**のである．

$\mathrm{T}_r^0(\mathbb{V})$ の内積

交代形式のなす線型空間 $\mathrm{A}^r(\mathbb{V})$ にも内積を定めよう．まず $\mathrm{A}^2(\mathbb{V})$ から始める．$\mathrm{A}^2(\mathbb{V})$ は $\mathrm{T}_0^2(\mathbb{V})$ の線型部分空間なので，$\mathrm{T}_2^0(\mathbb{V})$ の内積を事前に考えておこう．

例 2.5 ($\mathrm{T}^0_2(\mathbb{V})$ **の内積**) 基底として

$$\{\boldsymbol{u}^i \otimes \boldsymbol{u}^j \mid i, j = 1, 2, \ldots, n\}$$

が選べる．そこで $\mathrm{T}^0_2(\mathbb{V})$ の内積 $(\cdot|\cdot) = (\cdot|\cdot)_{\mathrm{T}^0_2}$ を，この基底が正規直交，すなわち

$$(\boldsymbol{u}^i \otimes \boldsymbol{u}^j | \boldsymbol{u}^i \otimes \boldsymbol{u}^j) = 1, \quad 1 \leq i, j \leq n,$$
$$(\boldsymbol{u}^i \otimes \boldsymbol{u}^j | \boldsymbol{u}^k \otimes \boldsymbol{u}^l) = 0, \quad 1 \leq i, j, k, l \leq n,\ (i, j) \neq (k, l)$$

と定めてみよう．

$$\mathsf{f} = \sum_{i,j=1}^{n} f_{ij} \boldsymbol{u}^i \otimes \boldsymbol{u}^j, \quad \mathsf{h} = \sum_{i,j=1}^{n} h_{ij} \boldsymbol{u}^i \otimes \boldsymbol{u}^j \in \mathrm{T}^0_2(\mathbb{V})$$

ならば

$$(\mathsf{f}|\mathsf{h}) = \sum_{i,j=1}^{n} f_{ij} h_{ij}$$

である．この定義が正規直交基底の選び方に依存しないことを確かめないといけない．$\widetilde{\mathcal{U}} = \mathcal{U}P = \{\widetilde{\boldsymbol{u}}_1, \widetilde{\boldsymbol{u}}_2, \ldots, \widetilde{\boldsymbol{u}}_n\}$ に正規直交基底を取り替えてみよう．双線型形式 $\mathsf{f} \in T^0_2(\mathbb{V})$ を

$$\mathsf{f} = \sum_{i,j=1}^{n} f_{ij} \boldsymbol{u}^i \otimes \boldsymbol{u}^j = \sum_{i,j=1}^{n} \tilde{f}_{ij} \tilde{\boldsymbol{u}}^i \otimes \tilde{\boldsymbol{u}}^j$$

と 2 通りに表示する．$\mathcal{U}$ に関する表現行列 $F = (f_{ij})$ と $\widetilde{\mathcal{U}}$ に関する表現行列 $\tilde{F} = (\tilde{f}_{ij})$ の関係式を思い出そう．基底の変換則を $\widetilde{\boldsymbol{u}}^i = \sum_{j=1}^{n} p_j{}^i \boldsymbol{u}^j$ とすると

$$\tilde{F} = {}^tPFP$$

と変換された (1.2 節)．すなわち

$$\tilde{f}_{ij} = \sum_{k,l=1}^{2} p_i{}^k p_j{}^l f_{kl}.$$

もう1つ双線型形式

$$\mathsf{h} = \sum_{i,j=1}^{n} h_{ij} \boldsymbol{u}^i \otimes \boldsymbol{u}^j = \sum_{i,j=1}^{n} \tilde{h}_{ij} \tilde{\boldsymbol{u}}^i \otimes \tilde{\boldsymbol{u}}^j$$

を採ったとき

$$\begin{aligned}
\sum_{i,j=1}^{n} \tilde{f}_{ij}\tilde{h}_{ij} &= \sum_{i,j=1}^{n} \left(\sum_{k_1,l_1,k_2,l_2=1}^{2} p_i^{\ k_1} p_j^{\ l_1} f_{k_1 l_1} p_i^{\ k_2} p_j^{\ l_2} h_{k_2 l_2} \right) \\
&= \sum_{k_1,l_1,k_2,l_2=1}^{2} f_{k_1 l_1} h_{k_2 l_2} \left(\sum_{i,j=1}^{n} p_i^{\ k_1} p_j^{\ l_1} p_i^{\ k_2} p_j^{\ l_2} \right) \\
&= \sum_{k_1,l_1,k_2,l_2=1}^{2} f_{k_1 l_1} h_{k_2 l_2} \left\{ \left(\sum_{i=1}^{n} p_i^{\ k_1} ({}^t P)^i_{\ k_2} \right) \left(\sum_{j=1}^{n} p_i^{\ l_1} ({}^t P)^j_{\ l_2} \right) \right\} \\
&= \sum_{k_1,l_1,k_2,l_2=1}^{2} f_{k_1 l_1} h_{k_2 l_2} \left\{ \left(\sum_{i=1}^{n} ({}^t PP)_{k_2}^{\ k_1} \right) \left(\sum_{j=1}^{n} ({}^t P)_{l_2}^{\ l_1} \right) \right\} \\
&= \sum_{k_1,l_1,k_2,l_2=1}^{2} f_{k_1 l_1} h_{k_2 l_2} \, \delta_{k_2}^{\ k_1} \, \delta_{l_2}^{\ l_1} = \sum_{k_1,l_1,k_2,l_2=1}^{2} f_{k_1 l_1} f_{k_1 l_1}
\end{aligned}$$

であるから，

$$(\mathsf{f}|\mathsf{h}) = \sum_{i,j=1}^{n} f_{ij} h_{ij}$$

は正規直交基底の選び方に依存していないことが確かめられた．この考察から $\mathrm{T}_r^0(\mathbb{V})$ $(r > 2)$ においても同様に

$$(\mathsf{f}|\mathsf{h}) = \sum_{i_1,i_2,\ldots,i_r=1}^{n} f_{i_1 i_2,\ldots i_r} h_{i_1 i_2 \ldots i_r}, \quad \mathsf{f}, \mathsf{h} \in \mathrm{T}_r^0(\mathbb{V})$$

と内積を定めればよいことがわかる．

$\mathrm{A}^r(\mathbb{V})$ の内積

$\mathrm{A}^2(\mathbb{V})$ は $\mathrm{T}^0_2(\mathbb{V})$ の線型部分空間なので $\mathrm{A}^2(\mathbb{V})$ の内積をそのまま使えばよいと思えるが，実はちょっと都合が悪い．

$\mathrm{A}^2(\mathbb{V})$ において $\{\boldsymbol{u}^i \wedge \boldsymbol{u}^j \mid 1 \leq i < j \leq n\}$ が基底を与えるから「$\{\boldsymbol{u}^i \wedge \boldsymbol{u}^j \mid 1 \leq i < j \leq n\}$ が正規直交」である方が都合がよい．そこで $(\boldsymbol{u}^i \wedge \boldsymbol{u}^j|\boldsymbol{u}^k \wedge \boldsymbol{u}^l)_{\mathrm{T}^0_2}$ を計算してみよう．

$$\boldsymbol{u}^i \wedge \boldsymbol{u}^j = \boldsymbol{u}^i \otimes \boldsymbol{u}^j - \boldsymbol{u}^j \otimes \boldsymbol{u}^i$$

だから

$$\begin{aligned}
&(\boldsymbol{u}^i \wedge \boldsymbol{u}^j|\boldsymbol{u}^k \wedge \boldsymbol{u}^l)_{\mathrm{T}^0_2} \\
= \ &(\boldsymbol{u}^i \otimes \boldsymbol{u}^j - \boldsymbol{u}^j \otimes \boldsymbol{u}^i \mid \boldsymbol{u}^k \otimes \boldsymbol{u}^l - \boldsymbol{u}^l \otimes \boldsymbol{u}^k)_{\mathrm{T}^0_2} \\
= \ &(\boldsymbol{u}^i \otimes \boldsymbol{u}^j|\boldsymbol{u}^k \otimes \boldsymbol{u}^l)_{\mathrm{T}^0_2} - (\boldsymbol{u}^i \otimes \boldsymbol{u}^j|\boldsymbol{u}^l \otimes \boldsymbol{u}^k)_{\mathrm{T}^0_2} \\
&- (\boldsymbol{u}^j \otimes \boldsymbol{u}^i|\boldsymbol{u}^k \otimes \boldsymbol{u}^l)_{\mathrm{T}^0_2} + (\boldsymbol{u}^j \otimes \boldsymbol{u}^i|\boldsymbol{u}^l \otimes \boldsymbol{u}^k)_{\mathrm{T}^0_2}
\end{aligned}$$

だから

$$\begin{aligned}
&(\boldsymbol{u}^i \wedge \boldsymbol{u}^j|\boldsymbol{u}^i \wedge \boldsymbol{u}^j)_{\mathrm{T}^0_2} = 2, \quad 1 \leq i < j \leq n, \\
&(\boldsymbol{u}^i \wedge \boldsymbol{u}^j|\boldsymbol{u}^k \wedge \boldsymbol{u}^l)_{\mathrm{T}^0_2} = 0, \quad 1 \leq i < j \leq n,\ 1 \leq k < l \leq n,\ (i,j) \neq (k,l)
\end{aligned}$$

となる．したがって

$$\alpha = \sum_{i<j} \alpha_{ij} \boldsymbol{u}^i \wedge \boldsymbol{u}^j, \quad \beta = \sum_{i<j} \beta_{ij} \boldsymbol{u}^i \wedge \boldsymbol{u}^j \in \mathrm{A}^2(\mathbb{V})$$

に対し

$$(\alpha|\beta)_{\mathrm{T}^0_2} = 2 \sum_{i<j} \alpha_{ij} \beta_{ij}$$

となってしまう．交代双線型形式 $\alpha \in \mathrm{A}^2(\mathbb{V})$ を $\mathrm{T}^0_2(\mathbb{V})$ の内で扱うときは

$$\alpha = \sum_{i,j=1}^{n} \alpha_{ij} \boldsymbol{u}^i \otimes \boldsymbol{u}^j$$

という双線型形式として扱われるから，$(\alpha|\beta)_{\mathrm{T}^0_2}$ では

$$(\alpha|\beta)_{\mathrm{T}^0_2} = \sum_{i<j} \alpha_{ij}\beta_{ij} + \sum_{i>j} \alpha_{ji}\beta_{ji} = 2\sum_{i<j} \alpha_{ij}\beta_{ij}$$

と計算されてしまう．この計算で

$$\alpha_{ji}\beta_{ji} = (-\alpha_{ij})(-\beta_{ij}) = \alpha_{ij}\beta_{ij}$$

を使ったことに注意．したがって $\mathrm{A}^2(\mathbb{V})$ では $\mathrm{T}^0_2(\mathbb{V})$ の内積をそのまま使うよりも

$$(\alpha|\beta)_{\mathrm{A}^2} = \frac{1}{2}(\alpha|\beta)_{\mathrm{T}^0_2}$$

と修正する方がよさそうである．そこでこの本では，この内積を採用する．この内積に関し $\{\boldsymbol{u}^i \wedge \boldsymbol{u}^j\}_{i<j}$ は正規直交基底である．

とくに

$$(\alpha^1 \wedge \alpha^2 \mid \beta^1 \wedge \beta^2) = \begin{vmatrix} (\alpha^1|\beta^1) & (\alpha^1|\beta^2) \\ (\alpha^2|\beta^1) & (\alpha^2|\beta^2) \end{vmatrix}, \quad \alpha^1, \alpha^2, \beta^1, \beta^2 \in \mathbb{V}^* \tag{2.20}$$

が成り立つ．

より一般に $\mathrm{A}^r(\mathbb{V})$ の内積を次のように定めることができる．

$$\alpha = \sum_{i_1<i_2<\cdots<i_r} \alpha_{i_1 i_2 \ldots i_r} \boldsymbol{u}^{i_1} \wedge \boldsymbol{u}^{i_2} \wedge \ldots \boldsymbol{u}^{i_r},$$

$$\beta = \sum_{i_1<i_2<\cdots<i_r} \beta_{i_1 i_2 \ldots i_r} \boldsymbol{u}^{i_1} \wedge \boldsymbol{u}^{i_2} \wedge \ldots \boldsymbol{u}^{i_r}$$

に対し

$$(\alpha|\beta) = \sum_{i_1<i_2<\cdots<i_r} \alpha_{i_1 i_2 \ldots i_r} \beta_{i_1 i_2 \ldots i_r}.$$

$\mathrm{T}^0_r(\mathbb{V})$ の内積 $(\cdot|\cdot)_{\mathrm{T}^0_r}$ とは

$$(\alpha|\beta) = \frac{1}{r!}(\alpha|\beta)_{\mathrm{T}^0_r}$$

という関係にある．$(\cdot|\cdot)_{\mathrm{T}^0_r}$ との区別をはっきりさせる必要があるときは $\mathrm{A}^r(\mathbb{V})$ の内積を $(\cdot|\cdot)_{\mathrm{A}^r}$ と記す．

例 2.6 (2 次元) $\dim\mathbb{V} = 2$ の場合，正規直交基底 $\{\boldsymbol{u}_1, \boldsymbol{u}_2\}$ とその双対基底 $\{\boldsymbol{u}^1, \boldsymbol{u}^2\}$ を用いると $\mathbb{V}$，$\mathrm{A}^1(\mathbb{V}) = \mathbb{V}^*$，$\mathrm{A}^2(\mathbb{V})$ の内積はそれぞれ

$$\begin{aligned}
&(\boldsymbol{x}|\boldsymbol{y}) = x^1y^1 + x^2y^2,\ \boldsymbol{x} = x^1\boldsymbol{u}_1 + x^2\boldsymbol{u}_2,\ \boldsymbol{y} = y^1\boldsymbol{u}_1 + y^2\boldsymbol{u}_2,\\
&(\alpha|\beta) = \alpha_1\beta_1 + \alpha_2\beta_1,\ \alpha = \alpha_1\boldsymbol{u}^1 + \alpha_2\boldsymbol{u}^2,\ \beta = \beta_1\boldsymbol{u}^1 + \beta_2\boldsymbol{u}^2,\\
&(\omega|\eta) = \omega_{123}\eta_{123},\ \omega = \omega_{123}\,\boldsymbol{u}^1\wedge\boldsymbol{u}^2\wedge\boldsymbol{u}^3,\ \eta = \eta_{123}\,\boldsymbol{u}^1\wedge\boldsymbol{u}^2\wedge\boldsymbol{u}^3
\end{aligned}$$

で与えられる．

$\mathrm{A}^2(\mathbb{V})$ の内積は行列の固有和で表せることを付記しておこう．

$$\alpha = \sum_{i<j}\alpha_{ij}\boldsymbol{u}^i\wedge\boldsymbol{u}^j, \quad \beta = \sum_{i<j}\beta_{ij}\boldsymbol{u}^i\wedge\boldsymbol{u}^j,$$

を $\mathrm{T}^0_2(\mathbb{V})$ の元と思ったときの表現行列は[*7]

$$A = \begin{pmatrix} 0 & \alpha_{12} & \cdots & \alpha_{1n} \\ -\alpha_{12} & 0 & \cdots & \alpha_{2n} \\ \vdots & \vdots & \ddots & \vdots \\ -\alpha_{1n} & -\alpha_{2n} & \cdots & 0 \end{pmatrix},\ B = \begin{pmatrix} 0 & \beta_{12} & \cdots & \beta_{1n} \\ -\beta_{12} & 0 & \cdots & \beta_{2n} \\ \vdots & \vdots & \ddots & \vdots \\ -\beta_{1n} & -\beta_{2n} & \cdots & 0 \end{pmatrix}$$

であるから次の式を得る．

$$\mathrm{tr}({}^tAB) = \mathrm{tr}(A{}^tB) = 2\sum_{i<j}\alpha_{ij}\beta_{ij} = (\alpha|\beta)_{\mathrm{T}^0_2} = 2(\alpha|\beta)_{\mathrm{A}^2}.$$

[*7] それぞれ α と β の大文字．

註 2.6 $\mathbb{V}=\mathbb{E}^n$ のとき $\mathrm{A}^2(\mathbb{E}^2)=\mathrm{Alt}_n\mathbb{R}$ と同一視すると $\mathrm{Alt}_n\mathbb{R}$ の内積を

$$(A|B)=\frac{1}{2}\mathrm{tr}({}^tAB)=-\frac{1}{2}\mathrm{tr}(AB)$$

で定めたことになる*8.

註 2.7 (流儀の違い) 註 2.4 で述べた「別の流儀」を採用した場合, n 次元ユークリッド線型空間 $\mathbb{V}$ の正規直交基底 $\{\boldsymbol{u}_1,\boldsymbol{u}_2,\ldots,\boldsymbol{u}_n\}$ とその双対基底 $\{\boldsymbol{u}^1,\boldsymbol{u}^2,\ldots,\boldsymbol{u}^n\}$ に対し体積要素 $\boldsymbol{u}^1\wedge\boldsymbol{u}^2\wedge\cdots\wedge\boldsymbol{u}^n$ は $(\boldsymbol{u}^1\wedge\boldsymbol{u}^2\wedge\cdots\wedge\boldsymbol{u}^n)(\boldsymbol{u}_1,\boldsymbol{u}_2,\ldots,\boldsymbol{u}_n)=\frac{1}{n!}$ をみたす．この本で採用した流儀では $(\boldsymbol{u}^1\wedge\boldsymbol{u}^2\wedge\cdots\wedge\boldsymbol{u}^n)(\boldsymbol{u}_1,\boldsymbol{u}_2,\ldots,\boldsymbol{u}_n)=1$.

$\mathrm{S}^2(\mathbb{V})$ の正規直交基底

対称双線型形式の全体 $\mathrm{S}^2(\mathbb{V})$ の内積についても言及しておこう．$\mathbb{V}$ の正規直交基底 $\{\boldsymbol{u}_1,\boldsymbol{u}_2,\ldots,\boldsymbol{u}_n\}$ とその双対基底 $\{\boldsymbol{u}^1,\boldsymbol{u}^2,\ldots,\boldsymbol{u}^n\}$ に対し $\mathrm{T}^0_2(\mathbb{V})$ の内積は $\{\boldsymbol{u}^i\otimes\boldsymbol{u}^j\}_{1\le i,j\le n}$ が正規直交という条件で決定されるものである．$\mathrm{S}^2(\mathbb{V})$ にこの内積を与えた場合の正規直交基底を一組求めておこう．まず $\{\boldsymbol{u}^i\odot\boldsymbol{u}^j\}_{i\le j}$ が $\mathrm{S}^2(\mathbb{V})$ の基底であることを思い出す．$\boldsymbol{u}^i\odot\boldsymbol{u}^i=\boldsymbol{u}^i\otimes\boldsymbol{u}^i$ だから

$$(\boldsymbol{u}^i\odot\boldsymbol{u}^i)_{\mathrm{T}^0_2}=(\boldsymbol{u}^i\otimes\boldsymbol{u}^i)_{\mathrm{T}^0_2}=1.$$

$i\neq j$ かつ $k\neq l$ のとき

$$(\boldsymbol{u}^i\odot\boldsymbol{u}^j|\boldsymbol{u}^k\odot\boldsymbol{u}^k)_{\mathrm{T}^0_2}=\frac{1}{4}(\boldsymbol{u}^i\otimes\boldsymbol{u}^j+\boldsymbol{u}^j\otimes\boldsymbol{u}^i\,|\,\boldsymbol{u}^k\otimes\boldsymbol{u}^l+\boldsymbol{u}^l\otimes\boldsymbol{u}^k)$$

より $(k,l)=(i,j)$ または $(k,l)=(j,i)$ のとき内積は 1/2，それ以外のとき 0 である．したがって

$$\left\{\boldsymbol{u}^i\odot\boldsymbol{u}^i\right\}_{1\le i\le n}\bigcup\left\{\sqrt{2}\,\boldsymbol{u}^i\odot\boldsymbol{u}^j\right\}_{i<j}$$

*8 $\mathrm{B}(X,Y)=(n-2)\,\mathrm{tr}(XY)$ で定まる B を $\mathrm{Alt}_n\mathbb{R}$ のキリング形式という．[10] 参照.

が正規直交基底である．

$$\mathsf{f} = \sum_{i \leq j}^{n} f_{ij} \boldsymbol{u}^i \odot \boldsymbol{u}^j, \quad \mathsf{h} = \sum_{i \leq j}^{n} h_{ij} \boldsymbol{u}^i \odot \boldsymbol{u}^j \in \mathrm{S}^2(\mathbb{V})$$

の表現行列は

$$F = \begin{pmatrix} f_{11} & f_{12} & \cdots & f_{1n} \\ f_{12} & f_{22} & \cdots & f_{2n} \\ \vdots & \vdots & \ddots & \vdots \\ f_{1n} & f_{2n} & \cdots & f_{nn}h \end{pmatrix}, \quad H = \begin{pmatrix} h_{11} & h_{12} & \cdots & h_{1n} \\ -\beta_{12} & h22 & \cdots & h_{2n} \\ \vdots & \vdots & \ddots & \vdots \\ h_{1n} & h_{2n} & \cdots & h_{nn} \end{pmatrix}$$

であるから次の式を得る．

$$\mathrm{tr}({}^tAB) = \mathrm{tr}(A^tB) = \sum_{i \leq j} \alpha_{ij}\beta_{ij} = (\alpha|\beta)_{\mathrm{T}_2^0}.$$

$\mathrm{End}(\mathbb{V})$ の内積

$\mathrm{End}(\mathbb{V})$ にも内積を定めておこう．$T \in \mathrm{End}(\mathbb{V})$ の正規直交基底 $\mathcal{U} = \{\boldsymbol{u}_1, \boldsymbol{u}_2, \ldots, \boldsymbol{u}_n\}$ とその双対基底 $\{\boldsymbol{u}^1, \boldsymbol{u}^2, \ldots, \boldsymbol{u}^n\}$ を用いて

$$T(\boldsymbol{u}_j) = \sum_{i=1}^{n} t_j{}^i \boldsymbol{u}_i$$

と成分表示する．すなわち T を

$$T = \sum_{i,j=1}^{n} t_j{}^i \boldsymbol{u}^j \otimes \boldsymbol{u}_i$$

と表示する．このとき T と

$$S = \sum_{i,j=1}^{n} s_j{}^i \boldsymbol{u}^j \otimes \boldsymbol{u}_i$$

に対し

$$(T|S) = \sum_{i,j=1}^{n} t_j{}^i s_j{}^i$$

が正規直交基底の選び方に依存しないことが確かめられる．さらに

$$(T|S) = \mathrm{tr}\left({}^t(t_j{}^i)(s_j{}^i)\right)$$

と書き直せる．End($\mathbb{V}$) の内積と $\mathrm{T}^0_2(\mathbb{V})$ の内積にはどういう関連があるだろうか．調べてみよう．$\mathsf{f} \in \mathrm{T}^0_2(\mathbb{V})$ に対し $\mathbb{V}$ の内積を用いて $T^{\mathsf{L}}_{\mathsf{f}}, T^{\mathsf{R}}_{\mathsf{f}} \in$ End($\mathbb{V}$) を

$$\mathsf{f}(\boldsymbol{x}, \boldsymbol{y}) = (T^{\mathsf{L}}_{\mathsf{f}}(\boldsymbol{x}) \,|\, \boldsymbol{y}) = (\boldsymbol{x} | \, T^{\mathsf{R}}_{\mathsf{f}}(\boldsymbol{y}))$$

で定めることができる．f の表現行列 F の (i, j) 成分は $f_{ij} = \mathsf{f}(\boldsymbol{u}_i, \boldsymbol{u}_j)$. $T^{\mathsf{L}}_{\mathsf{f}}$ と $T^{\mathsf{L}}_{\mathsf{f}}$ の表現行列の (i, j) 成分は

$$(F^{\mathsf{L}})_j^{\;i} = f_{ji}, \quad (F^{\mathsf{R}})_j^{\;i} = f_{ij}.$$

であるから，f と $\mathsf{h} \in \mathrm{T}^0_2(\mathbb{V})$ に対し

$$(\mathsf{f}|\mathsf{h}) = \sum_{i,j=1}^{n} f_{ij}h_{ij} = \mathrm{tr}({}^tFH) = \mathrm{tr}({}^tHF).$$

$$(T^{\mathsf{L}}_F | T^{\mathsf{L}}_H) = \sum_{i,j=1}^{n} f_{ji}h_{ji} = \mathrm{tr}({}^tF^{\mathsf{L}}H^{\mathsf{L}}) = \mathrm{tr}({}^tH^{\mathsf{L}}F^{\mathsf{L}}) = (\mathsf{f}|\mathsf{h}).$$

$$(T^{\mathsf{R}}_F | T^{\mathsf{R}}_H) = \sum_{i,j=1}^{n} f_{ij}h_{ij} = \mathrm{tr}({}^tF^{\mathsf{R}}H^{\mathsf{R}}) = \mathrm{tr}({}^tH^{\mathsf{R}}F^{\mathsf{R}}) = (\mathsf{f}|\mathsf{h}).$$

が成り立っている．

$T \in \mathrm{S}^2(\mathbb{V})$ であれば $T^{\mathsf{L}}_F = T^{\mathsf{R}}_F$ が成り立つ．交代形式の場合は $T^{\mathsf{L}}_F = -T^{\mathsf{R}}_F$ が成り立つ．

2.6 向き付け

解析幾何やベクトル解析において右手系・左手系という概念を学んだと思う．つまり $\mathbb{R}^3$ に向きを付けていた．「向きづけ」を一般の有限次元実線型空間に一般化しよう．

実線型空間の向き付け

n 次元実線型空間 $\mathbb{V}$ の基底すべてを集めて得られる集合 $\mathcal{F}(\mathbb{V})$ には $\mathrm{GL}_n\mathbb{R}$ が右から作用していた．$\mathcal{F}(\mathbb{V})$ 上の関係 $\sim$ を次で定める．

$$\mathcal{E} = \{\boldsymbol{e}_1, \boldsymbol{e}_2, \ldots, \boldsymbol{e}_n\},\ \widetilde{\mathcal{E}} = \{\tilde{\mathrm{e}}_1, \tilde{\mathrm{e}}_2, \ldots, \tilde{\mathrm{e}}_n\} \in \mathcal{F}(\mathbb{V}) \text{ に対し}$$

$$\mathcal{E} \sim \widetilde{\mathcal{E}} \Longleftrightarrow \text{ 取り替え行列 } P = (p_j{}^i) \text{ の行列式が} \det P > 0 \text{ をみたす}$$

問題 2.7 $\sim$ が同値関係であることを確かめよ．

註 2.8 置換群 $\mathfrak{S}_n$ は $\mathcal{F}(\mathbb{V})$ に左から作用する：

$$\tau \cdot \mathcal{E} = \{\boldsymbol{e}_{i_1}, \boldsymbol{e}_{i_2}, \ldots, \boldsymbol{e}_{i_n}\},\ \tau = \begin{pmatrix} 1 & 2 & \cdots & n \\ i_1 & i_2 & \cdots & i_n \end{pmatrix},\ \mathcal{E} = \{\boldsymbol{e}_1, \boldsymbol{e}_2, \ldots, \boldsymbol{e}_n\}.$$

$\mathrm{GL}_n\mathbb{R}$ の部分群

$$\mathrm{GL}_n^+\mathbb{R} = \{P \in \mathrm{GL}_n\mathbb{R} \mid \det P > 0\}$$

を用いると

$$\mathcal{E} \sim \widetilde{\mathcal{E}} \Longleftrightarrow \exists P \in \mathrm{GL}_n^+\mathbb{R};\ \widetilde{\mathcal{E}} = \mathcal{E}P$$

と書き換えられる．商集合（軌道空間）$\mathtt{Or}(\mathbb{V}) = \mathcal{F}(\mathbb{V})/\!\sim = \mathcal{F}(\mathbb{V})/\mathrm{GL}_n^+\mathbb{R}$ は 2 つの同値類からなる．何か 1 つ最初に基底 $\mathcal{E} = \{\boldsymbol{e}_1, \boldsymbol{e}_2, \ldots, \boldsymbol{e}_n\}$ を選んでおくと 2 つの同値類は

$$\{\mathcal{E}P \mid P \in \mathrm{GL}_n\mathbb{R},\ \det P > 0\}, \quad \{\mathcal{E}P \mid P \in \mathrm{GL}_n\mathbb{R},\ \det P < 0\}$$

と表せる．$\mathtt{Or}(\mathbb{V})$ の同値類の一方を選ぶことを，$\mathbb{V}$ を**向きづける** (orient) という．指定した同値類を**向き** (orientation) という．指定した同値類に含まれる基底を**正**（の向きの）基底とよぶ．そうでないものは**負**（の向きの）基底という．あるいは，なにか 1 つ基底 $\mathcal{E} \in \mathcal{F}(\mathbb{V})$ を選び，それを正の基底〔負の基底〕と決めてしまう．すると $[\mathcal{E}]$ に含まれる基底はすべて正〔負〕の基底である．同値関係 $\sim$ は「同じ向き」と表現できる．

$\mathbb{V}$ の向きを指定したとき，正の基底の全体を $\mathcal{F}_+(\mathbb{V})$，負の $\mathcal{F}_-(\mathbb{V})$ と記すことにしよう．

$\mathtt{Or}(\mathbb{V})$ には $\mathbb{Z}_2 = \{\pm 1\}$ が左から作用する．

$$(+1)\cdot\mathcal{F}_+(\mathbb{V}) = \mathcal{F}_+(\mathbb{V}), \quad (+1)\cdot\mathcal{F}_-(\mathbb{V}) = \mathcal{F}_-(\mathbb{V}),$$

$$(-1)\cdot\mathcal{F}_+(\mathbb{V}) = \mathcal{F}_-(\mathbb{V}), \quad (-1)\cdot\mathcal{F}_-(\mathbb{V}) = \mathcal{F}_+(\mathbb{V}).$$

例 2.7 (数直線) $\mathbb{V} = \mathbb{R}$ の場合，1 を基底に選び，これを正の基底と定める．この向きを**標準的な向き付け**という．

より一般に 1 次元実線型空間 $\mathbb{W}$ において，$\mathcal{F}(\mathbb{W}) = \{\boldsymbol{w} \in \mathbb{W} \mid \boldsymbol{w} \neq \mathbf{0}\}$ である．$\mathrm{GL}_1^+\mathbb{R} = \mathbb{R}^+$．$\boldsymbol{a} \neq \mathbf{0}$ を採ると $\mathtt{Or}(\mathbb{W}) = \{[\boldsymbol{a}], [-\boldsymbol{a}]\}$ と表せる．ここで $[\boldsymbol{a}] = \{t\boldsymbol{a} \mid t > 0\}$, $[-\boldsymbol{a}] = \{-t\boldsymbol{a} \mid t > 0\}$ である．$[\boldsymbol{a}]$ または $[-\boldsymbol{a}]$ のいずれかを正と選ぶことが向き付けである．$\mathtt{Or}(\mathbb{W})$ には $\mathbb{R}^\times$ が推移的に作用しているが $\mathbb{Z}_2 = \{\pm 1\}$ も作用していることに注意しよう．

$$1\cdot[\boldsymbol{a}] = [\boldsymbol{a}], \quad (-1)\cdot[\boldsymbol{a}] = [-\boldsymbol{a}], \quad 1\cdot[-\boldsymbol{a}] = [-\boldsymbol{a}], \quad (-1)\cdot[-\boldsymbol{a}] = [\boldsymbol{a}].$$

この作用による軌道空間 $\mathtt{Or}(\mathbb{W})/\mathbb{Z}_2$ は $[\boldsymbol{a}] = \{t\boldsymbol{a} \mid t \in \mathbb{R}^+\}$ である．

$\mathbb{R}^\times/\mathbb{Z}_2 = \mathbb{R}^+$ であることに注意．

例 2.8 (数平面と数空間) 数平面 $\mathbb{R}^2$ の場合，標準基底 $\mathcal{E} = \{\mathbf{e}_1, \mathbf{e}_2\}$ を正の基底と定めるとき，正の向きがついている基底（および同伴する線型座標系）を**右手系**とよぶ．同様に $\mathbb{R}^3$ において $\mathcal{E} = \{\mathbf{e}_1, \mathbf{e}_2, \mathbf{e}_3\}$ を正の基底と定めるとき，正の向きがついている基底（および同伴する線型座標系）を**右手系**とよぶ．$n \geq 4$ についても同様に向きをつけておく．

例 2.9 (一般次元の数空間) n 次元数空間 $\mathbb{R}^n$ においては $\mathcal{F}(\mathbb{R}^n) = \mathrm{GL}_n\mathbb{R}$ と思うことができた．標準基底 $\mathcal{E} = \{\mathbf{e}_1, \mathbf{e}_2, \ldots, \mathbf{e}_n\}$ は単位行列 E_n とみなせる．これを正の基底と定めて $\mathbb{R}^n$ に向きをつけると正の基底全体は

$\mathcal{F}_+(\mathbb{R}^n) = E_n \cdot \mathrm{GL}_n\mathbb{R} = \mathrm{GL}_n\mathbb{R}$ で与えられる．$\det(-E_n) = (-1)^n$ であるから $\mathbb{V}$ の次元が奇数 $n = 2m+1$ のときは

$$\mathtt{Or}(\mathbb{R}^{2m+1}) = \{[E_{2m+1}], [-E_{2m+1}]\}$$

と表せる．$\mathbb{V}$ の次元が偶数 $n = 2m \geq 2$ のときは

$$\mathtt{Or}(\mathbb{R}^{2m+1}) = \left\{ \left[\begin{pmatrix} E_m & O_m \\ O_m & E_m \end{pmatrix} \right], \left[\begin{pmatrix} E_m & O_m \\ O_m & -E_m \end{pmatrix} \right] \right\}$$

と表せる．$E_{2m} = \left(\begin{smallmatrix} E_m & O_m \\ O_m & E_m \end{smallmatrix}\right)$ であることに注意

体積要素

体積要素 $\omega \in \mathrm{A}^n(\mathbb{V})$ を1つ指定することが n 次元実線型空間 $\mathbb{V}$ の向き付けであることを説明しよう．まず $\dim \mathrm{A}^n(\mathbb{V}) = 1$ であるからなにか体積要素 ω を1つ選べば $\mathrm{A}^n(\mathbb{V}) = \{t\,\omega \mid t \in \mathbb{R}\}$ と表せる．ω を正の基底と定めれば

$$\mathcal{F}_+(\mathrm{A}^n(\mathbb{V})) = \{t\,\omega \mid t > 0\}, \quad \mathcal{F}_-(\mathrm{A}^n(\mathbb{V})) = \{t\,\omega \mid t < 0\}.$$

一方，基底 $\mathcal{E} = \{\boldsymbol{e}_1, \boldsymbol{e}_2, \ldots, \boldsymbol{e}_n\}$ の双対基底 $\Sigma = \{\sigma^1, \sigma^2, \ldots, \sigma^n\}$ を用いて $\omega = \omega_{\mathcal{E}} = \sigma^1 \wedge \sigma^2 \wedge \cdots \wedge \sigma^n \in \mathrm{A}^n(\mathbb{V})$ とおく．基底の変換 $\widetilde{\mathcal{E}} = \mathcal{E}P$ を施すと変換法則 (2.11) から $\omega_{\mathcal{E}} = \det P\,\omega_{\widetilde{\mathcal{E}}}$，すなわち

$$\sigma^1 \wedge \sigma^2 \wedge \cdots \wedge \sigma^n = \det P\,\tilde{\sigma}^1 \wedge \tilde{\sigma}^2 \wedge \cdots \wedge \tilde{\sigma}^n$$

であるから

$$\mathcal{E} \sim \widetilde{\mathcal{E}} \Longleftrightarrow \omega_{\mathcal{E}} \sim \omega_{\widetilde{\mathcal{E}}}$$

が成り立つ．したがって $\mathcal{F}_+(\mathbb{V})$ を $\mathcal{F}_+(\mathrm{A}^n(\mathbb{V}))$ に，$\mathcal{F}_-(\mathbb{V})$ を $\mathcal{F}_-(\mathrm{A}^n(\mathbb{V}))$ に対応させることで $\mathtt{Or}(\mathbb{V})$ と $\mathtt{Or}(\mathrm{A}^n(\mathbb{V}))$ を同一視できる．

註 2.9 $\mathrm{A}^n(\mathbb{V})$ の代わりに $\wedge^n\mathbb{V} = \mathrm{A}^n(\mathbb{V}^*)$ を用いてもよい．基底の変換法則 (2.11) により $\tilde{\boldsymbol{e}}_1 \wedge \tilde{\boldsymbol{e}}_2 \wedge \cdots \wedge \tilde{\boldsymbol{e}}_n = \det P\,\boldsymbol{e}_1 \wedge \boldsymbol{e}_2 \wedge \cdots \wedge \boldsymbol{e}_n$ であるから $\mathcal{E} \sim \widetilde{\mathcal{E}} \Longleftrightarrow \boldsymbol{e}_1 \wedge \boldsymbol{e}_2 \wedge \cdots \wedge \boldsymbol{e}_n \sim \tilde{\boldsymbol{e}}_1 \wedge \tilde{\boldsymbol{e}}_2 \wedge \cdots \wedge \tilde{\boldsymbol{e}}_n$ が成り立つから．

以上のことから体積要素 ω を指定した有限次元実線型空間 $\mathbb{V}$ のことを**向きづけられた有限次元実線型空間** (oriented finite dimensional real linear space) ともよぶ．

ユークリッド線型空間の向き付け

$\mathbb{V}$ を内積 $(\cdot|\cdot)$ が指定された n 次元ユークリッド空間とする．前節では内積 $(\cdot|\cdot)$ を介した同一視 $\mathbb{V}^* = \mathbb{V}$ に慣れてもらうため，正規直交基底 $\{\boldsymbol{u}_1, \boldsymbol{u}_2, \ldots, \boldsymbol{u}_n\}$ の双対基底を $\{\boldsymbol{u}^1, \boldsymbol{u}^2, \ldots, \boldsymbol{u}^n\}$ と表記したが，この節では従来通り，基底 $\mathcal{E} = \{\boldsymbol{e}_1, \boldsymbol{e}_2, \ldots, \boldsymbol{e}_n\}$ の双対基底を $\Sigma = \{\sigma^1, \sigma^2, \ldots, \sigma^n\}$ と表記する[*9]．

あらためて，$\mathcal{E} = \{\boldsymbol{e}_1, \boldsymbol{e}_2, \ldots, \boldsymbol{e}_n\}$ を**正規直交基底**としよう．各 $\alpha \in \mathrm{A}^n(\mathbb{V})$ は $\alpha = a\sigma^1 \wedge \sigma^2 \wedge \cdots \wedge \sigma^n$ と表示できる．
$\alpha = a\sigma^1 \wedge \sigma^2 \wedge \cdots \wedge \sigma^n$ と $\beta = b\sigma^1 \wedge \sigma^2 \wedge \cdots \wedge \sigma^n$ の内積は $(\alpha|\beta) = ab$ で定義される．とくに

$$(\sigma^1 \wedge \sigma^2 \wedge \cdots \wedge \sigma^n \,|\, \sigma^1 \wedge \sigma^2 \wedge \cdots \wedge \sigma^n) = 1.$$

正規直交基底 $\mathcal{E}$ を別の正規直交基底 $\widetilde{\mathcal{E}} = \mathcal{E}P$ に取り替えると変換法則 (2.11) から

$$\sigma^1 \wedge \sigma^2 \wedge \cdots \wedge \sigma^n = \det P\, \tilde{\sigma}^1 \wedge \tilde{\sigma}^2 \wedge \cdots \wedge \tilde{\sigma}^n$$

が得られる．$P \in \mathrm{O}(n)$ であるから $\det P = \pm 1$ であることに注意しよう．

さて，$\mathbb{V}$ に向きを指定し，$\mathcal{E}$ を**正**の正規直交基底としよう．すると $\widetilde{\mathcal{E}} = \mathcal{E}P$ が正の正規直交基底であるための必要十分条件は $\det P = 1$ であるから，次の命題を得る．

[*9] この表記方法の方が共変テンソルらしく感じるだろうという意図であるが，読者の好みで適宜，書き換えてほしい．

命題 2.18 正規直交基底 $\widetilde{\mathcal{E}} = \mathcal{E}P = \{\tilde{e}_1, \tilde{e}_2, \ldots, \tilde{e}_n\}$ が正の向きであるための必要十分条件は

$$\tilde{\sigma}^1 \wedge \tilde{\sigma}^2 \wedge \cdots \wedge \tilde{\sigma}^n = \sigma^1 \wedge \sigma^2 \wedge \cdots \wedge \sigma^n$$

である．

【研究課題】 n 次元ユークリッド線型空間 $\mathbb{V}$ の正規直交基底の全体を $\mathcal{U}(\mathbb{V})$ とする．この集合上の $\mathrm{SO}(n) = \{P \in \mathrm{O}(n) \mid \det P = 1\}$ の右作用 $(\mathcal{E} \longmapsto \mathcal{E}P)$ に関する軌道空間はなにか．

命題 2.18 から $\mathbb{V}$ の向き付けは「長さ 1 の交代 n 階テンソル（体積要素）を一つ指定すること」と同値であることがわかる．向きづけられた n 次元ユークリッド線型空間 $\mathbb{V}$ において長さ 1 の正の体積要素を det と書いて $\mathbb{V}$ の**行列式形式** (determinant form) ともよぶ．

ところで「体積要素」と名づけた理由が保留されたままだった．ここで説明を行おう．ユークリッド平面の場合を眺めれば納得してもらえるだろう．

例 2.10 (ユークリッド平面) ユークリッド平面 $\mathbb{E}^2$ において通常の向きを指定する．標準基底

$$\left\{\mathbf{e}_1 = \begin{pmatrix} 1 \\ 0 \end{pmatrix}, \quad \mathbf{e}_2 = \begin{pmatrix} 0 \\ 1 \end{pmatrix}\right\}$$

の双対基底 $\{\sigma^1, \sigma^2\}$ は

$$\sigma^1 = \mathbf{e}^1 = (1\ 0), \quad \sigma^2 = \mathbf{e}^2 = (0\ 1) \in \mathbb{R}_2$$

で与えられるので

$$\mathrm{A}^1(\mathbb{E}^2) = \{\alpha_1(1\ 0) + \alpha_2(0\ 1) \mid \alpha_1, \alpha_2 \in \mathbb{R}\} = \mathbb{R}_2$$

である．$\sigma^i \otimes \sigma^j$ の表現行列を記号の節約のため，$\sigma^i \otimes \sigma^j$ と書くと

$$\sigma^1 \otimes \sigma^1 = \begin{pmatrix} 1 & 0 \\ 0 & 0 \end{pmatrix}, \quad \sigma^1 \otimes \sigma^2 = \begin{pmatrix} 0 & 1 \\ 0 & 0 \end{pmatrix},$$

$$\sigma^2 \otimes \sigma^1 = \begin{pmatrix} 0 & 0 \\ 1 & 0 \end{pmatrix}, \quad \sigma^2 \otimes \sigma^2 = \begin{pmatrix} 0 & 0 \\ 0 & 1 \end{pmatrix}$$

であるから

$$\sigma^1 \wedge \sigma^2 = \sigma^1 \otimes \sigma^2 - \sigma^2 \otimes \sigma^1 = \begin{pmatrix} 0 & 1 \\ -1 & 0 \end{pmatrix}.$$

ベクトル $\mathbf{x} = x^1\mathbf{e}_1 + x^2\mathbf{e}_2$ と $\mathbf{y} = y^1\mathbf{e}_1 + y^2\mathbf{e}_2$ に対し

$$(\sigma^1 \wedge \sigma^2)(\mathbf{x}, \mathbf{y}) = (x^1 \ x^2)\begin{pmatrix} 0 & 1 \\ -1 & 0 \end{pmatrix}\begin{pmatrix} y^1 \\ y^2 \end{pmatrix} = \det(\mathbf{x} \ \mathbf{y}).$$

であるから $\sigma^1 \wedge \sigma^2 = \det$ である．したがって $\mathrm{A}^2(\mathbb{E}^2) = \{c\det \mid c \in \mathbb{R}\}$ と表せる．$\det(\mathbf{x} \ \mathbf{y})$ は $\{\mathbf{x}, \mathbf{y}\}$ の張る平行四辺形の有向面積である．すなわち，$\{\mathbf{x}, \mathbf{y}\}$ が右手系のとき $+$，左手系のとき $-$ の符号を面積につけたものである．$\{\mathbf{x}, \mathbf{y}\}$ が線型従属のときは $\det(\mathbf{x} \ \mathbf{y}) = 0$ であり，$\{\mathbf{x}, \mathbf{y}\}$ は有向面積 0 の平行四辺形を張ると解釈する（平行四辺形が潰れた状態）．これらの事実から $\sigma^1 \wedge \sigma^2 = \det$ を面積要素とよんでもよいだろう．

問題 2.8 $\mathbb{E}^3$ の場合を調べよ．

スター作用素

$\alpha \in \mathrm{A}^r(\mathbb{V})$ をひとつ選んで固定する．$\beta \in \mathrm{A}^{n-r}(\mathbb{V})$ に対し $\alpha \wedge \beta \in \mathrm{A}^n(\mathbb{V})$ であるから

$$\alpha \wedge \beta = f_\alpha(\beta)\sigma^1 \wedge \sigma^2 \wedge \cdots \wedge \sigma^n$$

と表せる．係数 $f_\alpha(\beta)$ は β について線型なので $f_\alpha \in (\mathrm{A}^{n-r}(\mathbb{V}))^*$ である．$\mathrm{A}^{n-r}(\mathbb{V})$ の双対積 $\langle\cdot,\cdot\rangle$ を用いると

$$\langle f_\alpha, \beta\rangle = f_\alpha(\beta) \in \mathbb{R}$$

と表せる．$\mathrm{A}^{n-r}(\mathbb{V})$ の内積 $(\cdot|\cdot)$ により $\sharp : (\mathrm{A}^{n-r}(\mathbb{V}))^* \to \mathrm{A}^{n-r}(\mathbb{V})$ が定まる．

$$(\sharp f_\alpha|\beta) = f_\alpha(\beta) \in \mathbb{R}.$$

そこで $*\alpha = \sharp f_\alpha \in \mathrm{A}^{n-r}(\mathbb{V})$ と書くことにする．したがって線型写像 $*: \mathrm{A}^r(\mathbb{V}) \to \mathrm{A}^{n-r}(\mathbb{V})$ が定まる．$*$ をホッジ（Hodge）の**スター作用素**（star operator）という．以上より

$$\alpha \wedge \beta = (*\alpha|\beta)\sigma^1 \wedge \sigma^2 \wedge \cdots \wedge \sigma^n \tag{2.21}$$

である．$\dim \mathrm{A}^r(\mathbb{V}) = \dim \mathrm{A}^{n-r}(\mathbb{V})$ であることに注意しよう．$*$ は線型同型であることが確かめられる．ところで等式

$$\langle f_\alpha, \beta \rangle = (*\alpha|\beta)$$

が成り立っているということは，対応 $\alpha \longmapsto f_\alpha$ は $\mathrm{A}^r(\mathbb{V})$ から $(\mathrm{A}^{n-r}(\mathbb{V}))^*$ への線型同型を与えているということである．この対応で

$$(\mathrm{A}^{n-r}(\mathbb{V}))^* = \mathrm{A}^r(\mathbb{V})$$

と思える．このように考えると $*$ は $*: (\mathrm{A}^{n-r}(\mathbb{V}))^* \to \mathrm{A}^r(\mathbb{V})$ という線型同型写像と解釈される．$r = 0$ のときは $\alpha \in \mathbb{R}$ と $\beta \in \mathrm{A}^n(\mathbb{V})$ の外積は単なるスカラー倍 $\alpha\beta$ のことだから

$$f_\alpha(\beta) = \alpha\,\beta$$

となる．したがって

$$*\alpha = \alpha\,\sigma^1 \wedge \sigma^2 \wedge \cdots \wedge \sigma^n$$

を得る．逆に

$$c\,\sigma^1 \wedge \sigma^2 \wedge \cdots \wedge \sigma^n \in \mathrm{A}^n(\mathbb{V})$$

に対し

$$*(c\,\sigma^1 \wedge \sigma^2 \wedge \cdots \wedge \sigma^n) = c \in \mathrm{A}^0(\mathbb{V})$$

が成り立つ．

スター作用素を，低次元の場合に詳しくみておこう．

例 2.11 (ユークリッド平面) ユークリッド平面 $\mathbb{E}^2$ において通常の向きを指定する．標準基底 $\{\mathbf{e}_1 = (1,0), \mathbf{e}_2 = (0,1)\}$ の双対基底は $\{\mathbf{e}^1 = (1\ 0), \mathbf{e}^2 = (0\ 1)\}$ で与えられる．

$$\mathrm{A}^1(\mathbb{E}^2) = \{\alpha_1(1\ \ 0) + \alpha_2(0\ \ 1) \mid \alpha_1, \alpha_2 \in \mathbb{R}\} = \mathbb{R}_2,$$

$$\mathrm{A}^2(\mathbb{E}^2) = \{c \det \mid c \in \mathbb{R}\}$$

であるから

$$\mathbf{e}^1 \wedge \beta = \mathbf{e}^1 \wedge (\beta_1 \mathbf{e}^1 + \beta_2 \mathbf{e}^2) = \beta_2\, \mathbf{e}^1 \wedge \mathbf{e}^2 = \beta_2 \det = (*\mathbf{e}^1 | \beta) \det,$$

$$\mathbf{e}^2 \wedge \beta = \mathbf{e}^2 \wedge (\beta_1 \mathbf{e}^1 + \beta_2 \mathbf{e}^2) = -\beta_1\, \mathbf{e}^1 \wedge \mathbf{e}^2 = -\beta_1 \det (*\mathbf{e}^2 | \beta) \det$$

より

$$*\mathbf{e}^1 = \mathbf{e}^2, \quad *\mathbf{e}^2 = -\mathbf{e}^1.$$

したがって

$$*(*\mathbf{e}^1) = -\mathbf{e}^1, \quad *(*\mathbf{e}^2) = -\mathbf{e}^2$$

を得るので $* \circ * = -\mathrm{Id}$ が示された[*10]．

例題 2.1 (ユークリッド空間) 3 次元ユークリッド空間 $\mathbb{E}^3$ において標準基底 $\{\mathbf{e}_1 = (1,0,0), \mathbf{e}_2 = (0,1,0), \mathbf{e}_3 = (0,0,1)\}$ を選ぶ．この双対基底 $\{\sigma^1, \sigma^2, \sigma^3\}$ に対し $*\sigma^1$, $*\sigma^2$, $*\sigma^3$ を求めよ．

【解答】 $\beta = \beta_1 \mathbf{e}^2 \wedge \mathbf{e}^3 + \beta_2 \mathbf{e}^3 \wedge \mathbf{e}^1 + \beta_3 \mathbf{e}^1 \wedge \mathbf{e}^2$ と表すと $\mathbf{e}^1 \wedge \beta = \beta_1\, \mathbf{e}^1 \wedge \mathbf{e}^2 \wedge \mathbf{e}^3$ より $*\mathbf{e}^1 = \mathbf{e}^2 \wedge \mathbf{e}^3$ である．この結果（と類似の結果）から，$\boldsymbol{a} = (a^1, a^2, a^3)$, $\boldsymbol{b} = (b^1, b^2, b^3) \in \mathbb{E}^3$ に対し以下を得る．

[*10] $*$ は $\mathbb{E}^2$ の複素構造を与える．5.1 節参照．

(1) $\flat\boldsymbol{a}, \flat\boldsymbol{b} \in \mathbb{R}_3$ は

$$\flat\boldsymbol{a} = (a^1 \ \ a^2 \ \ a^3), \quad \flat\boldsymbol{b} = (b^1 \ \ b^2 \ \ b^3).$$

(2) $\flat\boldsymbol{a} \wedge \flat\boldsymbol{b} \in \mathrm{A}^2(\mathbb{R}^3)$ は

$$(a^2b^3 - a^3b^2)\,\mathbf{e}^2 \wedge \mathbf{e}^3 + (a^3b^1 - a^1b^3)\,\mathbf{e}^3 \wedge \mathbf{e}^1 + (a^1b^2 - a^2b^1)\,\mathbf{e}^1 \wedge \mathbf{e}^2$$

(3) $*(\flat\boldsymbol{a} \wedge \flat\boldsymbol{b}) \in \mathbb{R}_3$ は

$$(a^2b^3 - a^3b^2 \ \ a^3b^1 - a^1b^3 \ \ a^1b^2 - a^2b^1).$$

(4) したがって

$$\sharp\{*(\flat\boldsymbol{a} \wedge \flat\boldsymbol{b})\} = \begin{pmatrix} a^2b^3 - a^3b^2 \\ a^3b^1 - a^1b^3 \\ a^1b^2 - a^2b^1 \end{pmatrix} = \mathbf{a} \times \mathbf{b}$$

を得る．左辺は $*$ を含むので向き付けに依存することがわかる． □

スター作用素の性質を調べよう．まず $\alpha \in \mathrm{A}^p(\mathbb{V})$ と $\beta \in \mathrm{A}^{n-p}(\mathbb{V})$ に対し $\alpha \wedge \beta = (*\alpha|\beta)\omega$ であった．ここで

$$\alpha \wedge \beta = (-1)^{p(n-p)}\beta \wedge \alpha = (-1)^{p(n-p)}(*\beta|\alpha)\omega$$

より

$$(*\alpha|\beta) = (-1)^{p(n-p)}(\alpha| *\beta)$$

を得る．次に $\mathrm{A}^{n-q}(\mathbb{V})$ の正規直交基底として

$$\{\sigma^{k_1} \wedge \sigma^{k_2} \wedge \cdots \wedge \sigma^{k_{n-q}}\}_{k_1<k_2<\cdots<k_{n-q}}$$

がとれることに着目する．置換

$$\tau = \begin{pmatrix} 1 & 2 & \cdots & p & p+1 & \cdots & n \\ i_1 & i_2 & \cdots & i_p & i_{p+1} & \cdots & i_n \end{pmatrix} \in \mathfrak{S}_n$$

に対し

$$\alpha = \sigma^{i_1} \wedge \sigma^{i_2} \wedge \cdots \sigma^{i_p} \in \mathrm{A}^p(\mathbb{V}), \quad \beta = \sigma^{i_{p+1}} \wedge \sigma^{i_{p+2}} \wedge \cdots \sigma^{i_n} \in \mathrm{A}^{n-p}(\mathbb{V})$$

とおくと $\alpha \wedge \beta = \mathrm{sgn}(\tau)\omega$ である．

$$\mathrm{sgn}(\tau)\omega = \alpha \wedge \beta = (*\alpha|\beta)\omega$$

より $(*\alpha|\beta) = \mathrm{sgn}(\tau)$．$\beta$ は $\mathrm{A}^{n-p}(\mathbb{V})$ の単位ベクトルであるから $*\alpha = \mathrm{sgn}(\tau)\beta$ である．すなわち

$$*\sigma^{i_1} \wedge \sigma^{i_2} \wedge \cdots \sigma^{i_p} = \mathrm{sgn}\begin{pmatrix} 1 & 2 & \cdots & n \\ i_1 & i_2 & \cdots & i_n \end{pmatrix} \sigma^{i_{p+1}} \wedge \sigma^{i_{p+2}} \wedge \cdots \sigma^{i_n}$$

を得る．この等式を使えば次の命題を確かめられる．検証は読者の課題としよう．

命題 2.19 長さ 1 の体積要素 ω により向きづけられた n 次元ユークリッド線型空間 $\mathbb{V}$ において次が成り立つ．

$$**\alpha = (-1)^{p(n-p)}\alpha, \quad \alpha \in \mathrm{A}^p(\mathbb{V}). \tag{2.22}$$

$$*1 = \omega, \quad *\omega = 1. \tag{2.23}$$

$$(*\alpha| * \beta) = (\alpha|\beta). \tag{2.24}$$

$$\alpha \wedge *\beta = *\alpha \wedge \beta = (\alpha|\beta)\,\omega. \tag{2.25}$$

註 2.10 (内部積を用いた定義) 内部積を用いてスター作用素を定義することもできる (文献 [67] で採用している)．向きづけられた n 次元ユークリッド線型空間 $\mathbb{V}$ の正の正規直交基底 $\{\boldsymbol{e}_1, \boldsymbol{e}_2, \ldots, \boldsymbol{e}_n\}$ をとり，その双対基底を $\mathbb{V}$ の正の正規直交基底 $\{\sigma^1, \sigma^2, \ldots, \sigma^n\}$ とする．$\omega = \sigma^1 \wedge \sigma^2 \wedge \cdots \wedge \sigma^n$ で体積要素を与える．$\mathrm{A}^n(\mathbb{V})$ の内積を $(\omega|\omega) = 1$ で定める．線型写像 $* : \mathrm{A}^0(\mathbb{V}) \to \mathrm{A}^n(\mathbb{V})$ を $*a = a\omega$ で定義する．とくに $*1 = \omega$．

$r > 0$ の場合を考える．$\alpha \in \mathrm{A}^r(\mathbb{V})$ を

$$\alpha = \sum_{i_1 < i_2 < \cdots < i_r} \alpha_{i_1 i_2 \dots i_r} \sigma^{i_1} \wedge \sigma^{i_1} \wedge \cdots \sigma^{i_r}$$

と表示したとき

$$*\alpha = \sum_{i_1 < i_2 < \cdots < i_r} \alpha_{i_1 i_2 \dots i_r} \iota_{\boldsymbol{e}_{i_r}} \cdots \iota_{\boldsymbol{e}_{i_2}} \iota_{\boldsymbol{e}_{i_1}} \omega$$

と定める．$*\alpha$ は正の正規直交基底 $\{\boldsymbol{e}_1, \boldsymbol{e}_2, \dots, \boldsymbol{e}_n\}$ の選び方に依存していないことを確かめてほしい．また $\eta^1, \eta^2, \dots, \eta \in \mathrm{A}^1(\mathbb{V})$ に対し

$$*(\eta^1 \wedge \eta^2 \wedge \cdots \eta^r) = \iota_{\sharp\eta^r} \cdots \iota_{\sharp\eta^2} \iota_{\sharp\eta^1} \omega$$

が成り立つ．$* : \mathrm{A}^r(\mathbb{V}) \to \mathrm{A}^{n-r}(\mathbb{V})$ は線型写像であり $\alpha,\ \beta \in \mathrm{A}^r(\mathbb{V})$ に対し

$$\alpha \wedge *\beta = (\alpha|\beta)\omega$$

でスカラー $(\alpha|\beta)$ が定まる．このスカラー $(\alpha|\beta)$ が α と β の内積である．

空間ベクトルの外積

解析幾何で学ぶ「空間ベクトルの外積」を再検討しておこう．3 次元ユークリッド空間 $\mathbb{E}^3$ でベクトルの外積 $\times$ を導入する際に右手系という要請をしていたことを思い出してほしい．標準基底 $\{\mathbf{e}_1\ \mathbf{e}_2\ \mathbf{e}_3\}$ を右手系，すなわち正の基底に選んでおいて $\mathbf{a} \neq \mathbf{0}$ と $\mathbf{b} \neq \mathbf{0}$ に対し条件

(1) $(\mathbf{a}|\mathbf{x}) = (\mathbf{b}|\mathbf{x}) = 0$.
(2) $\|\boldsymbol{x}\| = \mathbf{a}$ と $\mathbf{b}$ の張る平行四辺形の面積.
(3) $\{\mathbf{a}\ \mathbf{b}\ \mathbf{x}\}$ は右手系.

で唯一定まる $\mathbf{x}$ を $\mathbf{a}$ と $\mathbf{b}$ の外積とよび $\mathbf{a} \times \mathbf{b}$ と表記した ([18, § 3.5])．この向き付けは長さ 1 の体積要素 $\omega = \mathbf{e}^1 \wedge \mathbf{e}^2 \wedge \mathbf{e}^3$ により定まる向き付けである．ところで

$$\omega(\mathbf{x}, \mathbf{y}, \mathbf{z}) = \det(\mathbf{x}\ \mathbf{y}\ \mathbf{z})$$

が成り立つことを用いると

$$(\mathbf{x} \times \mathbf{y} \,|\, \mathbf{z}) = \det(\mathbf{x} \ \mathbf{y} \ \mathbf{z}) = \omega(\mathbf{x}, \mathbf{y}, \mathbf{z})$$

と書き換えられる．この事実から，向きづけられた 3 次元ユークリッド線型空間で外積が定義できることがわかる．

定義 2.11 3 次元ユークリッド線型空間 $\mathbb{V}$ を長さ 1 の体積要素 ω で向きづけたとき

$$(\boldsymbol{x} \times \boldsymbol{y} | \boldsymbol{z}) = \omega(\boldsymbol{x}, \boldsymbol{y}, \boldsymbol{z})$$

により $\boldsymbol{x}$ と $\boldsymbol{y}$ の外積 $\boldsymbol{x} \times \boldsymbol{y}$ を定義する．

この定義の下

$$\boldsymbol{x} \times \boldsymbol{y} = \sharp\{*(\flat \boldsymbol{x} \wedge \flat \boldsymbol{y})\}$$

が成り立つ．また

$$\boldsymbol{z} \times (\boldsymbol{x} \times \boldsymbol{y}) = (\boldsymbol{y}|\boldsymbol{z})\boldsymbol{x} - (\boldsymbol{z}|\boldsymbol{x})\boldsymbol{y}, \tag{2.26}$$

$$\|\boldsymbol{x} \times \boldsymbol{y}\|^2 = \|\boldsymbol{x}\|^2 \, \|\boldsymbol{y}\|^2 - (\boldsymbol{x}|\boldsymbol{y})^2$$

が成り立つ（確かめよ）．ベクトルの外積は向き付けに依存するという意味では，ベクトルらしくない．この点については 2.8 節で改めて検討する．

また向きづけられた 3 次元ユークリッド線型空間 $\mathbb{V}$ では内部積により $\mathbb{V}$ と $\mathrm{A}^2(\mathbb{V})$ が同一視される．実際，正の正規直交基底 $\{\boldsymbol{e}_1, \boldsymbol{e}_2, \boldsymbol{e}_3\}$ とその双対基底 $\{\boldsymbol{e}^1, \boldsymbol{e}^2, \boldsymbol{e}^3\}$ に対し $\omega = \boldsymbol{e}^1 \wedge \boldsymbol{e}^2 \wedge \boldsymbol{e}^3$ と表せることから $\boldsymbol{v} = v^1 \boldsymbol{e}_1 + v^2 \boldsymbol{e}_2 + v^3 \boldsymbol{e}_3 \in \mathbb{V}$ に対し

$$\iota_{\boldsymbol{v}} \omega = v^1(\boldsymbol{e}^2 \wedge \boldsymbol{e}^3) + v^2(\boldsymbol{e}^3 \wedge \boldsymbol{e}^1) + v^3(\boldsymbol{e}^1 \wedge \boldsymbol{e}^2) \in \mathrm{A}^2(\mathbb{V})$$

を得るが，これは $\iota_{\boldsymbol{v}} \omega = *(\flat \boldsymbol{b})$ に他ならない．

2.7 自己双対性

向き付けられた 4 次元ユークリッド線型空間 $\mathbb{V}$ ではスター作用素が $\mathrm{A}^2(\mathbb{V}) = \wedge^2\mathbb{V}^*$ 上の線型変換を与える．とくに $*\circ* = \mathrm{Id}$ であるから $*$ は固有値 ±1 をもつ．したがって $\wedge^2\mathbb{V}^*$ を $\wedge^2\mathbb{V}^* = \wedge^2_+\mathbb{V}^* \oplus \wedge^2_-\mathbb{V}^*$ と固有空間分解することができる．

$$\wedge^2_+\mathbb{V}^* = \{\alpha \in \mathrm{A}^2(\mathbb{V}) \mid *\alpha = \alpha\}, \quad \wedge^2_-\mathbb{V}^* = \{\alpha \in \mathrm{A}^2(\mathbb{V}) \mid *\alpha = -\alpha\}.$$

$\alpha \in \wedge^2_+\mathbb{V}^*$ のとき α は指定された向きに関し**自己双対的** (self-dual) であるという．$\alpha \in \wedge^2_-\mathbb{V}^*$ のとき α は指定された向きに関し**反自己双対的** (anti self-dual) であるという．$\mathbb{V}$ の向きを逆にすると自己双対と反自己双対は入れ替わることに注意．$\mathbb{V}$ の正の向きの正規直交基底 $\{\boldsymbol{e}_1, \boldsymbol{e}_2, \boldsymbol{e}_3, \boldsymbol{e}_4\}$ とその双対基底 $\{\sigma^1, \sigma^2, \sigma^3, \sigma^4\}$ をとる．

$$*(\sigma^1\wedge\sigma^2) = \sigma^3\wedge\sigma^4, \quad *(\sigma^1\wedge\sigma^3) = -\sigma^2\wedge\sigma^4, \quad *(\sigma^1\wedge\sigma^4) = \sigma^2\wedge\sigma^3$$

より $\wedge^2_+\mathbb{V}^*$ の基底として

$$\sigma^1_+ = \frac{1}{\sqrt{2}}(-\sigma^2\wedge\sigma^3 - \sigma^1\wedge\sigma^4),$$
$$\sigma^2_+ = \frac{1}{\sqrt{2}}(\sigma^1\wedge\sigma^3 - \sigma^2\wedge\sigma^4),$$
$$\sigma^3_+ = \frac{1}{\sqrt{2}}(-\sigma^1\wedge\sigma^2 - \sigma^3\wedge\sigma^4)$$

を選べる．同様に $\wedge^2_-\mathbb{V}^*$ の基底として

$$\sigma^1_- = \frac{1}{\sqrt{2}}(-\sigma^2\wedge\sigma^3 + \sigma^1\wedge\sigma^4),$$
$$\sigma^2_- = \frac{1}{\sqrt{2}}(\sigma^1\wedge\sigma^3 + \sigma^2\wedge\sigma^4),$$
$$\sigma^3_- = \frac{1}{\sqrt{2}}(-\sigma^1\wedge\sigma^2 + \sigma^3\wedge\sigma^4)$$

を選べる．$\mathbb{V}$ を $\mathbb{V}^*$ で置き換えて $\wedge^2\mathbb{V}$ の $*$ による固有空間分解が得られる．

$$*(\boldsymbol{e}_1 \wedge \boldsymbol{e}_2) = \boldsymbol{e}_3 \wedge \boldsymbol{e}_4, \quad *(\boldsymbol{e}_1 \wedge \boldsymbol{e}_3) = \boldsymbol{e}_4 \wedge \boldsymbol{e}_2, \quad *(\boldsymbol{e}_1 \wedge \boldsymbol{e}_4) = \boldsymbol{e}_2 \wedge \boldsymbol{e}_3.$$

より $\wedge^2_{\pm}\mathbb{V}$ の基底として

$$\begin{aligned}
\boldsymbol{e}_1^+ &= \frac{1}{\sqrt{2}}(-\boldsymbol{e}_2 \wedge \boldsymbol{e}_3 - \boldsymbol{e}_1 \wedge \boldsymbol{e}_4), \\
\boldsymbol{e}_2^+ &= \frac{1}{\sqrt{2}}(\boldsymbol{e}_1 \wedge \boldsymbol{e}_3 - \boldsymbol{e}_2 \wedge \boldsymbol{e}_4), \\
\boldsymbol{e}_3^+ &= \frac{1}{\sqrt{2}}(-\boldsymbol{e}_1 \wedge \boldsymbol{e}_2 - \boldsymbol{e}_3 \wedge \boldsymbol{e}_4) \\
\boldsymbol{e}_1^- &= \frac{1}{\sqrt{2}}(-\boldsymbol{e}_2 \wedge \boldsymbol{e}_3 + \boldsymbol{e}_1 \wedge \boldsymbol{e}_4), \\
\boldsymbol{e}_2^- &= \frac{1}{\sqrt{2}}(\boldsymbol{e}_1 \wedge \boldsymbol{e}_3 + \boldsymbol{e}_2 \wedge \boldsymbol{e}_4), \\
\boldsymbol{e}_3^- &= \frac{1}{\sqrt{2}}(-\boldsymbol{e}_1 \wedge \boldsymbol{e}_2 + \boldsymbol{e}_3 \wedge \boldsymbol{e}_4)
\end{aligned}$$

が選べる．

ここで $\mathbb{V} = \mathbb{E}^4$ と選んでみよう．このとき $\wedge^2\mathbb{E}^4$ から $\mathrm{Alt}_4\mathbb{R}$ への線型同型写像を

$$\mathbf{x} \wedge \mathbf{y} \longmapsto (\mathbf{x} \wedge \mathbf{y}) = (\mathbf{y}|\cdot)\mathbf{x} - (\mathbf{x}|\cdot)\mathbf{y} \in \mathrm{Alt}_4\mathbb{R}$$

で与える．基底を用いて具体的に書いておこう．

$$\mathbf{e}_1^{\pm} = \frac{1}{\sqrt{2}}(-\mathbf{e}_2 \wedge \mathbf{e}_3 \mp \mathbf{e}_1 \wedge \mathbf{e}_4) \longleftrightarrow \frac{1}{\sqrt{2}} \begin{pmatrix} 0 & 0 & 0 & \mp 1 \\ 0 & 0 & -1 & 0 \\ 0 & 1 & 0 & 0 \\ \pm 1 & 0 & 0 & 0 \end{pmatrix} = \sqrt{2}A_1^{\pm},$$

$$\mathbf{e}_2^{\pm} = \frac{1}{\sqrt{2}}(\boldsymbol{e}_1 \wedge \boldsymbol{e}_3 \mp \boldsymbol{e}_4 \wedge \boldsymbol{e}_2) \longleftrightarrow \frac{1}{\sqrt{2}} \begin{pmatrix} 0 & 0 & 1 & 0 \\ 0 & 0 & 0 & \mp 1 \\ -1 & 0 & 0 & 0 \\ 0 & \pm 1 & 0 & 0 \end{pmatrix} = \sqrt{2}A_2^{\pm},$$

$$\mathbf{e}_3^{\pm} = \frac{1}{\sqrt{2}}(-\boldsymbol{e}_1 \wedge \boldsymbol{e}_2 \mp \boldsymbol{e}_3 \wedge \boldsymbol{e}_4) \longleftrightarrow \frac{1}{\sqrt{2}} \begin{pmatrix} 0 & -1 & 0 & 0 \\ 1 & 0 & 0 & 0 \\ 0 & 0 & 0 & \mp 1 \\ 0 & 0 & \pm 1 & 0 \end{pmatrix} = \sqrt{2}A_3^{\pm}.$$

$\{A_1^+, A_2^+, A_3^+\}$ と $\{A_1^-, A_2^-, A_3^-\}$ は次の交換関係をみたしている.

$$[A_1^+, A_2^+] = A_3^+, \quad [A_2^+, A_3^+] = A_1^+, \quad [A_3^+, A_1^+] = A_2^+,$$
$$[A_1^-, A_2^-] = A_3^-, \quad [A_2^-, A_3^-] = A_1^-, \quad [A_3^-, A_1^-] = A_2^-.$$

$\wedge_+^2 \mathbb{E}^4$ を線型同型

$$\mathbf{x} = x^1\mathbf{e}_1^+ + x^2\mathbf{e}_2^+ + x^3\mathbf{e}_3^+ \longleftrightarrow (x^1, x^2, x^3)$$

を介して 3 次元ユークリッド空間 $\mathbb{E}^3$ と同一視する．さらに $\wedge_+^2 \mathbb{E}^4$ を「$\{\mathbf{e}_1^+, \mathbf{e}_2^+, \mathbf{e}_3^+\}$ が正」という条件で向き付ける．すると $\wedge_+^2 \mathbb{E}^4$ の「ベクトルの外積」$\times = \times_+$ は

$$\mathbf{e}_1^+ \times \mathbf{e}_2^+ = \mathbf{e}_3^+, \quad \mathbf{e}_2^+ \times \mathbf{e}_3^+ = \mathbf{e}_1^+, \quad \mathbf{e}_3^+ \times \mathbf{e}_1^+ = \mathbf{e}_2^+$$

で定められるから

$$\mathbf{x}_+ \times_+ \mathbf{y}_+ = \frac{1}{\sqrt{2}}\,[\,\mathbf{x}_+, \mathbf{y}_+\,], \quad \mathbf{x}_+, \mathbf{y}_+ \in \wedge_+^2 \mathbb{E}^4$$

を得る．同様に $\wedge_-^2 \mathbb{E}^4$ を線型同型

$$x^1\mathbf{e}_1^- + x^2\mathbf{e}_2^- + x^3\mathbf{e}_3^- \longleftrightarrow (x^1, x^2, x^3)$$

で $\mathbb{E}^3$ と同一視し，$\{\mathbf{e}_1^-, \mathbf{e}_2^-, \mathbf{e}_3^-\}$ を正の向きの正規直交基底に選ぶ．この向き付けで定まる「ベクトルの外積」$\times_-$ は

$$\mathbf{e}_1^- \times_- \mathbf{e}_2^- = \mathbf{e}_3^-, \quad \mathbf{e}_2^- \times_- \mathbf{e}_3^- = \mathbf{e}_1^-, \quad \mathbf{e}_3^- \times_- \mathbf{e}_1^- = \mathbf{e}_2^-$$

をみたすので

$$\mathbf{x}_- \times_- \mathbf{y}_- = \frac{1}{\sqrt{2}}[\mathbf{x}_-, \mathbf{y}_-], \quad \mathbf{x}_-, \mathbf{y}_- \in \wedge_-^2 \mathbb{E}^4$$

を得る．ここで線型同型 $\iota : \mathbb{E}^3 \to \mathrm{Alt}_3\mathbb{R}$ を次で与えよう．

$$\iota(x^1, x^2, x^3) = \begin{pmatrix} 0 & -x^3 & x^2 \\ x^3 & 0 & -x^1 \\ -x^2 & x^1 & 0 \end{pmatrix}.$$

$\mathbf{x} = (x^1, x^2, x^3), \mathbf{y} = (y^1, y^2, y^3) \in \mathbb{E}^3$ に対し

$$[X, Y] = \iota(\mathbf{x} \times \mathbf{y}), \quad \mathbf{x} \times \mathbf{y} = X\mathbf{y}$$

が成り立つ．そこで $\wedge_\pm^2 \mathbb{E}^4$ を $\mathrm{Alt}_3\mathbb{R}$ と同一視することで直和分解

$$\mathrm{Alt}_4\mathbb{R} = \mathrm{Alt}_3\mathbb{R} \oplus \mathrm{Alt}_3\mathbb{R}$$

が示された．この分解は実線型空間としての直和分解であるだけでなくリー環の直和分解（イデアルの直和）にもなっている．この結果はリー環論において「$\mathrm{Alt}_4\mathbb{R}$ は単純でない半単純リー環である」ことを意味する[*11]．

この節の成果は 6.6 節で活用する．

2.8 軸性ベクトルと極性ベクトル

力学の教科書に登場する軸性ベクトルをテンソルの観点から考察しておこう．3 次元ユークリッド空間 $\mathbb{E}^3$ の標準基底 $\mathcal{E} = \{\mathbf{e}_1, \mathbf{e}_2, \mathbf{e}_3\}$ が定める直交座標系を (x^1, x^2, x^3) とする．$\mathbb{E}^3$ には $\mathcal{E}$ を正の向きとする向き付けを施し

[*11] リー環論では $\mathrm{Alt}_n\mathbb{R}$ を $\mathfrak{so}(n)$, $\mathrm{so}(n)$, $\mathsf{so}(n)$ などと表記する．

ておく．$\mathcal{E}$ は右手系である．ベクトルの外積 $\times$ が指定される．$\{\widetilde{\mathbf{e}}_1, \widetilde{\mathbf{e}}_2, \widetilde{\mathbf{e}}_3\}$ を負の向きの正規直交基底とする．基底の取り替え行列 P を（いつものように）

$$\mathbf{e}_j = \sum_{i=1}^{3} p_j{}^i \widetilde{\mathbf{e}}_i$$

で与える．仮定より $\det P = -1$ である．ここでは**空間反転**とよばれるケース $P = -E_3$ を扱う．すなわち

$$\widetilde{\mathbf{e}}_i = -\mathbf{e}_i, \quad i = 1, 2, 3.$$

で与えられる基底の変換である．このとき同伴する線型座標系 $(\tilde{x}^1, \tilde{x}^2, \tilde{x}^3)$ は

$$\tilde{x}^1 = -x^1, \quad \tilde{x}^2 = -x^2, \quad \tilde{x}^3 = -x^3$$

で与えられる．ベクトル $\mathbf{v} = v^1\mathbf{e}_1 + v^2\mathbf{e}_2 + v^3\mathbf{e}_3$ は 2 通りの表示

$$\mathbf{v} = v^1\mathbf{e}_1 + v^2\mathbf{e}_2 + v^3\mathbf{e}_3 = \tilde{v}^1\widetilde{\mathbf{e}}_1 + \tilde{v}^2\widetilde{\mathbf{e}}_2 + \tilde{v}^3\widetilde{\mathbf{e}}_3$$

から

$$\tilde{v}^1 = -v^1, \quad \tilde{v}^2 = -v^2, \quad \tilde{v}^3 = -v^3$$

という成分の変換法則に従う．

力学や電磁気学においては，ちょっと違った性質をもつ「量」が登場する．

「変換法則によるベクトルの定義」では $\mathbb{E}^3$ のベクトルとは各線型座標系 (u^1, u^2, u^3) ごとに与えられたスカラーの順序のついた三つ組 $\{v^1, v^2, v^3\}$ で線型座標系の変換

$$\begin{pmatrix} x^1 \\ x^2 \\ x^3 \end{pmatrix} = P \begin{pmatrix} \tilde{x}^1 \\ \tilde{x}^2 \\ \tilde{x}^3 \end{pmatrix}$$

に伴い

$$\begin{pmatrix} v^1 \\ v^2 \\ v^3 \end{pmatrix} = P \begin{pmatrix} \tilde{v}^1 \\ \tilde{v}^2 \\ \tilde{v}^3 \end{pmatrix}$$

という変換法則に従うものであった．**擬ベクトル** (pseudo-vector) とか**軸性ベクトル** (axial vector) とよばれる量は

$$\begin{pmatrix} v^1 \\ v^2 \\ v^3 \end{pmatrix} = \mathrm{sgn}(P)\, P \begin{pmatrix} \tilde{v}^1 \\ \tilde{v}^2 \\ \tilde{v}^3 \end{pmatrix}, \quad \mathrm{sgn}(P) = \frac{\det P}{|\det P|}$$

という変換法則に従う量である．基底・線型座標系の変換を**向きを保つ**ものに限定すれば通常の意味のベクトルと同じである．向きを反転する基底・線型座標系の変換のときは符号が反転する．空間反転の場合だと

$$\begin{pmatrix} v^1 \\ v^2 \\ v^3 \end{pmatrix} = -E_3 \begin{pmatrix} \tilde{v}^1 \\ \tilde{v}^2 \\ \tilde{v}^3 \end{pmatrix} = \begin{pmatrix} \tilde{v}^1 \\ \tilde{v}^2 \\ \tilde{v}^3 \end{pmatrix}$$

となり「成分は変わらない」という量である．同様に変換法則

$$c = \mathrm{sgn}(P)\, \tilde{c}$$

に従う量を**擬スカラー** (pseudo-schalar) という．

軸性ベクトル場と対比するために通常のベクトルを**極性ベクトル** (polar-vector) ともよぶ．角運動量 $\boldsymbol{L}$ や磁束密度 $\boldsymbol{B}$ は正確には擬ベクトル場あるいは軸性ベクトル場とよぶべき量である．擬ベクトル場と同様に擬スカラー場も定義される．

軸性ベクトル場を物理的にどう解釈するかについて，様々な工夫がなされている．ここでは伊理正夫・韓太舜 [21] による説明を紹介しよう[*12]．極性ベクトルは「向きと大きさをもつ量」すなわち有向線分のことである．一方，軸性ベクトルは線分に回転の向きを指定し，ねじを回転の向きに回したときに進む向きを有向線分の向きに選んだものである．右手系 $\{\mathbf{e}_1, \mathbf{e}_2, \mathbf{e}_3\}$ における軸性ベクトル $\mathbf{v}$ が「右ねじ」の方向の向きをもつとする．空間反転を施し左手系 $\{-\mathbf{e}_1, -\mathbf{e}_2, -\mathbf{e}_3\}$ に変換すると「左ねじ」の方向の向きをもつベクトルに変換されねばならない．つまり $-\mathbf{v}$ に変換される．

---

*12 安藤裕康，軸性ベクトルについて，天文月報，**112** (2019), no. 4, 255–259 も参照．

註 2.11 力学の教科書に見られる「角運動量が軸性ベクトルである」ことの説明を引用する．位置ベクトル $\mathbf{r} = (x^1, x^2, x^3)$ と運動量ベクトル $\mathbf{p} = (p_1, p_2, p_3)$ に対し角運動量ベクトルは $\mathbf{L} = \mathbf{r} \times \mathbf{p}$ で定められるので

$$\mathbf{L} = \begin{vmatrix} x^2 & p_2 \\ x^3 & p_3 \end{vmatrix} \mathbf{e}_1 + \begin{vmatrix} x^3 & p_3 \\ x^1 & p_1 \end{vmatrix} \mathbf{e}_2 + \begin{vmatrix} x^1 & p_1 \\ x^2 & p_2 \end{vmatrix} \mathbf{e}_3.$$

空間反転を施す．

$$\widetilde{\mathbf{r}} = \tilde{x}^1 \widetilde{\mathbf{e}}_1 + \tilde{x}^2 \widetilde{\mathbf{e}}_2 + \tilde{x}^3 \widetilde{\mathbf{e}}_3, \quad \widetilde{\mathbf{p}} = \tilde{p}^1 \widetilde{\mathbf{e}}_1 + \tilde{p}^2 \widetilde{\mathbf{e}}_2 + \tilde{p}^3 \widetilde{\mathbf{e}}_3$$

に対し

$$\widetilde{\mathbf{e}}_1 \times \widetilde{\mathbf{e}}_2 = \widetilde{\mathbf{e}}_3, \quad \widetilde{\mathbf{e}}_2 \times \widetilde{\mathbf{e}}_3 = \widetilde{\mathbf{e}}_1, \quad \widetilde{\mathbf{e}}_3 \times \widetilde{\mathbf{e}}_1 = \widetilde{\mathbf{e}}_2$$

を用いると

$$\widetilde{\mathbf{L}} = \widetilde{\mathbf{r}} \times \widetilde{\mathbf{p}} = \begin{vmatrix} x^2 & p_2 \\ x^3 & p_3 \end{vmatrix} \widetilde{\mathbf{e}}_1 + \begin{vmatrix} x^3 & p_3 \\ x^1 & p_1 \end{vmatrix} \widetilde{\mathbf{e}}_2 + \begin{vmatrix} x^1 & p_1 \\ x^2 & p_2 \end{vmatrix} \widetilde{\mathbf{e}}_3.$$

$\widetilde{\mathbf{r}} = \mathbf{r}$, $\widetilde{\mathbf{p}} = \mathbf{p}$ であるから $\widetilde{\mathbf{L}} = -\mathbf{L}$ と反転する．

ベクトルの外積 $\mathbf{a} \times \mathbf{b}$ は右手系という向きに依存していることに注意しよう．$\mathbb{E}^3$ の向きを体積要素 $\omega = \mathbf{e}^1 \wedge \mathbf{e}^2 \wedge \mathbf{e}^3$ でつけていれば

$$(\mathbf{a} \times \mathbf{b} \,|\, \mathbf{c}) = \det(\mathbf{a} \ \mathbf{b} \ \mathbf{c})$$

である．この説明を数学的な目で見直そう．問題点は空間反転した正規直交基底 $\{-\mathbf{e}_1, -\mathbf{e}_2, -\mathbf{e}_3\}$ をどう取り扱うのがよいだろうかということである．

- $\mathbb{E}^3$ の向きを「$\{-\mathbf{e}_1, -\mathbf{e}_2, -\mathbf{e}_3\}$ が正」と選び直す．すると体積要素は

  $$\tilde{\omega} = (-\mathbf{e}^1) \wedge (-\mathbf{e}^2) \wedge (-\mathbf{e}^3) = -\omega$$

  に変わるから，外積は

  $$(\mathbf{a} \tilde{\times} \mathbf{b} \,|\, \mathbf{c}) = -\det(\mathbf{a} \ \mathbf{b} \ \mathbf{c})$$

  より $\mathbf{a} \tilde{\times} \mathbf{b} = -\mathbf{a} \times \mathbf{b}$ と変わる．このとき

  $$\widetilde{\mathbf{e}}_1 \widetilde{\times} \widetilde{\mathbf{e}}_2 = \widetilde{\mathbf{e}}_3, \quad \widetilde{\mathbf{e}}_2 \widetilde{\times} \widetilde{\mathbf{e}}_3 = \widetilde{\mathbf{e}}_1, \quad \widetilde{\mathbf{e}}_3 \widetilde{\times} \widetilde{\mathbf{e}}_1 = \widetilde{\mathbf{e}}_2$$

  すなわち

  $$\mathbf{e}_1 \widetilde{\times} \mathbf{e}_2 = -\mathbf{e}_3, \quad \mathbf{e}_2 \widetilde{\times} \mathbf{e}_3 = -\mathbf{e}_1, \quad \mathbf{e}_3 \widetilde{\times} \mathbf{e}_1 = -\mathbf{e}_2.$$

  このやり方で角運動量を計算してみよう．

  $$\widetilde{\mathbf{L}} = \widetilde{\mathbf{r}} \widetilde{\times} \widetilde{\mathbf{p}} = -\widetilde{\mathbf{r}} \times \widetilde{\mathbf{p}} = \mathbf{L}.$$

- $\mathbb{E}^3$ の向きをそのままにする．したがって $\times$ をそのまま用いる．この場合，角運動量は $\widetilde{\mathbf{L}} = -\mathbf{L}$．力学の教科書に見られる説明はこの立場である．

軸性ベクトルを「ベクトル」と捉えることに何か無理があるように思えてこないだろうか．ここで $\mathrm{A}^2(\mathbb{E}^3)$ の正規直交基底

$$\{\mathbf{e}^2 \wedge \mathbf{e}^3, \mathbf{e}^3 \wedge \mathbf{e}^1, \mathbf{e}^1 \wedge \mathbf{e}^2\}$$

を選ぶ．

$$\alpha = \alpha_1 \, \mathbf{e}^2 \wedge \mathbf{e}^3 + \alpha_2 \, \mathbf{e}^3 \wedge \mathbf{e}^1 + \alpha_3 \, \mathbf{e}^1 \wedge \mathbf{e}^2$$

で空間反転を施してみると

$$(-\mathbf{e}^i) \wedge (-\mathbf{e}^j) = \mathbf{e}^i \wedge \mathbf{e}^j$$

であることに注意しよう．この事実から $\mathrm{A}^2(\mathbb{E}^3)$ をこの正規直交基底を介して 3 次元ユークリッド空間と思うと軸性ベクトルの変換法則は $\mathrm{A}^2(\mathbb{E}^3)$ の変換法則と一致することが確かめられる．つまり軸性ベクトルは本来は $\mathrm{A}^2(\mathbb{E}^3)$ の元であり，それを $\mathbb{E}^3$ の元と解釈しようとすると「軸性」という変換則がつきまとうのである．同様に擬スカラーは $\mathrm{A}^3(\mathbb{E}^3)$ の元と考えるべきなのである．

要点（結論）を整理しておこう．力学・電磁気学における軸性ベクトルは $\mathbb{E}^3$ に向き $(\omega = \mathbf{e}^1 \wedge \mathbf{e}^2 \wedge \mathbf{e}^3)$ を指定して，

$$B = B_1 \, \mathbf{e}^2 \wedge \mathbf{e}^3 + B_2 \, \mathbf{e}^3 \wedge \mathbf{e}^1 + B_3 \, \mathbf{e}^1 \wedge \mathbf{e}^2 \in \mathrm{A}^2(\mathbb{E}^3)$$

に対し

$$\mathbf{B} = \flat(*B) = B_1 \, \mathbf{e}_1 + B_2 \, \mathbf{e}_2 + B_3 \, \mathbf{e}_3 \in \mathbb{E}^3$$

で定まるベクトルのことなのである．逆に B は $\mathbf{B}$ から $B = \iota_{\mathbf{B}}\omega$ で復元できる．同様に $c\,\mathbf{e}^1 \wedge \mathbf{e}^2 \wedge \mathbf{e}^3 \in \mathrm{A}^3(\mathbb{E}^3)$ に対し $c = *(c\,\mathbf{e}^1 \wedge \mathbf{e}^2 \wedge \mathbf{e}^3)$ を擬スカラーとよんでいるのである．この本では，「軸性ベクトルとは $\mathrm{A}^2(\mathbb{E}^3)$ の元のこと」，「擬スカラーとは $\mathrm{A}^3(\mathbb{E}^3)$ の元のこと」という数学的定義を採用する．

【ひとこと】 物理学では電場・磁場とよばれる対象が電気工学などでは電界・磁界とよばれる．著者自身は小学生のときに電気工作のテキスト（ラジオ教育研究所，ユーキャンの前身）で「電界・磁界」という用語を覚えたため，物理学で「電場・磁場」の用語を学んだとき，戸惑った．電磁気学では磁束密度 $\boldsymbol{B}$ とよばれるベクトル場が登場するが，軸性ベクトル場という性質にまた戸惑った．テンソル・微分形式を学んで，磁束密度は交代形式の分布（2 次微分形式）と捉えると数学的にスッキリすることを知った．それ以来（数学を専攻したから）磁束密度は 2 次微分形式と思っている．そうなると磁束密度を，ベクトルの分布（ベクトル場）と思いにくくなる．「電界・磁界」という用語が思い出される．電場（こちらはベクトル場）や磁束密度（2 次微分形式）が与えられると空間に変化が起こり，それまでとは違った環境になる（電気工学の教科書には「$\boldsymbol{B}$（または磁場 $\boldsymbol{H}$）によって変化を生じた空間」を磁界と説明してあるものを見かける）．磁束密度という 2 次微分形式が与えられて変化を生じた空間（磁界）を我々は見ているのだろうと思いたくなる．物理学者にはきっと叱られるが，「電場・磁場」と「電界・磁界」の両方の用語を使いたくなってしまった[*13]．

擬ベクトルおよび擬スカラーを一般化して次の定義を与えよう．

定義 2.12 n 次元線型空間 $\mathbb{V}$ のある基底 $\{\boldsymbol{e}_1, \boldsymbol{e}_2, \ldots, \boldsymbol{e}_n\}$ に関する線型座標系を $(x^1, x^2, \ldots, x^n)$ とする．スカラーの集合 $\{A_{j_1 j_2 \cdots j_s}{}^{i_1 i_2 \ldots i_r}\}$ が与えられており線型座標系の変換

$$\begin{pmatrix} x^1 \\ x^2 \\ \vdots \\ x^n \end{pmatrix} = P \begin{pmatrix} \tilde{x}^1 \\ \tilde{x}^2 \\ \vdots \\ \tilde{x}^n \end{pmatrix}, \quad P = (p_j{}^i), \quad Q = (q_j{}^i) = P^{-1}$$

を施したとき，新しい線型座標系 $(\tilde{x}^1, \tilde{x}^2, \ldots, \tilde{x}^n)$ の下では

$$\tilde{A}_{j_1 j_2 \cdots j_s}{}^{i_1 i_2 \ldots i_r} = \operatorname{sgn}(P) A_{l_1 l_2 \ldots l_s}{}^{k_1 k_2 \ldots k_r}\, q_{i_1}{}^{k_1} q_{i_2}{}^{k_2} \cdots q_{i_r}{}^{k_r}\, p_{j_1}{}^{l_1} p_{j_2}{}^{l_2} \cdots p_{j_s}{}^{l_s} \tag{2.27}$$

と与えられるとき $\{A_{j_1 j_2 \cdots j_s}{}^{i_1 i_2 \ldots i_r}\}$ は (r, s) 型の**擬テンソル** (pseudo-tensor of type (r, s)) を定めるという．

[*13] 物理屋は絶対に電界とはいわない（砂川重信，電磁気学の考え方，岩波書店，1993, p. 13）．

註 2.12 向き付け可能でない多様体上での積分法を扱うためにド・ラームは捩交代形式を提案した [56, § 2.5]. ド・ラームの用語では，捩交代形式が**奇形式** (odd form, forme impaire)，通常の交代形式が**偶形式** (even form, forme paire) であったが，シュワルツは，奇数次，偶数次の交代形式と紛らわしいということから，**捩形式** (twisted form, forme tordue) と**常形式** (ordinary form, forme ordinaire) を提案した [46, § 9.1].

捩形式，より一般に (r,s) 型の擬テンソルを座標系を用いない定義を与えよう．$\texttt{Or}(\mathbb{V}) = \{田, 日\}$ と表示しておく[*14].

定義 2.13 写像 $\underline{T}:\texttt{Or}(\mathbb{V}) \times (\mathbb{V}^*)^r \times \mathbb{V}^s \to \mathbb{R}$ を

$$\underline{T}(\square, \alpha^1, \alpha^2, \ldots, \alpha^r, \boldsymbol{x}_1, \boldsymbol{x}_2, \ldots, \boldsymbol{x}_s), \quad \square = 田 \text{ または } 日$$

と表示したとき

(1) $\underline{T}$ は $\alpha^1, \alpha^2, \ldots, \alpha^r, \boldsymbol{x}_1, \boldsymbol{x}_2, \ldots, \boldsymbol{x}_s$ のすべてのスロットについて線型.

(2) $\underline{T}(日, \alpha^1, \ldots, \alpha^r, \boldsymbol{x}_1, \ldots, \boldsymbol{x}_s) = -\underline{T}(田, \alpha^1, \ldots, \alpha^r, \boldsymbol{x}_1, \ldots, \boldsymbol{x}_s)$.

をみたすとき (r,s) 型の**捩テンソル** (twisted tensor) とよぶ．$(0,s)$ 型の捩テンソルは**捩（多重線型）形式** (twisted multilinear form) とよばれる.

通常の (r,s) 型テンソルは写像 $T:\texttt{Or}(\mathbb{V}) \times (\mathbb{V}^*)^r \times \mathbb{V}^s \to \mathbb{R}$ で

(1) T は $\alpha^1, \alpha^2, \ldots, \alpha^r, \boldsymbol{x}_1, \boldsymbol{x}_2, \ldots, \boldsymbol{x}_s$ のすべてのスロットについて線型.

(2) $T(日, \alpha^1, \ldots, \alpha^r, \boldsymbol{x}_1, \ldots, \boldsymbol{x}_s) = T(田, \alpha^1, \ldots, \alpha^r, \boldsymbol{x}_1, \ldots, \boldsymbol{x}_s)$.

をみたすものと捉え直すことができる．とくに $(0,s)$ 型のものを**常（多重線型）形式**という．擬テンソルに下線を引く記法 ($\underline{T}$) はシュワルツの流儀で

[*14] 変数として使うには $\mathcal{F}_{\pm}(\mathbb{V})$ はちょっとどうかなあと思ったため．手頃な記号を思いつかなかったので，田,日 を用いたが読者は，自分にとってわかりやすい記号に書き換えてください.

ある．

2.9 相対テンソル ⋆

相対テンソルの概念を説明しておこう．0.4 節で定義した群作用 (定義 0.10, 0.11) を用いる．

n 次元 $\mathbb{K}$ 線型空間 $\mathbb{V}$ の基底の集合 $\mathcal{F}(\mathbb{V})$ には $\mathrm{GL}_n\mathbb{K}$ が右から作用することを 0.4 節で述べた．実際，$\mathcal{E} = (\boldsymbol{e}_1, \boldsymbol{e}_2, \ldots, \boldsymbol{e}_n) \in \mathcal{F}(\mathbb{V})$ と $P \in \mathrm{GL}_n\mathbb{K}$ に対し基底の変換

$$\rho(\mathcal{E}, P) = \mathcal{E}P$$

が右作用を定めていることを思い出そう．

定義 2.14 群 G が 2 つの集合 X と Y に右から作用しているとする．それぞれの作用を ρ_X と ρ_Y で表す．写像 $f : X \to Y$ が

$$\forall g \in G,\ \forall x \in X:\ \ f(\rho_X(x, g)) = \rho_Y(f(x), g)$$

をみたすとき f は**同変的** (equivariant) であるという．

$\mathbb{W}$ を有限次元 $\mathbb{K}$ 線型空間とし，群準同型写像 $\rho : \mathrm{GL}_n\mathbb{K} \to \mathrm{GL}(\mathbb{W})$ を 1 つ選んでおく．ρ を $\mathrm{GL}_n\mathbb{K}$ の $\mathbb{W}$ 上の**表現** (representation) という．
$\hat{\rho} : \mathbb{W} \times \mathrm{GL}_n\mathbb{K} \to \mathbb{W}$ を

$$\hat{\rho}(\boldsymbol{w}, P) = \rho(P^{-1})\boldsymbol{w}$$

と定めると $\hat{\rho}$ は $\mathrm{GL}_n\mathbb{K}$ の $\mathbb{W}$ 上の右作用である（確かめよ）．今，$\mathrm{GL}_n\mathbb{K}$ が $\mathcal{F}(\mathbb{V})$ と $\mathbb{W}$ の双方に右から作用している．そこで，これらの作用に関し同変的である写像の全体を考え

$$\mathcal{T}(\mathbb{V}, \mathbb{W}; \rho)$$

と表す．基底 $\mathcal{E}_0 \in \mathcal{F}(\mathbb{V})$ を 1 つ選んで固定しよう．$\varphi \in \mathfrak{F}(\mathbb{V}, \mathbb{W}; \rho)$ に対し写像 $\hat{\mathcal{E}}_0 : \mathfrak{F}(\mathbb{V}, \mathbb{W}; \rho) \to \mathbb{W}$ を

$$\hat{\mathcal{E}}_0(\varphi) = \varphi(\mathcal{E}_0)$$

で定める．

命題 2.20 $\hat{\mathcal{E}}_0 : \mathfrak{F}(\mathbb{V}, \mathbb{W}; \rho) \to \mathbb{W}$ は全単射である．

【証明】 どの $\mathcal{E} \in \mathcal{F}(\mathbb{V})$ に対し $\mathcal{E} = \mathcal{E}_0 P$ となる $P \in \mathrm{GL}_n\mathbb{K}$ が唯一存在する．任意に選んだ $\varphi \in \mathfrak{F}(\mathbb{V}, \mathbb{W}; \rho)$ に対し同変性より

$$\varphi(\mathcal{E}) = \varphi(\mathcal{E}_0 P) = \varphi(\mathcal{E}_0)P$$

が成り立つ．これは φ が $\mathcal{E}_0$ の値だけで決まってしまうことを意味する．つまり $\hat{\mathcal{E}}_0$ は 1 対 1 である．全射であることを示す．$\boldsymbol{w} \in \mathbb{W}$ を採り $\hat{\mathcal{E}}_0(\varphi) = \boldsymbol{w}$ となる $\varphi \in \mathfrak{F}(\mathbb{V}, \mathbb{W}; \rho)$ を探す．$\varphi(\mathcal{E}_0) = \boldsymbol{w}$ となるのだから，各 $\mathcal{E} \in \mathcal{F}(\mathbb{V})$ を $\mathcal{E} = \mathcal{E}_0 P$ と表示し $\varphi(\mathcal{E}) = \hat{\rho}(\boldsymbol{w}, P)$ と定めればよい．$\varphi(\mathcal{E}_0) = \hat{\rho}(\boldsymbol{w}, E_n)$ に注意．これで φ が定まったので，後は φ の同変性の確認である．$\mathcal{E} \in \mathcal{F}(\mathbb{V})$ と $P_1 \in \mathrm{GL}_n\mathbb{K}$ に対し $\mathcal{E}P_1 = \mathcal{E}_1$ とおく．$\mathcal{E} = \mathcal{E}_0 P$，$\mathcal{E}_1 = \mathcal{E}_0 P'$ と表示すると $\varphi(\mathcal{E}) = \hat{\rho}(\boldsymbol{w}, P)$，$\varphi(\mathcal{E}_1) = \hat{\rho}(\boldsymbol{w}, P')$ である．ここで

$$\mathcal{E}_1 = \mathcal{E}P_1 = (\mathcal{E}_0 P)P_1 = \mathcal{E}_0(PP_1)$$

より $P' = PP_1$．したがって

$$\begin{aligned}
&\varphi(\mathcal{E}P_1) = \varphi(\mathcal{E}_1) = \hat{\rho}(\boldsymbol{w}, P'), \\
&\hat{\rho}(\varphi(\mathcal{E}), P_1) = \hat{\rho}(\hat{\rho}(\boldsymbol{w}, P), P_1) = \hat{\rho}(\boldsymbol{w}, PP_1) = \hat{\rho}(\boldsymbol{w}, P').
\end{aligned}$$

ゆえに $\varphi(\mathcal{E}P_1) = \hat{\rho}(\varphi(\mathcal{E}), P_1)$． ■

この命題で示された全単射 $\hat{\mathcal{E}}_0$ を用いて $\mathbb{W}$ の線型空間の構造を $\mathfrak{F}(\mathbb{V}, \mathbb{W}; \rho)$ に移植する．

$$(\varphi_1+\varphi_2)(\mathcal{E}_0)=\varphi_1(\mathcal{E}_0)+\varphi_2(\mathcal{E}_0),$$
$$(\lambda\varphi)(\mathcal{E}_0)=\lambda\,\varphi(\mathcal{E}_0).$$

この加法とスカラー乗法で $\mathcal{F}(\mathbb{V},\mathbb{W};\rho)$ を $\mathbb{K}$ 次元線型空間にする．もちろん $\hat{\mathcal{E}}_0$ は線型同型である．

命題 2.21 $\mathcal{F}(\mathbb{V},\mathbb{W};\rho)$ の線型空間の構造は最初に固定した $\mathcal{E}_0$ の選び方に依存しない．

【証明】 $\mathcal{E}_0'=\mathcal{E}_0P$ に取り替えてみると

$$\begin{aligned}(\varphi_1+\varphi_2)(\mathcal{E}_0') =&(\varphi_1+\varphi_2)(\mathcal{E}_0P)\\ =&\hat{\rho}((\varphi_1(\mathcal{E}_0)+\varphi_2(\mathcal{E}_0)),P)\\ =&\rho(P^{-1})\varphi_1(\mathcal{E}_0)+\rho(P^{-1})\varphi_2(\mathcal{E}_0)\\ =&\hat{\rho}(\varphi_1(\mathcal{E}_0),P)+\hat{\rho}(\varphi_2(\mathcal{E}_0),P)\\ =&\varphi_1(\mathcal{E}_0P)+\varphi_2(\mathcal{E}_0P)\\ =&\varphi_1(\mathcal{E}_0')+\varphi_2(\mathcal{E}_0')\end{aligned}$$

より．スカラー乗法についても同様． ■

以上の一般論を $\mathbb{W}=\mathrm{T}^p_q(\mathbb{V})$ に適用する．

例 2.12 (恒等表現) $\rho:\mathrm{GL}_n\mathbb{K}\to\mathrm{GL}(\mathrm{T}^p_q(\mathbb{V}))$ を $\rho(A)=\mathrm{Id}$ と選ぶ（恒等表現)．すると $W\in\mathbb{W}=\mathrm{T}^p_q(\mathbb{V})$ に対し

$$\hat{\rho}(W,P)=\rho(P^{-1})W=W$$

である．基底 $\mathcal{E}_0$ を固定して線型同型 $\hat{\mathcal{E}}_0$ を作る．

$$\varphi(\mathcal{E}_0P)=\hat{\rho}(\varphi(\mathcal{E}_0),P)=\varphi(\mathcal{E}_0)$$

であるから $\varphi\in\mathcal{F}(\mathbb{V},\mathrm{T}^p_q(\mathbb{V});\mathrm{Id})$ は定値写像である．したがって $\varphi\longmapsto\varphi(\mathcal{E}_0)$ により線型同型 $\mathcal{F}(\mathbb{V},\mathrm{T}^p_q(\mathbb{V});\mathrm{Id})\cong\mathrm{T}^p_q(\mathbb{V})$ が与えられる．この同型を

介して

$$\mathrm{T}^p_q(\mathbb{V}) = \mathcal{F}(\mathbb{V}, \mathrm{T}^p_q(\mathbb{V}); \mathrm{Id})$$

と理解することにすると ρ を一般の表現に変更することで (p,q) 型テンソルの概念が一般化される．そこで表現 ρ に対し $\mathcal{F}(\mathbb{V}, \mathrm{T}^p_q(\mathbb{V}); \rho)$ の元を ρ に関する (p,q) 型**一般テンソル**とよぶ．ρ 型テンソルともよばれる．各基底 $\mathcal{E}$ に対し $\varphi(\mathcal{E})$ の $\mathcal{E}$ に関する成分を φ の $\mathcal{E}$ に関する成分とよぶ．

整数 s に対し表現 $\rho : \mathrm{GL}_n\mathbb{K} \to \mathrm{GL}(\mathrm{T}^p_q(\mathbb{V}))$ を

$$\rho(A) = (\det A)^s \,\mathrm{Id}$$

で選ぶ．このとき ρ に関する (p,q) 型一般テンソルはウェイト $-s$ の (p,q) 型**相対テンソル**とよばれる．相対テンソルの成分変換法則を書き下そう．$\mathcal{E}_1, \mathcal{E}_2 \in \mathcal{F}(\mathbb{V})$ とし $\mathcal{E}_2 = \mathcal{E}_1 A$ と表す．また $B = A^{-1}$ とすると φ の $\mathcal{E}_1$ に関する成分，すなわち $\varphi(\mathcal{E}_1)$ の $\mathcal{E}_1$ に関する成分を

$$\varphi_{j_1 j_2 \cdots j_q}^{ i_1 i_2 \cdots i_p}$$

とすると $\varphi(\mathcal{E}_1)$ の $\mathcal{E}_2$ に関する成分は

$$\sum a_{j_1}^{\ l_1}\, a_{j_2}^{\ l_2} \cdots a_{j_q}^{\ l_q}\, b_{k_1}^{\ i_1}\, b_{k_2}^{\ i_2} \cdots b_{k_p}^{\ i_p}\, \varphi_{l_1 l_2 \cdots l_q}^{ k_1 k_2 \cdots k_p}$$

で与えられることから φ の $\mathcal{E}_2$ に関する成分，すなわち $\varphi(\mathcal{E}_2)$ の $\mathcal{E}_2$ に関する成分は

$$(\det A)^{-s} \sum a_{j_1}^{\ l_1}\, a_{j_2}^{\ l_2} \cdots a_{j_q}^{\ l_q}\, b_{k_1}^{\ i_1}\, b_{k_2}^{\ i_2} \cdots b_{k_p}^{\ i_p}\, \varphi_{l_1 l_2 \cdots l_q}^{ k_1 k_2 \cdots k_p}$$

で与えられる．この節では相対テンソルの抽象的な定義から始めたが，物理学で，上記の変換法則に従う量が相対テンソルとよばれており，この変換法則で定まる数学的対象を構成した結果を先に述べたのである．

例 2.13 (テンソル密度) $\mathbb{K} = \mathbb{R}$ の場合に，$\rho(A) = |\det A|^s \mathrm{Id}$ または $\rho(A) = \mathrm{sgn}(\det A)|\det A|^s \mathrm{Id}$ と選んで定まる一般テンソルはウェイト $-s$ の (p,q) 型**テンソル密度**とよばれる．ここで $\mathrm{sgn}(\det A) = \det A/|\det A|$ を意味する．また $\rho(A) = \mathrm{sgn}(\det A)\,\mathrm{Id}$ で定まる一般テンソルをウェイト $-s$ の (p,q) 型**擬テンソル**とよぶ．

3 次元ユークリッド空間 $\mathbb{E}^3$ に右手系の向きをつけておく．標準基底を $\mathcal{E}_0 = \{\mathbf{e}_1, \mathbf{e}_2, \mathbf{e}_3\}$ と表す．(1,0) 型擬テンソルを考察する．$\mathrm{T}^1_0(\mathbb{E}^3) = \mathbb{E}^3$ と同一視される．$\varphi \in \mathfrak{F}(\mathbb{E}^3, \mathbb{E}^3; \mathrm{sgn}(\det)\mathrm{Id})$ に対し $\boldsymbol{w} = \varphi(\mathcal{E}_0)$ とおくと

$$\varphi(\mathcal{E}_0 A) = \mathrm{sgn}(\det A)\, E_3 \boldsymbol{w}$$

であるから，成分の変換法則は「擬ベクトル（軸性ベクトル）の変換法則」と一致する．

例 2.14 (エディントンのイプシロン) $(p,q) = (n,0)$ の場合のウェイト 1 の相対テンソルを考察する．$\mathcal{E} = \{\boldsymbol{e}_1, \boldsymbol{e}_2, \dots, \boldsymbol{e}_n\} \in \mathcal{F}(\mathbb{V})$ に対し

$$\varphi(\mathcal{E}A) = \det A\, \varphi(\mathcal{E})$$

をみたすものである．

$$\varphi(\mathcal{E}) = n!\,\mathcal{A}_n(\boldsymbol{e}_1 \otimes \boldsymbol{e}_2 \otimes \cdots \otimes \boldsymbol{e}_n) = \sum_{\tau \in \mathfrak{S}_n} \mathrm{sgn}(\tau)\, \boldsymbol{e}_{\tau(1)} \otimes \boldsymbol{e}_{\tau(2)} \otimes \cdots \otimes \boldsymbol{e}_{\tau(n)}.$$

したがって φ の $\mathcal{E}$ に関する成分を $\varepsilon^{i_1 i_2 \cdots i_n}$ と表記すると $\{i_1, i_2, \dots, i_n\}$ の内に同じものがあれば $\varepsilon^{i_1 i_2 \cdots i_n} = 0$ であり，$\{i_1, i_2, \dots, i_n\}$ が相異なるならば

$$\varepsilon^{i_1 i_2 \cdots i_n} = \mathrm{sgn} \begin{pmatrix} 1 & 2 & \cdots & n \\ i_1 & i_2 & \cdots & i_n \end{pmatrix}$$

であることがわかる．この $\varepsilon^{i_1 i_2 \cdots i_n}$ は**エディントンのイプシロン** (Eddington's epsilon symbol) とか**レヴィ＝チヴィタ記号** (Levi-Civita symbol) とよばれている．

テンソル密度の他にも密度という名称がついた量がある．

定義 2.15 $r \in \mathbb{R}$ とする．n 次元実線型空間 $\mathbb{V}$ において

$$\rho(\lambda\boldsymbol{\omega}) = |\lambda|^{-r/n}\rho(\boldsymbol{\omega}), \quad \lambda \in \mathbb{R}^{\times},\ \boldsymbol{\omega} \neq 0$$

をみたす写像 $\rho : \wedge^n\mathbb{V} \setminus \{0\} \to \mathbb{R}$ のことを荷重 r の**密度場** (density of weight r) とよぶ．荷重 r の密度場の全体を $\mathsf{L}^r(\mathbb{V})$ で表す．

多様体 M 上の共形構造とはリーマン計量の共形同値類のことである．Hitchin [93] は密度場を用いた共形構造の再定義を与えた．ここでは，Hitchin の意味での共形構造を線型代数版で紹介する．

定義 2.16 有限次元実線型空間 $\mathbb{V}$ において $\mathsf{L}^2(\mathrm{S}^2(\mathbb{V}))$ の元で正値であるものを $\mathbb{V}$ の（線型）**共形構造** (conformal structure) とよぶ．

3 テンソルの縮約と型変更

有限次元実線型空間上のテンソルに対し縮約という操作がしばしば用いられる．この章では縮約操作を説明する．また有限次元ユークリッド線型空間では内積を用いてテンソルの型を変更する操作も行われる．型変更操作も説明する．

3.1 縮約作用素

この章を通して $\mathbb{V}$ は n 次元実線型空間，$\mathcal{E} = \{\boldsymbol{e}_1, \boldsymbol{e}_2, \ldots, \boldsymbol{e}_n\}$ を基底，その双対基底を $\Sigma = \{\sigma^1, \sigma^2, \ldots, \sigma^n\}$ とする．縮約操作の基本は双対積と固有和である．双対積 $\langle\cdot,\cdot\rangle : \mathbb{V}^* \times \mathbb{V} \to \mathbb{R}$ は

$$\begin{aligned}\langle \omega, \boldsymbol{x}\rangle &= \left\langle \sum_{i=1}^{n} \omega_i \sigma^i, \sum_{j=1}^{n} x^j \boldsymbol{e}_j \right\rangle = \sum_{i,j=1}^{n} \omega_i x^j \, \delta_j{}^i = \sum_{i=1}^{n} \omega_i x^i \\ &= \sum_{i=1} (\boldsymbol{e}_i \otimes \sigma^i)(\omega, \boldsymbol{x})\end{aligned}$$

と書き換えられるから，$\langle\cdot,\cdot\rangle$ は

$$\sum_{i=1} \boldsymbol{e}_i \otimes \sigma^i \in \mathrm{T}_1^1(\mathbb{V})$$

と解釈できる．基底の取り替え

$$(\tilde{\boldsymbol{e}}_1 \ \tilde{\boldsymbol{e}}_2 \ \ldots \ \tilde{\boldsymbol{e}}_n) = (\boldsymbol{e}_1 \ \boldsymbol{e}_2 \ \ldots \ \boldsymbol{e}_n)P, \quad P = (p_j{}^i)$$

を施すと

$$(\tilde{\sigma}^1 \ \tilde{\sigma}^2 \ \ldots \ \tilde{\sigma}^n) = (\sigma^1 \ \sigma^2 \ \ldots \ \sigma^n)({}^tP)^{-1}$$

と双対基底が変換されるから

$$\begin{aligned}\sum_{i=1}^{n}\tilde{\boldsymbol{e}}_i\otimes\tilde{\sigma}^i &= \sum_{i=1}^{n}\left(\left(\sum_{k=1}^{n}{p_i}^k\boldsymbol{e}_k\right)\otimes\left(\sum_{l=1}^{n}(({}^tP)^{-1})_j{}^l\sigma^l\right)\right)\\ &= \sum_{i=1}^{n}\left(\left(\sum_{k=1}^{n}{p_i}^k\boldsymbol{e}_k\right)\otimes\left(\sum_{l=1}^{n}(P^{-1})_l{}^i\sigma^l\right)\right)\\ &= \sum_{k,l=1}^{n}\left(\sum_{i=1}^{n}\{(P^{-1})_l{}^i{p_i}^k\}\right)\boldsymbol{e}_k\otimes\sigma^l = \sum_{k,l=1}^{n}(PP^{-1})_l{}^k\boldsymbol{e}_k\otimes\sigma^l\\ &= \sum_{k,l=1}^{n}{\delta_l}^k\boldsymbol{e}_k\otimes\sigma^l = \sum_{k=1}^{n}\boldsymbol{e}_k\otimes\sigma^k\end{aligned}$$

だから確かに $\sum \boldsymbol{e}_k\otimes\sigma^k$ は基底の選び方に依存していない．

線型変換 T の基底 $\mathcal{E}$ に関する表現行列を $({t_j}^i)$ とすると

$$\operatorname{tr}T = \sum_{i=1}^{n}{t_i}^i$$

と計算される．T を

$$T(\omega,\boldsymbol{x}) = \omega(T(\boldsymbol{x})),\quad \omega\in\mathbb{V}^*,\quad \boldsymbol{x}\in\mathbb{V}$$

により $\mathrm{T}_1^1(\mathbb{V})$ の元と解釈しよう．そのとき $\operatorname{tr}T$ はどのように捉えればよいだろうか．

$$T(\sigma^i,\boldsymbol{e}_i) = \sigma^i(T(\boldsymbol{e}_i) = \sigma^i\left(\sum_{j=1}^{n}{T_i}^j\boldsymbol{e}_j\right) = {t_i}^i$$

であるから

$$\operatorname{tr}T = \sum_{i=1}^{n}T(\sigma^i,\boldsymbol{e}_i)$$

と計算できる．双対積のときと同様に

$$\sum_{i=1}^{n}T(\tilde{\sigma}^i,\tilde{\boldsymbol{e}}_i) = \sum_{i=1}^{n}T(\sigma^i,\boldsymbol{e}_i)$$

が成り立つ（確かめよ）．固有和をとる操作 tr は線型写像 $\mathrm{tr}:\mathrm{T}^1_1(\mathbb{V})\to\mathrm{T}^0_0(\mathbb{V})=\mathbb{K}$ と解釈できる．この2の事例を出発点として縮約とよばれる線型写像 $\mathcal{C}_s{}^r:\mathrm{T}^p_q(\mathbb{V})\to\mathrm{T}^{p-1}_{q-1}(\mathbb{V})$ を定義する．

$p,q>0$，$1\leq r\leq p$，$1\leq s\leq q$ とする．$F\in\mathrm{T}^p_q(\mathbb{V})$ に対し $\mathcal{C}_s{}^rF\in\mathrm{T}^{p-1}_{q-1}(\mathbb{V})$ を次の要領で定義する．

$$\begin{aligned}&(\mathcal{C}_s{}^rF)(\alpha^1,\alpha^2,\ldots,\alpha^{p-1},\boldsymbol{x}_1,\boldsymbol{x}_2,\ldots,\boldsymbol{x}_{q-1})\\=&\sum_{k=1}^n F(\alpha^1,\ldots,\alpha^{r-1},\sigma^k,\alpha^r,\ldots,\alpha^{p-1},\boldsymbol{x}_1,\ldots,\boldsymbol{x}_{s-1},\boldsymbol{e}_k,\boldsymbol{x}_s,\ldots,\boldsymbol{x}_{q-1}).\end{aligned}$$

この右辺は基底の選び方に依存しない（確かめよ）．この定義から線型写像 $\mathcal{C}_s{}^r:\mathrm{T}^p_q(\mathbb{V})\to\mathrm{T}^{p-1}_{q-1}(\mathbb{V})$ が定める．この線型写像を (r,s)-スロットにおける**縮約作用素**（contraction operator）とよぶ．また $\mathcal{C}_s{}^rA$ を A の (r,s)-スロットにおける**縮約**（contraction）とよぶ．

とくに $p=q=1$ のとき $\mathcal{C}_1{}^1A=\mathrm{tr}\,A$ であることに注意しよう．縮約は線型変換の固有和の一般化と理解できる．

微分形式（2巻で扱う）の取り扱いでしばしば用いられる**脱字記号**（caret）をこの機会に紹介しておこう．脱字記号 ^ を使うと $\mathcal{C}_s{}^r$ は次のように表示できる．$\boldsymbol{v}_1,\boldsymbol{v}_2,\ldots,\boldsymbol{v}_p\in\mathbb{V}$, $\alpha^1,\alpha^2\ldots,\alpha^q\in\mathbb{V}^*$ に対し

$$\begin{aligned}&\mathcal{C}_s{}^r(\boldsymbol{v}_1\otimes\boldsymbol{v}_2\otimes\cdots\otimes\boldsymbol{v}_p\otimes\alpha^1\otimes\alpha^2\otimes\cdots\otimes\alpha^q),\\=&\alpha(\boldsymbol{v}_s)\,(\boldsymbol{v}_1\otimes\boldsymbol{v}_2\otimes\cdots\otimes\widehat{\boldsymbol{v}_r}\otimes\cdots\otimes\boldsymbol{v}_p\otimes\alpha^1\otimes\alpha^2\otimes\cdots\otimes\widehat{\alpha^s}\otimes\cdots\otimes\alpha^q).\end{aligned}$$

右辺で脱字記号のついた項を抜いてテンソル積をとれということである．

成分表示では縮約はどういう効果なのだろうか．

$$A=\sum A^{i_1i_2\cdots i_p}_{j_1j_2\cdots j_q}\boldsymbol{e}_{i_1}\otimes\boldsymbol{e}_{i_2}\otimes\cdots\boldsymbol{e}_{i_p}\otimes\sigma^{j_1}\otimes\sigma^{j_2}\otimes\otimes\cdots\sigma^{j_q}$$

と成分表示すると $\mathcal{C}_s{}^rA$ の成分は

$$\sum_{k=1}^n A^{i_1i_2\cdots i_{r-1}\,k\,i_{r+1}\cdots i_p}_{j_1j_2\cdots j_{s-1}\,k\,j_{s+1}\cdots j_q}$$

で与えられる．線型変換 T を $(1,1)$ 型テンソルと解釈することで等式

$$\mathcal{T}_1{}^1 T = \operatorname{tr} T$$

が得られた．より一般に $\mathbb{V}$ 値共変テンソルの縮約を考えることができる．$T \in \mathrm{T}_q^0(\mathbb{V};\mathbb{V})$ は

$$(\alpha, \boldsymbol{x}_1, \boldsymbol{x}_2, \ldots, \boldsymbol{x}_q)T \longmapsto \alpha(T(\boldsymbol{x}_1, \boldsymbol{x}_2, \ldots, \boldsymbol{x}_q))$$

という解釈で $\mathrm{T}_q^1(\mathbb{V})$ と思うことができる．そこで縮約 $\mathcal{C}_s{}^1$ を施してみよう．

$$\begin{aligned}&(\mathcal{C}_s{}^1 T)(\boldsymbol{x}_1, \boldsymbol{x}_2, \ldots, \boldsymbol{x}_{q-1}) \\ =&\sum_{k=1}^{n} \sigma^k(T(\boldsymbol{x}_1, \boldsymbol{x}_2, \ldots, \boldsymbol{x}_{s-1}, \boldsymbol{e}_k, \boldsymbol{x}_s, \ldots, \boldsymbol{x}_{q-1})).\end{aligned} \tag{3.1}$$

以後，$T \in \mathrm{T}_q^0(\mathbb{V};\mathbb{V})$ に対し $\mathcal{C}_s{}^1 T \in \mathrm{T}_{q-1}^0(\mathbb{V})$ を (3.1) で定めることにしよう．

3.2 ユークリッド線型空間での縮約

n 次元実線型空間 $\mathbb{V}$ に内積が与えられているときは，共変テンソル，反変テンソルの縮約が定義できる．

共変テンソルの縮約

整数 $q \geq 2$ と $1 \leq r < s \leq q$ をみたす自然数の組 $\{r, s\}$ に対し線型写像 $\mathcal{C}_{rs} : \mathrm{T}_q^0(\mathbb{V}) \to \mathrm{T}_{q-2}^0(\mathbb{V})$ を以下の要領で定める．$\mathcal{E} = \{\boldsymbol{e}_1, \boldsymbol{e}_2, \ldots, \boldsymbol{e}_n\}$ を**正規直交基底**とする．

$A \in \mathrm{T}_q^0(\mathbb{V})$ に対し $\mathcal{C}_{rs} A \in \mathrm{T}_{q-2}^0(\mathbb{V})$ を

$$(\mathcal{C}_{rs}A)(\boldsymbol{x}_1, \boldsymbol{x}_2, \ldots, \boldsymbol{x}_{q-2})$$
$$= \sum_{k=1}^{n} A(\boldsymbol{x}_1, \ldots, \boldsymbol{x}_{r-1}, \boldsymbol{e}_k, \boldsymbol{x}_r, \ldots, \boldsymbol{x}_{s-1}, \boldsymbol{e}_k, \boldsymbol{x}_s, \ldots, \boldsymbol{x}_{q-2}).$$

この右辺は**正規直交**基底の選び方に依存しないことを確かめよう.

$$\sum_{k=1}^{n} A(\boldsymbol{x}_1, \ldots, \boldsymbol{x}_{r-1}, \tilde{\boldsymbol{e}}_k, \boldsymbol{x}_r, \ldots, \boldsymbol{x}_{s-1}, \tilde{\boldsymbol{e}}_s, \boldsymbol{x}_s, \ldots, \boldsymbol{x}_{q-2})$$
$$= \sum_{k=1}^{n} A\left(\boldsymbol{x}_{r-1}, \sum_{i=1}^{n} p_k{}^i \boldsymbol{e}_i, \boldsymbol{x}_r, \ldots, \boldsymbol{x}_{s-1}, \sum_{j=1}^{n} p_k{}^j \boldsymbol{e}_i, \boldsymbol{x}_s, \ldots, \boldsymbol{x}_{q-2}\right)$$
$$= \sum_{i,j=1}^{n} \left\{ \left(\sum_{k=1}^{n} p_k{}^i p_k{}^j \right) A(\boldsymbol{x}_{r-1}, \boldsymbol{e}_i, \boldsymbol{x}_r, \ldots, \boldsymbol{x}_{s-1}, \boldsymbol{e}_j, \boldsymbol{x}_s, \ldots, \boldsymbol{x}_{q-2}) \right\}$$
$$= \sum_{i,j=1}^{n} \left\{ \left(\sum_{k=1}^{n} (P\,{}^tP)_j{}^i \right) A(\boldsymbol{x}_{r-1}, \boldsymbol{e}_i, \boldsymbol{x}_r, \ldots, \boldsymbol{x}_{s-1}, \boldsymbol{e}_j, \boldsymbol{x}_s, \ldots, \boldsymbol{x}_{q-2}) \right\}$$
$$= \sum_{i=1}^{n} A(\boldsymbol{x}_1, \ldots, \boldsymbol{x}_{r-1}, \boldsymbol{e}_i, \boldsymbol{x}_r, \ldots, \boldsymbol{x}_{s-1}, \boldsymbol{e}_i, \boldsymbol{x}_s, \ldots, \boldsymbol{x}_{q-2}).$$

この検証の過程で基底の取り替え行列 P が直交行列であること ($P\,{}^tP = E$) を用いたことに注意.

線型写像 $\mathcal{C}_{rs} : \mathrm{T}^0_q(\mathbb{V}) \to \mathrm{T}^0_{q-2}(\mathbb{V})$ を**縮約作用素** (contraction operator) とよぶ. また $\mathcal{C}_{rs}A$ を A の (r,s)-スロットにおける**縮約** (contraction) とよぶ.

$$A = \sum A_{i_1 i_2 \cdots i_q} \sigma^{i_1} \otimes \sigma^{i_2} \otimes \cdots \otimes \sigma^{i_q}$$

と成分表示すると $\mathcal{C}_{rs}A$ の成分は脱字記号を使って

$$A_{i_1 i_2 \cdots i_{r-1} \widehat{i_r}, i_{r+1} \cdots i_{s-1} \widehat{i_s} i_{s+1} \cdots i_q} = \sum_{j=1}^{n} A_{i_1 i_2 \cdots i_{r-1}\, j\, i_{r+1} \cdots i_{s-1}\, j\, i_{s+1} \cdots i_q}$$

と表せる.

反変テンソルの縮約

整数 $p \geq 2$ と $1 \leq r < s \leq p$ をみたす自然数の組 $\{r, s\}$ に対し線型写像 $\mathcal{C}^{rs} : \mathrm{T}_0^p(\mathbb{V}) \to \mathrm{T}_0^{p-2}(\mathbb{V})$ を以下の要領で定める.

$B \in \mathrm{T}_0^p(\mathbb{V})$ に対し $\mathcal{C}^{rs}B \in \mathrm{T}_0^{p-2}(\mathbb{V})$ を

$$\begin{aligned}&(\mathcal{C}^{rs}B)(\alpha_1, \alpha_2, \ldots, \alpha_{p-2})\\ &= \sum_{k=1}^{n} B(\alpha^1, \ldots, \alpha_{r-1}, \sigma^k, \alpha_{r+1}, \ldots, \alpha_{s-1}, \sigma^k, \alpha_{s+1}, \ldots, \alpha_{p-2}).\end{aligned}$$

この右辺は正規直交基底の選び方に依存しないことを確かめてほしい. 線型写像 $\mathcal{C}^{rs} : \mathrm{T}_0^p(\mathbb{V}) \to \mathrm{T}_0^{p-2}(\mathbb{V})$ を**縮約作用素** (contraction operator) とよぶ. また $\mathcal{C}^{rs}A$ を A の (r, s)-スロットにおける**縮約** (contraction) とよぶ.

型変更

内積を用いて**型変更作用素** (type changing operator) ${\downarrow_s}^r$, ${\uparrow_s}^r$ を定義する.

$A \in \mathrm{T}_q^p(\mathbb{V})$ に対し ${\downarrow_s}^r A \in \mathrm{T}_{q+1}^{p-1}(\mathbb{V})$ を

$$\begin{aligned}&({\downarrow_s}^r A)(\alpha^1, \alpha^2, \ldots, \alpha^{p-1}, \boldsymbol{x}_1, \boldsymbol{x}_2, \ldots, \boldsymbol{x}_{q+1})\\ &= A(\alpha^1, \ldots, \alpha^{r-1}, \flat\boldsymbol{x}_s, \alpha^r, \alpha^{r+1}, \ldots, \alpha^{p-1}, \boldsymbol{x}_1, \boldsymbol{x}_2, \ldots, \boldsymbol{x}_{s-1}, \boldsymbol{x}_{s+1}, \ldots, \boldsymbol{x}_{q+1})\end{aligned}$$

で定義する.

たとえば $A \in \mathrm{T}_2^2(\mathbb{V})$ ならば

$$({\downarrow_2}^1 A)(\alpha, \boldsymbol{x}, \boldsymbol{y}, \boldsymbol{z}) = A(\flat\boldsymbol{y}, \alpha, \boldsymbol{x}, \boldsymbol{z}).$$

${\downarrow_2}^1 A$ の成分を求めてみよう. 正規直交とは限らない一般の基底 $\mathcal{E} = \{\boldsymbol{e}_1, \boldsymbol{e}_2, \ldots, \boldsymbol{e}_n\}$ に対し $g_{ij} = (\boldsymbol{e}_i|\boldsymbol{e}_j)$ とおく. $\flat\boldsymbol{e}_k = \displaystyle\sum_{m=1}^{n} g_{km}\sigma^m$ と表示さ

れるから

$$\downarrow_2^{\ 1} A = \sum_{i,j,k,l=1}^{n} (\downarrow_2^{\ 1} A)_{jkl}^{\ i}\, \boldsymbol{e}_i \otimes \sigma^j \otimes \sigma^k \otimes \sigma^l$$

と表示すると

$$\begin{aligned}(\downarrow_2^{\ 1} A)_{jkl}^{\ i} =&(\downarrow_2^{\ 1} A)(\sigma^i, \boldsymbol{e}_j, \boldsymbol{e}_k, \boldsymbol{e}_l) = A(\flat\boldsymbol{e}_k, \sigma^i, \boldsymbol{e}_j, \boldsymbol{e}_l)\\ =&A\left(\sum_{m=1}^{n} g_{km}\sigma^m, \sigma^i, \boldsymbol{e}_j, \boldsymbol{e}_l\right) = \sum_{m=1}^{k} g_{km} A_{jl}^{\ mi}\end{aligned}$$

を得る．以後 $(\downarrow_2^{\ 1} A)_{jkl}^{\ i}$ を $A_{jkl}^{\ i}$ と表記する．すなわち

$$A_{jkl}^{\ i} = \sum_{m=1}^{k} g_{km} A_{jl}^{\ mi}.$$

とくに $\mathcal{E}$ が正規直交基底ならば

$$A_{jkl}^{\ i} = \sum_{m=1}^{k} \delta_{km} A_{jl}^{\ il} = A_{jl}^{\ ki}.$$

$T \in \mathrm{T}_1^1(\mathbb{V})$ の場合

$$(\downarrow_1^{\ 1} T)(\boldsymbol{x}_1, \boldsymbol{x}_2) = \sum_{k=1} T(\flat\boldsymbol{x}_1, \boldsymbol{x}_2)$$

で与えられ，その成分は

$$t_{ij} = \sum_{k=1}^{n} g_{im} t_j^{\ m}$$

で与えられる．$\mathcal{E}$ が正規直交基底なら

$$t_{ij} = t_j^{\ i}$$

定義 3.1 混合テンソル $T \in \mathrm{T}_1^1(\mathbb{V})$ に対し $\downarrow_1^{\ 1} T \in \mathrm{T}_2^0(\mathbb{V})$ を内積 $(\cdot|\cdot)$ に関し T と**計量同値**な共変テンソルとか，T の**共変表示**とよぶ．

次に $B \in \mathrm{T}^p_q(\mathbb{V})$ に対し $\uparrow_s{}^r B \in \mathrm{T}^{p+1}_{q-1}(\mathbb{V})$ を

$$\begin{aligned}&(\uparrow_s{}^r B)(\alpha^1, \alpha^2, \ldots, \alpha^{p+1}, \boldsymbol{x}_1, \boldsymbol{x}_2, \ldots, \boldsymbol{x}_{q-1})\\ =& B(\alpha^1, \ldots, \alpha^{r-1}, \alpha^{r+1}, \ldots, \alpha^{p+1}, \boldsymbol{x}_1, \boldsymbol{x}_2, \ldots, \boldsymbol{x}_{s-1}, \sharp\alpha^r, \boldsymbol{x}_s, \ldots, \boldsymbol{x}_{q-1})\end{aligned}$$

たとえば $B \in \mathrm{T}^1_3(\mathbb{V})$ の場合

$$(\uparrow_2{}^1 B)(\alpha^1, \alpha^2, \boldsymbol{x}_1, \boldsymbol{x}_2) = B(\alpha^2, \boldsymbol{x}_1, \sharp\alpha^1, \boldsymbol{x}_2).$$

成分を求めてみよう．

$$\begin{aligned}(\uparrow^1_2 B)_{kl}{}^{ij} =&(\uparrow^1_2 B)(\sigma^i, \sigma^j, \boldsymbol{e}_k, \boldsymbol{e}_l) = B(\sigma^j, \boldsymbol{e}_k, \sharp\sigma^i, \boldsymbol{e}_l)\\ =&B\left(\sigma^j, \boldsymbol{e}_k, \sum_{m=1}^n g^{im}\boldsymbol{e}_m, \boldsymbol{e}_l\right)\\ =&\sum_{m=1}^n g^{im} B_{kml}{}^j\end{aligned}$$

である．この成分を B_{kl}^{ij} と書いてもよい．なぜなら $\uparrow_2{}^1$ と $\downarrow_2{}^1$ は互いに逆写像を与えるからである．実際，$A \in \mathrm{T}^2_2(\mathbb{V})$ に対し

$$\begin{aligned}(\uparrow_2{}^1 (\downarrow_2{}^1 A))(\alpha^1, \alpha^2, \boldsymbol{x}_1, \boldsymbol{x}_2) =&(\downarrow_2{}^1 A)(\alpha^2, \boldsymbol{x}_1, \sharp\alpha^1, \boldsymbol{x}_2)\\ =&A(\flat\sharp\alpha^1, \alpha^2, \boldsymbol{x}_1, \boldsymbol{x}_2) = A(\alpha^1, \alpha^2, \boldsymbol{x}_1, \boldsymbol{x}_2).\end{aligned}$$

この結果から $B =\downarrow_2{}^1 A$ と選んだとき

$$\begin{aligned}(\uparrow_2{}^1 (\downarrow_2{}^1 A))_{kl}^{ij} =& \sum_{m=1}^n g^{im}(\downarrow_2{}^1 A)^j_{kml} = \sum_{m=1}^n g^{im}\left(g_{mh}A_{kl}^{hj}\right)\\ =&\left(\left(\sum_{m=1}^n g^{im}g_{mh}\right)A_{kl}^{hj}\right) = A_{kl}^{ij}\end{aligned}$$

となるから記法に矛盾は生じない．

$T \in \mathrm{T}^1_1(\mathbb{V})$ に対し $\uparrow_1{}^1 T$ を求めると

$$(\uparrow_1{}^1 T)(\alpha^1, \alpha^2) = T(\alpha^2, \sharp\alpha^1)$$

であるから，その成分は

$$
\begin{aligned}
(\uparrow_1{}^1\,T)^{ij} =& (\uparrow_1{}^1\,T)(\sigma^i,\sigma^i) = T(\sigma^j,\sharp\sigma^i) \\
=& T\left(\sigma^j,\sum_{m=1}^{n} g^{im}\boldsymbol{e}_m\right) = \sum_{m=1}^{n} g^{im}T(\sigma^j,\boldsymbol{e}_m) = \sum_{m=1}^{n} g^{im}\,t_m^{\ j}.
\end{aligned}
$$

この成分を

$$
t^{ij} = \sum_{m=1}^{n} g^{im}\,t_m^{\ j}
$$

と表記しよう．

【ひとこと】 これまで，実正方行列 P の成分を情況に応じて p_{ij} と書いたり，$p_j{}^i$ と書き分けていたが，それらは P を $P\in\mathrm{T}_2^0(\mathbb{V})$ と考え，$\uparrow_2{}^1\,T\in\mathrm{T}_1^1(\mathbb{V})$ に書き換えることに対応していたのである．

応用として $\mathbb{V}$ 値共変テンソルの型変更を考察しよう．$T\in\mathrm{T}_q^0(\mathbb{V};\mathbb{V})$ を $(1,q)$ 型テンソルと考えたものを $\mathcal{F}$ と表記しよう．

$$
\mathcal{F}(\alpha,\boldsymbol{x}_1,\boldsymbol{x}_2,\dots,\boldsymbol{x}_q) = \alpha(F(\boldsymbol{x}_1,\boldsymbol{x}_2,\dots,\boldsymbol{x}_q)).
$$

$\downarrow_1{}^1\,T$ を $\mathcal{F}$ に施してみよう．

$$
\begin{aligned}
(\downarrow_1{}^1\,\mathcal{F})(\boldsymbol{x}_1,\boldsymbol{x}_2,\dots,\boldsymbol{x}_q,\boldsymbol{x}_{q+1}) =& \mathcal{F}(\flat\boldsymbol{x}_1,\boldsymbol{x}_2,\dots,\boldsymbol{x}_q,\boldsymbol{x}_{q+1}) \\
=& (\flat\boldsymbol{x}_1)(F(\boldsymbol{x}_2,\dots,\boldsymbol{x}_q,\boldsymbol{x}_{q+1})) \\
=& (\boldsymbol{x}_1\,|F(\boldsymbol{x}_2,\dots,\boldsymbol{x}_q,\boldsymbol{x}_{q+1})).
\end{aligned}
$$

より一般に

$$
\begin{aligned}
(\downarrow_k{}^1\,\mathcal{F})(\boldsymbol{x}_1,\boldsymbol{x}_2,\dots,\boldsymbol{x}_q,\boldsymbol{x}_{q+1}) =& \mathcal{F}(\flat\boldsymbol{x}_k,\boldsymbol{x}_1,\boldsymbol{x}_2,\dots,\widehat{\boldsymbol{x}_k},\dots,\boldsymbol{x}_q) \\
=& (\flat\boldsymbol{x}_1)(F(\boldsymbol{x}_1,\boldsymbol{x}_2,\dots,\widehat{\boldsymbol{x}_k},\dots,\boldsymbol{x}_q)) \\
=& (\boldsymbol{x}_k\,|F(\boldsymbol{x}_1,\boldsymbol{x}_2,\dots,\widehat{\boldsymbol{x}_k},\dots,\boldsymbol{x}_q)).
\end{aligned}
$$

一方，

$$
\begin{aligned}
({\uparrow_1}^1\, \mathcal{F})(\alpha^1, \alpha^2, \boldsymbol{x}_1, \boldsymbol{x}_2, \ldots, \boldsymbol{x}_{q-1}) =& \mathcal{F}(\alpha^2, \sharp\alpha^1, \boldsymbol{x}_1, \boldsymbol{x}_2, \ldots, \boldsymbol{x}_{q-1}) \\
=& \alpha^2(F(\sharp\alpha^1, \boldsymbol{x}_1, \boldsymbol{x}_2, \ldots, \boldsymbol{x}_{q-1})),
\end{aligned}
$$

$$
\begin{aligned}
({\uparrow_1}^2\, \mathcal{F})(\alpha^1, \alpha^2, \boldsymbol{x}_1, \boldsymbol{x}_2, \ldots, \boldsymbol{x}_{q-1}) =& \mathcal{F}(\alpha^1, \sharp\alpha^2, \boldsymbol{x}_1, \boldsymbol{x}_2, \ldots, \boldsymbol{x}_{q-1}) \\
=& \alpha^1(F(\sharp\alpha^2, \boldsymbol{x}_1, \boldsymbol{x}_2, \ldots, \boldsymbol{x}_{q-1}))
\end{aligned}
$$

と求められる．また

$$
\begin{aligned}
& ({\uparrow_k}^1\, \mathcal{F})(\alpha^1, \alpha^2, \boldsymbol{x}_1, \boldsymbol{x}_2, \ldots, \boldsymbol{x}_{q-1}) \\
=& \mathcal{F}(\alpha^2, \boldsymbol{x}_1, \boldsymbol{x}_2, \ldots, \boldsymbol{x}_{k-1}, \sharp\alpha^1, \boldsymbol{x}_k, \ldots, \boldsymbol{x}_{q-1}) \\
=& \alpha^2(F(\boldsymbol{x}_1, \boldsymbol{x}_2, \ldots, \boldsymbol{x}_{k-1}, \sharp\alpha^1, \boldsymbol{x}_k, \ldots, \boldsymbol{x}_{q-1}))
\end{aligned}
$$

と定められる．

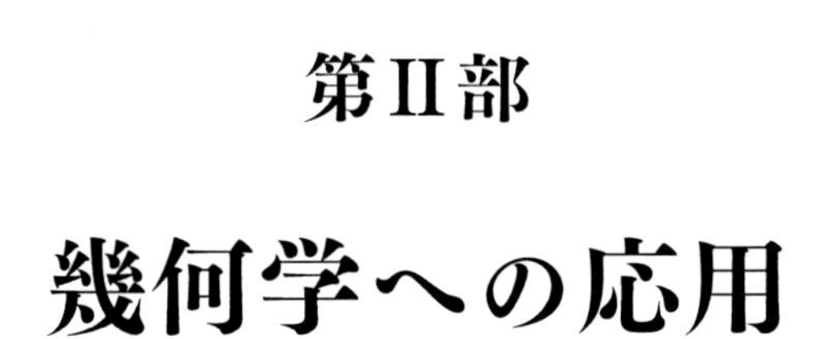

第II部

幾何学への応用

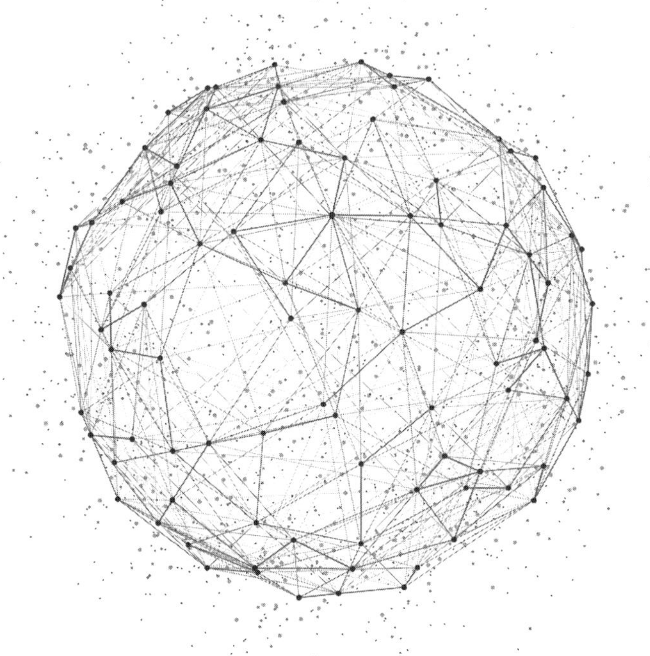

4 スカラー積空間

特殊相対性理論ではミンコフスキー時空とよばれる符号 $(3,1)$ のスカラー積が与えられた 4 次元実線型空間が登場する．ミンコフスキー時空上でテンソルを扱うためには，スカラー積空間での多重線型代数を準備しておく必要に迫られる．この章ではスカラー積空間上でのスター作用素，縮約，型変更を説明する．

4.1 実スカラー積空間上のテンソル

2.5 節および 2.6 節で解説したユークリッド線型空間上のテンソルの取り扱いを実スカラー積空間の場合に一般化する．まず 1.3 節で説明した線型同型 $\flat$ と $\sharp$ を復習する．$\mathbb{V}$ をスカラー積 $\langle\cdot,\cdot\rangle$ を備えた n 次元実線型空間とする．スカラー積を用いて線型同型 $\flat:\mathbb{V}\to\mathbb{V}^*$ を

$$(\flat \boldsymbol{v})(\boldsymbol{w}) = \langle \boldsymbol{w}, \boldsymbol{v}\rangle = \langle \boldsymbol{v}, \boldsymbol{w}\rangle$$

で定義する．この $\flat$ の逆写像を $\sharp$ で表す．

$$\langle \sharp\alpha, \boldsymbol{w}\rangle = \alpha(\boldsymbol{w}).$$

基底 $\mathcal{E} = \{\boldsymbol{e}_1, \boldsymbol{e}_2, \dots, \boldsymbol{e}_n\}$ に対し $g_{ij} = \langle \boldsymbol{e}_i, \boldsymbol{e}_j\rangle$ とおく．また双対基底を $\Sigma = \{\sigma^1, \sigma^2, \dots, \sigma^n\}$ とする．行列 (g_{ij}) の逆行列の (i,j) 成分を g^{ij} と表記する．

$$\delta_j{}^i = \sum_{k=1} g^{ik} g_{kj}$$

が成り立つ．ベクトル $\boldsymbol{x} = \sum_{i=1}^{n} x^i \boldsymbol{e}_i$ に対し $x_i = \sum_{j=1}^{n} g_{ij} x^j$ とおくと $\flat \boldsymbol{x} = \sum_{i=1}^{n} x_i \sigma^i$ と表せた．また線型汎函数 $\alpha = \sum_{i=1}^{n} \alpha_i \sigma^i$ に対し $\alpha^i = \sum_{j=1}^{n} g^{ij} \alpha_j$ と

おくと $\sharp\alpha=\sum_{i=1}^{n}\alpha^i\boldsymbol{e}_i$ と表せた.

$\mathcal{E}$ が**正規直交**, すなわち

$$\langle \boldsymbol{e}_i,\boldsymbol{e}_j\rangle=\epsilon_i\delta_{ij},\quad \varepsilon_i=\langle \boldsymbol{e}_i,\boldsymbol{e}_i\rangle$$

をみたすとする. ただし

$$\varepsilon_1=\varepsilon_2=\cdots=\varepsilon_\nu=-1,\quad \varepsilon_{\nu+1}=\varepsilon_{\nu+2}=\cdots=\varepsilon_n=1$$

とする. このとき

$$\flat\boldsymbol{e}_i=\varepsilon^i\sigma^i,\quad \sharp\sigma^i=\varepsilon_i\boldsymbol{e}_i,\quad \varepsilon^i=\varepsilon_i$$

が成り立つ.

$\mathbb{V}^*$ のスカラー積

1.3 節で説明したように

$$\langle\alpha,\beta\rangle=\langle\sharp\alpha,\sharp\beta\rangle,\quad \alpha,\beta\in\mathbb{V}^*$$

で $\mathbb{V}^*$ のスカラー積を定める. すると

$$\begin{aligned}\langle\sigma^i,\sigma^j\rangle=&\langle\sharp\sigma^i,\sharp\sigma^j\rangle=\left\langle\sum_{k=1}^{n}g^{ik}\boldsymbol{e}_k,\sum_{l=1}^{n}g^{jl}\boldsymbol{e}_l\right\rangle=\sum_{k,l=1}^{n}g^{ik}g^{jl}g_{kl}\\=&\sum_{k=1}^{n}g^{ik}\left(\sum_{l=1}^{n}g^{jl}g_{lk}\right)=\sum_{k=1}^{n}g^{ik}\,\delta_k^{\ j}=g^{ij}\end{aligned}$$

が成り立つ. とくに $\mathcal{E}$ が正規直交なら

$$\langle\sigma^i,\sigma^j\rangle=\varepsilon^i\delta^{ij}=\varepsilon^j\delta^{ij}$$

である.

$\mathrm{T}^0_2(\mathbb{V})$ **のスカラー積**

2.5 節ではユークリッド線型空間の場合に内積 $(\cdot|\cdot)$ に関する正規直交基底を使って

$$(\alpha|\beta) = \sum_{i,j=1}^{n} \alpha_{ij}\beta_{ij}, \quad \alpha = \sum_{i,j=1}^{n} \alpha_{ij}\sigma^i \otimes \sigma^j,\ \beta = \sum_{i,j=1}^{n} \beta_{ij}\sigma^i \otimes \sigma^j$$

と定めた．スカラー積に一般化するために，上の定義式を「一般の基底」で書き直してみると

$$(\alpha|\beta) = \sum_{i,j,k.l=1}^{n} g^{ik}g^{jl}\alpha_{ij}\beta_{kl}$$

となる（確かめよ）．この右辺はスカラー積でもそのまま使える．そこで，$\mathrm{T}^0_2(\mathbb{V})$ のスカラー積を

$$\langle\alpha,\beta\rangle = \sum_{i,j,k.l=1}^{n} g^{ik}g^{jl}\alpha_{ij}\beta_{kl}$$

で定義する．より一般に $\mathrm{T}^0_q(\mathbb{V})$ のスカラー積を

$$\langle\alpha,\beta\rangle = \sum g^{i_1 i_2 \ldots i_q} g^{j_1 j_2 \ldots j_q}\, \alpha_{i_1 i_2 \ldots i_q}\beta_{j_1 j_2 \ldots j_q}$$

で定義する．

$\mathrm{A}^r(\mathbb{V})$ **のスカラー積**

2.5 節を踏襲して

$$\begin{aligned}\alpha &= \frac{1}{2}\sum_{i,j=1}^{n} \alpha_{ij}\sigma^i \wedge \sigma^j = \sum_{i<j} \alpha_{ij}\sigma^i \wedge \sigma^j, \\ \beta &= \frac{1}{2}\sum_{k,l=1}^{n} \beta_{kl}\sigma^k \wedge \sigma^l = \sum_{k<l} \beta_{kl}\sigma^k \wedge \sigma^l\end{aligned}$$

に対し

$$\langle\alpha,\beta\rangle=\frac{1}{2}\langle\alpha,\beta\rangle_{\mathrm{T}^0_2}=\frac{1}{2}\sum_{i,j,k,l=1}^{n}g^{ik}g^{jl}\alpha_{ij}\beta_{kl}$$

と定める．より一般に $\alpha,\beta\in\mathrm{A}^r(\mathbb{V})$ に対し

$$\langle\alpha,\beta\rangle=\frac{1}{r!}\sum g^{i_1i_2\dots i_r}\,g^{j_1j_2\dots j_r}\,\alpha_{i_1i_2\dots i_r}\beta_{j_1j_2\dots j_r}$$

と定義する．とくに n-形式の場合 $\alpha=a\,\sigma^1\wedge\sigma^2\wedge\cdots\wedge\sigma^n$ と $\beta=b\,\sigma^1\wedge\sigma^2\wedge\cdots\wedge\sigma^n$ に対し

$$\langle\alpha,\beta\rangle=g^{11}g^{22}\cdots g^{nn}ab$$

である．とくに $\mathcal{E}$ が**正規直交**の場合，体積要素 $\omega=\sigma^1\wedge\sigma^2\wedge\cdots\wedge\sigma^n$ に対し

$$\langle\omega,\omega\rangle=\varepsilon_1\varepsilon_2\cdots\varepsilon_n=(-1)^\nu$$

を得る．$\omega=\sigma^1\wedge\sigma^2\wedge\cdots\wedge\sigma^n$ で $\mathbb{V}$ に向きを指定しスター作用素 $*$ を

$$\alpha\wedge(*\beta)=\langle\alpha,\beta\rangle\,\omega$$

で定義すると，以下が成り立つ（確かめよ）．

命題 4.1 スター作用素は次をみたす．

- $*1=\omega$，$*\omega=(-1)^\nu$．
- $\mathrm{A}^r(\mathbb{V})$ 上で $*\circ*=(-1)^{r(n-r)+\nu}\mathrm{Id}$．

例 4.1 $\dim\mathbb{V}=2$ のとき，正規直交基底 $\{\boldsymbol{e}_1,\boldsymbol{e}_2\}$ に対し

$$*\sigma^1=\varepsilon_1\,\sigma^2,\quad *\sigma^2=-\varepsilon_2\,\sigma^1$$

である．ユークリッド線型空間のときは，$\mathbb{V}^*$ 上で $*\circ*=-\mathrm{Id}$ が成り立つので $*$ は $\mathbb{V}^*$ の複素構造を与えている．$\varepsilon_1=-\varepsilon_2=1$ のときは

$$*\sigma^1=-\sigma^2,\quad *\sigma^2=-\sigma^1$$

なので $\mathbb{V}^*$ を

$$\mathbb{V}^* = \mathbb{V}^*_+ \oplus \mathbb{V}^*_-,$$

$$\mathbb{V}^*_+ = \{\alpha \in \mathbb{V}^* \mid *\,\alpha = \alpha\}, \quad \mathbb{V}^*_- = \{\alpha \in \mathbb{V}^* \mid *\,\alpha = -\alpha\}$$

と直和分解できる.

$$\mathbb{V}^*_+ = \mathbb{R}(\sigma_1 - \sigma_2)/\sqrt{2}, \quad \mathbb{V}^*_- = \mathbb{R}(\sigma_1 + \sigma_2)/\sqrt{2}$$

と表示できる. スカラー積を介して $\mathbb{V}^*_\pm$ を

$$\mathbb{V}_+ = \mathbb{R}(\boldsymbol{e}_1 - \boldsymbol{e}_2)/\sqrt{2}, \quad \mathbb{V}_- = \mathbb{R}(\boldsymbol{e}_1 + \boldsymbol{e}_2)/\sqrt{2}$$

に対応させる. $\{(\boldsymbol{e}_1 - \boldsymbol{e}_2)/\sqrt{2}, (\boldsymbol{e}_1 + \boldsymbol{e}_2)/\sqrt{2}\}$ は $\mathbb{V}$ の**零的基底** (null basis) とよばれる ([15, § 6.7]).

例 4.2 $\dim \mathbb{V} = 3$ のとき,

$$*\sigma^1 = \varepsilon_1 \sigma^2 \wedge \sigma^3, \ *\sigma^2 = -\varepsilon_2 \sigma^1 \wedge \sigma^3, \ *\sigma^3 = \varepsilon_3 \sigma^1 \wedge \sigma^2,$$

$$*(\sigma^1 \wedge \sigma^2) = \varepsilon_1\,\varepsilon_2 \sigma^3, \ *(\sigma^2 \wedge \sigma^3) = \varepsilon_2\,\varepsilon_3 \sigma^1, \ *(\sigma^3 \wedge \sigma^1) = \varepsilon_3\,\varepsilon_1 \sigma^2.$$

例 4.3 $\mathbb{R}^3$ の標準基底 $\{\mathbf{e}_1, \mathbf{e}_2, \mathbf{e}_3\}$ を用いて $\mathbb{R}^3$ のスカラー積を

$$\langle \mathbf{e}_i, \mathbf{e}_j \rangle = \varepsilon_i \delta_{ij}, \quad \varepsilon = \pm 1$$

で与える. 例題 2.1 の結果を一般化してみよう. $\{\mathbf{e}_1, \mathbf{e}_2, \mathbf{e}_3\}$ の双対基底を $\{\mathbf{e}^1, \mathbf{e}^2, \mathbf{e}^3\}$ と表記する. $\mathbf{a} = (a^1, a^2, a^3)$, $\mathbf{b} = (b^1, b^2, b^3)$ に対し

(1) $\flat\mathbf{a}, \flat\mathbf{b} \in \mathbb{R}_3$ は

$$\flat\mathbf{a} = (\varepsilon^1\, a^1, \varepsilon^2\, a^2, \varepsilon^3\, a^3), \quad \flat\mathbf{b} = (\varepsilon^1\, b^1, \varepsilon^2\, b^2, \varepsilon^3\, b^3).$$

(2) $\flat\mathbf{a} \wedge \flat\mathbf{b} \in \mathrm{A}^2(\mathbb{R}_3)$ は

$$\varepsilon^2\varepsilon^3(a^2b^3 - a^3b^2)\mathbf{e}^2 \wedge \mathbf{e}^3 + \varepsilon^3\varepsilon^1(a^3b^1 - a^1b^3)\mathbf{e}^3 \wedge \mathbf{e}^1 + \varepsilon^1\varepsilon^2(a^1b^2 - a^2b^1)\mathbf{e}^1 \wedge \mathbf{e}^2.$$

(3) $*(\flat\mathbf{a}\wedge\flat\mathbf{b})\in \mathrm{A}^1(\mathbb{R}_3)$ は

$$(a^2b^3-a^3b^2, a^3b^1-a^1b^3, a^1b^2-a^2b^1).$$

(4)

$$\sharp\{*(\flat\mathbf{a}\wedge\flat\mathbf{b})\}=\begin{pmatrix}\varepsilon_1(a^2b^3-a^3b^2)\\ \varepsilon_2(a^3b^1-a^1b^3)\\ \varepsilon_3(a^1b^2-a^2b^1)\end{pmatrix}.$$

この右辺を $\{\mathbf{e}_1,\mathbf{e}_2,\mathbf{e}_3\}$ を正の向きとする向き付けの下での $(\mathbb{R}^3,\langle\cdot,\cdot\rangle)$ におけるベクトルの**外積**と定める ([16, § 10.13] 参照).

例 4.4 $\dim\mathbb{V}=4$, $r=2$ のときを考えよう.

- $\nu=0$ または 2 のとき, $*\circ*=\mathrm{Id}$ であるから $*$ の固有値は ±1 なので $\mathrm{A}^2(\mathbb{V})$ を自己双対 2 形式の空間と反自己双対 2 形式の空間に直和分解できる.
- $\nu=1$ または 3 のとき $*\circ*=-\mathrm{Id}$ より $*$ の固有値は $\pm\sqrt{-1}$. 自己双対, 反自己双対の概念は定義できないが $*$ は 4 次元実線型空間 $\mathrm{A}^2(\mathbb{V})$ の複素構造を与えている.

$$*\,\sigma^1=\varepsilon_1\,\sigma^2\wedge\sigma^3\wedge\sigma^4,\quad *\sigma^2=-\varepsilon_2\,\sigma^1\wedge\sigma^2\wedge\sigma^4,$$
$$*\,\sigma^3=\varepsilon_3\,\sigma^1\wedge\sigma^2\wedge\sigma^4,\quad *\sigma^4=-\varepsilon_4\,\sigma^1\wedge\sigma^2\wedge\sigma^3,$$

$$*\,(\sigma^1\wedge\sigma^2)=\varepsilon_1\,\varepsilon_2\,\sigma^3\wedge\sigma^4,\quad *(\sigma^1\wedge\sigma^3)=-\varepsilon_1\,\varepsilon_3\,\sigma^2\wedge\sigma^4,$$
$$*\,(\sigma^1\wedge\sigma^4)=\varepsilon_1\,\varepsilon_4\,\sigma^2\wedge\sigma^3.$$

$$*(\sigma^1\wedge\sigma^2\wedge\sigma^3)=\varepsilon_1\,\varepsilon_2\,\varepsilon_3\,\sigma^4,\quad *(\sigma^2\wedge\sigma^3\wedge\sigma^4)=-\varepsilon_2\,\varepsilon_3\,\varepsilon_4\,\sigma^1$$

4.2 テンソルの縮約と型変更

内積をスカラー積に一般化した場合には内積を用いた縮約は少々修正が必要になる. 特殊相対性理論および一般相対性理論では符号が $(3,1)$ のスカラー積を用いるため，相対性理論を学ぶ予定の読者には必要な注意事項である．

n 次元実線型空間 $\mathbb{V}$ に指数 ν のスカラー積 $\langle\cdot,\cdot\rangle$ を与えよう．正規直交基底 $\mathcal{E}=\{\boldsymbol{e}_1,\boldsymbol{e}_2,\ldots,\boldsymbol{e}_n\}$ は

$$\langle\boldsymbol{e}_i,\boldsymbol{e}_j\rangle=\varepsilon_i\delta_{ij},\quad \varepsilon_i=\varepsilon^i=\langle\boldsymbol{e}_i,\boldsymbol{e}_i\rangle$$

をみたすとする．$\mathcal{E}$ の双対基底 $\Sigma=\{\sigma^1,\sigma^2,\ldots,\sigma^n\}$ は

$$\flat\boldsymbol{e}_i=\varepsilon^i\sigma^i,\quad i=1,2,\ldots,n$$

をみたしており

$$\langle\sigma^i,\sigma^j\rangle=\varepsilon^i\delta^{ij}=\varepsilon^j\delta^{ij}$$

が成り立っていた．型変更作用素は $\flat$ と $\sharp$ を用いているので修正なくそのまま通用するが共変テンソルの縮約と反変テンソルの縮約は修正が必要である．

共変テンソルの縮約

整数 $q\geq 2$ と $1\leq r<s\leq q$ をみたす自然数の組 $\{r,s\}$ に対し線型写像 $\mathcal{C}_{rs}:\mathrm{T}^0_q(\mathbb{V})\to\mathrm{T}^0_{q-2}(\mathbb{V})$ を以下の要領で定める．

$A\in\mathrm{T}^0_q(\mathbb{V})$ に対し $\mathcal{C}_{rs}A\in\mathrm{T}^0_{q-2}(\mathbb{V})$ を

$$\begin{aligned}&(\mathcal{C}_{rs}A)(\boldsymbol{x}_1,\boldsymbol{x}_2,\ldots,\boldsymbol{x}_{q-2})\\&=\sum_{k=1}^{n}\varepsilon_k\,A(\boldsymbol{x}_1,\ldots,\boldsymbol{x}_{r-1},\boldsymbol{e}_k,\boldsymbol{x}_r,\ldots,\boldsymbol{x}_{s-1},\boldsymbol{e}_k,\boldsymbol{x}_s,\ldots,\boldsymbol{x}_{q-2})\end{aligned}$$

で定める．

反変テンソルの縮約

整数 $p\geq 2$ と $1\leq r<s\leq p$ をみたす自然数の組 $\{r,s\}$ に対し線型写像 $\mathcal{C}^{rs}:\mathrm{T}^p_0(\mathbb{V})\to\mathrm{T}^{p-2}_0(\mathbb{V})$ を以下の要領で定める．

$B \in \mathrm{T}_0^p(\mathbb{V})$ に対し $\mathcal{C}^{rs}B \in \mathrm{T}_0^{p-2}(\mathbb{V})$ を

$$(\mathcal{C}^{rs}B)(\alpha_1, \alpha_2, \ldots, \alpha_{p-2}) = \sum_{k=1}^{n} \varepsilon_k \, B(\alpha^1, \ldots, \alpha_{r-1}, \sigma^k, \alpha_{r+1}, \ldots, \alpha_{s-1}, \sigma^k, \alpha_{s+1}, \ldots, \alpha_{p-2}).$$

で定める.

混合テンソルの縮約

また $\mathbb{V}$ 値共変テンソルの縮約も修正が必要である. $T \in \mathrm{T}_q^0(\mathbb{V}; \mathbb{V})$ に対し

$$(\mathcal{C}_s{}^1 T)(\boldsymbol{x}_1, \boldsymbol{x}_2, \ldots, \boldsymbol{x}_{q-1}) = \sum_{k=1}^{n} \varepsilon^k \, \sigma^k(T(\boldsymbol{x}_1, \boldsymbol{x}_2, \ldots, \boldsymbol{x}_{s-1}, \boldsymbol{e}_k, \boldsymbol{x}_s, \ldots, \boldsymbol{x}_{q-1}))$$

と修正する.

4.3 自己共軛線型変換

n 次元実スカラー積空間 $(\mathbb{V}, \langle\cdot,\cdot\rangle)$ 上の線型変換 T に対し次の定義を行う.

定義 4.1 T が**自己共軛線型変換**(self-adjoint linear transformation)であるとは, すべての $\boldsymbol{x}, \boldsymbol{y} \in \mathbb{V}$ に対し

$$\langle T(\boldsymbol{x}), \boldsymbol{y} \rangle = \langle \boldsymbol{x}, T(\boldsymbol{y}) \rangle$$

をみたすことをいう. また T が**歪共軛線型変換**(skew-adjoint linear transformation)であるとは, すべての $\boldsymbol{x}, \boldsymbol{y} \in \mathbb{V}$ に対し

$$\langle T(\boldsymbol{x}), \boldsymbol{y} \rangle = -\langle \boldsymbol{x}, T(\boldsymbol{y}) \rangle$$

をみたすことをいう.

スカラー積空間の場合でも**随伴線型変換** $T^\star$ を

$$\langle T(\boldsymbol{x}), \boldsymbol{y}\rangle = \langle \boldsymbol{x}, T^\star(\boldsymbol{y})\rangle$$

で定めることができる.

とくに $\mathbb{V} = \mathbb{E}^n_\nu$ の場合を考察しよう. 符号行列 $E_{n-\nu,\nu}$ と標準ユークリッド内積 $(\cdot|\cdot)$ を用いてスカラー積を

$$\langle \boldsymbol{x}, \boldsymbol{y}\rangle = (\boldsymbol{x}|E_{n-\nu,\nu}\boldsymbol{y})$$

と表すと $A \in \mathrm{M}_n\mathbb{R}$ の定める 1 次変換 $T = f_A$ に対し

- f_A は自己共軛 $\Longleftrightarrow E_{n-\nu}\,{}^tA\,E_{n-\nu,\nu} = A$.
- f_A は歪共軛 $\Longleftrightarrow E_{n-\nu}\,{}^tA\,E_{n-\nu,\nu} = -A$.

そこで

$$\begin{aligned}\mathrm{Sym}_{n-\nu,n}\mathbb{R} =& \{A \in \mathrm{M}_n\mathbb{R} \mid E_{n-\nu}\,{}^tA\,E_{n-\nu,\nu} = A\},\\ \mathrm{Alt}_{n-\nu,n}\mathbb{R} =& \{A \in \mathrm{M}_n\mathbb{R} \mid E_{n-\nu}\,{}^tA\,E_{n-\nu,\nu} = -A\}\end{aligned}$$

とおく. f_A の随伴線型変換は

$$A^\star = E_{n-\nu}\,{}^tA\,E_{n-\nu,\nu}$$

の定める 1 次変換 $f_{A^\star}$ であることに注意. もちろん $\nu = 0$ なら $A^\star = {}^tA$ である.

$$\mathrm{Sym}_{n-\nu,n}\mathbb{R} = \{A \in \mathrm{M}_n\mathbb{R}\,|A^\star = A\},\ \mathrm{Alt}_{n-\nu,n}\mathbb{R} = \{A \in \mathrm{M}_n\mathbb{R}\,|A^\star = -A\}$$

と書き換えられる.

例 4.5 ($\mathbb{E}^2_1$ の自己共軛線型変換) 行列 $A = (a_j{}^i) \in \mathrm{M}_2\mathbb{R}$ による 1 次変換 f_A が自己共軛であるための条件 $A \in \mathrm{Sym}_{1,1}\mathbb{R}$ を書き下してみよう. より

$$\langle A\mathbf{e}_1, \mathbf{e}_2\rangle = a_1{}^2, \quad \langle A\mathbf{e}_2, \mathbf{e}_1\rangle = -a_2{}^1$$

であるから

$$A = \begin{pmatrix} {a_1}^1 & -{a_1}^2 \\ {a_1}^2 & {a_2}^2 \end{pmatrix}$$

となるから A は対称行列ではない．A の特性方程式は

$$\Phi_A(t) = \det(tE - A) = t^2 - ({a_1}^1 + {a_2}^2)t + ({a_1}^1{a_2}^2 + ({a_1}^2)^2) = 0.$$

判別式は

$$({a_1}^1 - {a_2}^2)^2 - 4({a_1}^2)^2$$

であるから正，負，0 いずれにもなりうる．特性根は虚数になりうる．$A = ({a_j}^i)$ が対称行列のとき，特性方程式は

$$\Phi_A(t) = \det(tE - A) = t^2 - ({a_1}^1 + {a_2}^2)t + ({a_1}^1{a_2}^2 - ({a_1}^2)^2) = 0$$

であり，その判別式は $({a_1}^1 - {a_2}^2)^2 + 4({a_1}^2)^2 \geq 0$ であったことを思い出そう．

ユークリッド線型空間では自己共軛線型変換の表現行列は対称行列であった．とくに表現行列が対角行列となる正規直交基底が存在した．指数 > 0 のスカラー積空間では，自己共軛線型変換の表現行列は対称行列ではないので，対角化できるとは限らないのである．実例を挙げよう．

例 4.6 (ジョルダン標準形) $A = \begin{pmatrix} 1 & 1 \\ -1 & 3 \end{pmatrix} \in \mathrm{Sym}_{1,1}\mathbb{R}$ に対し $\Phi_A(t) = (t-2)^2$ より A の固有値は 2 で重複度 2．固有値 2 に対応する固有空間は $\mathbb{V}(2) = \{\boldsymbol{x} \in \mathbb{R}^2 \mid (A - 2E)\boldsymbol{x} = \boldsymbol{0}\} = \mathbb{R}\begin{pmatrix} 1 \\ 1 \end{pmatrix}$ だから 1 次元である．そこで $\mathbb{W}(2) = \{\boldsymbol{y} \in \mathbb{R}^2 \mid (A - 2E)^2\boldsymbol{y} = \boldsymbol{0}\}$ を求めよう（一般固有空間）．そのためには $\boldsymbol{p}_1 = \begin{pmatrix} 1 \\ 1 \end{pmatrix} \in \mathbb{V}(2)$ に対し $(A - 2E)\boldsymbol{p}_2 = \boldsymbol{p}_1$ の解 $\boldsymbol{p}_2$ を求めればよい[*1]．解 $\boldsymbol{p}_2$ は $\boldsymbol{p}_2 = (u, 1+u)$ と求められる ($u \in \mathbb{R}$)．そこで $\boldsymbol{p}_2 = (0, 1)$ と選

[*1] 以下の計算は A のジョルダン標準形を求める手続きである．手持ちの線型代数の教科書で確認すること．拙著 [13, § 6.2] にも簡単な説明がある．

ぶ．$\{\boldsymbol{p}_1, \boldsymbol{p}_2\}$ は $\mathbb{W}(2)$ の基底である．とくに $\mathbb{W}(2) = \mathbb{R}^2$．$P = (\boldsymbol{p}_1\ \boldsymbol{p}_2)$ とおくと

$$AP = P\begin{pmatrix} 2 & 1 \\ 0 & 2 \end{pmatrix} \Longleftrightarrow P^{-1}AP = \begin{pmatrix} 2 & 1 \\ 0 & 2 \end{pmatrix}$$

と標準化できる．$\mathsf{J}_2(2) = \left(\begin{smallmatrix} 2 & 1 \\ 0 & 2 \end{smallmatrix}\right)$ は 2 次の**ジョルダン細胞** (Jordan cell) とよばれる行列である．$P^{-1}AP$ は A のジョルダン標準形である．

ここまで $\mathbb{E}^2_1$ のスカラー積を用いていなかった．$\mathbb{V}(2)$ の基底 $\boldsymbol{p}_1 = (1, 1)$ は光的ベクトルである．一方，$\boldsymbol{p}_2$ は空間的ベクトルである．ここで

$$\boldsymbol{n}_1 = \frac{1}{\sqrt{2}}\begin{pmatrix} 1 \\ 1 \end{pmatrix} \in \mathbb{V}(2), \quad \boldsymbol{n}_2 = \frac{1}{\sqrt{2}}\begin{pmatrix} -1 \\ 1 \end{pmatrix}$$

とおくと

$$\langle \boldsymbol{n}_1, \boldsymbol{n}_1 \rangle = \langle \boldsymbol{n}_2, \boldsymbol{n}_2 \rangle = 0, \quad \langle \boldsymbol{n}_1, \boldsymbol{n}_2 \rangle = 1$$

をみたす．この条件をみたす $\mathbb{E}^2_1$ の基底は零的基底とよばれる（例 4.1 参照）．零的基底に関する線型変換 f_A の表現行列は $\mathsf{J}_2(2)$ である．

例 4.7 (特性根が虚数の場合) $A = \left(\begin{smallmatrix} -2 & 3 \\ -3 & 2 \end{smallmatrix}\right) \in \mathrm{Sym}_{1,1}\mathbb{R}$ に対し $\Phi_A(t) = t^2$ より A の特性根は $\pm\sqrt{5}\mathtt{i}$ である．したがって実行列の範囲で対角化はできない．そこで複素数に範囲を拡げて考える．すなわち，線型変換 $f_A : \mathbb{R}^2 \to \mathbb{R}^2$ の複素延長 $f_A : \mathbb{C}^2 \to \mathbb{C}^2$ を考える．

$$\mathbb{V}(\sqrt{5}\,\mathtt{i}) = \left\{ \mathbf{z} \in \mathbb{C}^2 \;\middle|\; A\mathbf{z} = \sqrt{5}\mathtt{i}\,\mathbf{z} \right\} = \mathbb{C}\left(\begin{smallmatrix} 3 \\ 2+\sqrt{5}\mathtt{i} \end{smallmatrix}\right)$$

より

$$P = (\mathbf{p}_1\ \mathbf{p}_2), \quad \mathbf{p}_1 = \begin{pmatrix} 3 \\ 2 \end{pmatrix}, \quad \mathbf{p}_2 = \begin{pmatrix} 0 \\ \sqrt{5} \end{pmatrix}$$

とおくと

$$P^{-1}AP = \begin{pmatrix} 0 & \sqrt{5} \\ -\sqrt{5} & 0 \end{pmatrix}$$

$\left(\begin{smallmatrix} -2 & 3 \\ -3 & 2 \end{smallmatrix}\right)$ の特性方程式は $\Phi_A(t) = t^2 + 5 = 0$ より特性根は $\sqrt{5}\mathtt{i}$ である．

固有空間は

$$\mathbb{V}(\sqrt{5}\mathtt{i}) = \mathbb{C}\begin{pmatrix} 3 \\ 2+\sqrt{5}\mathtt{i} \end{pmatrix}, \quad \mathbb{V}(-\sqrt{5}\mathtt{i}) = \mathbb{C}\begin{pmatrix} 3 \\ 2-\sqrt{5}\mathtt{i} \end{pmatrix}$$

で与えられる．ここで $\mathbf{u} = (3, 2)$, $\mathbf{v} = (0, \sqrt{5})$ とおくと

$$\mathbb{V}(\sqrt{5}\mathtt{i}) = \{(a+b\mathtt{i})(\boldsymbol{u}+\mathtt{i}\boldsymbol{v}) | a, b \in \mathbb{R}\} = \{(a\mathbf{u}-b\mathbf{v})+\mathtt{i}(b\mathbf{u}+a\mathbf{v}) | a, b \in \mathbb{R}\}$$

と書き直せることに着目する．$Q = (\mathbf{u}\ \ \mathbf{v})$ とおくと

$$Q^{-1}AQ = \begin{pmatrix} 0 & \sqrt{5} \\ -\sqrt{5} & 0 \end{pmatrix}$$

を得る．この変形を $\mathbb{E}^2_1$ のスカラー積を使って捉え直す．$\mathbf{u}_1 = a\mathbf{u} - b\mathbf{v}$, $\mathbf{u}_2 = b\mathbf{u} + a\mathbf{v}$ とおくと

$$\langle \mathbf{u}_1, \mathbf{u}_1 \rangle = -\langle \mathbf{u}_2, \mathbf{u}_2 \rangle = -9\sqrt{5}ab, \quad \langle \mathbf{u}_1, \mathbf{u}_2 \rangle = -10ab + 2\sqrt{5}(a^2 - b^2).$$

そこで

$$a^2 - b^2 = \sqrt{5}ab, \quad ab == \frac{\sqrt{5}}{45}$$

の解 $a = \sqrt{5}/45$, $b = -\sqrt{5}(\sqrt{5} - 3)/90$ を選ぶと $\{\mathbf{u}_1, \mathbf{u}_2\}$ は $\mathbb{E}^2_1$ の正規直交基底であり $U = (\mathbf{u}_1\ \ \mathbf{u}_2)$ に対し

$$U^{-1}AU = \begin{pmatrix} 0 & \sqrt{5} \\ -\sqrt{5} & 0 \end{pmatrix}$$

例 4.8 (対角化できる例) $A = \begin{pmatrix} 5 & -3 \\ 3 & -5 \end{pmatrix} \in \mathrm{Sym}_{1,1}\mathbb{R}$ に対し $\varPhi_A(t) = (t-4)(t+4)$ より A の固有値は ± 4 で重複度 1．固有空間はそれぞれ $\mathbb{V}(4) = \mathbb{R}\begin{pmatrix} 3 \\ 1 \end{pmatrix}$ と $\mathbb{V}(-4) = \mathbb{R}\begin{pmatrix} 1 \\ 3 \end{pmatrix}$ である．$\mathbf{u}_1 = \frac{1}{\sqrt{2}}\begin{pmatrix} 3 \\ 1 \end{pmatrix}$，$\mathbf{u}_2 = \frac{1}{\sqrt{2}}\begin{pmatrix} 1 \\ 3 \end{pmatrix}$ とおくと，これらは $\mathbb{V}(4)$ と $\mathbb{V}(-4)$ の基底であり $\{\mathbf{u}_1, \mathbf{u}_2\}$ は $\mathbb{E}^2_1$ の正規直交基底．$U = (\mathbf{u}_1\ \ \mathbf{u}_2) \in \mathrm{O}_1(2)$ であり $U^{-1}AU = \mathrm{diag}(2, -2)$ と対角化される．

- $\varPhi_A(t) = 0$ が相異なる 2 つの実数解をもてば，A は対角化可能であり，$P^{-1}AP = \mathrm{diag}(\lambda_1, \lambda_2)$ となる $P \in \mathrm{GL}_2\mathbb{R}$ が存在する．

- $\varPhi_A(t)=0$ がただ 1 つの実数解 λ をもち，固有空間が 2 次元であれば $A=\lambda E$ である．
- $\varPhi_A(t)=0$ がただ 1 つの実数解 λ をもち，固有空間が 1 次元であれば

$$P^{-1}AP=\begin{pmatrix}\lambda & 1\\ 0 & \lambda\end{pmatrix}$$

となる $P\in \mathrm{GL}_2\mathbb{R}$ が存在する．$P^{-1}AP$ は A のジョルダン標準形である．

- $\varPhi_A(t)=0$ が虚数解 $a\pm \mathtt{i}b$ をもつとき．

$$P^{-1}AP=\begin{pmatrix}a & -b\\ b & a\end{pmatrix}$$

となる $P\in \mathrm{GL}_2\mathbb{R}$ が存在する．

註 4.1 自己共軛線型変換 $T\in \mathrm{End}(\mathbb{E}^4_1)$ に対応する共変テンソルの場合の標準形が S. W. Hawking, D. F. R. Ellis, *The Large Scale Structure of Space-Time*, Cambridge University Press, Revised version, 1975 の § 4.3 に与えられているので相対性理論に興味ある読者は比較してみよう．

次の定理は O'Neill の教科書 (1983) に採り上げられたものである ([113, p. 261]). Magid の論文 (1984) にも述べられている [105].

定理 4.1 ローレンツスカラー積を備えた n 次元実線型空間 $\mathbb{V}$ 上の自己共軛線型変換 T に対し $\mathbb{V}$ の基底 $\{\boldsymbol{e}_1,\boldsymbol{e}_2,\dots,\boldsymbol{e}_n\}$ で T の表現行列とスカラー積の表現行列 (g_{ij})，$g_{ij}=\langle \boldsymbol{e}_i,\boldsymbol{e}_j\rangle$ は次のように標準化される：

(1) $T=\mathrm{diag}(\lambda_1,\lambda_2,\dots,\lambda_n)$, $\quad (g_{ij})=\mathrm{diag}(-1,1,\dots,1)$,
(2)

$$T=\begin{pmatrix}\lambda & 1 & & & \\ 0 & \lambda & & & \\ & & \lambda_1 & & \\ & & & \ddots & \\ & & & & \lambda_{n-2}\end{pmatrix},\quad (g_{ij})=\begin{pmatrix}\lambda & 1 & & & \\ 0 & 1 & & & \\ & & 1 & & \\ & & & \ddots & \\ & & & & 1\end{pmatrix},$$

(3)

$$T = \begin{pmatrix} \lambda & 0 & 1 & & & \\ 0 & \lambda & 0 & & & \\ 0 & 1 & \lambda & & & \\ & & & \lambda_1 & & \\ & & & & \ddots & \\ & & & & & \lambda_{n-2} \end{pmatrix}, \quad (g_{ij}) = \begin{pmatrix} \lambda & 1 & & & \\ 0 & 1 & & & \\ & & 1 & & \\ & & & \ddots & \\ & & & & 1 \end{pmatrix},$$

(4)

$$T = \begin{pmatrix} a & -b & & & \\ b & a & & & \\ & & \lambda_1 & & \\ & & & \ddots & \\ & & & & \lambda_{n-2} \end{pmatrix}, \quad (g_{ij}) = \begin{pmatrix} -1 & & & & \\ & 1 & & & \\ & & 1 & & \\ & & & \ddots & \\ & & & & 1 \end{pmatrix}.$$

以上で $\lambda, \lambda_1, \lambda_2, \ldots, \lambda_n, a, b$ はすべて実数で，$b \neq 0$.

ユークリッド線型空間における「自己共軛線型変換の直交変換による対角化」に相当する標準化については文献 [116, 122] を参照.

5 実線型空間の複素化

複素多様体の幾何では，複素線型空間のテンソルの取り扱いが必要になる．この章では実線型空間を複素化した際のテンソルの取り扱いを説明する．この章の内容は複素多様体の接ベクトル空間に適用される．

5.1 複素化

$\mathbb{X}$ を n 次元**複素**線型空間としよう．$\mathbb{X}$ を**実線型空間**と考えたものを $\mathbb{X}_{\mathbb{R}}$ と表記しよう．有限次元**複素**線型空間 $\mathbb{X}$ が与えられているとしよう．このとき複素線型変換 $\mathrm{J}:\mathbb{X}\to\mathbb{X}$ を

$$\mathrm{J}\boldsymbol{z} = \mathrm{i}\boldsymbol{z}$$

で定めると $\mathrm{J}^2 = -\mathrm{Id}$ である．この性質に着目し次の定義を与える．

定義 5.1 有限次元**実**線型空間 $\mathbb{V}$ 上の線型変換 J が $\mathrm{J}^2 = -\mathrm{Id}$ をみたすとき，J を $\mathbb{V}$ の**複素構造**（complex structure）とよぶ．

複素構造 J が $\mathbb{V}$ に与えられたとき

$$(a+b\mathrm{i})\boldsymbol{x} = a\boldsymbol{x} + b\,\mathrm{J}\boldsymbol{x}$$

と定めることで $\mathbb{V}$ は複素線型空間になる（確かめよ）．したがって，複素構造をもつ有限次元実線型空間は**偶数次元**である．$\mathbb{V}$ を複素線型空間と考えたときの基底 $\{\boldsymbol{e}_1,\boldsymbol{e}_2,\ldots,\boldsymbol{e}_n\}$ をとると

$$\{\boldsymbol{e}_1,\boldsymbol{e}_2,\ldots,\boldsymbol{e}_n,\mathrm{J}\boldsymbol{e}_1,\mathrm{J}\boldsymbol{e}_2,\ldots,\mathrm{J}\boldsymbol{e}_n\}$$

は $\mathbb{V}$ の基底を与える．

例 5.1 複素数体 $\mathbb{C}$ の基底 $\{1\}$ に対し $\mathbb{C}$ を実線型空間と考えたときの基底は $\{1, \mathrm{i}\}$ である．この基底に関する複素線型変換 $f(z) = \mathrm{i}z$ の表現行列は

$$J_1 = \begin{pmatrix} 0 & -1 \\ 1 & 0 \end{pmatrix}$$

である．

逆に $\mathbb{R}^2$ において行列 J_1 の定める 1 次変換 f_{J_1} は複素構造である．

$$\begin{aligned}(a+b\mathrm{i})\begin{pmatrix} x \\ y \end{pmatrix} &= a\begin{pmatrix} x \\ y \end{pmatrix} + bJ_1\begin{pmatrix} x \\ y \end{pmatrix} = (aE+bJ)\begin{pmatrix} x \\ y \end{pmatrix} \\ &= \begin{pmatrix} a & -b \\ b & a \end{pmatrix}\begin{pmatrix} x \\ y \end{pmatrix} = \begin{pmatrix} ax-by \\ bx+ay \end{pmatrix}\end{aligned}$$

であるから $\binom{x}{y}$ を複素数 $z = x + \mathrm{i}y$ とみなせば $(a + b\mathrm{i})$ によるスカラー乗法 $(a + b\mathrm{i})\binom{x}{y}$ は複素数の積 $(a + b\mathrm{i})z$ にほかならない．

例 5.2 より一般に $\mathbb{C}^n$ において $\mathrm{J} : \mathbb{C}^n \to \mathbb{C}^n$ を $\mathrm{J}\boldsymbol{z} = \mathrm{i}\boldsymbol{z}$ で与えると複素構造である（**標準複素構造**とよぶ）．1.5 節で扱った実表示 $\varphi_{\mathbb{C}^n} : \mathbb{C}^n \to \mathbb{R}^{2n}$ を用いる．$\mathbb{C}^n$ の標準基底 $\{\mathbf{e}_1, \mathbf{e}_2, \ldots, \mathbf{e}_n\}$ は実表示 $\varphi_{\mathbb{C}^n}$ で

$$\varphi_{\mathbb{C}^n}(\mathbf{e}_k) = \begin{pmatrix} \mathbf{e}_k \\ \mathbf{0} \end{pmatrix} =: \mathbf{u}_k,\ \varphi_{\mathbb{C}^n}(\mathbf{e}_{n+k}) = \begin{pmatrix} \mathbf{0} \\ \mathbf{e}_k \end{pmatrix} =: \mathbf{u}_{\bar{k}},\ k = 1, 2, \ldots, n$$

と写る．$\mathbb{C}^n$ を実線型変換とみなしたとき，線型変換 $\mathrm{J} : \mathbb{C}^n \to \mathbb{C}^n$ の基底 $\{\mathbf{u}_1, \mathbf{u}_2, \ldots, \mathbf{u}_n, \mathbf{u}_{\bar{1}}, \mathbf{u}_{\bar{2}}, \ldots, \mathbf{u}_{\bar{n}}\}$ に関する表現行列は例 1.18 の行列

$$J_n = \begin{pmatrix} O_n & -E_n \\ E_n & O_n \end{pmatrix}$$

である．$\mathbf{u}_{\bar{k}} = J_n\mathbf{u}_k$ であるから基底 $\{\mathbf{u}_1, \mathbf{u}_2, \ldots, \mathbf{u}_n, \mathbf{u}_{\bar{1}}, \mathbf{u}_{\bar{2}}, \ldots, \mathbf{u}_{\bar{n}}\}$ は基底 $\{\mathbf{u}_1, \mathbf{u}_2, \ldots, \mathbf{u}_n, J_n\mathbf{u}_1, J_n\mathbf{u}_2, \ldots, J_n\mathbf{u}_n\}$ と書き直せる．

命題 5.1 複素構造を指定された偶数次元実線型空間の間の線型写像 $f : (\mathbb{V}_1, \mathrm{J}_1) \to (\mathbb{V}_1, \mathrm{J}_2)$ が複素線型であるための必要十分条件は $f \circ \mathrm{J}_1 = \mathrm{J}_2 \circ f$ である．

【証明】 f が複素線型であるための必要十分条件は $f(\mathtt{i}\boldsymbol{z}) = \mathtt{i}f(\boldsymbol{z})$ であるが，これは $f \circ \mathrm{J}_1 = \mathrm{J}_2 \circ f$ のこと． ■

次の命題を確かめることは読者に委ねよう．

命題 5.2 複素構造 J を指定された偶数次元実線型空間 $\mathbb{V}$ のの線型部分空間 $\mathbb{W}$ が複素線型空間の意味での線型部分空間である，すなわち

$$\lambda, \mu \in \mathbb{C},\ \boldsymbol{x}, \boldsymbol{y} \in \mathbb{W} \Longrightarrow \lambda \boldsymbol{x} + \mu \boldsymbol{y} \in \mathbb{W}$$

をみたすための必要十分条件は $J(\mathbb{W}) = \mathbb{W}$ をみたすこと，すなわち

$$\{J\boldsymbol{x} \mid \boldsymbol{x} \in \mathbb{W}\} = \mathbb{W}$$

が成り立つことである．このとき $\mathbb{W}$ は $(\mathbb{V}, \mathrm{J})$ の**複素線型部分空間** (complex linear subspace) であるとか**正則部分空間** (holomorphic subspace) であると言い表す．

複素数体 $\mathbb{C}$ において

$$\mathbb{R} = \{z \in \mathbb{C} \mid \bar{z} = z\}$$

が成り立っていた．この事実に着目し複素線型空間の共軛変換を定義する．

定義 5.2 複素線型空間 $\mathbb{X}$ 上の実線型変換 ι が条件

(1) $\lambda \in \mathbb{C}$ と $\boldsymbol{z} \in \mathbb{X}$ に対し $\iota(\lambda \boldsymbol{z}) = \bar{\lambda}\iota(\boldsymbol{z})$ をみたす．
(2) $\iota \circ \iota$ は恒等変換である．

をみたすとき $\mathbb{X}$ の**共軛変換** (conjugation) とよぶ．

共軛変換が与えられたとき

$$\mathbb{V} = \{\boldsymbol{z} \in \mathbb{X} \mid \iota(\boldsymbol{z}) = \boldsymbol{z}\}$$

とおくと $\mathbb{V}$ は $\mathbb{X}$ の実線型部分空間であり，$\mathbb{V}^{\mathbb{C}} = \mathbb{X}$ である．この $\mathbb{V}$ を $\mathbb{X}$ の ι に関する**実部** (real part) とか**実形** (real form) という．

複素線型空間 $\mathbb{X}$ において，なんでもよいから基底 $\mathcal{E} = \{\boldsymbol{e}_1, \boldsymbol{e}_2, \ldots, \boldsymbol{e}_n\}$ をとると $\mathcal{E}_{\mathbb{R}} = \{\boldsymbol{e}_1, \boldsymbol{e}_2, \ldots, \boldsymbol{e}_n, \mathbf{i}\boldsymbol{e}_1, \mathbf{i}\boldsymbol{e}_2, \ldots, \mathbf{i}\boldsymbol{e}_n\}$ は $\mathbb{X}_{\mathbb{R}}$ の基底を与える．$\mathbb{X}$ の別の基底 $\widetilde{\mathcal{E}} = \{\tilde{\boldsymbol{e}}_1, \tilde{\boldsymbol{e}}_2, \ldots, \tilde{\boldsymbol{e}}_n\}$ を採ろう．このとき 2 つの基底

$$\begin{aligned}\widetilde{\mathcal{E}}_{\mathbb{R}} &= \{\boldsymbol{e}_1, \boldsymbol{e}_2, \ldots, \boldsymbol{e}_n, \mathbf{i}\boldsymbol{e}_1, \mathbf{i}\boldsymbol{e}_2, \ldots, \mathbf{i}\boldsymbol{e}_n\},\\ \mathcal{E}_{\mathbb{R}} &= \{\tilde{\boldsymbol{e}}_1, \tilde{\boldsymbol{e}}_2, \ldots, \tilde{\boldsymbol{e}}_n, \mathbf{i}\tilde{\boldsymbol{e}}_1, \mathbf{i}\tilde{\boldsymbol{e}}_2, \ldots, \mathbf{i}\tilde{\boldsymbol{e}}_n\}\end{aligned}$$

の間の変換法則はどうなっているだろうか．$\boldsymbol{e}_k$ と $\mathbf{i}\boldsymbol{e}_k$ は線型独立だから

$$\tilde{\boldsymbol{e}}_k = \sum_{l=1}^{n} p_k{}^l \boldsymbol{e}_l, \quad p_k{}^l \in \mathbb{R}, \quad k = 1, 2, \ldots, n$$

と表せる．ここから

$$\mathbf{i}\tilde{\boldsymbol{e}}_k = \sum_{l=1}^{n} p_k{}^l (\mathbf{i}\boldsymbol{e}_l) \quad k = 1, 2, \ldots, n$$

が成り立つ．したがって

$$\widetilde{\mathcal{E}}_{\mathbb{R}} = \mathcal{E}_{\mathbb{R}} \begin{pmatrix} P & O_n \\ O_n & P \end{pmatrix}, \quad P = (p_k{}^l) \in \mathrm{GL}_n\mathbb{R}$$

を得る．ここで

$$\begin{aligned}\boldsymbol{\omega} &= \boldsymbol{e}_1 \wedge \boldsymbol{e}_2 \wedge \cdots \wedge \boldsymbol{e}_n \wedge (\mathbf{i}\boldsymbol{e}_1) \wedge (\mathbf{i}\boldsymbol{e}_2) \wedge \cdots \wedge (\mathbf{i}\boldsymbol{e}_n),\\ \widetilde{\boldsymbol{\omega}} &= \tilde{\boldsymbol{e}}_1 \wedge \tilde{\boldsymbol{e}}_2 \wedge \cdots \wedge \tilde{\boldsymbol{e}}_n \wedge (\mathbf{i}\tilde{\boldsymbol{e}}_1) \wedge (\mathbf{i}\tilde{\boldsymbol{e}}_2) \wedge \cdots \wedge (\mathbf{i}\tilde{\boldsymbol{e}}_n)\end{aligned}$$

に対し，

$$\widetilde{\boldsymbol{\omega}} = \det \begin{pmatrix} P & O_n \\ O_n & P \end{pmatrix} \boldsymbol{\omega} = (\det P)^2 \ \boldsymbol{\omega}$$

だから $\mathcal{E}_{\mathbb{R}}$ と $\widetilde{\mathcal{E}}_{\mathbb{R}}$ は同じ向きを定めている．この事実から，$\mathbb{X}_{\mathbb{R}}$ は「$\mathcal{E}_{\mathbb{R}}$ を正の向き」とする向き付けが自動的についていると考えるのがよい．この向き

付けを $\mathbb{X}_{\mathbb{R}}$ の**自然な向き**という．複素線型空間 $\mathbb{X}$ については $\mathbb{X}_{\mathbb{R}}$ の自然な向きを以て「$\mathbb{X}$ の向き」と定める[*1]．

5.2 実エルミート内積

$(2n)$ 次元実線型空間 $\mathbb{V}$ に複素構造 J が指定されているとしよう．$\mathbb{V}$ に内積を与えるならば J と整合的なものを考えるべきである．そこで次の定義を与える．

定義 5.3 $(\mathbb{V}, \mathrm{J})$ 上の内積 $(\cdot|\cdot)$ が

$$\forall \boldsymbol{x}, \boldsymbol{y} \in \mathbb{V} : (\mathrm{J}\boldsymbol{x}|\mathrm{J}\boldsymbol{y}) = (\boldsymbol{x}|\boldsymbol{y})$$

をみたすとき，**エルミート内積** (Hermitian inner product) とよぶ．

この名称は複素線型空間上のエルミート内積（定義 1.26 と同じであるが，同じ名称をつかっても不都合がないことを説明する（区別したいときは**実エルミート内積**とよぶ）．その前に $\mathrm{J} \circ \mathrm{J} = -\mathrm{Id}$ であることから

$$(\mathrm{J}\boldsymbol{x}|\boldsymbol{y}) = -(\boldsymbol{x}|\mathrm{J}\boldsymbol{y})$$

が成り立つことを注意しておこう．したがって

$$\Omega(\boldsymbol{x}, \boldsymbol{y}) = (\boldsymbol{x}|\mathrm{J}\boldsymbol{y})$$

と定めると $\Omega \in \mathrm{A}^2(\mathbb{V})$ である．これを $(\mathbb{V}, \mathrm{J}, (\cdot|\cdot))$ の**基本形式**（fundamental 2-form）とよぶ．

註 5.1 $\mathbb{C}^n = \mathbb{R}^{2n}$ の標準複素構造と（標準的な）エルミート内積に関する基本形式は例 1.18 で扱った $\mathbb{R}^{2n}$ の標準斜交形式である．

[*1] この事実から複素多様体は自然に向きづけられていると考える．

まず $\mathbb{V}\times\mathbb{V}$ に内積を

$$((\boldsymbol{x},\boldsymbol{y})\,|\,(\boldsymbol{u},\boldsymbol{v})\,)=(\boldsymbol{x}|\boldsymbol{u})+(\boldsymbol{y}|\boldsymbol{v})$$

で延長しておこう．次に $\mathbb{V}^{\mathbb{C}}$ に内積 $(\cdot|\cdot)$ を延長する：

$$\mathsf{h}(\boldsymbol{x}+\mathrm{i}\boldsymbol{y},\boldsymbol{u}+\mathrm{i}\boldsymbol{v})=(\boldsymbol{x}|\boldsymbol{u})+(\boldsymbol{y}|\boldsymbol{v})+\mathrm{i}\{(\boldsymbol{y}|\boldsymbol{u})-(\boldsymbol{x}|\boldsymbol{v})\}$$

と定めると h は $\mathbb{V}^{\mathbb{C}}$ 上の（定義 1.26 の意味での）エルミート内積であり，その実部は $\mathbb{V}\times\mathbb{V}$ に延長された内積と一致する．

$$\mathrm{Re}\,\mathsf{h}(\boldsymbol{x}+\mathrm{i}\boldsymbol{y},\boldsymbol{u}+\mathrm{i}\boldsymbol{v})=((\boldsymbol{x},\boldsymbol{y})\,|\,(\boldsymbol{u},\boldsymbol{v})\,)$$

また $\mathrm{Re}\,\mathbb{V}^{\mathbb{C}}$ 上ではもともとの $\mathbb{V}$ の内積と一致している．これらの事実から $(\cdot|\cdot)$ から h を（一意的に）得られるし，逆に h から，定義 1.26 の意味でのエルミート内積が得られる．なので，$(\cdot|\cdot)$ と h に同じエルミート内積という名称を用いても支障がない．

さて $\mathbb{V}^*$ に複素構造を導入しよう．2 通りの方法が用いられている．両者の混同を避けるため記号を変えて説明しよう．$\alpha\in\mathbb{V}^*$，$\boldsymbol{x}\in\mathbb{V}$ に対し

- $(\mathrm{J}_+\alpha)\boldsymbol{x}=\alpha(\mathrm{J}\boldsymbol{x})$ と定める（文献 [99] で採用されている）．
- $(\mathrm{J}_-\alpha)\boldsymbol{x}=-\alpha(\mathrm{J}\boldsymbol{x})$ と定める（文献 [71] で採用されている）．

J_- の負号は奇妙に思えるかもしれないが，エルミート内積を考慮すると，都合がよいことがわかることを次の節で説明しよう．

5.3 双対空間

複素線型空間 $\mathbb{X}$ の双対空間を考察する．

$$\mathbb{X}^*=\{\gamma:\mathbb{X}\to\mathbb{C}\mid \text{複素線型写像}\}.$$

$\mathbb{X}$ は有限次元であると仮定し，$\mathbb{X}^*$ にエルミート内積 h が与えられているとしよう．ユークリッド線型空間 $\mathbb{V}$ のときは内積を介して $\mathbb{V}$ とその双対空間

$\mathbb{V}^*$ を同一視することができた．$\mathbb{X}$ の場合はどうだろうか？ $\flat : \mathbb{X} \to \mathbb{X}^*$ を定めるときに左右の区別が必要になる．ユークリッド線型空間のときをまねて

$$(\flat_{\mathrm{L}}(\boldsymbol{z}))(\boldsymbol{w}) = \mathsf{h}(\boldsymbol{z}, \boldsymbol{w}), \quad (\flat_{\mathrm{R}}(\boldsymbol{z}))(\boldsymbol{w}) = \mathsf{h}(\boldsymbol{w}, \boldsymbol{z})$$

と定めてみよう．$\lambda \in \mathbb{C}$ に対し

$$(\flat_{\mathrm{L}}(\boldsymbol{z}))(\lambda \boldsymbol{w}) = \mathsf{h}(, \lambda \boldsymbol{w}) = \overline{\lambda}\,(\flat_{\mathrm{L}}(\boldsymbol{z})),\ (\flat_{\mathrm{R}}(\boldsymbol{z}))(\lambda \boldsymbol{w}) = \mathsf{h}(\lambda \boldsymbol{w}, \boldsymbol{z}) = \lambda\,(\flat_{\mathrm{R}}(\boldsymbol{z}))$$

であるから $\flat_{\mathrm{R}}$ を $\flat$ として採用しなければならない (ユークリッド線型空間のときは $\flat_{\mathrm{L}} = \flat_{\mathrm{R}}$ であった).

$\mathbb{X}$ として，複素構造 J が与えられた $(2n)$ 次元実線型空間 $\mathbb{V}$ の複素化 $\mathbb{V}^{\mathbb{C}}$ を選ぶ．$(\mathbb{V}^{\mathbb{C}})^*$ に J を延長しよう．

$$\mathrm{J}^*(\flat \boldsymbol{z}) = \flat(J\boldsymbol{z})$$

が成り立つように $(\mathbb{V}^{\mathbb{C}})^*$ の複素構造 J^* を定めたい．

$$\flat(\mathrm{J}\boldsymbol{z})(\boldsymbol{w}) = \mathsf{h}(\boldsymbol{w}, \mathrm{J}\boldsymbol{z}) = -\mathsf{h}(\mathrm{J}\boldsymbol{w}, \boldsymbol{z}).$$

一方，

$$\mathrm{J}_{\pm}(\flat \boldsymbol{z})(\boldsymbol{w}) = \pm(\flat \boldsymbol{z})(\mathrm{J}\boldsymbol{w}) = \pm\mathsf{h}(\mathrm{J}\boldsymbol{w}, \boldsymbol{z})$$

であるから

$$\mathrm{J}_{\pm}(\flat \boldsymbol{z}) = \mp\flat(J\boldsymbol{z})$$

が成り立つことがわかる．したがって J_- を選べば $\mathrm{J}_- \circ \flat = \flat \circ \mathrm{J}$ が成り立つから，h で $\mathbb{V}$ を $\mathbb{V}^*$ と同一視したとき J は J_- に同一視される．

$\mathbb{V}$ の基底 $\{\boldsymbol{e}_1, \boldsymbol{e}_2, \ldots, \boldsymbol{e}_n\}$ の双対基底を $\Sigma = \{\sigma^1, \sigma^2, \ldots, \sigma^n\}$ とする．$\mathbb{V} = \mathrm{span}_{\mathbb{R}}\{\boldsymbol{e}_1, \boldsymbol{e}_2, \ldots, \boldsymbol{e}_n\}$ であるから

$$\mathbb{V}^{\mathbb{C}} = \mathrm{span}_{\mathbb{C}}\{\boldsymbol{e}_1, \boldsymbol{e}_2, \ldots, \boldsymbol{e}_n\}.$$

したがって

$$(\mathbb{V}^{\mathbb{C}})^* = \mathrm{span}_{\mathbb{C}}\{\sigma^1, \sigma^2, \ldots, \sigma^n\}.$$

一方

$$\mathbb{V}^* = \mathrm{span}_{\mathbb{R}}\{\sigma^1, \sigma^2, \ldots, \sigma^n\}, \quad (\mathbb{V}^*)^{\mathbb{C}} = \mathrm{span}_{\mathbb{C}}\{\sigma^1, \sigma^2, \ldots, \sigma^n\}$$

であるから

$$(\mathbb{V}^{\mathbb{C}})^* = (\mathbb{V}^*)^{\mathbb{C}}$$

ということがわかる．

5.4 テンソルの複素化

複素構造が与えられた $2n$ 次元実線型空間 $\mathbb{V}$ を複素化しよう．$\mathbb{X} = \mathbb{V}^{\mathbb{C}}$ に J を延長する（同じ記号で表す）．$\mathrm{J} : \mathbb{X} \to \mathbb{X}$ は $\mathrm{J} \circ \mathrm{J} = -\mathrm{Id}$ をみたすから固有値 $\pm\mathrm{i}$ をもち固有空間分解 $\mathbb{V}^{\mathbb{C}} = \mathbb{V}^{(1,0)} \oplus \mathbb{V}^{(0,1)}$ ができる：

$$\mathbb{V}^{(1,0)} = \{\boldsymbol{z} \in \mathbb{V}^{\mathbb{C}} \mid \mathrm{J}\boldsymbol{z} = \ \mathrm{i}\boldsymbol{z}\}, \quad \mathbb{V}^{(0,1)} = \{\boldsymbol{z} \in \mathbb{V}^{\mathbb{C}} \mid \mathrm{J}\boldsymbol{z} = -\mathrm{i}\boldsymbol{z}\}.$$

これらはともに n 次元複素線型空間である．複素共軛をとることで

$$\mathbb{V}^{(0,1)} = \overline{\mathbb{V}^{(1,0)}}$$

が成り立つことに注意．$\mathbb{V}^{(1,0)}$ の元を $(1,0)$ 型複素ベクトル，$\mathbb{V}^{(0,1)}$ の元を $(0,1)$ 型複素ベクトル，とよぶ．これらの固有空間は

$$\mathbb{V}^{(1,0)} = \{\boldsymbol{x} - \mathrm{i}\mathrm{J}\boldsymbol{x} \mid \boldsymbol{x} \in \mathbb{V}\}, \quad \mathbb{V}^{(0,1)} = \{\boldsymbol{x} + \mathrm{i}\mathrm{J}\boldsymbol{x} \mid \boldsymbol{x} \in \mathbb{V}\}$$

と書き直せる．これらに呼応して

$$\mathbb{V}_{(1,0)} = \{\alpha \in (\mathbb{V}^{\mathbb{C}})^* \mid \alpha(\overline{\boldsymbol{z}}) = 0, \ \forall \boldsymbol{z} \in \mathbb{V}^{(1,0)}\}$$
$$\mathbb{V}_{(0,1)} = \{\alpha \in (\mathbb{V}^{\mathbb{C}})^* \mid \alpha(\boldsymbol{z}) = 0, \ \forall \boldsymbol{z} \in \mathbb{V}^{(1,0)}\}$$

と定める．

$\mathbb{V}^{(1,0)}$ および $\mathbb{V}^{(0,1)}$ の双対空間を求めよう．まず $\mathbb{V}^{(1,0)}$ の基底

$$\left\{\frac{1}{2}(\boldsymbol{e}_1 - \mathrm{i}\mathrm{J}\boldsymbol{e}_1), \frac{1}{2}(\boldsymbol{e}_2 - \mathrm{i}\mathrm{J}\boldsymbol{e}_2), \ldots, \frac{1}{2}(\boldsymbol{e}_n - \mathrm{i}\mathrm{J}\boldsymbol{e}_n)\right\}$$

を選ぶ．この基底の双対基底を先に決めてしまおう．$\boldsymbol{v}_k = (\boldsymbol{e}_k - \mathrm{i}\mathrm{J}\boldsymbol{e}_k)/2$ とおき，さらに

$$\eta^k = \sigma^k + \epsilon\mathrm{i}(J_\pm\sigma^k)$$

とおく．$\{\eta^1, \eta^2, \ldots, \eta^n\}$ が $\{\boldsymbol{v}_1, \boldsymbol{v}_2, \ldots, \boldsymbol{v}_n\}$ の双対基底であるための条件はもちろん $\eta^i(\boldsymbol{v}_j) = \delta_j{}^i$ である．

$$\eta^i(\boldsymbol{v}_j) = \frac{1}{2}(\sigma^i + \epsilon\mathrm{i}(J_\pm\sigma^i))(\boldsymbol{e}_j - \mathrm{i}\mathrm{J}\boldsymbol{e}_j) = \frac{1}{2}(\delta_j{}^i \mp \epsilon\delta_j{}^i)$$

であるから

$$\eta^k = \sigma^k - \mathrm{i}J_+\sigma^k = \sigma^k + \mathrm{i}J_-\sigma^k$$

と決定できる．

$$\eta^i(\boldsymbol{e}_j + \mathrm{i}\mathrm{J}\boldsymbol{e}_j) = 0, \quad i, j = 1, 2, \ldots, n$$

をみたすから $\mathbb{V}^{(1,0)}$ の双対空間は $\mathbb{V}_{(1,0)}$ であることがわかる．同様に $(\mathbb{V}^{(0,1)})^* = \mathbb{V}_{(0,1)}$ である．$p, q \geq 0$ に対し

$$\{\alpha \wedge \beta \mid \alpha \in \wedge^p\mathbb{V}_{(1,0)},\ \beta \in \wedge^q\mathbb{V}_{(0,1)}\}$$

で生成される複素線型空間を $\wedge^{p,q}(\mathbb{V}^{\mathbb{C}})^*$ または $\mathrm{A}^{p,q}(\mathbb{V})$ で表すことにしよう．$\mathbb{V}^{\mathbb{C}}$ の外積代数は

$$\wedge^*(\mathbb{V}^{\mathbb{C}})^* = \bigoplus_{r=0}^{n} \mathrm{A}^r(\mathbb{V}^{\mathbb{C}})$$

で定義された．複素構造を用いて外積代数を細かく分解する．

$$\wedge(\mathbb{V}^{\mathbb{C}})^* = \bigoplus_{r=0}^{n} \mathrm{A}^r(\mathbb{V}^{\mathbb{C}}) = \bigoplus_{p+q=r} \mathrm{A}^{p,q}(\mathbb{V}).$$

この分解は複素多様体上の複素微分形式を扱う際に利用する ([99], [64], [67] などを参照).

【コラム】　学部 1 年生のときの指定教科書は [36] と [37] であった．週一回，1 限目と 2 限目に「線型代数学 I 及び演習」(1 年時，通年) と「線型代数学 I 及び演習」(2 年時，通年) があり，[36] の最後の章まで扱われた．2 年間とも，まず 1 限目が演習で，2 限目が講義であった．佐武 [40] のことは 2 年生になるまで気づかなかった．2 年生になりテンソルを学ぼうと思ったとき，[40] の第 V 章にテンソルの解説があることを知り，初めて目を通した．しかし，すでに [36] に馴染んでいたこともあり，自分が使う線型代数用語や記号の使い方は [36] のものを踏襲していた．大学院に入学すると，とまどうことがたくさんあった．学部のときに学んだ用語が他の大学・研究室で異なる呼ばれ方をしていたり記号の使い方が違っていたり．たとえば，修士 1 年のときに最初に出席した上級生のセミナーで $\boldsymbol{\Delta}H$ という量を計算していたので「H はハミルトニアンですか？」と尋ねたら「H は平均曲率にきまってるだろ」という返事を聞いてとまどった．研究者によるセミナーでケーラー多様体の全実部分多様体 (totally real submanifold) という概念が出てきたとき，「それってラグランジュ部分多様体じゃないの」と思ったこととか．話を線型代数に戻そう．佐武 [40] に目を通していたり，多様体などの教科書で「ベクトル空間」という用語は知っていたので，周囲で「ベクトル空間」という用語が使われていてもとまどわなかったが，逆に自分が「線型空間」と口にしたときに，周囲が「？？？」という表情をしたことがあった．内積の記号は [37] で学んで以来，$(\cdot|\cdot)$ を使っていたのだが，「その記号何？」と尋ねられることがあまりに多いので人前では使わなくなった．「内積は $\langle\cdot,\cdot\rangle$ が普通だろ」と言われたことも理由の一つ．時が経ち，線型代数の講義をする立場になると線形代数の表記が定着し，内積を $(\cdot,\cdot)$ と表記する教科書を多く目にするようになった．$(\cdot|\cdot)$ を使う機会はなくなってきた．しかし本を書く立場になると線型代数の教科書にない概念や記号も併用するため，記号が足りなくなったり重複したりすることが出てきた．その結果，内積を $(\cdot|\cdot)$ と書くことを始めた．読者から「この記号は嫌です」といわれることがないわけではないが，記号不足・記号の重複を考慮して $(\cdot|\cdot)$ を使うことにしたので，ご理解を賜りたい．

6 曲率型テンソル

リーマン幾何におけるリーマン曲率テンソルをモデルに「曲率型テンソル」の概念が導入される．この章の内容はリーマン幾何および一般相対性理論に直結する．

6.1 曲率

リーマン幾何学では，n 次元の曲がった世界であるリーマン多様体を考察する．リーマン多様体 M の各点 p で接する線型空間が存在する（接ベクトル空間 T_pM）．各接ベクトル空間 T_pM には内積 g_p が付与されている．内積の分布 $p \longmapsto g_p$ はリーマン計量とよばれる．各 T_pM にはリーマン曲率とよばれる T_pM 値 3-形式 $R_p \in \mathrm{T}_3^0(T_pM; T_pM)$ が定まる．分布 $R : p \longmapsto R_p$ はリーマン曲率テンソル場とよばれる．R_p により M の各点での曲がり具合が記述される．

この節ではリーマン曲率のみたす性質に着目し，（代数的）曲率テンソルの概念を導入し，その基本的な性質を述べる．リーマン幾何では各接ベクトル空間で多重線型代数を駆使する．その使い方の雰囲気を紹介する．

定義 6.1 n 次元実スカラー積空間 $(\mathbb{V}, \langle\cdot,\cdot\rangle)$ において $L \in \mathrm{T}_3^0(\mathbb{V};\mathbb{V})$ が以下の性質をみたすとき $(\mathbb{V}, \langle\cdot,\cdot\rangle)$ 上の**曲率型テンソル** (curvature-like tensor) とよぶ．曲率型テンソルは**代数的曲率テンソル** (algebraic curvature tensor) ともよばれる．$L \in \mathrm{T}_3^0(\mathbb{V};\mathbb{V})$ に対し $(\boldsymbol{x}, \boldsymbol{y}, \boldsymbol{z}) \longmapsto L(\boldsymbol{x}, \boldsymbol{y})\boldsymbol{z}$ という記法を用いる．

(1) 交代性

$$L(\boldsymbol{x}, \boldsymbol{y})\boldsymbol{z} = -L(\boldsymbol{y}, \boldsymbol{x})\boldsymbol{z}.$$

(2) **ビアンキの恒等式** (Bianchi identity)

$$L(\boldsymbol{x},\boldsymbol{y})\boldsymbol{z}+L(\boldsymbol{y},\boldsymbol{z})\boldsymbol{x}+L(\boldsymbol{z},\boldsymbol{x})\boldsymbol{y}=\boldsymbol{0}$$

(3) 歪共軛性

$$\langle L(\boldsymbol{x},\boldsymbol{y})\boldsymbol{z},\boldsymbol{w}\rangle=-\langle\boldsymbol{z},L(\boldsymbol{x},\boldsymbol{y})\boldsymbol{w}\rangle.$$

$\mathbb{V}$ 上の曲率型テンソルの全体を $\mathcal{R}(\mathbb{V})$ で表す．

註 6.1 (巡回和) 巡回和を用いてビアンキ恒等式を $\underset{\boldsymbol{x},\boldsymbol{y},\boldsymbol{z}}{\mathfrak{S}} L(\boldsymbol{x},\boldsymbol{y},\boldsymbol{z})=\boldsymbol{0}$ と表してもよい．

一般相対性理論への応用も鑑みて実スカラー積空間上の曲率型テンソルを解説するが，リーマン幾何の学習を想定している読者はユークリッド線型空間に限定して，記述を読み替えてもよい．

例 6.1 $c\in\mathbb{R}$ に対し R_c を

$$R_c(\boldsymbol{x},\boldsymbol{y})\boldsymbol{z}=c(\boldsymbol{x}\wedge\boldsymbol{y})\boldsymbol{z},\quad(\boldsymbol{x}\wedge\boldsymbol{y})\boldsymbol{z}=\langle\boldsymbol{y},\boldsymbol{z}\rangle\boldsymbol{x}-\langle\boldsymbol{z},\boldsymbol{x}\rangle\boldsymbol{y}$$

で定めると R_c は曲率型テンソルである[*1]．より一般に自己共軛な線型変換 A と B を用いて

$$L_{A,B}(\boldsymbol{x},\boldsymbol{y})\boldsymbol{z}=(A\boldsymbol{x}\wedge B\boldsymbol{y})\boldsymbol{z}+(B\boldsymbol{x}\wedge A\boldsymbol{y})\boldsymbol{z} \tag{6.1}$$

と定めると，これは曲率型テンソルである．$c\in\mathbb{R}$ に対し

$$L_{c\mathrm{Id},\mathrm{Id}}=L_{\mathrm{Id},c\mathrm{Id}}=c\,L_{\mathrm{Id},\mathrm{Id}}=2c\,R_1$$

が成り立つ．

[*1] (2.26) 参照．

註 6.2 微分幾何学を学んだ読者向けに次の例に言及しておこう．$(n+1)$ 次元ユークリッド空間 $\mathbb{E}^{n+1}$ 内の向き付け可能な超曲面 M の単位法ベクトル場 $\boldsymbol{\nu}$ を指定し，$\boldsymbol{\nu}$ に由来する形状作用素を A とすると M のリーマン曲率 R は各接ベクトル $\boldsymbol{x}, \boldsymbol{y}$ に対し $R(\boldsymbol{x},\boldsymbol{y}) = A\boldsymbol{x} \wedge A\boldsymbol{y}$ をみたす．

曲率型テンソル L において $\boldsymbol{x}$ と $\boldsymbol{y}$ を固定したとき $L(\boldsymbol{x},\boldsymbol{y}) \in \mathrm{End}(\mathbb{V})$ であり，スカラー積 $\langle\cdot,\cdot\rangle$ に関し歪共軛である．$L(\boldsymbol{x},\boldsymbol{y}) \in \mathrm{End}(\mathbb{V})$ を基底 $\mathcal{E} = \{\boldsymbol{e}_1, \boldsymbol{e}_2, \ldots, \boldsymbol{e}_n\}$ に関し成分表示しよう．

$$L(\boldsymbol{x},\boldsymbol{y})\boldsymbol{e}_k = \sum_{l=1}^{n} L_k{}^l(\boldsymbol{x},\boldsymbol{y})\boldsymbol{e}_l.$$

ここで $\boldsymbol{x} = \boldsymbol{e}_i$，$\boldsymbol{y} = \boldsymbol{e}_j$ と選ぶ．

$$L(\boldsymbol{e}_i,\boldsymbol{e}_j)\boldsymbol{e}_k = \sum_{l=1}^{n} L_k{}^l(\boldsymbol{e}_i,\boldsymbol{e}_j)\boldsymbol{e}_l.$$

そこで，少々奇妙に思えるかもしれないが

$$L(\boldsymbol{e}_i,\boldsymbol{e}_j)\boldsymbol{e}_k = \sum_{l=1}^{n} L_{kij}^{\ \ \ l}\boldsymbol{e}_l$$

という添字をつけることにする．

註 6.3 この添字の付け方は古典的なテンソル解析の習慣によるものであり，現代では必ずしもこの習慣を維持しなくてもよい．Besse [71] や酒井 [38] では $L(\boldsymbol{e}_i,\boldsymbol{e}_j)\boldsymbol{e}_k = \sum L_{ijkl}\boldsymbol{e}_l$ としている．相対性理論の教科書では古典的な方式を採用しているものが現代でも見受けられる．

L を $(1,3)$ 型テンソルと解釈したものを $\mathcal{L}$ とする（区別のため記号を変えて表記する）：

$$\mathcal{L}(\alpha,\boldsymbol{x},\boldsymbol{y},\boldsymbol{z}) = \alpha(L(\boldsymbol{x},\boldsymbol{y})\boldsymbol{z}), \quad \alpha \in \mathbb{V}^*,\ \boldsymbol{x},\boldsymbol{y},\boldsymbol{z} \in \mathbb{V}.$$

$\mathcal{E}$ の双対基底 $\Sigma = \{\sigma^1, \sigma^2, \ldots, \sigma^n\}$ をとると

$$\mathcal{L}(\sigma^l,\boldsymbol{e}_i,\boldsymbol{e}_j,\boldsymbol{e}_k) = \sigma^l(L(\boldsymbol{e}_i,\boldsymbol{e}_j)\boldsymbol{e}_k) = L_{kij}^{\ \ \ l}$$

より

$$\mathcal{L} = \sum_{i,j,k,l=1}^{n} L_{kij}^{\ \ \ l}\, \boldsymbol{e}_l \otimes \sigma^i \otimes \sigma^j \otimes \sigma^k$$

と成分表示される．

註 6.4 $\mathcal{L}' = \displaystyle\sum_{i,j,k,l=1}^{n} L_{kij}^{\ \ \ l}\, \boldsymbol{e}_l \otimes \sigma^k \otimes \sigma^i \otimes \sigma^j$ で定まるテンソルは $\mathcal{L}'(\alpha, \boldsymbol{z}, \boldsymbol{x}, \boldsymbol{y}) = \alpha(L(\boldsymbol{x}, \boldsymbol{y})\boldsymbol{z})$ で与えられる．実際 $\mathcal{L}(\sigma^l, \boldsymbol{e}_i, \boldsymbol{e}_j, \boldsymbol{e}_k) = \sigma^l(L(\boldsymbol{e}_j, \boldsymbol{e}_k)\boldsymbol{e}_i) = L_{ijk}^{\ \ \ l}$.

曲率型テンソル L に対し

$$L^{\blacktriangledown}(\boldsymbol{x}_1, \boldsymbol{x}_2, \boldsymbol{x}_3, \boldsymbol{x}_4) = \langle L(\boldsymbol{x}_1, \boldsymbol{x}_2)\boldsymbol{x}_3, \boldsymbol{x}_4\rangle$$

で定められる共変テンソル $L^{\blacktriangledown}$ を $\mathcal{L}$ (および L の) **共変形** (covariant form) とよぶ．$L^{\blacktriangledown}$ は型変更によって得られる．実際

$$\begin{aligned}(\downarrow_1^{\,4} \mathcal{L})(\boldsymbol{x}_1, \boldsymbol{x}_2, \boldsymbol{x}_3, \boldsymbol{x}_4) =& \mathcal{L}(\flat\boldsymbol{x}_4, \boldsymbol{x}_1, \boldsymbol{x}_2, \boldsymbol{x}_3) = (\flat\boldsymbol{x}_4)(L(\boldsymbol{x}_1, \boldsymbol{x}_2)\boldsymbol{x}_3) \\ =& \langle \boldsymbol{x}_4, L(\boldsymbol{x}_1, \boldsymbol{x}_2)\boldsymbol{x}_3\rangle = \langle L(\boldsymbol{x}_1, \boldsymbol{x}_2)\boldsymbol{x}_3, \boldsymbol{x}_4\rangle.\end{aligned}$$

ここで

$$(\downarrow_1^{\,4} \mathcal{L})(\boldsymbol{e}_i, \boldsymbol{e}_j, \boldsymbol{e}_k, \boldsymbol{e}_l) = \left\langle \sum_{l=1}^{n} L_{kij}^{\ \ \ m} \boldsymbol{e}_m, \boldsymbol{e}_l \right\rangle = \sum_{l=1}^{n} g_{lm} L_{kij}^{\ \ \ m} =: L_{lkij}$$

とおくと

$$L^{\blacktriangledown} = (\downarrow_1^{\,4} \mathcal{L}) = \sum L_{lkij}\, \sigma^i \otimes \sigma^j \otimes \sigma^k \otimes \sigma^l$$

と成分表示される．不慣れな間は L と $L^{\blacktriangledown}$ を表記上区別するが，慣れてきたら $L^{\blacktriangledown}$ を L と表記してしまう．

註 6.5 $\mathcal{L}'(\alpha, \boldsymbol{z}, \boldsymbol{x}, \boldsymbol{y}) = \alpha(L(\boldsymbol{x}, \boldsymbol{y})\boldsymbol{z})$ を用いる場合，

$$(\downarrow_1{}^1\ \mathcal{L}')(\boldsymbol{x}_1,\boldsymbol{x}_2,\boldsymbol{x}_3,\boldsymbol{x}_4)=\langle\boldsymbol{x}_1,L(\boldsymbol{x}_3,\boldsymbol{x}_4)\boldsymbol{x}_2\rangle,\ \ (\downarrow_1{}^1\ \mathcal{L}')(\boldsymbol{e}_i,\boldsymbol{e}_j,\boldsymbol{e}_k,\boldsymbol{e}_l)=L_{lijk},$$
$$(\downarrow_2{}^1\ \mathcal{L}')(\boldsymbol{x}_1,\boldsymbol{x}_2,\boldsymbol{x}_3,\boldsymbol{x}_4)=\langle\boldsymbol{x}_2,L(\boldsymbol{x}_3,\boldsymbol{x}_4)\boldsymbol{x}_1\rangle,\ \ (\downarrow_2{}^1\ \mathcal{L}')(\boldsymbol{e}_i,\boldsymbol{e}_j,\boldsymbol{e}_k,\boldsymbol{e}_l)=L_{iljk},$$
$$(\downarrow_3{}^1\ \mathcal{L}')(\boldsymbol{x}_1,\boldsymbol{x}_2,\boldsymbol{x}_3,\boldsymbol{x}_4)=\langle\boldsymbol{x}_3,L(\boldsymbol{x}_2,\boldsymbol{x}_4)\boldsymbol{x}_1\rangle,\ \ (\downarrow_3{}^1\ \mathcal{L}')(\boldsymbol{e}_i,\boldsymbol{e}_j,\boldsymbol{e}_k,\boldsymbol{e}_l)=L_{jlik},$$
$$(\downarrow_4{}^1\ \mathcal{L}')(\boldsymbol{x}_1,\boldsymbol{x}_2,\boldsymbol{x}_3,\boldsymbol{x}_4)=\langle\boldsymbol{x}_4,L(\boldsymbol{x}_2,\boldsymbol{x}_3)\boldsymbol{x}_1\rangle,\ \ (\downarrow_4{}^1\ \mathcal{L}')(\boldsymbol{e}_i,\boldsymbol{e}_j,\boldsymbol{e}_k,\boldsymbol{e}_l)=L_{klij}.$$

また $\mathcal{L}''=\displaystyle\sum_{i,j,k,l=1}^{n}L_{ijkl}\,\sigma^i\otimes\sigma^j\otimes\sigma^k\otimes\sigma^l$ で定まる共変テンソルは $\mathcal{L}''(\boldsymbol{x},\boldsymbol{y},\boldsymbol{z},\boldsymbol{w})=\langle L(\boldsymbol{z},\boldsymbol{w})\boldsymbol{y},\boldsymbol{x}\rangle$ で与えられる.

L が曲率型テンソルであるための必要十分条件は

(1) $L_{kij}^{\ \ \ \ l}=-L_{kji}^{\ \ \ \ l}$,
(2) $L_{kij}^{\ \ \ \ l}+L_{ijk}^{\ \ \ \ l}+L_{jki}^{\ \ \ \ l}=0$,
(3) $L_{lkij}=-L_{klij}$

をみたすことである. すべて共変形で表記すると

(1) $L_{lkij}=-L_{klji}$,
(2) $L_{lkij}+L_{lijk}+L_{ljki}=0$,
(3) $L_{lkij}=-L_{klij}$.

命題 6.1 L が曲率型テンソルならば

$$\langle L(\boldsymbol{x},\boldsymbol{y})\boldsymbol{z},\boldsymbol{w}\rangle=\langle L(\boldsymbol{z},\boldsymbol{w})\boldsymbol{x},\boldsymbol{y}\rangle$$

をみたす.

【証明】

$$
\begin{aligned}
&2\langle L(\boldsymbol{x},\boldsymbol{y})\boldsymbol{z},\boldsymbol{w}\rangle \\
=&\ \ \langle L(\boldsymbol{x},\boldsymbol{y})\boldsymbol{z},\boldsymbol{w}\rangle+\langle L(\boldsymbol{y},\boldsymbol{x})\boldsymbol{w},\boldsymbol{z}\rangle \ (\text{交代性と歪共軛性}) \\
=&-\langle L(\boldsymbol{y},\boldsymbol{z})\boldsymbol{x},\boldsymbol{w}\rangle-\langle L(\boldsymbol{z},\boldsymbol{x})\boldsymbol{y},\boldsymbol{w}\rangle-\langle L(\boldsymbol{x},\boldsymbol{w})\boldsymbol{y},\boldsymbol{z}\rangle-\langle L(\boldsymbol{w},\boldsymbol{y})\boldsymbol{x},\boldsymbol{z}\rangle \ (\text{ビアンキ}) \\
=&-\langle L(\boldsymbol{z},\boldsymbol{y})\boldsymbol{w},\boldsymbol{x}\rangle-\langle L(\boldsymbol{x},\boldsymbol{z})\boldsymbol{w},\boldsymbol{y}\rangle-\langle L(\boldsymbol{w},\boldsymbol{x})\boldsymbol{z},\boldsymbol{y}\rangle-\langle L(\boldsymbol{y},\boldsymbol{w})\boldsymbol{z},\boldsymbol{x}\rangle \begin{cases}\text{交代性}\\ \text{歪共軛性}\end{cases} \\
=&\ \ \langle L(\boldsymbol{w},\boldsymbol{z})\boldsymbol{y},\boldsymbol{x}\rangle+\langle L(\boldsymbol{z},\boldsymbol{w})\boldsymbol{x},\boldsymbol{y}\rangle \ (\text{ビアンキ}) \\
=&\ 2\langle L(\boldsymbol{z},\boldsymbol{w})\boldsymbol{x},\boldsymbol{y}\rangle. \quad (\text{交代性と歪共軛性})
\end{aligned}
$$

■

6.2 縮約

次に縮約を考察しよう．

$$
\begin{aligned}
(\mathcal{C}_1{}^1\mathcal{L})(\boldsymbol{x},\boldsymbol{y}) =& \sum_{k=1}^{n}\mathcal{L}(\sigma^k,\boldsymbol{e}_k,\boldsymbol{x},\boldsymbol{y}) = \sum_{k=1}^{n}\varepsilon_k\langle \boldsymbol{e}_k, L(\boldsymbol{e}_k,\boldsymbol{x})\boldsymbol{y}\rangle \\
=&\mathrm{tr}(\boldsymbol{z}\longmapsto L(\boldsymbol{z},\boldsymbol{x})\boldsymbol{y})
\end{aligned}
$$

より

$$
\begin{aligned}
(\mathcal{C}_1{}^1\mathcal{L})(\boldsymbol{e}_i,\boldsymbol{e}_j) =& \sum_{k=1}^{n}\varepsilon_k\left\langle \boldsymbol{e}_k, \sum_{l=1}^{n} L_{jki}^{\ \ \ l}\boldsymbol{e}_l\right\rangle = \sum_{k=1}^{n}\sum_{l=1}^{n}\varepsilon_k L_{jki}^{\ \ \ l}\varepsilon_k\delta_{kl} \\
=& \sum_{k=1}^{n} L_{jki}^{\ \ \ k}
\end{aligned}
$$

を得る．そこで

$$
L_{ji} = \sum_{k=1}^{n} L_{jki}^{\ \ \ k}
$$

とおこう．すると

$$
(\mathcal{C}_1{}^1\mathcal{L}) = \sum_{i,j=1}^{n} L_{ji}\sigma^i\otimes\sigma^j
$$

が導ける.

定義 6.2 曲率型テンソル L に対し

$$\mathrm{Ric}_L = \mathcal{C}_1{}^1\mathcal{L}$$

を L の**リッチテンソル** (Ricci tensor) とよぶ.

命題 6.2 Ric_L は対称テンソルである.

【証明】 ビアンキの恒等式より

$$L(\boldsymbol{v},\boldsymbol{x})\boldsymbol{y} + L(\boldsymbol{x},\boldsymbol{y})\boldsymbol{v} = L(\boldsymbol{v},\boldsymbol{y})\boldsymbol{x}.$$

ここで $L(\boldsymbol{x},\boldsymbol{y})$ はスカラー積に関し歪共軛だから

$$\mathrm{tr}(\boldsymbol{v} \longmapsto L(\boldsymbol{x},\boldsymbol{y})\boldsymbol{v}) = 0.$$

したがって

$$\mathrm{tr}(\boldsymbol{v} \longmapsto L(\boldsymbol{v},\boldsymbol{x})\boldsymbol{y}) = \mathrm{tr}(\boldsymbol{v} \longmapsto L(\boldsymbol{v},\boldsymbol{y})\boldsymbol{x}).$$

以上より $\mathrm{Ric}_L(\boldsymbol{x},\boldsymbol{y}) = \mathrm{Ric}_L(\boldsymbol{y},\boldsymbol{x})$. ■

定義 6.3 対称テンソル Ric_L に対し

$$\mathrm{Ric}_L(\boldsymbol{x},\boldsymbol{y}) = \langle S_L(\boldsymbol{x}),\boldsymbol{y}\rangle = \langle \boldsymbol{x}, S_L(\boldsymbol{y})\rangle$$

で定まる線型変換 S_L を L の**リッチ作用素** (Ricci operator) という. $\rho_L = \mathrm{tr}\, S_L$ を L の**スカラー曲率** (scalar curvature) という.

註 6.6 $\mathcal{L}'$ を用いるならば

$$(\mathcal{C}_2{}^1\mathcal{L}')(\boldsymbol{x},\boldsymbol{y}) = \sum_{k=1}^{n} \mathcal{L}'(\sigma^k,\boldsymbol{x},\boldsymbol{e}_k,\boldsymbol{y}) = \mathrm{tr}(\boldsymbol{z} \longmapsto L(\boldsymbol{z},\boldsymbol{y})\boldsymbol{x})$$

を考える. $(\mathcal{C}_2{}^1\mathcal{L}')(\boldsymbol{e}_i,\boldsymbol{e}_j) = R_{ij}$ である.

註 6.7 リーマン幾何学ではリーマン曲率テンソル場 R の定義の仕方に 2 つの流儀がある．

$$R(X,Y)Z = \nabla_X\nabla_Y Z - \nabla_Y\nabla_X Z - \nabla_{[X,Y]}Z \tag{6.2}$$

と定める流儀 ([31, 67, 58, 98, 99]) と

$$R(X,Y)Z = -\nabla_X\nabla_Y Z + \nabla_Y\nabla_X Z + \nabla_{[X,Y]}Z \tag{6.3}$$

と定める流儀 ([71, 85]) である．本書の曲率型テンソルは流儀 (6.2) に従っている．どちらの流儀でもリッチテンソル場とスカラー曲率は共通に定められる．そのため流儀 (6.3) を採用する場合は曲率型テンソル L のリッチテンソルの定義を

$$\mathrm{Ric}_L(\boldsymbol{x},\boldsymbol{y}) = \mathrm{tr}(\boldsymbol{z} \longmapsto L(\boldsymbol{x},\boldsymbol{z})\boldsymbol{y}) \tag{6.4}$$

と修正する．以後，流儀に関する注意をする際は「流儀 (6.4)」という引用をする．

6.3 断面曲率

$\dim \mathbb{V} \geq 2$ を仮定する．対称テンソル $Q \in \mathrm{S}^2(\mathbb{V})$ を

$$Q(\boldsymbol{x},\boldsymbol{y}) = \langle \boldsymbol{x},\boldsymbol{x}\rangle\langle \boldsymbol{y},\boldsymbol{y}\rangle - \langle \boldsymbol{x},\boldsymbol{y}\rangle^2$$

で定める．$\mathbb{V}$ の線型部分空間 $\mathbb{W}$ 上でスカラー積が非退化のとき，$\mathbb{W}$ は**非退化線型部分空間** (non-degenerate linear subspace) であるという[*2]．もちろんスカラー積が内積のときは線型部分空間はつねに非退化である．

補題 6.1 線型独立なベクトル $\boldsymbol{u}$ と $\boldsymbol{v}$ で張られる 2 次元線型部分空間 $\mathbb{W} = \mathrm{span}\{\boldsymbol{u},\boldsymbol{v}\}$ が退化であるための必要十分条件は $Q(\boldsymbol{u},\boldsymbol{v}) = 0$ である．

【証明】 $\mathbb{W}$ が退化であるとは $\langle a\boldsymbol{u}+b\boldsymbol{v},\boldsymbol{u}\rangle = \langle a\boldsymbol{u}+b\boldsymbol{v},\boldsymbol{v}\rangle$ をみたす $a\boldsymbol{u}+b\boldsymbol{v} \neq \boldsymbol{0}$ が存在すること，すなわち

$$a\langle \boldsymbol{u},\boldsymbol{u}\rangle + b\langle \boldsymbol{u},\boldsymbol{v}\rangle = a\langle \boldsymbol{u},\boldsymbol{v}\rangle + b\langle \boldsymbol{v},\boldsymbol{v}\rangle = 0$$

の非自明な解 $\{a,b\}$ が存在すること．それは $Q(\boldsymbol{u},\boldsymbol{v}) = 0$ に他ならない．■

*2 そうでないときは**退化** (degenerate).

註 6.8 $\wedge^2\mathbb{V}$ のスカラー積 $\langle\cdot,\cdot\rangle$ を用いると $Q(\boldsymbol{x},\boldsymbol{y})=\langle\boldsymbol{x}\wedge\boldsymbol{y},\boldsymbol{x}\wedge\boldsymbol{y}\rangle$ と表せることに注意.

補題 6.2 2 次元非退化線型部分空間 $\mathbb{W}$ の基底を $\{\boldsymbol{u},\boldsymbol{v}\}$ とする. このとき

$$K(\mathbb{W})=\frac{\langle L(\boldsymbol{u},\boldsymbol{v})\boldsymbol{v},\boldsymbol{u}\rangle}{Q(\boldsymbol{u},\boldsymbol{v})}$$

は基底の選び方に依存せず $\mathbb{W}$ のみできまる. $K(\mathbb{W})$ を $\mathbb{W}$ の**断面曲率** (sectional curvature) とよぶ.

【証明】 別の基底 $\tilde{\boldsymbol{u}}=a\boldsymbol{u}+c\boldsymbol{v}$, $\tilde{\boldsymbol{v}}=b\boldsymbol{u}+d\boldsymbol{v}$ に対し

$$\langle L(\tilde{\boldsymbol{u}},\tilde{\boldsymbol{v}})\tilde{\boldsymbol{v}},\tilde{\boldsymbol{u}}\rangle=(ad-bc)^2\langle L(\boldsymbol{u},\boldsymbol{v})\boldsymbol{v},\boldsymbol{u}\rangle,\quad Q(\tilde{\boldsymbol{u}},\tilde{\boldsymbol{v}})=(ad-bc)^2Q(\boldsymbol{u},\boldsymbol{v})$$

だから. ■

$\dim\mathbb{V}=2$ のときは $K(\mathbb{V})$ を $\mathbb{V}$ の L に関する**ガウス曲率**とよぶ.

$L=R_c$ の場合

$$\langle R_c(\boldsymbol{u},\boldsymbol{v})\boldsymbol{v},\boldsymbol{u}\rangle=c\,Q(\boldsymbol{u},\boldsymbol{v})$$

だから $K(\mathbb{W})=c$ が成り立つ.

定義 6.4 すべての 2 次元非退化線型部分空間 $\mathbb{W}$ に対し $K(\mathbb{W})=c$ であるとき $(\mathbb{V},\langle\cdot,\cdot\rangle,L)$ は定曲率 c であるという.

註 6.9 流儀 (6.4) では

$$K(\mathbb{W})=\frac{\langle L(\boldsymbol{u},\boldsymbol{v})\boldsymbol{u},\boldsymbol{v}\rangle}{Q(\boldsymbol{u},\boldsymbol{v})}$$

と定義する.

ここで次の補題を準備しておく.

補題 6.3 曲率型テンソル L が，すべての $\boldsymbol{x}$，$\boldsymbol{y} \in \mathbb{V}$ に対し

$$\langle L(\boldsymbol{x},\boldsymbol{y})\boldsymbol{y},\boldsymbol{x}\rangle = 0$$

をみたすならば $L=0$ である．

【証明】 まず，$L(\boldsymbol{x},\boldsymbol{y})\boldsymbol{x}=\boldsymbol{0}$ がつねに成り立つことを示す．

$$\begin{aligned}0 =&\langle L(\boldsymbol{x},\boldsymbol{y}+\boldsymbol{z})(\boldsymbol{y}+\boldsymbol{z}),\boldsymbol{x}\rangle\\ =&\langle L(\boldsymbol{x},\boldsymbol{y})\boldsymbol{y},\boldsymbol{x}\rangle+\langle L(\boldsymbol{x},\boldsymbol{y})\boldsymbol{z},\boldsymbol{x}\rangle+\langle L(\boldsymbol{x},\boldsymbol{z})\boldsymbol{y},\boldsymbol{x}\rangle+\langle L(\boldsymbol{x},\boldsymbol{z})\boldsymbol{z},\boldsymbol{x}\rangle\\ =&\langle L(\boldsymbol{x},\boldsymbol{y})\boldsymbol{z},\boldsymbol{x}\rangle+\langle L(\boldsymbol{x},\boldsymbol{z})\boldsymbol{y},\boldsymbol{x}\rangle = -2\langle L(\boldsymbol{x},\boldsymbol{y})\boldsymbol{x},\boldsymbol{z}\rangle\end{aligned}$$

より $L(\boldsymbol{x},\boldsymbol{y})\boldsymbol{x}=\boldsymbol{0}$ を得る．次に

$$\begin{aligned}0 =&L(\boldsymbol{x}+\boldsymbol{z},\boldsymbol{y})(\boldsymbol{x}+\boldsymbol{z})\\ =&L(\boldsymbol{x},\boldsymbol{y})\boldsymbol{x}+L(\boldsymbol{x},\boldsymbol{y})\boldsymbol{z}+L(\boldsymbol{z},\boldsymbol{y})\boldsymbol{x}+L(\boldsymbol{z},\boldsymbol{y})\boldsymbol{z}\\ =&L(\boldsymbol{x},\boldsymbol{y})\boldsymbol{z}+L(\boldsymbol{z},\boldsymbol{y})\boldsymbol{x}\end{aligned}$$

より

$$L(\boldsymbol{x},\boldsymbol{y})\boldsymbol{z}+L(\boldsymbol{z},\boldsymbol{y})\boldsymbol{x}=\boldsymbol{0} \tag{6.5}$$

を得る．これを使って

$$L(\boldsymbol{y},\boldsymbol{z})\boldsymbol{x}+L(\boldsymbol{x},\boldsymbol{z})\boldsymbol{y}=\boldsymbol{0}, \tag{6.6}$$

$$L(\boldsymbol{z},\boldsymbol{x})\boldsymbol{y}+L(\boldsymbol{y},\boldsymbol{x})\boldsymbol{z}=\boldsymbol{0} \tag{6.7}$$

を作り (6.5)+ (6.6)− (6.7) を計算すると

$$L(\boldsymbol{x},\boldsymbol{y})\boldsymbol{z}+L(\boldsymbol{x},\boldsymbol{z})\boldsymbol{y}=\boldsymbol{0}$$

を得る．この式と (6.5) から

$$L(\boldsymbol{x},\boldsymbol{z})\boldsymbol{y}=L(\boldsymbol{z},\boldsymbol{y})\boldsymbol{x}=L(\boldsymbol{y},\boldsymbol{x})\boldsymbol{z}$$

が導ける．ビアンキの恒等式を使えば

$$L(\boldsymbol{x},\boldsymbol{z})\boldsymbol{y} = L(\boldsymbol{z},\boldsymbol{y})\boldsymbol{x} = L(\boldsymbol{y},\boldsymbol{x})\boldsymbol{z} = \boldsymbol{0}$$

となる．したがって $L = 0$. ■

定理 6.1 $(\mathbb{V}, \langle\cdot,\cdot\rangle, L)$ が定曲率 c ならば $L = R_c$ である．このとき $\mathrm{Ric}_L = (n-1)c\langle\cdot,\cdot\rangle$，$\rho_L = n(n-1)c$ である．

【証明】 仮定より $\langle L(\boldsymbol{x},\boldsymbol{y})\boldsymbol{y},\boldsymbol{x}\rangle = c\langle(\boldsymbol{x}\wedge\boldsymbol{y})\boldsymbol{y},\boldsymbol{x}\rangle$ がすべての線型独立なベクトルの組 $\{\boldsymbol{x},\boldsymbol{y}\}$ で $Q(\boldsymbol{x},\boldsymbol{y}) \neq 0$ をみたすものに対し成り立つ．$\mathrm{span}\{\boldsymbol{x},\boldsymbol{y}\}$ が退化する場合，$\mathbb{V}$ の点列 $\{\boldsymbol{x}_k\}$ と $\{\boldsymbol{y}_k\}$ で

$$Q(\boldsymbol{x}_k,\boldsymbol{y}_k) \neq 0, \quad \lim_{k\to\infty}\boldsymbol{x}_k = \boldsymbol{x}, \quad \lim_{k\to\infty}\boldsymbol{y}_k = \boldsymbol{y}$$

であるものがとれる（なぜか？　考えよ）．

$$\langle L(\boldsymbol{x}_k,\boldsymbol{y}_k)\boldsymbol{y}_k,\boldsymbol{x}_k\rangle = c\langle(\boldsymbol{x}_k\wedge\boldsymbol{y}_k)\boldsymbol{y}_k,\boldsymbol{x}_k\rangle$$

において $k\to\infty$ の極限をとれば退化の場合でも

$$\langle L(\boldsymbol{x},\boldsymbol{y})\boldsymbol{y},\boldsymbol{x}\rangle = c\langle(\boldsymbol{x}\wedge\boldsymbol{y})\boldsymbol{y},\boldsymbol{x}\rangle$$

が成り立つ．ここで $F = L - R_c$ とおくと F も曲率型テンソル．ここまでの議論で線型独立なベクトルの組 $\{\boldsymbol{x},\boldsymbol{y}\}$ に対し $\langle F(\boldsymbol{x},\boldsymbol{y})\boldsymbol{y},\boldsymbol{x}\rangle = 0$ が成り立つことがわかっている．$\boldsymbol{x}$ と $\boldsymbol{y}$ が線型従属なときもこの等式は成り立つ．したがって補題 6.3 より $F = 0$ を得る． ■

Ric_L がスカラー積に比例する場合をもう少し観察しておこう．$\mathrm{Ric}_L = \lambda\langle\cdot,\cdot\rangle$ をみたすならば $\rho_L = \mathrm{tr}\,\mathrm{Ric}_L = \lambda n$ であるから $\lambda = \rho_L/n$ と決まってしまう．

$$\mathrm{Ric}_L = \frac{\rho_L}{n}\langle\cdot,\cdot\rangle$$

をみたすとき L は**アインシュタイン条件** (Einstein condition) をみたすという．相対性理論用語を借用して

$$G_L = \mathrm{Ric}_L - \frac{\rho_L}{2}$$

を L の**アインシュタインテンソル** (Einstein tensor) とよぶ．$\mathrm{tr}\, G_L = (2-n)\rho_L/2$ である．

6.4 曲率型テンソルのなす線型空間

曲率型テンソルの全体は $\mathrm{T}^0_3(\mathbb{V};\mathbb{V})$ の線型部分空間をなすことに気づいていると思う．その次元を求めるためにちょっと工夫する．まず曲率型テンソルを共変形に書き換えておく．条件

- $T(\boldsymbol{x},\boldsymbol{y},\boldsymbol{z},\boldsymbol{w}) = -T(\boldsymbol{y},\boldsymbol{x},\boldsymbol{z},\boldsymbol{w}) = -T(\boldsymbol{x},\boldsymbol{y},\boldsymbol{w},\boldsymbol{z}) = T(\boldsymbol{z},\boldsymbol{w},\boldsymbol{x},\boldsymbol{y})$
- $T(\boldsymbol{x},\boldsymbol{y},\boldsymbol{z},\boldsymbol{w}) + T(\boldsymbol{y},\boldsymbol{z},\boldsymbol{x},\boldsymbol{w}) + T(\boldsymbol{z},\boldsymbol{x},\boldsymbol{y},\boldsymbol{w}) = 0$

をみたす $T \in \mathrm{T}^0_4(\mathbb{V})$ の全体を $\mathrm{Curv}(\mathbb{V})$ で表し，その元を**共変形曲率型テンソル** (curvature-like tensor of covariant form) とよぶ．$\mathrm{Curv}(\mathbb{V})$ は $\mathrm{T}^0_4(\mathbb{V})$ の線型部分空間である．$\mathrm{Curv}(\mathbb{V})$ は $\mathbb{V}$ にスカラー積がなくても定義できることに注意しよう．$\dim \mathrm{Curv}(\mathbb{V})$ を求めよう．

$$\dim \wedge^2\mathbb{V} = \frac{n(n-1)}{2}, \quad \dim \odot^2\mathbb{V} = \frac{n(n+1)}{2}$$

を利用する．まず次の命題を示そう．

命題 6.3 実スカラー積空間 $\mathbb{V}$ において $\mathrm{T}^0_2(\mathbb{V})$ は

$$\mathrm{T}^0_2(\mathbb{V}) = \mathrm{A}^2(\mathbb{V}) \oplus \mathrm{S}^2_0(\mathbb{V}) \oplus \mathbb{R}\langle\cdot,\cdot\rangle$$

と直和分解できる．ここで $\mathrm{S}^2_0(\mathbb{V}) = \{\mathsf{h} \in \mathrm{S}^2(\mathbb{V}) \mid \mathrm{tr}\,\mathsf{h} = 0\}$ である．

【証明】 直和分解 $\mathrm{T}_2^0(\mathbb{V}) = \mathrm{A}^2(\mathbb{V}) \oplus \mathrm{S}^2(\mathbb{V})$ はすでに知っているから $\mathrm{S}^2(\mathbb{V}) = \mathrm{S}_0^2(\mathbb{V}) \oplus \mathbb{R}\langle\cdot,\cdot\rangle$ と分解できることを言えばよい．$\mathsf{h} \in \mathrm{S}^2(\mathbb{V})$ に対し

$$\mathsf{h}_0(\boldsymbol{x},\boldsymbol{y}) = \mathsf{h}(\boldsymbol{x},\boldsymbol{y}) - \frac{\mathrm{tr}\,\mathsf{h}}{n}\langle \boldsymbol{x},\boldsymbol{y}\rangle$$

と定めれば $\mathrm{tr}\,\mathsf{h}_0 = 0$ であるから $\mathsf{h} = \mathsf{h}_0 + (\mathrm{tr}\,\mathsf{h}/n)\langle\cdot,\cdot\rangle$ が直和分解を与える．

■

$T \in \mathrm{Curv}(\mathbb{V})$ に対し

$$T(\boldsymbol{x},\boldsymbol{y},\boldsymbol{z},\boldsymbol{w}) = \langle T^{\blacktriangle}(\boldsymbol{x},\boldsymbol{y})\boldsymbol{z},\boldsymbol{w}\rangle$$

で $T^{\blacktriangle} \in \mathrm{T}_3^0(\mathbb{V})$ を定義すれば $T^{\blacktriangle} \in \mathcal{R}(\mathbb{V})$ である（$(T^{\blacktriangle})^{\blacktriangledown} = T$ に注意[*3]）．

註 6.10 $T \in \mathrm{Curv}(\mathbb{V})$ を

$$T = \sum_{i,j,k,l=1}^{n} T_{ijkl}\sigma^i \otimes \sigma^j \otimes \sigma^k \otimes \sigma^l$$

と成分表示する．すなわち $T_{ijkl} = T(\boldsymbol{e}_i,\boldsymbol{e}_j,\boldsymbol{e}_k,\boldsymbol{e}_l)$．$L = T^{\blacktriangle} \in \mathcal{R}(\mathbb{V})$ を，これまでのように

$$L(\boldsymbol{e}_i,\boldsymbol{e}_j)\boldsymbol{e}_k = \sum_{m=1}^{n} L_{kij}^{\ m}\boldsymbol{e}_m$$

と表示すると

$$T_{ijkl} = T(\boldsymbol{e}_i,\boldsymbol{e}_j,\boldsymbol{e}_k,\boldsymbol{e}_l) = \langle T^{\blacktriangle}(\boldsymbol{e}_i,\boldsymbol{e}_j)\boldsymbol{e}_k,\boldsymbol{e}_l\rangle = \sum_{l=1}^{n} L_{kij}^{\ m} g_{ml} = L_{lkij} = -L_{ijkl}$$

という関係が導けることに注意.

そこで

$$\mathrm{Ric}[T] = \mathrm{Ric}_{T^{\blacktriangle}}$$

[*3] $T^{\blacktriangle}$ や $L^{\blacktriangledown}$ はこの本で説明の都合上，導入したものであって，一般的なものではない．

と定め T のリッチテンソルとよぼう．正規直交基底 $\mathcal{E} = \{\boldsymbol{e}_1, \boldsymbol{e}_2, \ldots, \boldsymbol{e}_n\}$ を用いると

$$\mathrm{Ric}[T](\boldsymbol{x}, \boldsymbol{y}) = \sum_{k=1}^{n} \varepsilon_k T(\boldsymbol{e}_k, \boldsymbol{x}, \boldsymbol{y}, \boldsymbol{e}_k) = (\mathcal{C}_{14}T)(\boldsymbol{x}, \boldsymbol{y})$$

であるから，$\mathcal{C}_{14} : \mathrm{Curv}(\mathbb{V}) \to \mathrm{S}^2(\mathbb{V})$ のことを**リッチ縮約** (Ricci contraction) とよぶ．$\mathrm{tr} : \mathrm{S}^2(\mathbb{V}) \to \mathbb{R}$ のとリッチ縮約の合成写像 $\rho[\cdot] := \mathrm{tr} \circ \mathcal{C}_{14} : \mathrm{Curv}(\mathbb{V}) \to \mathbb{R}$ を**スカラー縮約** (scalar contraction) とよぶことにしよう．

註 6.11 縮約 $\mathcal{C}_{ij} : \mathrm{Curv}(\mathbb{V}) \to \mathrm{S}^2(\mathbb{V})$ は $\mathcal{C}_{12}T = \mathcal{C}_{34}T = 0$, $\mathcal{C}_{13}T = \mathcal{C}_{24}T = -\mathcal{C}_{23}T = -\mathcal{C}_{14}T$ をみたすから，得られるのは $\pm\mathrm{Ric}[T]$ しかない．

$L \in \mathcal{R}(\mathbb{V})$ に対し

$$\mathrm{Ric}_L^0 = \mathrm{Ric}_L - \frac{\rho_L}{n}\langle\cdot,\cdot\rangle$$

とおけば $\mathrm{Ric}_L^0 \in \mathrm{S}_0^2(\mathbb{V})$ である．これを L の trace free リッチテンソルとよぶ．同様に $T \in \mathrm{Curv}(\mathbb{V})$ に対し

$$\mathrm{Ric}_0[T] = \mathrm{Ric}[T] - \frac{\rho[T]}{n}\langle\cdot,\cdot\rangle \in \mathrm{S}_0^2(\mathbb{V}), \quad \rho[T] = \mathrm{tr}(\mathcal{C}_{14}T)$$

と定めておこう．

命題 6.1 は交代性・ビアンキの恒等式・歪共軛性だけで示されているので，次のように言い換えられる．

系 6.1 $T \in \mathrm{Curv}(\mathbb{V})$ は $T(\boldsymbol{x}, \boldsymbol{y}, \boldsymbol{z}, \boldsymbol{w}) = T(\boldsymbol{z}, \boldsymbol{w}, \boldsymbol{x}, \boldsymbol{y})$ をみたす．

$T \in \mathrm{T}_4^0(\mathbb{V})$ は

$$T = \sum_{i,j,k,l}^{n} T_{ijkl}\, \sigma^i \otimes \sigma^j \otimes \sigma^k \otimes \sigma^l \in \mathrm{T}_4^0(\mathbb{V})$$

と表せるが，$T \in \mathrm{Curv}(\mathbb{V})$ であれば

$$T = \sum_{i<j,k<l} T_{ijkl}(\sigma^i \wedge \sigma^j) \odot (\sigma^k \wedge \sigma^l)$$

と表せることがわかる．しかし，この表示は交代性と歪共軛性と系 6.1 を使っただけで，ビアンキの恒等式はまだ反映されていない．$\dim \mathrm{Curv}(\mathbb{V})$ を求めるために系 6.1 を用いた工夫（解釈）をしよう．$T \in \mathrm{Curv}(\mathbb{V})$ は $\mathrm{S}^2(\wedge^2\mathbb{V})$ の元とみなすことができる．実際，

$$T^{\wedge}(\boldsymbol{x} \wedge \boldsymbol{y}, \boldsymbol{z} \wedge \boldsymbol{w}) = T(\boldsymbol{x}, \boldsymbol{y}, \boldsymbol{z}, \boldsymbol{w})$$

と定めればよい．ここでも記号の区別 (T と $T^{\wedge}$) をしているが，慣れてきたら区別をやめてしまう．つまり

$$T(\boldsymbol{x} \wedge \boldsymbol{y}, \boldsymbol{z} \wedge \boldsymbol{w}) = T(\boldsymbol{x}, \boldsymbol{y}, \boldsymbol{z}, \boldsymbol{w})$$

という表記を認めてしまう．したがって $\mathrm{Curv}(\mathbb{V})$ を $\mathrm{S}^2(\wedge^2\mathbb{V})$ の線型部分空間と考えてしまう．

註 6.12 曲率型テンソル $L \in \mathcal{R}(\mathbb{V})$ に対し

$$L^{\wedge}(\boldsymbol{x} \wedge \boldsymbol{y}, \boldsymbol{z} \wedge \boldsymbol{w}) = \langle L(\boldsymbol{x}, \boldsymbol{y})\boldsymbol{z}, \boldsymbol{w} \rangle$$

と定めれば $L^{\wedge} \in \mathrm{S}^2(\wedge^2\mathbb{V})$ である (命題 6.1).

さて

$$\dim \mathrm{S}^2(\wedge^2\mathbb{V}) = \frac{n(n-1)(n^2-n+2)}{8}$$

であることに注意しよう．$\alpha, \beta \in \mathrm{A}^2(\mathbb{V})$ に対し $\alpha \wedge \beta = \beta \wedge \alpha$ だから $\mathrm{A}^4(\mathbb{V})$ は $\mathrm{S}^2(\wedge^2\mathbb{V})$ の線型部分空間とみなせる．$n < 4$ ならば $\mathrm{A}^4(\mathbb{V}) = \{0\}$ だから $n < 4$ と $n \geq 4$ で議論を分けなければならない．

$$n \geq 4 \Rightarrow \dim \mathrm{A}^4(\mathbb{V}) = {}_n\mathrm{C}_4, \quad n < 4 \Rightarrow \dim \mathrm{A}^4(\mathbb{V}) = 0.$$

ここで $\mathrm{S}^2(\wedge^2\mathbb{V})$ 上の線型変換 b を

$$(bT)(\boldsymbol{x}, \boldsymbol{y}, \boldsymbol{z}, \boldsymbol{w}) = \frac{1}{3}\left(T(\boldsymbol{x}, \boldsymbol{y}, \boldsymbol{z}, \boldsymbol{w}) + T(\boldsymbol{y}, \boldsymbol{z}, \boldsymbol{x}, \boldsymbol{w}) + T(\boldsymbol{z}, \boldsymbol{x}, \boldsymbol{y}, \boldsymbol{w})\right)$$

で定め**ビアンキ写像**とよぶ．b の定義で $1/3$ を乗じているのは $b \circ b = b$ が成り立つための工夫である．$T \in \mathrm{S}^2(\wedge^2\mathbb{V})$ が共変形曲率型テンソルであるという性質は $bT = 0$ で特徴づけられる．

註 6.13 $L \in \mathrm{T}^0_3(\mathbb{V};\mathbb{V})$ が曲率型テンソルであるという性質は $L^\wedge \in \mathrm{S}^2(\wedge^2\mathbb{V})$ かつ $bL^\wedge = 0$ と言い表せる．

すなわち $\mathbb{V}$ の曲率型テンソル全体のなす線型空間の次元は $\dim \mathrm{Ker}\, b$ であることがわかった．

$\alpha \in \mathrm{A}^2(\mathbb{V})$ は $(\wedge^2\mathbb{V})^*$ の元と解釈できることに注意しよう．実際

$$\alpha(\boldsymbol{x} \wedge \boldsymbol{y}) = \alpha(\boldsymbol{x}, \boldsymbol{y})$$

と定めればよい．$\alpha, \beta \in \mathrm{A}^2(\mathbb{V})$ を $\alpha, \beta \in (\wedge^2\mathbb{V})^*$ と考え，対称積 $\alpha \odot \beta$ をとってみよう．

$$\begin{aligned}(\alpha \odot \beta)(\boldsymbol{x} \wedge \boldsymbol{y}, \boldsymbol{z} \wedge \boldsymbol{w}) =& \frac{1}{2}(\alpha \otimes \beta + \beta \otimes \alpha)(\boldsymbol{x} \wedge \boldsymbol{y}, \boldsymbol{z} \wedge \boldsymbol{w}) \\ =& \frac{1}{2}\left\{\alpha(\boldsymbol{x} \wedge \boldsymbol{y})\beta(\boldsymbol{z} \wedge \boldsymbol{w}) + \alpha(\boldsymbol{z} \wedge \boldsymbol{w})\beta(\boldsymbol{x} \wedge \boldsymbol{y})\right\}.\end{aligned}$$

これを参考に次の定義を与えよう．

定義 6.5 α，$\beta \in \mathrm{A}^2(\mathbb{V})$ に対し

$$(\alpha \odot \beta)(\boldsymbol{x}, \boldsymbol{y}, \boldsymbol{z}, \boldsymbol{w}) = \frac{1}{2}\left\{\alpha(\boldsymbol{x}, \boldsymbol{y})\beta(\boldsymbol{z}, \boldsymbol{w}) + \alpha(\boldsymbol{z}, \boldsymbol{w})\beta(\boldsymbol{x}, \boldsymbol{y})\right\}$$

と定めると，$\alpha \odot \beta$ は $\mathrm{S}^2(\wedge^2\mathbb{V})$ の元とみなせる．

$\mathrm{S}^2(\wedge^2\mathbb{V})$ の元は $\{\alpha \odot \beta \mid \alpha, \beta \in \mathrm{A}^2(\mathbb{V})\}$ の元の有限個の線型結合で表せることを確かめてほしい．$\alpha \odot \beta \in \mathrm{T}^0_4(\mathbb{V})$ とみたときの成分表示は

$$\alpha \odot \beta = \sum_{i,j,k,l=1}^{n} (\alpha \odot \beta)_{ijkl}\, \sigma^i \otimes \sigma^j \otimes \sigma^k \otimes \sigma^l \otimes,$$

$$(\alpha \odot \beta)_{ijkl} = \frac{1}{2}(\alpha_{ij}\beta_{kl} + \alpha_{kl}\beta_{ij})$$

である．

$\alpha = \displaystyle\sum_{i<j} \alpha_{ij}\sigma^i \wedge \sigma^j$，$\beta = \displaystyle\sum_{i<j} \beta_{kl}\sigma^k \wedge \sigma^l$ に対し

$$\begin{aligned}3!(b(\alpha\odot\beta))_{ijkl} =&\alpha_{ij}\beta_{kl}+\alpha_{kl}\beta_{ij}+\alpha_{jk}\beta_{il}+\alpha_{il}\beta_{jk}+\alpha_{ki}\beta_{jl}+\alpha_{jl}\beta_{ki}\\ =&\alpha_{ij}\beta_{kl}-\alpha_{ik}\beta_{jl}+\alpha_{il}\beta_{jk}+\alpha_{jk}\beta_{il}-\alpha_{jl}\beta_{ik}+\alpha_{kl}\beta_{ij}\\ =&(\alpha\wedge\beta)_{ijkl}\end{aligned}$$

であるから

$$b(\alpha\odot\beta)=\frac{1}{3!}\alpha\wedge\beta$$

であることがわかる．このことから b の像 $b(\mathrm{S}^2(\wedge^2\mathbb{V}))$ が $\mathrm{A}^4(\mathbb{V})$ であることを確かめてほしい．b は $\mathrm{A}^4(\mathbb{V})$ 上では恒等変換であるから，線型部分空間 b は $\mathrm{A}^4(\mathbb{V})\subset\mathrm{S}^2(\wedge^2\mathbb{V})$ に沿う射影子である．したがって直和分解

$$\mathrm{S}^2(\wedge^2\mathbb{V})=\mathrm{Ker}\,b\oplus\mathrm{A}^4(\mathbb{V})$$

が得られた．

定理 6.2 n 次元実スカラー積空間 $(n\geq 4)$ の曲率型テンソル全体のなす線型空間の次元は $n^2(n^2-1)/12$ である．

【証明】 直和分解 $\dim\mathrm{Curv}(\mathbb{V})=\dim\mathrm{S}^2(\wedge^2\mathbb{V})-\dim\mathrm{A}^4(\mathbb{V})$ より

$$\dim\mathrm{Ker}(b)=\frac{n(n-1)(n^2-n+2)}{8}-{}_n\mathrm{C}_4=\frac{n^2(n^2-1)}{12}.$$

■

この節では $n\leq 3$ の場合を先に調べておく．$n>3$ の場合は次の節で取り扱う．ここでクルカルニ-野水積 [101, 102, 109, 110] を定義する[*4]．

[*4] この名称は Besse の教科書 [71] で採用され定着したように思われる．同じ操作は，Kulkarni と野水の論文以前の研究論文にも登場していた (Calabi, de Rham). Kühnel [100] によれば，Ricci calculus において double transvection とよばれていたという [120]．曲率型テンソルの研究における有用性を明確にしたのは Kulkarni と野水であるといえるだろう．

定義 6.6 (クルカルニ-野水積) $\mathsf{h}, \mathsf{k} \in \mathrm{S}^2(\mathbb{V})$ に対し

$$(\mathsf{h} \owedge \mathsf{k})(\boldsymbol{x},\boldsymbol{y},\boldsymbol{z},\boldsymbol{w}) = -\mathsf{h}(\boldsymbol{x},\boldsymbol{z})\mathsf{k}(\boldsymbol{y},\boldsymbol{w}) - \mathsf{h}(\boldsymbol{y},\boldsymbol{w})\mathsf{k}(\boldsymbol{x},\boldsymbol{z}) + \mathsf{h}(\boldsymbol{x},\boldsymbol{w})\mathsf{k}(\boldsymbol{y},\boldsymbol{z}) + \mathsf{h}(\boldsymbol{y},\boldsymbol{z})\mathsf{k}(\boldsymbol{x},\boldsymbol{w})$$

で定め h と k の**クルカルニ-野水積** (Kulkarni-Nomizu product) とよぶ.

$$(\mathsf{h} \owedge \mathsf{k})(\boldsymbol{x},\boldsymbol{y},\boldsymbol{z},\boldsymbol{w}) = -\begin{vmatrix} \mathsf{h}(\boldsymbol{x},\boldsymbol{z}) & \mathsf{k}(\boldsymbol{y},\boldsymbol{z}) \\ \mathsf{h}(\boldsymbol{x},\boldsymbol{w}) & \mathsf{k}(\boldsymbol{y},\boldsymbol{w}) \end{vmatrix} - \begin{vmatrix} \mathsf{k}(\boldsymbol{x},\boldsymbol{z}) & \mathsf{h}(\boldsymbol{y},\boldsymbol{z}) \\ \mathsf{k}(\boldsymbol{x},\boldsymbol{w}) & \mathsf{h}(\boldsymbol{y},\boldsymbol{w}) \end{vmatrix}$$

と書き直せる. $\mathsf{h} \owedge \mathsf{k} = \mathsf{k} \owedge \mathsf{h}$ をみたしている. とくに $\mathsf{h} \owedge \mathsf{k}$ は共変形の曲率型テンソルである. $\mathbb{V}$ のスカラー積を g と書き換えて $\mathsf{g} \owedge \mathsf{g}$ を計算すると

$$(\mathsf{g} \owedge \mathsf{g})(\boldsymbol{x},\boldsymbol{y},\boldsymbol{z},\boldsymbol{w}) = \mathsf{g}(2(\boldsymbol{x} \wedge \boldsymbol{y})\boldsymbol{z},\boldsymbol{w})$$

が成り立つことから $\mathsf{g} \owedge \mathsf{g}$ は $2R_1$ の共変形であることがわかる.

註 6.14 流儀 (6.4) を採用する場合は,

$$(\mathsf{h} \owedge \mathsf{k})(\boldsymbol{x},\boldsymbol{y},\boldsymbol{z},\boldsymbol{w}) = \begin{vmatrix} \mathsf{h}(\boldsymbol{x},\boldsymbol{z}) & \mathsf{k}(\boldsymbol{y},\boldsymbol{z}) \\ \mathsf{h}(\boldsymbol{x},\boldsymbol{w}) & \mathsf{k}(\boldsymbol{y},\boldsymbol{w}) \end{vmatrix} + \begin{vmatrix} \mathsf{k}(\boldsymbol{x},\boldsymbol{z}) & \mathsf{h}(\boldsymbol{y},\boldsymbol{z}) \\ \mathsf{k}(\boldsymbol{x},\boldsymbol{w}) & \mathsf{h}(\boldsymbol{y},\boldsymbol{w}) \end{vmatrix}$$

を $\owedge$ の定義とし, どちらの流儀でも $\mathsf{g} \owedge \mathsf{g} = 2R_1$ が成り立つようにする. 文献によっては $\mathsf{g} \owedge \mathsf{g} = \mathsf{g}(R_1, \cdot)$ となる定義を採用している.

$\wedge^2\mathbb{V}$ のスカラー積は $\mathsf{g} \owedge \mathsf{g}$ と結びついている.

$$\langle \boldsymbol{x}\wedge\boldsymbol{y}, \boldsymbol{z}\wedge\boldsymbol{w} \rangle = \det \begin{pmatrix} \langle \boldsymbol{x},\boldsymbol{z} \rangle & \langle \boldsymbol{x},\boldsymbol{w} \rangle \\ \langle \boldsymbol{y},\boldsymbol{z} \rangle & \langle \boldsymbol{y},\boldsymbol{w} \rangle \end{pmatrix} = -\frac{1}{2}(\mathsf{g} \owedge \mathsf{g})(\boldsymbol{x},\boldsymbol{y},\boldsymbol{z},\boldsymbol{w}). \quad (6.8)$$

命題 6.4 $\dim \mathbb{V} = 2$ のとき $\mathrm{S}^2(\mathbb{V}) = \mathbb{R}(\mathsf{g} \owedge \mathsf{g})$ が成り立つ. すなわち $\mathcal{R}(\mathbb{V}) = \{R_c \mid c \in \mathbb{R}\}$.

【証明】 $n = 2$ のとき $\mathrm{S}^2(\wedge^2\mathbb{V})$ は $(\sigma^1 \wedge \sigma^2) \odot (\sigma^1 \wedge \sigma^2)$ で張られるから 1 次元である. さらに

$$(\sigma^1 \wedge \sigma^2) \odot (\sigma^1 \wedge \sigma^2)(\boldsymbol{x},\boldsymbol{y},\boldsymbol{z},\boldsymbol{w}) = -\frac{1}{2}(\mathsf{g} \wedge \mathsf{g})(\boldsymbol{x},\boldsymbol{y},\boldsymbol{z},\boldsymbol{w})$$

であることが両辺を計算して比較することで確かめられる. ■

$n>2$ のときは $\mathsf{g} \owedge \mathsf{g}$ と線型独立な共変形曲率型テンソルが存在するだろう.

$\mathsf{h} \owedge \mathsf{k}$ のリッチテンソルを計算すると

$$\begin{aligned}\mathrm{Ric}[\mathsf{h} \owedge \mathsf{k}](\boldsymbol{x},\boldsymbol{y}) = \ & (\mathrm{tr}\,\mathsf{k})\mathsf{h}(\boldsymbol{x},\boldsymbol{y}) + (\mathrm{tr}\,\mathsf{h})\mathsf{k}(\boldsymbol{x},\boldsymbol{y}) \\ & - \mathcal{C}_{14}(\mathsf{h}\otimes\mathsf{k})(\boldsymbol{x},\boldsymbol{y}) - \mathcal{C}_{14}(\mathsf{k}\otimes\mathsf{h})(\boldsymbol{x},\boldsymbol{y})\end{aligned}$$

である. とくに

$$\mathrm{Ric}[\mathsf{h} \owedge \mathsf{g}] = (n-2)\mathsf{h} + (\mathrm{tr}\,\mathsf{h})\mathsf{g}, \quad \mathrm{Ric}[\mathsf{g} \owedge \mathsf{g}] = 2(n-1)\mathsf{g} \tag{6.9}$$

を得る.

例 6.2 (2 次元) $\mathbb{V}$ が 2 次元のとき, $L \in \mathcal{R}(\mathbb{V})$ は $L = R_c$ と表される. その共変形 $L^\blacktriangledown$ は $L^\blacktriangledown(\boldsymbol{x},\boldsymbol{y},\boldsymbol{z},\boldsymbol{w}) = \langle L(\boldsymbol{x},\boldsymbol{y})\boldsymbol{z},\boldsymbol{w}\rangle = \frac{c}{2}\mathsf{g} \owedge \mathsf{g}$ で与えられるから $\mathrm{Ric}_L = \mathrm{Ric}[T] = c\mathsf{g}$ である. ゆえに $\rho_L = 2c$. したがって $\rho_L = 2K(\mathbb{V})$.

さて, ここで

$$\mathsf{g} \owedge \mathrm{S}^2(\mathbb{V}) = \{\mathsf{g} \owedge \mathsf{h} \mid \mathsf{h} \in \mathrm{S}^2(\mathbb{V})\}, \quad \mathsf{g} \owedge \mathrm{S}^2_0(\mathbb{V}) = \{\mathsf{g} \owedge \mathsf{h} \mid \mathsf{h} \in \mathrm{S}^2_0(\mathbb{V})\}$$

とおこう.

命題 6.5 $n>2$ のとき

$$\mathsf{g}\owedge : \mathrm{S}^2(\mathbb{V}) \to \mathsf{g} \owedge \mathrm{S}^2(\mathbb{V}); \quad \mathsf{h} \longmapsto \mathsf{g} \owedge \mathsf{h}$$

は線型同型である. リッチ縮約は $\mathsf{g} \owedge \mathrm{S}^2(\mathbb{V})$ から $\mathrm{S}^2(\mathbb{V})$ への線型同型である.

【証明】 $n>2$ のとき線型写像 $\mathcal{F} : \mathsf{g} \owedge \mathrm{S}^2(\mathbb{V}) \to \mathrm{S}^2(\mathbb{V})$ を

$$\mathcal{F}(\mathsf{g} \owedge T) = \frac{1}{n-2}\left(\mathrm{Ric}[\mathsf{g} \owedge T] - (\mathrm{tr}\,T)\,\mathsf{g}\right)$$

で定めると $\mathcal{F}(\mathsf{g} \owedge T) = T$ が成り立つ．したがって $\mathcal{F}$ は $T \longmapsto \mathsf{g} \owedge T$ の逆写像である．

$\mathrm{Ric} : \mathsf{g} \owedge \mathrm{S}^2(\mathbb{V}) \to \mathrm{S}^2(\mathbb{V})$ に対し $\mathrm{Ric}[\mathsf{g} \owedge T] = 0$ を仮定する．

次に $\mathrm{Ric}[\mathsf{g} \owedge T] = (n-2)T + (\mathrm{tr}\,T)\mathsf{g}$ より $(n-2)T + (\mathrm{tr}\,T)\mathsf{g} = 0$ の両辺で固有和をとれば $2(n-1)\mathrm{tr}\,T = 0$ を得る．したがって $(n-2)T = 0$ が導けた．$n > 2$ より $T = 0$ を得る．$\mathcal{G} : \mathrm{S}^2(\mathbb{V}) \to \mathsf{g} \owedge \mathrm{S}^2(\mathbb{V})$ を

$$\mathcal{G}(\mathsf{h}) = \frac{1}{n-2}\mathsf{g} \owedge \left(\mathsf{h} - \frac{\mathrm{tr}\,\mathsf{h}}{2(n-1)}\mathsf{g}\right) \tag{6.10}$$

と定めると $\mathrm{Ric}[\mathcal{G}(\mathsf{h})] = \mathsf{h}$ が成り立つ．■

註 6.15　ユークリッド線型空間のとき $\mathrm{S}^2(\mathbb{V})$ の内積 $(\cdot|\cdot)$ を用いると[*5]

$$\|\mathsf{g} \owedge T\|^2 = 4(n-2)\|T\|^2 + 4\,(\mathrm{tr}\,T)^2$$

が得られるので，ここから $T = 0$ を示せる．

命題 6.6 $\dim \mathbb{V} = 3$ のとき $n = 3$ のとき

$$\dim \mathrm{S}^2(\wedge^2\mathbb{V}) = \dim \mathrm{Curv}(\mathbb{V}) = 6$$

が成り立つから命題 6.5 より $\mathrm{Curv}(\mathbb{V}) = \mathsf{g} \owedge \dim \mathrm{S}^2(\mathbb{V})$ を得る．$\mathrm{S}^2(\mathbb{V}) = \mathrm{S}^2_0(\mathbb{V}) \oplus \mathbb{R}\mathsf{g}$ と分解して，$\mathrm{S}^2(\wedge^2\mathbb{V}) = \mathbb{R}(\mathsf{g} \owedge \mathsf{g}) \oplus \mathsf{g} \owedge \mathrm{S}^2_0(\mathbb{V})$ である．以上より

$$\mathrm{Curv}(\mathbb{V}) = \mathbb{R}(\mathsf{g} \owedge \mathsf{g}) \oplus \mathsf{g} \owedge \mathrm{S}^2_0(\mathbb{V})$$

が得られた．

$\mathrm{Curv}(\mathbb{V})$ と $\mathrm{S}^2(\mathbb{V})$ にスカラー積を与えよう．後者については $\mathrm{T}^0_2(\mathbb{V})$ のスカラー積を $\mathrm{S}^2(\mathbb{V})$ に制限したものをそのまま使うことにする．復習しておくと，まずスカラー積 g を基底 $\mathcal{E}$ に関して

$$\mathsf{g} = \sum_{i,j=1}^{n} g_{ij}\sigma^i \odot \sigma^j$$

[*5] 後述の (6.11) 参照．

と表す．$\Sigma = \{\sigma^1, \sigma^2, \ldots, \sigma^n\}$ は（いつものように）$\mathcal{E}$ の双対基底である．

$$\mathsf{h} = \sum_{i,j=1}^{n} h_{ij}\sigma^i \odot \sigma^j, \quad \mathsf{f} = \sum_{k,l=1}^{n} f_{kl}\sigma^k \odot \sigma^l$$

に対し

$$\langle \mathsf{h}, \mathsf{f} \rangle = \sum_{i,j,k,l=1}^{n} g^{ik} g^{jl} h_{ij} f_{kl} \tag{6.11}$$

と定める．とくに

$$\langle \mathsf{h}, \mathsf{g} \rangle = \sum_{i,j,k,l=1}^{n} g^{ij} h_{ij} = \mathrm{tr}\, \mathsf{h}.$$

次に

$$T = \sum_{i<j,k<l} T_{ijkl}(\sigma^i \wedge \sigma^j) \odot (\sigma^k \wedge \sigma^l) = \frac{1}{2!2!} \sum_{i,j,k,l} T_{ijkl}(\sigma^i \wedge \sigma^j) \odot (\sigma^k \wedge \sigma^l),$$
$$F = \sum_{i<j,k<l} F_{ijkl}(\sigma^i \wedge \sigma^j) \odot (\sigma^k \wedge \sigma^l) = \frac{1}{2!2!} \sum_{i,j,k,l} F_{ijkl}(\sigma^i \wedge \sigma^j) \odot (\sigma^k \wedge \sigma^l)$$

に対しスカラー積 $\langle T, F \rangle$ を定める方法はいろいろある．リッチテンソルのような交代的でないテンソルも同時に扱わねばならないことから，共変テンソルをすべて平等にあつかうことにして

$$\langle T, F \rangle = \sum_{i_1,i_2,i_3,i_4,j_1,j_2,j_3,j_4=1}^{n} g^{i_1 j_1} g^{i_2 j_2} g^{i_3 j_3} g^{i_4 j_4} T_{i_1 i_2 i_3 i_4} F_{j_1 j_2 j_3 j_4}$$

とする方式も考えられる．一方，たとえば T と F の交代性を勘案して

$$\langle T, F \rangle = \frac{1}{(2!)^2} \sum_{i_1,i_2,i_3,i_4,j_1,j_2,j_3,j_4=1}^{n} g^{i_1 j_1} g^{i_2 j_2} g^{i_3 j_3} g^{i_4 j_4} T_{i_1 i_2 i_3 i_4} F_{j_1 j_2 j_3 j_4} \tag{6.12}$$

と定めることが思いつく．以下，このスカラー積を用いることにする ([71]).

命題 6.7 $T \in \mathrm{Curv}(\mathbb{V})$, $\mathsf{f} \in \mathrm{S}^2(\mathbb{V})$ とすると

$$\langle T, \mathsf{g} \owedge \mathsf{f} \rangle = \langle \mathrm{Ric}[T], \mathsf{f} \rangle. \tag{6.13}$$

が成り立つ.

【証明】

$$\mathrm{Ric}[T]_{ij} = \sum_{k,l=1}^{n} g^{kl} T_{kijl}$$

であることを利用する. 次に

$$(\mathsf{g} \owedge \mathsf{f})_{j_1 j_2 j_3 j_4} = -g_{j_1 j_3} f_{j_2 j_4} - g_{j_2 j_4} f_{j_1 j_3} + g_{j_1 j_4} f_{j_2 j_3} + g_{j_2 j_3} f_{j_1 j_4}$$

である.

$$\begin{aligned}
& \sum g^{i_1 j_1} g^{i_2 j_2} g^{i_3 j_3} g^{i_4 j_4}\, T_{i_1 i_2 i_3 i_4}\, (\mathsf{g} \owedge \mathsf{f})_{j_1 j_2 j_3 j_4} \\
= \quad & \sum g^{i_1 j_1} g^{i_2 j_2} g^{i_3 j_3} g^{i_4 j_4} T_{i_1 i_2 i_3 i_4} (-g_{j_1 j_3} f_{j_2 j_4} - g_{j_2 j_4} f_{j_1 j_3}) \\
& + \sum g^{i_1 j_1} g^{i_2 j_2} g^{i_3 j_3} g^{i_4 j_4} T_{i_1 i_2 i_3 i_4} (g_{j_1 j_4} f_{j_2 j_3} + g_{j_2 j_3} f_{j_1 j_4})
\end{aligned}$$

を計算しよう.

$$\begin{aligned}
& \sum g^{i_1 j_1} g^{i_2 j_2} g^{i_3 j_3} g^{i_4 j_4} T_{i_1 i_2 i_3 i_4}\, g_{j_1 j_3} f_{j_2 j_4} \\
&= \sum \Big(\sum_{j_3} g^{i_3 j_3} g_{j_1 j_3} \Big) g^{i_1 j_1} g^{i_2 j_2} g^{i_4 j_4}\, T_{i_1 i_2 i_3 i_4} f_{j_2 j_4} \\
&= \sum \Big(\sum_{j_3} \delta_{j_1}^{\ i_3} g^{i_1 j_1} \Big) g^{i_2 j_2} g^{i_4 j_4}\, T_{i_1 i_2 i_3 i_4} f_{j_2 j_4} \\
&= \sum g^{i_2 j_2} g^{i_4 j_4} \Big(\sum_{i_1, i_3} g^{i_1 i_3} T_{i_1 i_2 i_3 i_4} \Big) f_{j_2 j_4} \\
&= -\sum g^{i_2 j_2} g^{i_4 j_4} \Big(\sum_{i_1, i_3} g^{i_1 i_3} T_{i_1 i_2 i_4 i_3} \Big) f_{j_2 j_4} \\
&= -\sum g^{i_2 j_2} g^{i_4 j_4} (\mathrm{Ric}[T]_{i_2 i_4}) f_{j_2 j_4} = -\langle \mathrm{Ric}[T], \mathsf{f} \rangle
\end{aligned}$$

と計算される．同様の計算を他の項でも行えて $\langle T, \mathrm{g} \owedge \mathrm{f}\rangle = \langle \mathrm{Ric}[T], \mathrm{f}\rangle$ を得る． ■

6.5 直交分解

実スカラー積空間 $\mathbb{V}$ の共変型曲率型テンソル全体のなす線型空間 $\mathrm{Curv}(\mathbb{V})$ を直交分解してみよう．$n = 2$ のとき $\mathrm{Curv}(\mathbb{V}) = \mathbb{R}(\mathrm{g} \owedge \mathrm{g})$ であった．そこで $(\mathbb{R}(\mathrm{g} \owedge \mathrm{g}))^{\perp}$ を調べてみよう．等式 (6.13) より

$$
\begin{aligned}
\langle T, \mathrm{g} \owedge \mathrm{g}\rangle =& \langle \mathrm{Ric}[T], \mathrm{g}\rangle = \sum_{i,j,k,l=1}^{n} g^{ik} g^{jl} \mathrm{Ric}[T]_{ij} g_{kl} \\
&= \sum_{i,j,k,l=1}^{n} (g^{ik} g_{kl}) g^{jl} \mathrm{Ric}[T]_{ij} = \sum_{i,j,l=1}^{n} ({\delta_l}^i g^{jl}) \mathrm{Ric}[T]_{ij} \\
&= \sum_{i,j=1}^{n} g^{ji} \mathrm{Ric}[T]_{ij} = \rho[T]
\end{aligned}
$$

と計算されるので

$$
(\mathbb{R}(\mathrm{g} \owedge \mathrm{g}))^{\perp} = \{T \in \mathrm{Curv}(\mathbb{V}) \mid \rho[T] = 0\}
$$

を得る．$\mathbb{R}(\mathrm{g} \owedge \mathrm{g})$ は $\mathrm{Curv}(\mathbb{V})$ の非退化部分空間であるから（確かめよ），直交直和分解

$$
\mathrm{Curv}(\mathbb{V}) = \mathbb{R}(\mathrm{g} \owedge \mathrm{g}) \oplus \{T \in \mathrm{Curv}(\mathbb{V}) \mid \rho[T] = 0\}
$$

が得られた．

$$
\mathrm{Curv}_W(\mathbb{V}) = \{T \in \mathrm{Curv}(\mathbb{V}) \mid \mathrm{Ric}[T] = 0\}
$$

は $\{T \in \mathrm{Curv}(\mathbb{V}) \mid \rho[T] = 0\}$ の線型部分空間である．そこで $\mathrm{Curv}_W(\mathbb{V})^{\perp}$ を調べよう．ここで $\perp$ は $\{T \in \mathrm{Curv}(\mathbb{V}) \mid \rho[T] = 0\}$ のなかで考えることに注意．

$\mathbb{V}$ が3次元のとき

$$\mathrm{Curv}(\mathbb{V}) = \mathbb{R}(\mathsf{g} \owedge \mathsf{g}) \oplus \mathsf{g} \owedge \mathrm{S}^2_0(\mathbb{V})$$

であったことを思い出そう．この結果から $\dim \mathbb{V} > 3$ の場合でも $\mathsf{g} \owedge \mathrm{S}^2_0(\mathbb{V})$ を詳しく調べるべきということがいえる．$\mathsf{h} \in \mathrm{S}^2_0(\mathbb{V})$ に対し

$$\rho[\mathsf{g} \owedge \mathsf{h}] = \mathrm{trRic}[\mathsf{g} \owedge \mathsf{h}] = (n-2)\mathrm{tr}\,\mathsf{h} = 0$$

であるから $\mathsf{g} \owedge \mathrm{S}^2_0(\mathbb{V})$ は $\{T \in \mathrm{Curv}(\mathbb{V}) \mid \rho[T] = 0\}$ の線型部分空間である．$\dim \mathbb{V} = 3$ のときは一致しているが，$\dim \mathbb{V} > 3$ のときは当然，ずれがあるから，そのずれを把握したい．そこで $T \in \mathrm{Curv}(\mathbb{V})$ に対し

$$T = T_W + \mathsf{g} \owedge \mathsf{h}, \quad \mathrm{Ric}[T_W] = 0, \quad \mathsf{h} \in \mathrm{S}^2(\mathbb{V})$$

という分解ができると仮定して h を決めてみよう．$\mathrm{Ric}[T_W] = 0$ と仮定したから

$$\mathrm{Ric}[T] = \mathrm{Ric}[\mathsf{g} \owedge \mathsf{h}] = (n-2)\mathsf{h} + (\mathrm{tr}\,\mathsf{h})\mathsf{g}.$$

両辺の固有和を計算すると

$$\rho[T] = (n-2)\mathrm{tr}\,\mathsf{h} + n\,\mathrm{tr}\,\mathsf{h} = 2(n-1)\mathrm{tr}\,\mathsf{h}$$

だから h は $\mathrm{tr}\,\mathsf{h} = \rho[T]/\{2(n-1)\}$ をみたすように選ばないといけない．スカラー曲率 $\rho[T]$ が出てくるのだから h は $\mathrm{Ric}[T]$ を使って表せるはず．安直な思いつきは $\mathsf{h} = \mathrm{Ric}[T]/\{2(n-1)\}$ と選ぶことであるが，このように選んで $\mathrm{Ric}[T] = (n-2)\mathsf{h} + (\mathrm{tr}\,\mathsf{h})\mathsf{g}$ に代入すると

$$\mathrm{Ric}[T] = \frac{n-2}{2(n-1)}\mathrm{Ric}[T] + \frac{\rho[T]}{2(n-1)}\mathsf{g}$$

となり

$$\mathrm{Ric}[T] = \frac{(n-2)\rho[T]}{n(n-1)}\mathsf{g}$$

と T に制約がついてしまう．そこで g を使って

$$\mathsf{h} = \lambda(\mathsf{Ric}[T] - \mu\,\mathrm{g}), \quad \lambda, \mu \in \mathbb{R}$$

とおいてみる．これを $\mathrm{Ric}[T] = (n-2)\mathsf{h} + (\mathrm{tr}\,\mathsf{h})\mathrm{g}$ に代入すると

$$\mathrm{Ric}[T] = \lambda(n-2)\mathrm{Ric}[T] + \lambda(\rho[T] - 2(n-1)\mu)\mathrm{g}$$

を得る．そこで

$$\lambda = \frac{1}{n-2}, \quad \mu = \frac{\rho[T]}{2(n-1)}$$

と選んでみよう．

定義 6.7 $T \in \mathrm{Curv}(\mathbb{V})$ に対し

$$\mathrm{Sch}[T] = \frac{1}{n-2}\left(\mathrm{Ric}[T] - \frac{\rho[T]}{2(n-1)}\mathrm{g}\right) \in \mathrm{S}^2(\mathbb{V})$$

と定め，T の**スカウテンテンソル**（Schouten tensor）とよぶ[*6]．

これを用いて

$$T_W = T - \mathrm{g} \owedge \mathrm{Sch}[T]$$

とおき T の**ワイル部分**（Weyl part）とよぶ．定義から $\mathrm{Ric}[T_W] = 0$ である．

スカウテンテンソルの trace free 部分 $\mathrm{Sch}_0[T]$ を計算すると

$$\mathrm{Sch}_0[T] = \frac{1}{n-2}\mathrm{Ric}_0[T]$$

であるから

$$\mathrm{Sch}[T] = \frac{1}{n-2}\mathrm{Ric}_0[T] + \frac{\rho[T]}{2n(n-1)}\mathrm{g}$$

と分解される．すると T は

$$T = T_W + \frac{1}{n-2}\mathrm{g} \owedge \mathrm{Ric}_0[T] + \frac{\rho[T]}{2n(n-1)}\mathrm{g} \owedge \mathrm{g} \tag{6.14}$$

[*6] スハウテン (Jan Arnoldus Schouten, 1883–1971).

と分解できた．以上のことから直和分解

$$\mathrm{Curv}(\mathbb{V}) = \mathbb{R}(\mathrm{g} \owedge \mathrm{g}) \oplus \mathrm{g} \owedge \mathrm{S}^2_0(\mathbb{V}) \oplus \mathrm{Ker}\,\mathcal{C}_{14} \tag{6.15}$$

が得られる（詳細を確かめよ）．$\dim \mathbb{V} = 3$ のときは $\mathrm{Ker}\,\mathcal{C}_{14} = \{0\}$ となるからつねに $T_W = 0$ が成り立つ．(6.10) で与えた $\mathcal{G}$ は線型同型になることを注意しておこう．

$T_W = 0$ を書き換えると

$$T = \frac{\rho[T]}{12}\mathrm{g} \owedge \mathrm{g} + \mathrm{g} \owedge \left(\mathrm{Ric}[T] - \frac{\rho[T]}{3}\mathrm{g}\right)$$

と表せることがわかる．したがって T に対応する曲率型テンソル $L \in \mathrm{T}^0_3(\mathbb{V};\mathbb{V})$ は

$$\begin{aligned} L(\boldsymbol{x},\boldsymbol{y})\boldsymbol{z} = \ & \mathrm{Ric}_L(\boldsymbol{y},\boldsymbol{z})\boldsymbol{x} - \mathrm{Ric}_L(\boldsymbol{z},\boldsymbol{x})\boldsymbol{y} \\ & + \langle \boldsymbol{y},\boldsymbol{z}\rangle S_L(\boldsymbol{x}) - \langle \boldsymbol{z},\boldsymbol{x}\rangle S_L(\boldsymbol{y}) - \frac{\rho_L}{2}(\boldsymbol{x} \wedge \boldsymbol{y})\boldsymbol{z} \end{aligned}$$

と表示できる．式 (6.1) を用いると

$$L = L_{S_L,\mathrm{Id}} - \frac{\rho_L}{4}L_{\mathrm{Id},\mathrm{Id}} = L_{\mathrm{Id},S_L} - \frac{\rho_L}{4}L_{\mathrm{Id},\mathrm{Id}} \tag{6.16}$$

と表せることを注意しておこう．とくに次のことがいえる．

命題 6.8 3 次元スカラー積空間において $T \in \mathrm{Curv}(\mathbb{V})$ に対し $T = 0 \iff \mathrm{Ric}[T] = 0$.

この命題は $\dim M > 3$ のときは成り立たない．

命題 6.9 $\dim \mathbb{V} = 3$ のとき，$\mathrm{Ric}[T] = \lambda \mathrm{g}$ となる実数 λ が存在することと T が定曲率であることは同値である．

【証明】 $T \in \mathrm{Curv}(\mathbb{V})$ に対応する曲率型テンソルを $L = T^{\blacktriangle}$ とする．L が定曲率 c であるとは $L = cR_1$ ということであったから $T = (c/2)\mathrm{g} \owedge \mathrm{g}$.

定理 6.1 より $\mathrm{Ric}[T] = \mathrm{Ric}_L = 2c\mathsf{g}$ である $(\lambda = 2c)$．また $\rho[T] = 6c$ である．

逆に $\mathrm{Ric}[T] = \lambda\mathsf{g}$ を仮定すると，$\lambda = \rho[T]/3$ と決まってしまう．$L = T^{\blacktriangle}$ に対し $S_L = \rho[T]\mathrm{Id}/3$ であるから (6.16) より

$$L = L_{S_L,\mathrm{Id}} = \frac{\rho[T]}{3} L_{\mathrm{Id},\mathrm{Id}} - \frac{\rho[T]}{4} L_{\mathrm{Id},\mathrm{Id}} = \frac{\rho[T]}{12} L_{\mathrm{Id},\mathrm{Id}} = \frac{\rho[T]}{6} R_1$$

だから L は定曲率 $c = \rho[T]/6$ である．これは $\rho[T] = 6c$ と整合している．
■

定理 6.3 実スカラー積空間 $\mathbb{V}$ $(\dim\mathbb{V} > 2)$ の共変形曲率型テンソルのなす線型空間は以下のように直交直和分解される．

$$\mathrm{Curv}(\mathbb{V}) = \mathbb{R}(\mathsf{g} \owedge \mathsf{g}) \oplus \mathrm{S}^2_0(\mathbb{V}) \owedge \mathsf{g} \oplus \mathrm{Ker}(\mathcal{C}_{14}).$$

【証明】 この直和分解が直交直和であることを確かめればよい．$\mathsf{h} \in \mathrm{S}^2_0(\mathbb{V})$ に対し (6.13) より

$$\langle \mathsf{g} \owedge \mathsf{g}, \mathsf{g} \owedge \mathsf{h} \rangle = \langle \mathrm{Ric}[\mathsf{g} \owedge \mathsf{g}], \mathsf{h} \rangle = 2(n-1)\langle \mathsf{g}, \mathsf{h} \rangle = 2(n-1)\,\mathrm{tr}\,\mathsf{h} = 0.$$

$W \in \mathrm{Ker}(\mathcal{C}_{14})$ に対し

$$\langle W, \mathsf{g} \owedge \mathsf{g} \rangle = \langle \mathrm{Ric}[W], \mathsf{g} \rangle = 0.$$

$\mathsf{h} \in \mathrm{S}^2_0(\mathbb{V})$ と $W \in \mathrm{Ker}(\mathcal{C}_{14})$ に対し

$$\langle W, \mathsf{g} \owedge \mathsf{h} \rangle = \langle \mathrm{Ric}[W], \mathsf{h} \rangle = 0.$$

以上より，いま扱っている直和分解は直交直和である． ■

ユークリッド線型空間の場合に T のノルムを計算してみよう．分解 (6.14) は直交分解だから $\|T_W\|^2$，$\|\mathsf{g} \owedge \mathrm{Ric}[T]\|^2$，$\|\mathsf{g} \owedge \mathsf{g}\|^2$ を計算すればよい．一般に $\mathsf{h} \in \mathrm{S}^2(\mathbb{V})$ に対し

$$\begin{aligned}\|\mathsf{g} \owedge \mathsf{h}\|^2 =&(\mathsf{g} \owedge \mathsf{h}|\mathsf{g} \owedge \mathsf{h}) = (\mathrm{Ric}[\mathsf{h}] \,|\, \mathsf{h}) = ((n-2)\mathsf{h} + (\mathrm{tr}\, h)\mathsf{g}|\mathsf{h}) \\ =&(n-2)\|\mathsf{h}\|^2 + (\mathrm{tr}\,\mathsf{h})^2\end{aligned}$$

であるから

$$\|\mathsf{g} \owedge \mathrm{Ric}_0[T]\|^2 = (n-2)\|\mathrm{Ric}_0\|^2, \quad \|\mathsf{g} \owedge \mathsf{g}\|^2 = 2n(n-1).$$

ここで

$$\begin{aligned}\|\mathrm{Ric}_0[T]\|^2 =&(\mathrm{Ric}[T] - \rho[T]\mathsf{g}/n \,|\mathrm{Ric}[T] - \rho[T]\mathsf{g}/n) \\ =&\|\mathrm{Ric}[T]\|^2 - \frac{2\rho[T]}{n}(\mathrm{Ric}[T] \,|\, \mathsf{g}) + \frac{\rho[T]^2}{n^2}\|\mathsf{g}\|^2 \\ =&\|\mathrm{Ric}[T]\|^2 - \frac{\rho[T]^2}{n^2}\end{aligned}$$

と計算されるので

$$\|T\|^2 = \|T_W\|^2 + \frac{1}{n-2}\|\mathrm{Ric}[T]\|^2 - \frac{1}{2(n-1)(n-2)}\rho[T]^2$$

が得られた．

曲率型テンソルを $\mathbb{V}$ 値共変 3-形式として取り扱う場合に書き換えよう．まず $\mathbb{R}(\mathsf{g} \owedge \mathsf{g})$ は $\{R_c \,|\, c \in \mathbb{R}\} = \mathbb{R}\, R_1$ に対応する．

問題 6.1 $(\mathbb{R}\, R_1)^\perp = \{L \in \mathcal{R}(\mathbb{V}) \,|\, \langle L, R_1\rangle = 0\} = \{L \in \mathcal{R}(\mathbb{V}) \,|\, \rho_L = 0\}$ を計算で確かめよ．

直交直和分解

$$\mathcal{R}(\mathbb{V}) = \mathbb{R}R_1 \oplus \{L \in \mathcal{R}(\mathbb{V}) \,|\, \rho_L = 0\}$$

において $\mathrm{Ker}\,\mathcal{C}_{14} \subset \mathrm{Curv}(\mathbb{V})$ に対応する線型部分空間を

$$\mathcal{R}_W(\mathbb{V}) = \{L \in \mathcal{R}(\mathbb{V}) \,|\, \mathrm{Ric}_L = 0\}$$

と表記しよう．また $\mathrm{g} \owedge \mathrm{S}_0^2(\mathbb{V})$ に対応する線型部分空間を $\mathcal{R}_W(\mathbb{V})^\perp$ と表記しよう．すると直交直和分解

$$\mathcal{R}(\mathbb{R}) = \mathbb{R}R_1 \oplus \mathcal{R}_W(\mathbb{V})^\perp \oplus \mathcal{R}_W(\mathbb{V})$$

が導ける．この直交直和分解に沿って L を $L = L_1 + L_2 + L_W$,

$$L_1 \in \mathbb{R}R_1, \quad L_2 \in \mathcal{R}_W(\mathbb{V})^\perp, \quad L_W \in \mathcal{R}_W(\mathbb{V}),$$

と分解すると

$$\begin{aligned}
L_1(\boldsymbol{x}, \boldsymbol{y}) = &\ \frac{\rho_L}{n(n-1)}(\boldsymbol{x} \wedge \boldsymbol{y}), \\
L_2(\boldsymbol{x}, \boldsymbol{y}) = &\ \frac{1}{n-2}\left((S_L(\boldsymbol{x}) \wedge \boldsymbol{y}) + (\boldsymbol{x} \wedge S_L(\boldsymbol{y})) - \frac{2\rho_L}{n}(\boldsymbol{x} \wedge \boldsymbol{y})\right), \\
L_W(\boldsymbol{x}, \boldsymbol{y}) = &\ L(\boldsymbol{x}, \boldsymbol{y}) - \frac{1}{n-2}((S_L(\boldsymbol{x}) \wedge \boldsymbol{y}) + (\boldsymbol{x} \wedge S_L(\boldsymbol{y})) \\
&+ \frac{\rho_L}{(n-1)(n-2)}(\boldsymbol{x} \wedge \boldsymbol{y})
\end{aligned}$$

と分解される．L_W を L の**ワイル部分** (Weyl part) という

註 6.16 (双重形式) 共変形曲率型テンソルのもつ性質を一般化して**双重形式** (double form) という概念が導入される ([75, 77])．多重線型形式 $\omega : \mathbb{V}^p \times \mathbb{V}^q \to \mathbb{R}$ が以下の条件をみたすとき (p, q) 型の双重形式とよぶ．

$$\omega(\boldsymbol{x}_1, \boldsymbol{x}_2, \ldots, \boldsymbol{x}_p, \boldsymbol{x}_{p+1}, \boldsymbol{x}_{p+2}, \ldots, \boldsymbol{x}_{p+q})$$

と表記したとき，最初の p 個の変数 $\boldsymbol{x}_1, \boldsymbol{x}_2, \ldots, \boldsymbol{x}_p$ を固定したとき

$$\mathbb{V}^q \ni (\boldsymbol{x}_{p+1}, \boldsymbol{x}_{p+2}, \ldots, \boldsymbol{x}_{p+q}) \longmapsto \omega(\boldsymbol{x}_1, \boldsymbol{x}_2, \ldots, \boldsymbol{x}_p, \boldsymbol{x}_{p+1}, \boldsymbol{x}_{p+2}, \ldots, \boldsymbol{x}_{p+q})$$

は $\mathbb{V}$ の q 次交代形式であり，後の q 個の変数 $\boldsymbol{x}_{p+1}, \boldsymbol{x}_{p+2}, \ldots, \boldsymbol{x}_{p+q})$ を固定したとき

$$\mathbb{V}^p \ni (\boldsymbol{x}_1, \boldsymbol{x}_2, \ldots, \boldsymbol{x}_p) \longmapsto \omega(\boldsymbol{x}_1, \boldsymbol{x}_2, \ldots, \boldsymbol{x}_p, \boldsymbol{x}_{p+1}, \boldsymbol{x}_{p+2}, \ldots, \boldsymbol{x}_{p+q})$$

は $\mathbb{V}$ の p 次交代形式である．定義より (p, q) 型双重形式 ω は

$$\begin{aligned}&\omega(\boldsymbol{x}_1\wedge\boldsymbol{x}_2\wedge\cdots\wedge\boldsymbol{x}_p,\boldsymbol{x}_{p+1}\wedge\boldsymbol{x}_{p+2}\wedge\cdots\wedge\boldsymbol{x}_{p+q})\\=&\omega(\boldsymbol{x}_1,\boldsymbol{x}_2,\ldots,\boldsymbol{x}_p,\boldsymbol{x}_{p+1},\boldsymbol{x}_{p+2},\ldots,\boldsymbol{x}_{p+q})\end{aligned}$$

という解釈で $\omega:\wedge^pV\times\wedge^qV\to\mathbb{K}$ とみなせる．とくに $p=q$ の場合で

$$\omega(\boldsymbol{x}_1,\boldsymbol{x}_2,\ldots,\boldsymbol{x}_p,\boldsymbol{y}_1,\boldsymbol{y}_2,\ldots,\boldsymbol{y}_p)=\omega(\boldsymbol{y}_1,\boldsymbol{y}_2,\ldots,\boldsymbol{y}_p,\boldsymbol{x}_1,\boldsymbol{x}_2,\ldots,\boldsymbol{x}_p)$$

をみたすとき ω は対称であるという．このとき $\omega\in\mathrm{S}^2(\wedge^pV)$ とみなせる．共変形の曲率型テンソル L は，$(2,2)$ 型対称双重形式である．(p,q) 型双重形式 ω と (r,s) 型双重形式 η の外積 $\omega\wedge\eta$ が次のように定義される．

$$\begin{aligned}&(\omega\wedge\eta)(\boldsymbol{x}_1,\boldsymbol{x}_2,\ldots,\boldsymbol{x}_{p+r};\boldsymbol{y}_1,\boldsymbol{y}_2,\ldots,\boldsymbol{y}_{q+s})\\=&\sum_{\rho,\tau}\mathrm{sgn}(\tau)\mathrm{sgn}(\rho)\omega(\boldsymbol{x}_{\rho(1)},\boldsymbol{x}_{\rho(2)},\ldots,\boldsymbol{x}_{\rho(p)},\boldsymbol{y}_{\tau(1)},\boldsymbol{y}_{\tau(2)},\ldots,\boldsymbol{y}_{\tau(q)})\\&\qquad\omega(\boldsymbol{x}_{\rho(p+1)},\boldsymbol{x}_{\rho(p+2)},\ldots,\boldsymbol{x}_{\rho(p+r)},\boldsymbol{y}_{\tau(q+1)},\boldsymbol{y}_{\tau(q+2)},\ldots,\boldsymbol{y}_{\tau(q+r)})\end{aligned}$$

ここで総和は $\rho\in\mathfrak{S}_{p,r}$ および $\tau\in\mathfrak{S}_{q,s}$ に亘る．この定義の下，$\omega\wedge\eta=(-1)^{pq+rs}\eta\wedge\omega$ をみたす．

6.6 4次元幾何学

この節では4次元ユークリッド線型空間 $(\mathbb{V},(\cdot|\cdot))$ を考察する．この節の内容はシンガーとソープ [123] によって得られ，後に，アティア，ヒッチン，シンガーの研究 [70] で活用され，4次元幾何学で重要な役割を演じるようになった．

最初は一般次元の実スカラー積空間 $(\mathbb{V},\langle\cdot,\cdot\rangle)$ で話を始める．（時と場合に応じて）スカラー積を g と書き換える．次のことに注意しよう．$f\in\mathrm{S}^2(\mathbb{V})$ に対し

$$f(\boldsymbol{x},\boldsymbol{y})=\langle F(\boldsymbol{x}),\boldsymbol{y}\rangle$$

で自己共軛線型変換 F が定義できた．$\mathbb{V}$ を $\wedge^2\mathbb{V}$ で置き換えて同じことを試みよう．そのためには $\wedge^2\mathbb{V}$ にスカラー積を定めておかねばならない．4.1節

で採用したスカラー積[*7]:

$$\langle \boldsymbol{x} \wedge \boldsymbol{y}, \boldsymbol{z} \wedge \boldsymbol{w} \rangle = \begin{vmatrix} \langle \boldsymbol{x}, \boldsymbol{z} \rangle & \langle \boldsymbol{y}, \boldsymbol{z} \rangle \\ \langle \boldsymbol{x}, \boldsymbol{w} \rangle & \langle \boldsymbol{y}, \boldsymbol{w} \rangle \end{vmatrix}$$

を用いて $T \in \mathrm{S}^2(\wedge^2 \mathbb{V})$ に対し

$$T(\boldsymbol{x} \wedge \boldsymbol{y}, \boldsymbol{z} \wedge \boldsymbol{w}) = \langle T^{\vartriangle}(\boldsymbol{x} \wedge \boldsymbol{y}), \boldsymbol{z} \wedge \boldsymbol{w} \rangle$$

で自己共軛線型変換 $T^{\vartriangle} \in \mathrm{End}(\wedge^2 \mathbb{V})$ を定める．この節では T と $T^{\vartriangle}$ を記号を変えて記載しているが慣れてきたら $T^{\vartriangle}$ を T と略記してしまおう．

例 6.3　スカラー積 g に対し $(\mathrm{g} \owedge \mathrm{g})^{\vartriangle}$ を求めてみよう．

$$\langle \boldsymbol{x} \wedge \boldsymbol{y}, \boldsymbol{z} \wedge \boldsymbol{w} \rangle = \frac{1}{2}(\mathrm{g} \owedge \mathrm{g})(\boldsymbol{x} \wedge \boldsymbol{y}), \boldsymbol{z} \wedge \boldsymbol{w}) = -\frac{1}{2}\mathrm{g}((\mathrm{g} \owedge \mathrm{g})^{\vartriangle}(\boldsymbol{x} \wedge \boldsymbol{y}), \boldsymbol{z} \wedge \boldsymbol{w})$$

より $\wedge^2 \mathbb{V}$ の恒等変換を $\mathrm{Id}_{\wedge^2 \mathbb{V}}$ とすると $(\mathrm{g} \owedge \mathrm{g})^{\vartriangle} = -2\,\mathrm{Id}_{\wedge^2 \mathbb{V}}$ である．

$\boldsymbol{x}$ と $\boldsymbol{y}$ が線型独立なとき，$\Pi = \mathrm{Span}\{\boldsymbol{x}, \boldsymbol{y}\}$ に対し

$$\langle T^{\vartriangle}(\boldsymbol{x} \wedge \boldsymbol{y}), \boldsymbol{z} \wedge \boldsymbol{w} \rangle = -K(\Pi)\, Q(\boldsymbol{x}, \boldsymbol{y})$$

が成り立つことに注意しよう．曲率型テンソル $L = R_c \in \mathcal{R}(\mathbb{V})$ に対応する共変形曲率型テンソルは $T = (c/2)\mathrm{g} \owedge \mathrm{g}$ であるから

$$T^{\vartriangle} = \frac{c}{2}(\mathrm{g} \owedge \mathrm{g})^{\vartriangle} = -c\,\mathrm{Id}_{\wedge^2 \mathbb{V}}.$$

したがって

$$\langle T^{\vartriangle}(\boldsymbol{x} \wedge \boldsymbol{y}), \boldsymbol{x} \wedge \boldsymbol{y} \rangle = -c \langle \boldsymbol{x} \wedge \boldsymbol{y}, \boldsymbol{x} \wedge \boldsymbol{y} \rangle$$

が成り立つ．

[*7] p. 183 式 (2.20) も参照．

命題 6.10 ユークリッド線型空間 $\mathbb{V}$ の曲率型テンソル $L \in \mathcal{R}(\mathbb{V})$ に対応する共変形曲率型テンソル T に対し次が成り立つ.

$$L \text{ は定曲率 } c < 0 \Longrightarrow T^{\triangle} \text{ は正値自己共軛.}$$

この命題の結果に鑑み次の定義を与える.

定義 6.8 $T \in \mathrm{Curv}(\mathbb{V})$ に対し

$$T(\boldsymbol{x} \wedge \boldsymbol{y}, \boldsymbol{z} \wedge \boldsymbol{w}) = \langle \widehat{T}(\boldsymbol{x} \wedge \boldsymbol{y}), \boldsymbol{w} \wedge \boldsymbol{z} \rangle$$

で定まる自己共軛線型変換 $\widehat{T} = -T^{\triangle} \in \mathrm{End}(\wedge^2\mathbb{V})$ を T に同伴する**曲率作用素** (curvature operator) とよぶ. とくに $\mathbb{V}$ がユークリッド線型空間の場合, $\widehat{T}$ が正値自己共軛であるとき, $\widehat{T}$ は**正値曲率作用素** (positive curvature operator) であるという*8.

流儀 (6.4) では $\widehat{T} = T^{\triangle}$ と定めればよい. リーマン幾何の文献で流儀 (6.4) を採用するものが少なくないのはこれが理由の一つである.

例 6.4 $\widehat{T}$ が正値曲率作用素ならば断面曲率はつねに正であるが, その逆は成り立たない. $\dim \mathbb{V} = 2n > 2$ とし, 複素構造 J とエルミート内積 $(\cdot|\cdot)$ が与えられているとしよう. すなわち

$$(\mathrm{J}\boldsymbol{x}|\mathrm{J}\boldsymbol{y}) = (\boldsymbol{x}|\boldsymbol{y}), \quad (\mathrm{J}\boldsymbol{x}|\boldsymbol{y}) = -(\boldsymbol{x}|\mathrm{J}\boldsymbol{y}) \tag{6.17}$$

をみたしている. 曲率型テンソル

$$L(\boldsymbol{x}, \boldsymbol{y}) = (\boldsymbol{x} \wedge \boldsymbol{y}) + (\mathrm{J}\boldsymbol{x} \wedge \mathrm{J}\boldsymbol{y}) + 2(\boldsymbol{x}, \mathrm{J}\boldsymbol{y})\mathrm{J} \tag{6.18}$$

を考えよう*9.

$$\mathrm{Ric}_L = \frac{n+1}{2}(\cdot|\cdot), \quad \rho_L = n(n+1)c$$

---

*8 $\widehat{T}$ とか $T^{\triangle}$ という記法は一般的なものではない. 本書で説明の都合上, 仮に使っただけである. 通常は $\widehat{T}$ か $T^{\triangle}$ のどちらかを採用することに決めたら T と略記してしまう.

*9 これは複素射影空間の曲率テンソルである.

なのでアインシュタイン条件をみたしている．

$$(L(\boldsymbol{x},\boldsymbol{y})\boldsymbol{z}|\boldsymbol{w}) = -\begin{vmatrix} (\boldsymbol{x}|\boldsymbol{z}) & (\boldsymbol{y}|\boldsymbol{z}) \\ (\boldsymbol{x}|\boldsymbol{w}) & (\boldsymbol{y}|\boldsymbol{w}) \end{vmatrix} - \begin{vmatrix} (\mathrm{J}\boldsymbol{x}|\boldsymbol{z}) & (\mathrm{J}\boldsymbol{y}|\boldsymbol{z}) \\ (\mathrm{J}\boldsymbol{x}|\boldsymbol{w}) & (\mathrm{J}\boldsymbol{y}|\boldsymbol{w}) \end{vmatrix} + 2(\boldsymbol{x}|\mathrm{J}\boldsymbol{y})(\mathrm{J}\boldsymbol{z}|\boldsymbol{w})$$

より

$$(L(\boldsymbol{x},\boldsymbol{y})\boldsymbol{y}|\boldsymbol{x}) = Q(\boldsymbol{x},\boldsymbol{y}) + 3(\boldsymbol{x}|\mathrm{J}\boldsymbol{y})^2$$

と計算されるので $\Pi = \mathrm{Span}\{\boldsymbol{x},\boldsymbol{y}\}$ の断面曲率は

$$K(\Pi) = 1 + \frac{3(\boldsymbol{x}|\mathrm{J}\boldsymbol{y})^2}{Q(\boldsymbol{x},\boldsymbol{y})} \geq 1.$$

とくに $\boldsymbol{y} = \pm \mathrm{J}\boldsymbol{x}$ と選ぶと $K(\Pi) = 4$ である．しかし $\alpha = \boldsymbol{x}\wedge\boldsymbol{y} - \mathrm{J}\boldsymbol{x}\wedge\mathrm{J}\boldsymbol{y}$ に対し $(\widehat{L}(\alpha)|\alpha) = 0$ が成り立つので，$\widehat{L}$ は正値ではない．

註 6.17 曲率型テンソル (6.18) に対し $\alpha = \boldsymbol{x}\wedge\boldsymbol{y} - \mathrm{J}\boldsymbol{x}\wedge\mathrm{J}\boldsymbol{y}$，$\beta = \boldsymbol{x}\wedge\boldsymbol{y} + \mathrm{J}\boldsymbol{x}\wedge\mathrm{J}\boldsymbol{y}$ および $\gamma = \boldsymbol{x}\wedge\mathrm{J}\boldsymbol{x} - \boldsymbol{v}\wedge\mathrm{J}\boldsymbol{y}$ が $\widehat{L}$ の固有ベクトルである．断面曲率は $\wedge^2\mathbb{V}$ の分解可能ベクトルのみを扱っている．一方で α は分解可能ベクトルではないことに注意．

$\mathcal{E} = \{\boldsymbol{e}_1, \boldsymbol{e}_2, \ldots, \boldsymbol{e}_n\}$ を $\mathbb{V}$ の正規直交基底とし，その双対基底を $\Sigma = \{\sigma^1, \sigma^2, \ldots, \sigma^n\}$ とする．$T^\Delta(\boldsymbol{e}_i\wedge\boldsymbol{e}_j)$ の成分表示を与えよう．まず

$$\langle \boldsymbol{e}_i\wedge\boldsymbol{e}_j, \boldsymbol{e}_k\wedge\boldsymbol{e}_l\rangle = \varepsilon_i\varepsilon_j(\delta_{ik}\delta_{jl} - \delta_{jk}\delta_{il})$$

であるから $\{\boldsymbol{e}_i\wedge\boldsymbol{e}_j\}_{i<j}$ は $\wedge^2\mathbb{V}$ の正規直交基底であることを今一度注意しておこう．記述が煩雑になってしまうので以下では**ユークリッド線型空間の場合**を説明しておく．$T^\Delta(\boldsymbol{e}_i\wedge\boldsymbol{e}_j) \in \mathbb{V}$ を正規直交基底 $\{\boldsymbol{e}_k\wedge\boldsymbol{e}_l\}_{k<l}$ で展開しよう．

$$\begin{aligned} T^\Delta(\boldsymbol{e}_i\wedge\boldsymbol{e}_j) &= \sum_{k<l}(T^\Delta(\boldsymbol{e}_i\wedge\boldsymbol{e}_j)\,|\,\boldsymbol{e}_k\wedge\boldsymbol{e}_l)(\boldsymbol{e}_k\wedge\boldsymbol{e}_l) \\ &= \sum_{k<l} T(\boldsymbol{e}_i, \boldsymbol{e}_k, \boldsymbol{e}_k, \boldsymbol{e}_l)(\boldsymbol{e}_k\wedge\boldsymbol{e}_l) \\ &= \sum_{k<l} T_{ijkl}(\boldsymbol{e}_k\wedge\boldsymbol{e}_l) = \frac{1}{2}\sum_{k,l=1}^{n} T_{ijkl}(\boldsymbol{e}_k\wedge\boldsymbol{e}_l) \end{aligned}$$

と表示される．したがって

$$T^{\triangle}(\boldsymbol{x}\wedge\boldsymbol{y})=\frac{1}{2}\sum_{k,l=1}^{n}T_{ijl}x^iy^j(\boldsymbol{e}_k\wedge\boldsymbol{e}_l)$$

と表示できることがわかった．すなわち

$$T^{\triangle}=\frac{1}{2}\sum_{i<j}\sum_{k,l=1}^{n}T_{ijl}(\sigma^i\wedge\sigma^j)\otimes(\boldsymbol{e}_k\wedge\boldsymbol{e}_l).$$

$T,\ F\in\mathrm{Curv}(\mathbb{V})$ に対し

$$(T|F)=\frac{1}{4}\sum_{i,j,k,l=1}^{n}T_{ijkl}F_{ijkl}=\sum_{i<j,k<l}T_{ijkl}F_{ijkl}$$

と定めたから

$$(T|F)=\mathrm{tr}(T^{\triangle}\circ F^{\triangle})=\mathrm{tr}(F^{\triangle}\circ T^{\triangle})$$

が成立していることを確かめてほしい．この関係式はスカラー積でも成立する．

ここから $\mathbb{V}$ は **4 次元**であるとし $\mathcal{E}$ は正の向きであるとしよう．2.7 節で学んだように $\wedge^2\mathbb{V}$ をスター作用素を用いて

$$\wedge^2\mathbb{V}=\wedge^2_+\mathbb{V}\oplus\wedge^2_-\mathbb{V}$$

と固有空間分解する．$\wedge^2_\pm\mathbb{V}$ の正規直交基底 $\{\boldsymbol{e}_1^+,\boldsymbol{e}_2^+,\boldsymbol{e}_3^+\}$，$\{\boldsymbol{e}_1^-,\boldsymbol{e}_2^-,\boldsymbol{e}_3^-\}$ として次のものを選ぼう．

$$\begin{aligned}\boldsymbol{e}_1^\pm&=\frac{1}{\sqrt{2}}(\boldsymbol{e}_1\wedge\boldsymbol{e}_2\pm\boldsymbol{e}_3\wedge\boldsymbol{e}_4),\\ \boldsymbol{e}_2^\pm&=\frac{\pm1}{\sqrt{2}}(\boldsymbol{e}_1\wedge\boldsymbol{e}_3\mp\boldsymbol{e}_4\wedge\boldsymbol{e}_2),\\ \boldsymbol{e}_3^\pm&=\frac{\pm1}{\sqrt{2}}(\boldsymbol{e}_1\wedge\boldsymbol{e}_4\pm\boldsymbol{e}_2\wedge\boldsymbol{e}_3)\end{aligned}$$

$\wedge^2_\pm\mathbb{V}$ の恒等変換を $\mathrm{Id}_{\wedge^2_\pm\mathbb{V}}$ とすると $*$ は

$$* = \mathrm{Id}_{\wedge^2_+} - \mathrm{Id}_{\wedge^2_-}$$

と表せる．共変形曲率型テンソル T を

$$T = T_W + \frac{1}{2}\mathrm{g} \owedge \mathrm{Ric}_0[T] + \frac{\rho[T]}{24}\mathrm{g} \owedge \mathrm{g}$$

と分解できることに着目する．

補題 6.4 $\mathsf{f} \in \mathrm{S}^2_0(\mathbb{V})$ に対し $F = (\mathrm{g} \owedge \mathsf{f})^\Delta$ とおくと $F \circ * = -* \circ F$ が成り立つ．

【証明】 $F_{ijkl} = -\delta_{ik}f_{jl} - \delta_{jl}f_{ik} + \delta_{il}f_{jk} + \delta_{jk}f_{il}$ だから

$$\begin{aligned} F(\boldsymbol{e}_i \wedge \boldsymbol{e}_j) &= -\frac{1}{2}\sum_{k,l=1}^{4}(\delta_{ik}f_{jl} + \delta_{jl}f_{ik} - \delta_{il}f_{jk} - \delta_{jk}f_{il})\boldsymbol{e}_k \wedge \boldsymbol{e}_l \\ &= -\sum_{k=1}^{4}(f_{jk}\boldsymbol{e}_i \wedge \boldsymbol{e}_k - f_{ik}\boldsymbol{e}_j \wedge \boldsymbol{e}_k) \end{aligned}$$

を得る．$F(*(\boldsymbol{e}_1 \wedge \boldsymbol{e}_2)) = *F(\boldsymbol{e}_1 \wedge \boldsymbol{e}_2)$ を確かめよう．まず

$$\begin{aligned} F(*(\boldsymbol{e}_1 \wedge \boldsymbol{e}_2)) =& F(\boldsymbol{e}_3 \wedge \boldsymbol{e}_4) = -\sum_{k=1}^{4}(f_{4k}\boldsymbol{e}_3 \wedge \boldsymbol{e}_k - f_{3k}\boldsymbol{e}_4 \wedge \boldsymbol{e}_k) \\ =& \quad f_{41}\boldsymbol{e}_1 \wedge \boldsymbol{e}_3 - f_{31}\boldsymbol{e}_1 \wedge \boldsymbol{e}_4 + f_{42}\boldsymbol{e}_2 \wedge \boldsymbol{e}_3 - f_{32}\boldsymbol{e}_2 \wedge \boldsymbol{e}_4 \\ & - (f_{33} + f_{44})\boldsymbol{e}_3 \wedge \boldsymbol{e}_4. \end{aligned}$$

一方，

$$
\begin{aligned}
*F(\boldsymbol{e}_1 \wedge \boldsymbol{e}_2) &= * \left\{ \sum_{k=1}^{4} (-f_{2k}\boldsymbol{e}_1 \wedge \boldsymbol{e}_k + f_{1k}\boldsymbol{e}_2 \wedge \boldsymbol{e}_k) \right\} \\
&= * \{ -(f_{11} + f_{22})\boldsymbol{e}_1 \wedge \boldsymbol{e}_2 - f_{23}\boldsymbol{e}_1 \wedge \boldsymbol{e}_3 - f_{24}\boldsymbol{e}_1 \wedge \boldsymbol{e}_4 \\
&\qquad + f_{13}\boldsymbol{e}_2 \wedge \boldsymbol{e}_3 + f_{14}\boldsymbol{e}_2 \wedge \boldsymbol{e}_4 \} \\
&= -(f_{11} + f_{22})\boldsymbol{e}_3 \wedge \boldsymbol{e}_4 + f_{23}\boldsymbol{e}_2 \wedge \boldsymbol{e}_4 - f_{24}\boldsymbol{e}_2 \wedge \boldsymbol{e}_3 \\
&\quad + f_{13}\boldsymbol{e}_1 \wedge \boldsymbol{e}_4 - f_{14}\boldsymbol{e}_1 \wedge \boldsymbol{e}_3
\end{aligned}
$$

を得るが, $f_{ij} = f_{ji}$ と $f_{11} + f_{22} = -f_{33} - f_{44}$ であるから $F(*(\boldsymbol{e}_1 \wedge \boldsymbol{e}_2)) = - * F(\boldsymbol{e}_1 \wedge \boldsymbol{e}_2)$ が示された. 他についても同様. ■

この補題から

$$(\mathrm{g} \owedge \mathrm{Ric}_0[T])^{\triangle} \circ * = - * \circ (\mathrm{g} \owedge \mathrm{Ric}_0[T])^{\triangle}$$

がわかる. 次に T_W を調べよう. $W \in \mathrm{Ker}(\mathcal{C}_{14})$ に対し $\mathrm{Ric}[W] = 0$ より

$$
\begin{aligned}
0 &= W_{1111} + W_{2112} + W_{3113} + W_{4114} = W_{1221} + W_{1331} + W_{1441}, && (6.19) \\
0 &= W_{1221} + W_{2222} + W_{3223} + W_{4224} = W_{1221} + W_{2332} + W_{2442}, && (6.20) \\
0 &= W_{1331} + W_{2332} + W_{3333} + W_{4334}, && (6.21) \\
0 &= W_{1441} + W_{2442} + W_{3443} + W_{4444} = W_{1441} + W_{2442} + W_{4334} && (6.22)
\end{aligned}
$$

を得る. たとえば (6.19)+(6.20)−(6.21)−(6.22) を計算すると $W_{1212} = W_{3434}$ が得られる. より一般に i, j, k, l が**相異なる**ならば

$$W_{ijij} = W_{klkl}$$

が成り立つ. 次に

$$0 = \sum_{i=1}^{4} W_{i23i} = W_{1231} + W_{2232} + W_{3233} + W_{4234} = W_{1231} + W_{4234}$$

より $W_{1231} = W_{4234}$ を得る. これは $W_{1213} = W_{4243}$ と書き換えられる. 同様の考察で i, j, k, l が**相異なる**ならば

$$W_{ikil} + W_{jkjl} = 0$$

が成り立つ．以上のことから W の成分で非自明なものは以下の 10 個である．

$$W_{1212}=W_{3434},\ W_{1213}=-W_{4243},\ W_{1214}=-W_{3234},\quad W_{1213}=-W_{1443},$$
$$W_{1224}=-W_{1334},\ W_{1234},$$
$$W_{1313}=W_{2424}=-W_{1212}-W_{1414}=-W_{1212}-W_{2323},$$
$$W_{1314}=-W_{2324},\quad W_{1323}=-W_{1424},\ W_{1324}=-W_{1234}-W_{1423}$$

これらの関係式を用いると補題 6.4 と同様の手法で次の補題が成り立つことを確かめられる．

補題 6.5 $W\in\mathrm{Ker}(\mathcal{C}_{14})$ に対し $W^{\vartriangle}\circ *=*\circ W^{\vartriangle}$ が成り立つ．

$\{\boldsymbol{e}_1^+,\boldsymbol{e}_2^+,\boldsymbol{e}_3^+,\boldsymbol{e}_1^-,\boldsymbol{e}_2^-,\boldsymbol{e}_3^-\}$ に関する T の表現行列を直交直和分解 $\wedge^2\mathbb{V}=\wedge^2_+\mathbb{V}\oplus\wedge^2_-\mathbb{V}$ に沿って区分けして表示しよう．まず $T_W^{\vartriangle}\circ *=*\circ T_W^{\vartriangle}$ より T_W の表現行列は

$$\begin{pmatrix} \mathsf{W}_+ & O_3 \\ O_3 & \mathsf{W}_- \end{pmatrix}$$

という形である．$O_3\in\mathrm{M}_3\mathbb{R}$ は零行列である．一方，$(\mathrm{g}\owedge\mathrm{Ric}_0[T])^{\vartriangle}$ の表現行列は

$$\begin{pmatrix} O_3 & \mathsf{K}_+ \\ \\ {}^t\mathsf{K}_+ & O_3 \end{pmatrix}$$

という形である．${}^t\mathsf{K}_+$ は K_+ の転置行列である．以上より T の表現行列は

$$\begin{pmatrix} \mathsf{W}_+-\frac{\rho[T]}{12}E_3 & \mathsf{K}_+ \\ {}^t\mathsf{K}_+ & \mathsf{W}_--\frac{\rho[T]}{12}E_3 \end{pmatrix}$$

という形である (E_3 は単位行列)．

註 6.18 小林 [31] の曲率型テンソルの定め方の流儀は本書と同じであるが $T\in\mathrm{Curv}(\mathbb{V})$ を $\mathrm{End}(\wedge^2\mathbb{V})$ の元と考える際に $T^{\vartriangle}$ でなく曲率作用素 $\widehat{T}$ を採用している ([31, §6.2] で $(\mathrm{g}\owedge\mathrm{g})/2$ を $\mathrm{Id}_{\wedge^2\mathbb{V}}$ と対応させている)． そのため上の表現行列で $-\rho[T]/12$ の部分が $\rho[T]/12$ となっている．

$*$ の表現行列は

$$\begin{pmatrix} E_3 & O_3 \\ O_3 & -E_3 \end{pmatrix}$$

であるから $* \circ T = T \circ * \iff K_+ = O_3$ である．このとき

$$T = T_W + \frac{\rho[T]}{24} \mathrm{g} \owedge \mathrm{g}.$$

リッチテンソルを求めると $\mathrm{Ric}[T] = \rho[T]\,\mathrm{g}/4$ を得る．

【研究課題】 次の命題を証明せよ．

命題 6.11 4 次元ユークリッド線型空間 $\mathbb{V}$ の共変形曲率型テンソル T に対し以下は互いに同値である．

(1) $* \circ T = T \circ *$.

(2) T はアインシュタイン条件 ($\mathrm{Ric}[T] = \rho[T]\mathrm{g}/4$) をみたす．

(3) どの 2 次元線型部分空間 $\mathbb{W}$ についても $K(\mathbb{W}) = K(\mathbb{W}^{\perp})$ が成り立つ．

【研究課題】 曲率型テンソル (6.18) に対し $W_\pm$ を計算せよ．

この節では 4 次元ユークリッド線型空間のみを扱った．指数 2 のスカラー積空間の場合はスター作用素の固有値は ± 1 なのでこの節の内容と類似した議論が行える．一方で指数 1 の場合，スター作用素の固有値は $\pm \mathrm{i}$ であるから，$\mathrm{Curv}(\mathbb{V})$ を複素化する必要がある．相対性理論への活用という観点からは指数 1 の場合の曲率型テンソルの分解を詳細に調べることが重要である．Besse [71, 3 章] や Petrov [114] に詳しく述べられている．曲率型テンソルについて更に詳しく学びたい読者は [78, 86, 87, 88, 125] を参照されたい．

6.7 曲率型テンソルの研究課題

ここでは曲率型テンソルに関する話題を（詳細には立ち入らずに）2 つ紹介する．

エルミート線型空間の曲率型テンソル

$2n$ 次元実線型空間に複素構造 J とエルミート内積 $(\cdot|\cdot)$ が与えられているとする．すなわち $(\mathrm{J}, (\cdot|\cdot))$ は (6.17) をみたしている．このとき基本形式 $\Omega \in \mathrm{A}^2(\mathbb{V})$ が $\Omega(\boldsymbol{x}, \boldsymbol{y}) = (\boldsymbol{x}|\mathrm{J}\boldsymbol{y})$ で定義された (5.2 節)．複素構造 J は $\wedge^2\mathbb{V}$ に次のやり方で作用する：

$$\mathrm{J}(\boldsymbol{x} \wedge \boldsymbol{y}) = (\mathrm{J}\boldsymbol{x}) \wedge (\mathrm{J}\boldsymbol{y}).$$

複素構造を反映させて

$$\mathcal{R}_{\mathrm{J}}(\mathbb{V}) = \{L \in \mathcal{R}(\mathbb{V}) \mid L(\boldsymbol{x}, \boldsymbol{y}) \circ \mathrm{J} = \mathrm{J} \circ L(\boldsymbol{x}, \boldsymbol{y})\}$$

という $\mathcal{R}(\mathbb{V})$ の線型部分空間を考える[*10]．$L \in \mathcal{R}_{\mathrm{J}}$ ならば

$$L(\mathrm{J}\boldsymbol{x}, \mathrm{J}\boldsymbol{y}) = L(\boldsymbol{x}, \boldsymbol{y})$$

が成り立つことを確かめてほしい．例 6.1 でとりあげた曲率テンソル (6.1) を次のように改変する ((6.1) も参照)．自己共軛線型変換 A および B は J と**可換**であることを要請する．

$$\begin{aligned} L_{A,B;J}(\boldsymbol{x}, \boldsymbol{y})\boldsymbol{z} = \; & (A\boldsymbol{x} \wedge B\boldsymbol{y})\boldsymbol{z} + (B\boldsymbol{x} \wedge A\boldsymbol{y})\boldsymbol{z} \\ & + (\mathrm{J}A\boldsymbol{x} \wedge \mathrm{J}B\boldsymbol{x})\boldsymbol{z} + (\mathrm{J}B\boldsymbol{x} \wedge \mathrm{J}A\boldsymbol{x})\boldsymbol{z} \\ & + 2(A\boldsymbol{x}|\mathrm{J}\boldsymbol{y})\mathrm{J}B\boldsymbol{z} - 2(\mathrm{J}\boldsymbol{x}|B\boldsymbol{y})\mathrm{J}A\boldsymbol{z}. \end{aligned} \tag{6.23}$$

すると $L_{A,B;\mathrm{J}} \in \mathcal{R}_{\mathrm{J}}(\mathbb{V})$ であり，リッチ作用素が

$$\mathrm{S}_{L_{A,B;\mathrm{J}}} = (\mathrm{tr}\, B)A + (\mathrm{tr}\, A)B + 2(AB + BA)$$

[*10] これはケーラー多様体のリーマン曲率のもつ性質である．

で与えられるから

$$\rho_{L_{A,B;\mathrm{J}}} = 2(\mathrm{tr}\,A)(\mathrm{tr}\,B) + 4\mathrm{tr}(AB).$$

$A = \mathrm{Id}/2$, $B = \mathrm{Id}$ とすれば (6.18) が得られる．

$c \in \mathbb{R}$ に対し $L_{c\mathrm{Id},\mathrm{Id};\mathrm{J}} = L_{\mathrm{Id},c\mathrm{Id};\mathrm{J}} = cL_{\mathrm{Id},\mathrm{Id};\mathrm{J}}$ であることに注意．例 6.1 の曲率型テンソルを $R_{1,\mathrm{J}}$ と書くことにすると $R_{1,\mathrm{J}} = \frac{1}{2}L_{\mathrm{Id},\mathrm{Id};\mathrm{J}}$ である．より一般に

$$R_{c,\mathrm{J}} = \frac{c}{4}R_{1,\mathrm{J}} = L_{\frac{c}{8}\mathrm{Id},\mathrm{Id};\mathrm{J}}$$

と定める．

$$R_{c,\mathrm{J}}(\boldsymbol{x}, \boldsymbol{y}) = \frac{c}{4}\{(\boldsymbol{x} \wedge \boldsymbol{y}) + (\mathrm{J}\boldsymbol{x} \wedge \mathrm{J}\boldsymbol{y}) + 2\Omega(\boldsymbol{x}, \boldsymbol{y})\mathrm{J}\}$$

$c/4$ という係数をつける理由は定理 6.4 の結果を反映させるためである．

定義 6.9 2 次元線型部分空間 $\mathbb{W} \subset \mathbb{V}$ が J で不変，すなわち

$$\mathrm{J}(\mathbb{W}) = \{\mathrm{J}\boldsymbol{w} \mid \boldsymbol{w} \in \mathbb{W}\} = \mathbb{W}$$

であるとき，$\mathbb{W}$ を**正則断面** (holomorphic section) という[*11]．正則断面の断面曲率を**正則断面曲率** (holomorphic sectional curvature) とよぶ．

定理 6.1 の類似で次が成り立つ．

定理 6.4 $L \in \mathcal{R}_{\mathrm{J}}(\mathbb{V})$ の正則断面曲率の値がつねに c であるための必要十分条件は $L = R_{c,\mathrm{J}}$ であること．

$\mathcal{R}_{\mathrm{J}}(\mathbb{V})$ において $\mathbb{R}R_{\mathrm{J}}$ の直交補空間は $\{L \in \mathcal{R}_{\mathrm{J}}(\mathbb{V}) \mid \rho_L = 0\}$ で与えられる．この線型部分空間における $\mathcal{R}_B(\mathbb{V}) = \{L\mathcal{R}_{\mathrm{J}}(\mathbb{V}) \mid \mathrm{Ric}_L = 0\}$ の直交補空間を $\mathcal{R}_B(\mathbb{V})^\perp$ とすると直交直和分解

$$\mathcal{R}(\mathbb{V}) = \mathbb{R}R_{1,\mathrm{J}} \oplus \mathcal{R}_B(\mathbb{V})^\perp \oplus \mathcal{R}_B(\mathbb{V})$$

---

*11 $\mathrm{J}(\mathbb{W}) \subset \mathbb{W}^\perp$ をみたすときは**実的断面** (real section) とか**等方的断面** (isotropic section) とよぶ．

が得られる．$L \in \mathcal{R}_{\mathrm{J}}(\mathbb{V})$ を

$$L = L_1 + L_2 + L_W, \quad L_1 \in \mathbb{R}R_{1,\mathrm{J}},\ L_2 \in \mathcal{R}_B(\mathbb{V})^{\perp},\ L_B \in \mathcal{R}_B(\mathbb{V})$$

と分解すると

$$\begin{aligned}
L_1 = &\ \frac{\rho_L}{8n(n+1)} L_{\mathrm{Id},\mathrm{Id};\mathrm{J}} = \frac{\rho_L}{4n(n+1)} R_{1,\mathrm{J}}, \\
L_2 = &\ \frac{1}{2(n+2)}\left(L_{S_L,\mathrm{Id};\mathrm{J}} - \frac{\rho_L}{2n} L_{\mathrm{Id},\mathrm{Id};\mathrm{J}}\right) \\
= &\ \frac{1}{2(n+2)}\left(L_{S_L,\mathrm{Id};\mathrm{J}} - \frac{\rho_L}{n} R_{1,\mathrm{J}}\right), \\
L_B = &\ L - \frac{1}{2(n+2)}\left(L_{S_L,\mathrm{Id};\mathrm{J}} - \frac{\rho_L}{4(n+1)} L_{\mathrm{Id},\mathrm{Id};\mathrm{J}}\right) \\
= &\ L - \frac{1}{2(n+2)}\left(L_{S_L,\mathrm{Id};\mathrm{J}} - \frac{\rho_L}{2(n+1)} R_{1,\mathrm{J}}\right)
\end{aligned}$$

であることが確かめられる ([107] 参照)．L_B を L の**ボホナー部分** (Bochner part) とよぶ．

$$A = \frac{1}{2(n+2)} S_L - \frac{\rho_L}{8(n+1)(n+2)} \mathrm{Id}$$

とおくと $L_B = L_{A,\mathrm{Id};\mathrm{J}}$ と書き直せる．

複素構造抜きの場合の $\mathcal{R}(\mathbb{V})$ の分解:

$$\begin{aligned}
L_1 = &\ \frac{\rho_L}{4n(2n-1)} L_{\mathrm{Id},\mathrm{Id}} = \frac{\rho_L}{2n(2n-1)} R_1, \\
L_2 = &\ \frac{1}{2(n-1)}\left(L_{S_L,\mathrm{Id}} - \frac{\rho_L}{2n} L_{\mathrm{Id},\mathrm{Id}}\right) \\
= &\ \frac{1}{2(n-1)}\left(L_{S_L,\mathrm{Id}} - \frac{\rho_L}{n} R_1\right), \\
L_W = &\ L - \frac{1}{2(n-1)}\left(L_{S_L,\mathrm{Id};\mathrm{J}} - \frac{\rho_L}{2(2n-1)} L_{\mathrm{Id},\mathrm{Id}}\right) \\
= &\ L - \frac{1}{2(n-1)}\left(L_{S_L,\mathrm{Id};\mathrm{J}} - \frac{\rho_L}{2n-1} R_1\right)
\end{aligned}$$

と比較してみよう ($\dim\mathbb{V}=2n$ に注意). この節では $\mathcal{R}_{\mathrm{J}}(\mathbb{V})$ の分解を与えたが共変形曲率テンソルの分解を与えることも当然できる. それについては Besse の教科書 [71] を参照してもらうことにしよう.

註 6.19 ケーラー多様体の研究の過程でボホナー (Salomon Bochner, 1899–1982) は, こんにち, ボホナーテンソル（場）とよばれるテンソル（の成分）を複素座標系を用いて発見した (1949). 立花俊一は実座標系を用いた表示を与えた [126]. 森博 [107] と Sitaramayya [124] はこの節で与えた $\mathcal{R}_{\mathrm{J}}(\mathbb{V})$ の分解を与えた ([95, 96, 127] も参照). さらにケーラー多様体のリーマン曲率 R のボホナー部分がボホナーテンソルであることを示された. その後の研究で, 森と Sitaramayya による $\mathcal{R}_{\mathrm{J}}(\mathbb{V})$ の分解がユニタリー群 $\mathrm{U}(n)$ による既約分解であることが確かめられた. Encyclopedia of Mathematics (Springer) における Bochner curvature tensor の解説では,

> S. Bochner ad hoc and without giving any intrinsic geometric interpretation for its meaning or origin, introduced a new tensor as an analogue of the Weyl conformal curvature tensor in a Riemannian manifold.

と述べられているが, ボホナーはケーラー多様体のワイルテンソルのユニタリー群の作用による既約成分の 1 つとしてボホナーテンソルを発見したと思われる ([74] 参照). ワイルテンソルが恒等的に 0 であるリーマン多様体は共形平坦という明確な幾何学的意味をもつ. ボホナー曲率テンソルが恒等的に 0 であるケーラー多様体の性質や分類は今も研究され続けている. 江尻典雄 [82] と Bryant [74] の論文を参照されたい.

【研究課題】 $\dim\mathbb{V}=4$ のとき,（向き付けと符号の調整を適切に行うことにより）ボホナーテンソルはワイルテンソルの反自己双対部分と一致することを確かめよ.

第２種曲率作用素

n 次元ユークリッド線型空間 $\mathbb{V}$ の共変形曲率型テンソル $T\in\mathrm{Curv}(\mathbb{V})$ は

$$T=\sum_{i<j,k<l}T_{ijkl}(\sigma^i\wedge\sigma^j)\odot(\sigma^k\wedge\sigma^l)$$

と表せ，$T \in \mathrm{S}^2(\wedge\mathbb{V})$ の元と解釈できた（区別したいときは $T^\wedge$ と表記した）．さらに $T \in \mathrm{End}(\wedge^2\mathbb{V})$ と解釈できた（区別したいときは $T^\vartriangle$ と表記した）．

$$T^\vartriangle(\boldsymbol{e}_i \wedge \boldsymbol{e}_j) = \frac{1}{2}\sum_{k,l=1}^{2} T_{ijkl}(\boldsymbol{e}_k \wedge \boldsymbol{e}_l)$$

ここでもう一つの解釈を紹介しよう．T を

$$\mathring{T}(\boldsymbol{e}_i \odot \boldsymbol{e}_j) = \sum_{k,l=1}^{n} T_{ikjl}(\boldsymbol{e}_k \odot \boldsymbol{e}_l)$$

という $\odot^2\mathbb{V}$ 上の線型変換 $\mathring{T}$ と考えるのである．この線型変換はアインシュタイン計量の研究過程で発見された．

内積 $(\cdot|\cdot)$ を介して $\mathbb{V}^* = \mathbb{V}$ と同一視すれば，$\mathring{T}$ は

$$(\mathring{T}\mathsf{h})(\boldsymbol{x},\boldsymbol{y}) = \sum_{m=1}^{n} \mathsf{h}(T^\blacktriangle(\boldsymbol{e}_m,\boldsymbol{x})\boldsymbol{y},\boldsymbol{e}_m), \quad \mathsf{h} \in \mathrm{S}^2(\mathbb{V}) \tag{6.24}$$

と表せることを確かめよう．ここで $\{\boldsymbol{e}_1,\boldsymbol{e}_2,\ldots,\boldsymbol{e}_n\}$ は正規直交基底である．まず (6.24) で $\mathring{T}\mathsf{h}$ を定めてみると $(\mathring{T}\mathsf{h})(\boldsymbol{x},\boldsymbol{y}) = (\mathring{T}\mathsf{h})(\boldsymbol{y},\boldsymbol{x})$ をみたすことが確かめられる．したがって $\mathring{T}$ を線型写像 $\mathring{T} : \mathrm{S}^2(\mathbb{V}) \to \mathrm{S}^2(\mathbb{V})$ と考えることができる．$\mathsf{h} = \sigma^i \odot \sigma^j$ と選んでみよう．$L = T^\blacktriangle$ とおくと

$$\begin{aligned}
(\mathring{T}(\sigma^i \odot \sigma^j))(\boldsymbol{e}_\mathsf{a},\boldsymbol{e}_\mathsf{b}) &= \sum_{m=1}^{n} (\sigma^i \odot \sigma^j)(T^\blacktriangle(\boldsymbol{e}_m,\boldsymbol{e}_\mathsf{b})\boldsymbol{e}_\mathsf{a},\boldsymbol{e}_m) \\
=& \sum_{m=1}^{n} (\sigma^i \odot \sigma^j)\left(\sum_{l=1}^{m} L_{\mathsf{amb}}{}^{l}\boldsymbol{e}_l,\boldsymbol{e}_m\right) = \sum_{m=1}^{n} L_{\mathsf{amb}}{}^{l}(\sigma^i \odot \sigma^j)(\boldsymbol{e}_l,\boldsymbol{e}_m) \\
=& \frac{1}{2}\sum_{m=1}^{n} L_{\mathsf{amb}}{}^{l}(\delta_{il}\delta_{jm} + \delta_{jl}\delta_{im}) \\
=& \frac{1}{2}\sum_{m=1}^{n} \left(L_{\mathsf{amb}}{}^{l}\delta_{il}\delta_{jm} + L_{\mathsf{amb}}{}^{l}\delta_{jl}\delta_{im}\right) = \frac{1}{2}\left(L_{\mathsf{ajb}}{}^{i} + L_{\mathsf{aib}}{}^{j}\right) \\
=& \frac{1}{2}(L_{i\mathsf{a}j\mathsf{b}} + L_{j\mathsf{a}i\mathsf{b}})
\end{aligned}$$

より

$$\mathring{T}(\sigma^i \odot \sigma^j) = \sum_{\mathsf{a},\mathsf{b}=1}^{n} \frac{1}{2}(L_{i\mathsf{a}j\mathsf{b}} + L_{j\mathsf{a}i\mathsf{b}})(\sigma^{\mathsf{a}} \otimes \sigma^{\mathsf{b}})$$
$$= \sum_{\mathsf{a},\mathsf{b}=1}^{n} \frac{1}{2}(L_{i\mathsf{a}j\mathsf{b}}(\sigma^{\mathsf{a}} \otimes \sigma^{\mathsf{b}} + L_{j\mathsf{b}i\mathsf{a}})(\sigma^{\mathsf{b}} \otimes \sigma^{\mathsf{a}})$$
$$= \sum_{\mathsf{a},\mathsf{b}=1}^{n} L_{i\mathsf{a}j\mathsf{b}}(\sigma^{\mathsf{a}} \odot \sigma^{\mathsf{b}}) = \sum_{\mathsf{a},\mathsf{b}=1}^{n} T_{i\mathsf{a}\mathsf{b}j}(\sigma^{\mathsf{a}} \odot \sigma^{\mathsf{b}})$$
$$= \sum_{k,l=1}^{n} T_{iklj}(\sigma^k \odot \sigma^l)$$

を得る．内積を介して $\mathbb{V} = \mathbb{V}^*$ と同一視することで

$$T(\boldsymbol{e}_i \odot \boldsymbol{e}_j) = \sum_{k,l=1}^{n} T_{iklj}(\boldsymbol{e}_k \odot \boldsymbol{e}_l)$$

という線型変換 $\mathring{T} \in \mathrm{End}(\odot^2\mathbb{V})$ を定めることができることが確認できた．$\odot^2\mathbb{V} = \mathbb{V} \odot \mathbb{V}$ の内積は

$$\{\boldsymbol{e}_i \odot \boldsymbol{e}_i\}_{1 \leq i \leq n} \bigcup \left\{\sqrt{2}\,\boldsymbol{e}_i \odot \boldsymbol{e}_j\right\}_{i<j} \tag{6.25}$$

が正規直交基底という条件で定められる．この内積に関し $\mathring{T}$ は自己共役である．T が定曲率 c の場合に計算してみよう．$T^{\blacktriangle} = cR_1$ より

$$T_{iklj} = c(R_1(\boldsymbol{e}_i, \boldsymbol{e}_k)\boldsymbol{e}_l|\boldsymbol{e}_j) = c(\delta_{kl}\delta_{ij} - \delta_{il}\delta_{jk})$$

である．$T_{ijji} = c$ に注意しよう．したがって $i \neq j$ ならば

$$(T(\boldsymbol{e}_i \odot \boldsymbol{e}_j) \,|\, \boldsymbol{e}_i \odot \boldsymbol{e}_j) = \sum T_{iklj}(\boldsymbol{e}_k \odot \boldsymbol{e}_l|\boldsymbol{e}_i \odot \boldsymbol{e}_j)$$
$$= \frac{1}{2}(T_{iijj} + T_{ijji}) = \frac{T_{ijji}}{2} = \frac{c}{2}$$

$i=j$ の場合

$$(T(\boldsymbol{e}_i \odot \boldsymbol{e}_i)\,|\,\boldsymbol{e}_i \odot \boldsymbol{e}_i) = \sum T_{ikli}(\boldsymbol{e}_k \odot \boldsymbol{e}_l|\boldsymbol{e}_i \odot \boldsymbol{e}_i) = T_{iiii} = 0.$$

であるから，T が正の定曲率であっても $\mathring{T}$ は正値ではない．線型変換 $\mathring{T}$ は群論的観点からは優れていない．直交群 $\mathrm{O}(n)$ の作用で既約ではないという欠点がある．そこで $\mathring{T}$ を $\mathrm{S}_0^2(\mathbb{V})$ に制限した線型変換に着目する．

$$\mathring{T}|_{\mathrm{S}_0^2(\mathbb{V})} \to \mathrm{S}^2(\mathbb{V})$$

は**第2種曲率作用素**とよばれる [108]．ただし $\mathrm{S}_0^2(\mathbb{V})$ は $\mathring{T}$ で不変でないことに注意が必要である．リッチ流の研究に関連して正値第2種曲率作用素の研究も継続して行われている．文献 [72, 76, 84, 104, 108, 112] を参照されたい．

【コラム】 ある職場でのこと．同僚（解析学）が質問をされて戸惑ったという．「Introduction とか入門が書名に入った本をなぜ先生が読むのですか」．詳しく聞いてみると「Introduction とか入門というのは学部生向けの本なのだから先生がいまさら読むはずがない」という問い合わせだという．質問者にたまたま会うことがあったので，研究者でもこれまで研究していなかった分野の研究に着手する場合は入門書から学び始めることがあるし，数学の専門書では「Introduction」とついていてもやさしくなく，「最初に読むなら」という意味ぐらいのことが多いですよ．そう答えたら納得できたようだった．学部生と大学院生の時代の大きな違いは「入門書」を読んだときの気づきかもしれない．学部生の頃は，「どこからこういう演習問題を思いつくのだろう．見当がつかない」と思っていた演習問題を見て，「あ，これは」と出所に気づく．線型代数や微分積分の入門書に，他の類書には書いてない内容が，その著者の専門分野から題材を採ってきたんだと気づいたり．入門書にも著者の個性や数学観が反映されている．そんな新たな愉しみを見つけた．この本は，微分幾何と無限可積分系に携わった自分の経験に基づいて書いている．読者が共鳴してくれる何かがあればよいのだけれど．

7 グラスマン多様体

外積代数と密接に関わるグラスマン多様体は幾何学や表現論など，数学の諸分野に登場する．この章ではグラスマン多様体の様々な見方（実現）を紹介する．

7.1 射影空間

$\mathbb{K}^n$ の k-標構の全体を $\mathrm{Stief}_k^*(\mathbb{K}^n)$ で表し，シュティーフェル多様体とよんだ．また $\mathbb{K}^n$ の k 次元線型部分空間の全体 $\mathrm{Gr}_k(\mathbb{K}^n)$ をグラスマン多様体とよんだ．これらは $\mathbb{K}^n$ に限らず，一般の n 次元 $\mathbb{K}$ 線型空間 $\mathbb{V}$ に対し定義できることに注意しよう．

$$\begin{aligned}\mathrm{Stief}_k^*(\mathbb{V}) &= \{\{\boldsymbol{w}_1, \boldsymbol{w}_2, \ldots, \boldsymbol{w}_k\} \mid \mathrm{rank}\,\{\boldsymbol{w}_1, \boldsymbol{w}_2, \ldots, \boldsymbol{w}_k\} = k\},\\ \mathrm{Gr}_k(\mathbb{V}) &= \{\mathbb{W} \subset \mathbb{V} \mid \text{線型部分空間}, \dim \mathbb{W} = k\}.\end{aligned}$$

とくに $\mathrm{P}(\mathbb{V}) = \mathrm{Gr}_1(\mathbb{V})$ を $\mathbb{V}$ の**射影空間** (projective space) とよぶ．

$$\mathbb{R}\mathrm{P}^{n-1} = \mathrm{Gr}_1(\mathbb{R}^n), \quad \mathbb{C}\mathrm{P}^{n-1} = \mathrm{Gr}_1(\mathbb{C}^n)$$

をそれぞれ $(n-1)$ 次元実射影空間，$(n-1)$ 次元複素射影空間とよぶ．$\mathrm{P}(\mathbb{V})$ の元 x は $\mathbb{V}$ の 1 次元線型部分空間（$\mathbf{0}$ を通る直線とよぶ）であるから基底 $\boldsymbol{x}$ をとれば $\mathsf{x} = \mathbb{K}\boldsymbol{x} = \{t\boldsymbol{x} \mid t \in \mathbb{K}\}$ と表せる．$\boldsymbol{x}$ と $\boldsymbol{y}$ が $\mathrm{P}(\mathbb{V})$ の同一の元を張ることを $\boldsymbol{x} \sim \boldsymbol{y}$ と表記すれば $\sim$ は $\mathrm{Stief}_1^*(\mathbb{V}) = \mathbb{V} \setminus \{\mathbf{0}\}$ 上の同値関係を定めており

$$\boldsymbol{x} \sim \boldsymbol{y} \iff \exists\lambda \in \mathbb{K}^\times;\ \boldsymbol{y} = \boldsymbol{x}\lambda$$

である．この同値関係による商空間が $\mathrm{P}(\mathbb{V})$ である．$\boldsymbol{x}$ に対し，その同値類を $[\boldsymbol{x}]$ で表す．

別の言い方をすると $\mathbb{K}^\times$ が $\mathrm{Stief}_1^*(\mathbb{V})$ に

$$\rho : (\mathbb{V} \setminus \{\mathbf{0}\}) \times \mathbb{K}^\times \to \mathbb{V} \setminus \{\mathbf{0}\}; \quad \rho(\boldsymbol{x}) = \boldsymbol{x}\lambda$$

により右から作用しており，この作用による軌道空間が $\mathrm{P}(\mathbb{V})$ である．

さて $\mathbb{V} = \mathbb{K}^n$ の場合，$\mathsf{x} \in \mathbb{K}\mathrm{P}^n = \mathrm{P}(\mathbb{K}^n)$ を $\mathbf{x} \in \mathbb{K}^n \setminus \{\mathbf{0}\}$ を用いて $\mathsf{x} = [\mathbf{x}]$ と表そう．$\mathbf{x} = (x^1, x^2, \ldots, x^n)$, $\mathbf{y} = (y^1, y^2, \ldots, y^n)$ に対し

$$[\mathbf{x}] = [\mathbf{y}] \Longleftrightarrow x^1 : x^2 : \cdots : x^n = y^1 : y^2 : \cdots : y^n$$

であることに着目し，$\mathsf{x} = [\mathbf{x}] = [x^1 : x^2 : \cdots : x^n]$ と表示する．連比 $x^1 : x^2 : \cdots : x^n$ を x の**同次座標**とよぶ．

7.2 プリュッカー座標

k-標構 $\{\boldsymbol{w}_1, \boldsymbol{w}_2, \ldots, \boldsymbol{w}_k\} \in \mathrm{Stief}_k^*(\mathbb{V})$ に対し，この標構が張る線型部分空間 $\mathbb{W} = \mathrm{Span}\{\boldsymbol{w}_1, \boldsymbol{w}_2, \ldots, \boldsymbol{w}_k\} \in \mathrm{Gr}_k(\mathbb{V})$ と多重ベクトル $\boldsymbol{w}_1 \wedge \boldsymbol{w}_2 \wedge \cdots \wedge \boldsymbol{w}_k \in \wedge^k\mathbb{V}$ の関連を調べよう．

$\{\boldsymbol{w}_1, \boldsymbol{w}_2, \ldots, \boldsymbol{w}_k\}, \{\widetilde{\boldsymbol{w}}_1, \widetilde{\boldsymbol{w}}_2, \ldots, \widetilde{\boldsymbol{w}}_k\} \in \mathrm{Stief}_k^*(\mathbb{V})$ に対し

$$\begin{aligned}&\mathrm{Span}\{\boldsymbol{w}_1, \boldsymbol{w}_2, \ldots, \boldsymbol{w}_k\} = \mathrm{Span}\{\widetilde{\boldsymbol{w}}_1, \widetilde{\boldsymbol{w}}_2, \ldots, \widetilde{\boldsymbol{w}}_k\}\\ \Longleftrightarrow\ &\exists P \in \mathrm{GL}_k\mathbb{K}; \{\widetilde{\boldsymbol{w}}_1, \widetilde{\boldsymbol{w}}_2, \ldots, \widetilde{\boldsymbol{w}}_k\} = \{\boldsymbol{w}_1, \boldsymbol{w}_2, \ldots, \boldsymbol{w}_k\}P\end{aligned}$$

である．このとき

$$\widetilde{\boldsymbol{w}}_1 \wedge \widetilde{\boldsymbol{w}}_2 \wedge \cdots \wedge \widetilde{\boldsymbol{w}}_k = \det P\ \boldsymbol{w}_1 \wedge \boldsymbol{w}_2 \wedge \cdots \wedge \boldsymbol{w}_k$$

であることに注意する．この関係式をみると $\wedge^k\mathbb{V}$ の射影空間 $\mathrm{P}(\wedge^k\mathbb{V})$ を考えると都合がよいことに気づく．つまり $\boldsymbol{w}_1 \wedge \boldsymbol{w}_2 \wedge \cdots \wedge \boldsymbol{w}_k \in \wedge^k\mathbb{V}$ に対し $[\boldsymbol{w}_1 \wedge \boldsymbol{w}_2 \wedge \cdots \wedge \boldsymbol{w}_k] \in \mathrm{P}(\wedge^k\mathbb{V})$ を考えてやると，

$$\begin{aligned}&\mathrm{Span}\{\boldsymbol{w}_1, \boldsymbol{w}_2, \ldots, \boldsymbol{w}_k\} = \mathrm{Span}\{\widetilde{\boldsymbol{w}}_1, \widetilde{\boldsymbol{w}}_2, \ldots, \widetilde{\boldsymbol{w}}_k\}\\ \Longleftrightarrow\ &[\boldsymbol{w}_1 \wedge \boldsymbol{w}_2 \wedge \cdots \wedge \boldsymbol{w}_k] = [\widetilde{\boldsymbol{w}}_1 \wedge \widetilde{\boldsymbol{w}}_2 \wedge \cdots \wedge \widetilde{\boldsymbol{w}}_k]\end{aligned}$$

と書き換えられる．ということは

$$\mathrm{Gr}_k(\mathbb{V}) \ni \mathrm{Span}\,\{\boldsymbol{w}_1, \boldsymbol{w}_2, \ldots, \boldsymbol{w}_k\} \longleftrightarrow [\boldsymbol{w}_1 \wedge \boldsymbol{w}_2 \wedge \cdots \wedge \boldsymbol{w}_k] \in \mathrm{P}(\wedge^k \mathbb{V})$$

は全単射対応である．この対応で $\mathrm{Gr}_k(\mathbb{V})$ を射影空間 $\mathrm{P}(\wedge^k\mathbb{V})$ の部分集合と考えることにしよう．写像

$$\mathrm{Gr}_k(\mathbb{V}) \ni \mathrm{Span}\,\{\boldsymbol{w}_1, \boldsymbol{w}_2, \ldots, \boldsymbol{w}_k\} \longmapsto [\boldsymbol{w}_1 \wedge \boldsymbol{w}_2 \wedge \cdots \wedge \boldsymbol{w}_k] \in \mathrm{P}(\wedge^2 \mathbb{V})$$

を**プリュッカー埋め込み** (Plücker imbedding) とよぶ．

註 7.1 この事実から断面 $\mathrm{Span}\{\boldsymbol{x}, \boldsymbol{y}\}$ のことを $[\boldsymbol{x} \wedge \boldsymbol{y}]$ と表記してよいことがわかる．曲率型テンソル L が指定されたスカラー積空間において非退化断面 $\mathrm{Span}\{\boldsymbol{x}, \boldsymbol{y}\}$ と $\lambda \in \mathbb{R}^\times$ に対し

$$\frac{\langle L(\boldsymbol{x}, \boldsymbol{y})\boldsymbol{y}, \boldsymbol{x}\rangle}{Q(\boldsymbol{x}, \boldsymbol{y})} = \frac{\langle L(\lambda\boldsymbol{x}, \lambda\boldsymbol{y})(\lambda\boldsymbol{y}), \lambda\boldsymbol{x}\rangle}{Q(\lambda\boldsymbol{x}, \lambda\boldsymbol{y})}$$

であるから $K(\mathrm{Span}\{\boldsymbol{x}, \boldsymbol{y}\}) = K([\boldsymbol{x} \wedge \boldsymbol{y}])$ を $K(\boldsymbol{x} \wedge \boldsymbol{y})$ と略記しても構わない．

プリュッカー埋め込みの像は射影空間全体とは一致しない．プリュッカー埋め込みの像を調べたい．ここでは，$\mathrm{Gr}_2(\mathbb{K}^4) \subset \mathrm{P}(\wedge^2\mathbb{K}^4)$ の場合を調べることにとどめておく．標準基底 $\{\mathbf{e}_1, \mathbf{e}_2, \mathbf{e}_3, \mathbf{e}_4\}$ を活用する．$\wedge^2\mathbb{K}^4$ を基底

$$\{\mathbf{e}_1 \wedge \mathbf{e}_2, \mathbf{e}_1 \wedge \mathbf{e}_3, \mathbf{e}_1 \wedge \mathbf{e}_4, \mathbf{e}_2 \wedge \mathbf{e}_3, \mathbf{e}_2 \wedge \mathbf{e}_4, \mathbf{e}_3 \wedge \mathbf{e}_4\} \tag{7.1}$$

を介して 6 次元 $\mathbb{K}$ 数空間 $\mathbb{K}^6$ と思うことにしよう．$\mathbf{x} = (x^1, x^2, x^3, x^4)$, $\mathbf{y} = (y^1, y^2, y^3, y^4) \in \mathbb{K}^4 \setminus \{\mathbf{0}\}$ に対し

$$p_{ij} = \begin{vmatrix} x^i & y^i \\ x^j & y^j \end{vmatrix}$$

とおく．

$$\begin{aligned}\mathbf{x} \wedge \mathbf{y} = \ & p_{12}\mathbf{e}_1 \wedge \mathbf{e}_2 + p_{13}\mathbf{e}_1 \wedge \mathbf{e}_3 + p_{14}\mathbf{e}_1 \wedge \mathbf{e}_4 \\ & + p_{23}\mathbf{e}_2 \wedge \mathbf{e}_3 + p_{24}\mathbf{e}_2 \wedge \mathbf{e}_4 + p_{34}\mathbf{e}_3 \wedge \mathbf{e}_4\end{aligned}$$

であるから

$$[\mathbf{x}\wedge\mathbf{y}] = [p_{12}:p_{13}:p_{14}:p_{23}:p_{24}:p_{34}]$$

を得るが,

$$0 = (\mathbf{x}\wedge\mathbf{y})\wedge(\mathbf{x}\wedge\mathbf{y}) = 2(p_{12}p_{34}-p_{13}p_{24}+p_{14}p_{23})\boldsymbol{e}_1\wedge\boldsymbol{e}_2\wedge\boldsymbol{e}_3\wedge\boldsymbol{e}_4$$

より**プリュッカー関係式** (Plücker relation) とよばれる関係式

$$p_{12}p_{34}-p_{13}p_{24}+p_{14}p_{23}=0$$

が得られる．ここでは詳細な証明を与えないが $\mathrm{Gr}_2(\mathbb{K}^4)$ のプリュッカー埋め込みの像は

$$\{[p_{12}:p_{13}:p_{14}:p_{23}:p_{24}:p_{34}]\in\mathbb{K}\mathrm{P}^5 \mid p_{12}p_{34}-p_{13}p_{24}+p_{14}p_{23}=0\}$$

であることが確かめられる ($\mathrm{Gr}_2(\mathbb{K}^4)$ は射影代数多様体である).

微分幾何学的な見方を説明しておこう．$\wedge^2\mathbb{K}^4$ に $\mathbb{K}$ スカラー積 $\langle\cdot,\cdot\rangle$ を次の要領で定める．基底 (7.1) に関する $\langle\cdot,\cdot\rangle$ の表現行列は

$$\begin{pmatrix} 0 & 0 & 0 & 0 & 1 \\ 0 & 0 & 0 & -1 & 0 \\ 0 & 0 & 1 & 0 & 0 \\ 0 & -1 & 0 & 0 & 0 \\ 1 & 0 & 0 & 0 & 0 \end{pmatrix}$$

であるとする．$\mathbb{K}=\mathbb{R}$ のとき，これは指数 3 のスカラー積である．したがって $(\wedge^2\mathbb{R}^4,\langle\cdot,\cdot\rangle)=\mathbb{E}^6_3$ と思うことができる．$\mathrm{SL}_4\mathbb{K}$ は

$$\mathrm{SL}_4\mathbb{K}\times\wedge^2\mathbb{K}^4\to\wedge^2\mathbb{K}^4;\quad A(\mathbf{x}\wedge\mathbf{y})=(A\mathbf{x})\wedge(A\mathbf{y})$$

により $\wedge^2\mathbb{K}^4$ に左から作用するが,

$$\langle A(\mathbf{x}\wedge\mathbf{y}),A(\mathbf{z}\wedge\mathbf{w})\rangle=\langle\mathbf{x}\wedge\mathbf{y},\mathbf{z}\wedge\mathbf{w}\rangle$$

をみたすことが確かめられる[*1].

$\mathbf{p} = (p_{12}, p_{13}, p_{14}, p_{23}, p_{24}, p_{34}) \in \wedge^2\mathbb{K}^4$ に対し

$$\langle \mathbf{p}, \mathbf{p} \rangle = 4(p_{12}p_{34} - p_{13}p_{24} + p_{14}p_{23})$$

であることに着目すると

$$\mathrm{Gr}_2(\mathbb{K}^4) = \{[\mathbf{p}] \in \mathbb{K}\mathrm{P}^5 \mid \langle \mathbf{p}, \mathbf{p} \rangle = 0\}$$

と書き直せる (Klein quadric とよばれる).

$\wedge^2\mathbb{R}^4 = \mathbb{E}^6_3$ と考えよう．$\mathbb{E}^6_3$ の零錐

$$\Lambda = \{\mathbf{p} \in \mathbb{E}^6_3 \mid \langle \mathbf{p}, \mathbf{p} \rangle = 0,\ \mathbf{p} \neq \mathbf{0}\}$$

を用いると $\mathrm{Gr}_2(\mathbb{K}^4) = \{[\mathbf{p}] \in \mathbb{K}\mathrm{P}^5 \mid \mathbf{p} \in \Lambda\}$ は Λ 上の $\mathbb{R}^\times$ の右作用

$$\Lambda \times \mathbb{R}^\times \to \Lambda; \quad (\mathbf{p}, \lambda) \longmapsto \mathbf{p}\lambda$$

による軌道空間である．そのため $\mathrm{Gr}_2(\mathbb{R}^4)$ は $\mathbb{E}^6_3$ の**射影零錐** (projective nullcone) ともよばれる．射影幾何学的には，$\mathrm{Gr}_2(\mathbb{K}^4)$ は $\mathbb{K}\mathrm{P}^3$ 内の直線の全体と理解される．実際，$\mathbb{K}\mathrm{P}^3$ の 2 点 $[\mathbf{x}]$ と $[\mathbf{y}]$ を結ぶ直線が $[\mathbf{x} \wedge \mathbf{y}] \in \mathrm{Gr}_2(\mathbb{K}^4)$ で与えられるからである．

註 7.2 (リーの 2 次超曲面) 擬ユークリッド空間 $\mathbb{E}^6_2$ の零錐の射影化 $\{[\mathbf{p}] \in \mathbb{R}\mathrm{P}^5 \mid \mathbf{p} \in \Lambda\}$ は**リーの 2 次超曲面** (Lie quadric) とよばれる．リーの 2 次超曲面は $\mathbb{E}^3 \cup \{\infty\}$ の球面全体（平面と 1 点も球面の特別なものとみなす）と同一視される[*2].

[*1] 【リー群論の知識のある読者向けの注意】この事実から $\mathrm{SL}_4\mathbb{R}/\mathbb{Z}_2 \cong \mathrm{SO}^+_3(6)$ を得る．後述するリーの 2 次超曲面を考察することで $\mathrm{SU}_2(4)/\mathbb{Z}_2 \cong \mathrm{SO}^+_2(6)$ が得られる．なお $\mathrm{SU}(4)/\mathbb{Z}_2 \cong \mathrm{SO}(6)$ が成り立つ．

[*2] T. E. Cecil, *Lie Sphere Geometry with Application to Submanifolds* (2nd ed.), Springer Verlag, 2010.

グラスマン多様体 $\mathrm{Gr}_k(\mathbb{K}^n)$ には $\mathrm{U}(n;\mathbb{K})$ が左から作用する：

$$\rho : \mathrm{U}(n;\mathbb{K}) \times \mathrm{Gr}_k(\mathbb{K}^n) \to \mathrm{Gr}_k(\mathbb{K}^n);$$

$$\rho(A; [\boldsymbol{w}_1 \wedge \boldsymbol{w}_2 \wedge \cdots \wedge \boldsymbol{w}_k]) = [A\boldsymbol{w}_1 \wedge A\boldsymbol{w}_2 \wedge \cdots \wedge A\boldsymbol{w}_k].$$

この作用は推移的である．原点として標準基底 $\{\mathbf{e}_1, \mathbf{e}_2, \ldots, \mathbf{e}_n\}$ の最初の k 本で張られる線型部分空間 $[\mathbf{e}_1 \wedge \mathbf{e}_2 \wedge \cdots \wedge \mathbf{e}_n]$ を選ぶと，この線型部分空間における固定群は

$$\left\{ \begin{pmatrix} A & O \\ O & B \end{pmatrix} \middle| \; A \in \mathrm{U}(k;\mathbb{K}),\ B \in \mathrm{U}(n-k;\mathbb{K}) \right\} \subset \mathrm{U}(n;\mathbb{K})$$

であることが確かめられる．この部分群を $\mathrm{U}(k;\mathbb{K}) \times \mathrm{U}(n-k;\mathbb{K})$ と表記する．したがって

$$\mathrm{Gr}_k(\mathbb{R}) = \mathrm{O}(n)/\mathrm{O}(k) \times \mathrm{O}(n-k), \quad \mathrm{Gr}_k(\mathbb{C}) = \mathrm{U}(n)/\mathrm{U}(k) \times \mathrm{U}(n-k)$$

と表示できる．

複素グラスマン多様体 $\mathrm{Gr}_k(\mathbb{C}^n)$ については [91, Lecture 6] および [89, § 1.5, § 6.2] を参照．グラスマン多様体は表現論，数え上げ幾何学でも重要である．文献 [3, 4] を参照．

7.3 標準埋め込み

機械学習・最適化数理などでグラスマン多様体（やシュティーフェル多様体）が活用されている．それらの分野ではグラスマン多様体を直交射影子の集合として捉えている．その理解を幾何学的に検討しよう．

n 次元ユークリッド空間 $\mathbb{E}^n$ における直和分解 $\mathrm{S}^2(\mathbb{E}^n) = \mathrm{S}^2_0(\mathbb{E}^n) \oplus \mathbb{R}(\cdot|\cdot)$ は標準基底に関する表現行列を介して

$$\mathrm{Sym}_n\mathbb{R} = \mathrm{Sym}^\circ_n\mathbb{R} \oplus \mathbb{R}E_n, \quad \mathrm{Sym}^\circ_n\mathbb{R} = \{X \in \mathrm{Sym}_n\mathbb{R} \mid \mathrm{tr}\, X = 0\}$$

という直和分解に書き換えられる．その類似として

$$\mathrm{Her}_n\mathbb{C} = \mathrm{Her}_n^\circ\mathbb{C} \oplus \mathbb{C}E_n, \quad \mathrm{Her}_n^\circ\mathbb{C} = \{X \in \mathrm{Her}_n\mathbb{C} \mid \mathrm{tr}\, X = 0\}$$

という分解が得られる．これらを再検討しよう．まず $\mathrm{Sym}_2\mathbb{R}$ は $\mathrm{S}^2(\mathbb{E}^n)$ と思うことができた．$\mathrm{S}^2(\mathbb{E}^n)$ の内積を

$$(A|B) = \sum_{i,j=1}^{n} a_{ij}b_{ij} = \mathrm{tr}(AB)$$

で定めたことを思い出そう．この内積に関し

$$\{E_{ii}\}_{1\leq i\leq n} \bigcup \left\{ \frac{1}{\sqrt{2}}(E_{ij} + E_{ji}) \right\}_{1\leq i<j\leq n}$$

が正規直交基底であった ((6.25) 参照)． $\mathrm{Sym}_n\mathbb{R}$ はこの内積を介して $\mathbb{E}^{n(n+1)/2}$ と同一視される．

$\mathrm{Her}_n\mathbb{C}$ のエルミート内積を p. 120 の例 1.21 で定めたことを思い出そう (式 (1.28) を見よ).

$$\langle Z|W\rangle = \sum_{l,m=1}^{n} z_{lm}\overline{w_{lm}}, \quad Z = (z_{lm}),\, W = (w_{lm}) \in \mathrm{M}_n\mathbb{C}.$$

固有和を使うと

$$\langle Z|W\rangle = \mathrm{tr}(ZW^*) = \mathrm{tr}({}^tZ\overline{W})$$

と表せる．このエルミート内積に関し $\mathrm{M}_n\mathbb{C}$ は $\mathbb{C}^{n^2}$ と同一視される．

$$z_{lm} = x_{lm} + \mathtt{i}y_{lm}, \quad w_{lm} = u_{lm} + \mathtt{i}v_{lm}$$

と表すと

$$\langle Z|W\rangle = \sum_{l,m=1}^{n} (x_{lm}u_{lm} + y_{lm}v_{lm}) + \mathtt{i} \sum_{l,m=1}^{n} (y_{lm}u_{lm} - x_{lm}v_{lm}).$$

註 7.3 $\mathrm{M}_n\mathbb{C}$ は複素線型空間であるが $\mathrm{Her}_n\mathbb{C}$ はそうではないことに注意しよう．実際，$Z \in \mathrm{Her}_n\mathbb{C}$ に対し $(\mathtt{i}Z)^* = -\mathtt{i}Z$ だから $\mathtt{i}Z \notin \mathrm{Her}_n\mathbb{C}$. しかし実線型空間にはなっている．

$$Z = X + \mathtt{i}Y, \quad X = (x_{kl}), \quad Y = (y_{kl})$$

とおくと

$$Z^* = Z \iff X \in \mathrm{Sym}_n\mathbb{R}, \quad Y \in \mathrm{Alt}_n\mathbb{R}$$

である．$\mathrm{Sym}_n\mathbb{R}$ の複素化は $\mathrm{Her}_n\mathbb{C}$ ではなく $\mathrm{Sym}_n\mathbb{C}$ であることに注意.

そこで**実**線型空間 $\mathrm{Her}_n\mathbb{C}$ の内積を $\langle Z|W\rangle$ の実部

$$(Z|W) = \mathrm{Re}\,\langle Z|W\rangle = \sum_{l,m=1}^{n}(x_{lm}u_{lm} + y_{lm}v_{lm})$$

で定義しよう．この内積に関し

$$\{E_{ll}\}_{1\leq l\leq n}\bigcup\left\{\frac{1}{\sqrt{2}}(E_{lm}+E_{ml}),\ \frac{1}{\sqrt{2}}\mathtt{i}(E_{lm}-E_{ml})\right\}_{1\leq l<m\leq n}$$

は正規直交基底である．この内積を介して $\mathrm{Her}_n\mathbb{C} = \mathbb{E}^{n^2}$ と同一視される．以後，$\mathrm{Sym}_n\mathbb{R}$ と $\mathrm{Her}_n\mathbb{C}$ を統合して $\mathrm{Her}_n\mathbb{K}$ として取り扱う．また $\mathsf{N} = \dim\mathrm{Her}_n\mathbb{K}$ とおく．内積を用いてユークリッド距離函数 d を $\mathrm{Her}_n\mathbb{K}$ に与えよう．

$$\mathrm{d}(Z,W) = \sqrt{(Z-W|Z-W)}.$$

$Z \in \mathrm{Her}_n\mathbb{K}$ の対角成分はすべて実数であることに注意しよう．

$$\mathrm{Her}_n^{\circ}\mathbb{K} = \{Z \in \mathrm{Her}_n\mathbb{K} \mid \mathrm{tr}\,Z = 0\}$$

は $\mathrm{Her}_n\mathbb{K}$ の線型部分空間であり，その次元は $\dim\mathrm{Her}_n\mathbb{K} - 1 = \mathsf{N} - 1$.

$$\mathrm{Her}_n\mathbb{K} = \mathrm{Her}_n^{\circ}\mathbb{K} \oplus \mathbb{R}E_n$$

は直交直和分解である．$Z \in \mathrm{Her}_n\mathbb{K}$ に対し $\mathring{Z} = Z - \{(\mathrm{tr}\,Z)/n\}E_n$ とおくと $\mathring{Z} \in \mathrm{Her}_n^{\circ}\mathbb{K}$ である．グラスマン多様体 $\mathrm{Gr}_k(\mathbb{K}^n)$ の元 $\mathbb{W}$ への直交射影子

$\mathrm{P}_{\mathbb{W}}$ は $\mathrm{Her}_n\mathbb{K}$ の元である．そこで写像 $\mathrm{P}:\mathrm{Gr}_k(\mathbb{K}^n)\to\mathrm{Her}_n\mathbb{K}$ を

$$\mathrm{P}:\mathrm{Gr}_k(\mathbb{K}^n)\to\mathrm{Her}_n\mathbb{K};\quad \mathbb{W}\longmapsto\mathrm{P}_{\mathbb{W}}$$

で定めよう．$\mathrm{rank}\,\mathrm{P}_{\mathbb{W}}=\mathrm{tr}\,\mathrm{P}_{\mathbb{W}}=k$ であることに注意すると P によるグラスマン多様体の像は

$$\{P\in\mathrm{Her}_n\mathbb{K}\mid P^2=P,\ \mathrm{tr}\,P=k\}$$

である．そこで，この像を $\mathrm{Gr}_k(\mathbb{K}^n)$ だと思うことにしよう．
$\Pi=\{Z\in\mathrm{Her}\mid\mathrm{tr}\,Z=k\}$ とおくと

$$\Pi=\left\{\frac{k}{n}E_n+Z\;\middle|\;Z\in\mathrm{Her}^{\circ}_n\mathbb{K}\right\}$$

と表せる．Π を $\frac{k}{n}E_n+\mathrm{Her}^{\circ}_n\mathbb{K}$ と表し $\mathrm{Her}_n\mathbb{K}$ 内の $\frac{k}{n}E_n$ を通り $\mathrm{Her}^{\circ}_n\mathbb{K}$ に平行な超平面とよぶ．$\mathrm{Her}^{\circ}_n\mathbb{K}$ と Π の双方に $\mathrm{Her}_n\mathbb{K}$ のユークリッド距離を制限することで，両者を距離空間として扱える（両者は等長的である）．

$P\in\mathrm{Gr}_k(\mathbb{K}^n)$ を $P=\mathring{P}+\frac{k}{n}E_n$ と直交分解すると $\mathring{P}$ の (l,m) 成分は $\mathring{p}_{lm}=p_{lm}-\frac{k}{n}\delta_{lm}$ であるから $P^2=P$ と $\mathrm{tr}\,P=k$ を利用すると

$$\begin{aligned}(\mathring{P}|\mathring{P})=&\mathrm{tr}(\mathring{P}^2)=\sum_{l,m=1}^{n}\left\{(p_{lm}-\tfrac{k}{n}\delta_{lm})(p_{ml}-\tfrac{k}{n}\delta_{ml})\right\}\\ &=\sum_{l=1}^{n}\left\{\sum_{m=1}^{n}p_{lm}p_{ml}-\frac{k}{n}\sum_{m=1}^{n}(p_{lm}\delta_{ml}+\delta_{lm}p_{ml})+\frac{k^2}{n^2}\sum_{m=1}^{n}\delta_{lm}\delta_{ml}\right\}\\ &=\sum_{l=1}^{n}\left((P^2)_{ll}-\frac{2k}{n}p_{ll}+\frac{k^2}{n^2}\delta_{ll}\right)=\frac{k(n-k)}{n}>0\end{aligned}$$

を得る．ここで次の記法を導入する：

定義 7.1 距離空間 (X,d) の点 p と正数 R に対し

$$\mathrm{S}(p;R)=\{q\in X\mid d(p,q)=R\}$$

を X における，p を中心とする半径 R の球面とよぶ．$(X,d)=\mathbb{E}^n$ のとき $\mathrm{S}(p;R)$ を $\mathbb{S}^{n-1}(p;R)$ と表記し $(n-1)$ 次元球面とよぶ．

もちろん $X=\mathbb{E}^3$ なら，よく知っている「球面」である．

グラスマン多様体に戻ろう．$\mathrm{Gr}_k(\mathbb{K}^n)$ は Π 内の $\frac{k}{n}E_n$ を中心とする半径 $R=\sqrt{k(n-k)/n}$ の $(\mathsf{N}-2)$ 次元球面

$$\mathbb{S}^{\mathsf{N}-2}\left(\tfrac{k}{n};R\right)=\left\{P\in\Pi \mid (P-\tfrac{k}{n}E_n|P-\tfrac{k}{n})=R^2\right\}$$

に含まれていることがわかった．以上のことから写像 $P:\mathrm{Gr}_k(\mathbb{K}^n)\to\mathrm{Her}_n\mathbb{K}$ はグラスマン多様体を $(\mathsf{N}-2)$ 次元球面内の図形として実現する方法である．この P をグラスマン多様体 $\mathrm{Gr}_k(\mathbb{K}^n)$ の**第一標準埋め込み** (first standard imbedding) とよばれる．"第一" と名付けられるのはグラスマン多様体の（ラプラス作用素の）第一固有値に由来するからである．将来，微分幾何を学ぶことを予定している読者は是非，調べてみてほしい．

【ひとこと】 **(多様体論的注釈)** グラスマン多様体 $\mathrm{Gr}_k(\mathbb{K}^n)$ が多様体であることを証明するには，種々の方法がある．$\mathrm{Gr}_k(\mathbb{K}^n)=\mathrm{Stief}_k^*(\mathbb{K}^n)/\sim$ を用いる方法，$\mathrm{Gr}_k(\mathbb{K})=\mathrm{U}(n;\mathbb{K})/\mathrm{U}(k;\mathbb{K})\times\mathrm{U}(n-k;\mathbb{K})$ を用いる方法．第一標準埋め込みを用いる方法．プリュッカー埋め込みを用いると射影代数多様体であることが証明できる．

例 7.1 $\mathrm{Gr}_1(\mathbb{R}^2)$ の第一標準埋め込みを書き出してみよう．$\mathrm{Sym}_2\mathbb{R}$ を

$$\left\{P=\begin{pmatrix} x & y/\sqrt{2} \\ y/\sqrt{2} & z \end{pmatrix}\ \middle|\ x,y,z\in\mathbb{R}\right\}=\mathbb{E}^3(x,y,z)$$

と表示すると

$$\Pi=\{(x,y,z)\in\mathbb{E}^3 \mid x+z=1\},\quad \mathrm{Sym}_2^\circ\mathbb{R}=\{(x,y,-x)\mid x,y\in\mathbb{R}\}.$$

$\frac{1}{2}E_2$ は $(\frac{1}{2},0,\frac{1}{2})\in\mathbb{E}^3$ に対応する．$P^2=P\iff x+z=1$ かつ $(x-\frac{1}{2})^2+\frac{y^2}{2}=\frac{1}{4}$ であるから

$$\mathrm{Gr}_1(\mathbb{R}^2)=\left\{P=\begin{pmatrix} x & y/\sqrt{2} \\ y/\sqrt{2} & 1-x \end{pmatrix}\ \middle|\ (x-\frac{1}{2})^2+\frac{y^2}{2}=\frac{1}{4}\right\}.$$

これは $\mathbb{E}^3$ 内の $(\frac{1}{2},0,\frac{1}{2})$ を中心とする半径 $1/\sqrt{2}$ の2次元球面

$$\mathbb{S}^2((\tfrac{1}{2},0,\tfrac{1}{2});1/\sqrt{2}) = \{(x,y,z) \in \mathbb{E}^3 \mid (x-\tfrac{1}{2})^2 + y^2 + (z-\tfrac{1}{2})^2 = \tfrac{1}{2}\}$$

の Π による切り口で与えられる円である.

【ひとこと】 **(無限次元)** この本では，ほんの少しだけ無限次元線型空間の話題を出した．無限次元ヒルベルト空間に対してもグラスマン多様体を定義することができる.

複素ヒルベルト空間 $\mathbb{V}$ を用意する[*3]．$\mathbb{V}$ がいま2つの閉部分空間の直和 $\mathbb{V} = \mathbb{V}_+ \oplus \mathbb{V}_-$ に分解されているとする．さらに $\mathbb{V}_- = \mathbb{V}_+^{\perp}$ であるとする．$\mathrm{P}_+ : \mathbb{V} \to \mathbb{V}_+$ および $\mathrm{P}_- : \mathbb{V} \to \mathbb{V}_-$ を直交射影子とする．このとき

- $\mathrm{P}_+|_{\mathbb{W}} : \mathbb{W} \to \mathbb{V}_+$ はフレッドホルム作用素.
- $\mathrm{P}_-|_{\mathbb{W}} : \mathbb{W} \to \mathbb{V}_-$ はコンパクト作用素.

という条件をみたす $\mathbb{V}$ の閉部分空間 $\mathbb{W}$ の全体を $\mathrm{Gr}(\mathbb{V})$ と表記し，$\mathbb{V}$ の**グラスマン模型** (Grassmannian model) とよぶ．佐藤-シーガル-ウィルソンのグラスマン多様体 (Sato-Segal-Wilson Grassmannian) とよぶ文献もある．この定義は Segal と Wilson [121] による.

$\mathrm{Gr}_k(\mathbb{C}) = \mathrm{U}(n)/\mathrm{U}(k) \times \mathrm{U}(n-k)$ のような表示を $\mathrm{Gr}(\mathbb{V})$ ももつだろうか？ そういう素朴な疑問をもつ読者もいるだろう．$\mathrm{Gr}(\mathbb{V})$ は（無限次元のリー群である）ループ群を用いて表示することができる．プレスリーとシーガルの教科書 [115] に詳しく解説されている.

KP 方程式 (Kadomtsev–Petviashvili equation)

$$\frac{\partial}{\partial x}\left(-4\frac{\partial u}{\partial t} + 6u\frac{\partial u}{\partial x} + \frac{\partial^3 u}{\partial t}\right) + 3\frac{\partial^2 u}{\partial y^2} = 0$$

とよばれる非線型波動方程式の“解全体”が無限次元グラスマン多様体をなすことを佐藤幹夫・毛織泰子（佐藤泰子） [42, 117, 118, 119] が示した．その際に KP 方程式を広田双線型形式 [59] とよばれるものに書き換えるのだが，その双線型形式は無限次元グラスマン多様体を無限次元射影空間に埋め込む際のプリュッカー関係式である．佐藤による無限次元グラスマン多様体は**普遍グラスマン多様体** とよばれる（UGM と表記される．詳細は [23, 43, 50, 51, 111] を参照)．普遍グラスマン多様体を用いて，ソリトン方程式とよばれる一連の非線型波動方程式に統一的な取り扱

*3 可分 (separable) という条件を課す．$\mathbb{V}$ の可算部分集合 D で，その閉包が $\mathbb{V}$ となるものが存在すること．この仮定の下で $\mathbb{V}$ は完全正規直交系をもつ.

いを与える理論は佐藤理論 (Sato Theory) とよばれ無限可積分系とよばれる研究分野を飛躍的に発展させた．三輪・神保・伊達の教科書 [66] を参照してほしい．佐藤理論完成後，無限可積分系は様々な分野と関連しその活躍する範囲を拡大し続けている．その様子は [57] で見ることができる．

位相線型空間

無限次元線型空間に関して，本文で述べられなかった事項について手短な解説を行う．

A.1 線型空間の位相

この節では線型空間の位相について検討する．位相空間の概念について未習の読者のため，位相の定義を述べておく[*1]．写像の連続性が意味をなすためには，定義域と終域の集合に位相が定められていなければならない．

定義 A.1 空でない集合 X の集合族 $\mathcal{O}$ が次の条件をみたすとき $\mathcal{O}$ を X の**開集合系**という．X に開集合系 $\mathcal{O}$ が指定されたとき X に位相が定められたという．$(X, \mathcal{O})$ を**位相空間**（topological space），$\mathcal{O}$ の元を**開集合**（open set）という．

(1) $\varnothing \in \mathcal{O}$ かつ $X \in \mathcal{O}$.

(2) $O_1, O_2 \in \mathcal{O} \Longrightarrow O_1 \cap O_2 \in \mathcal{O}$.

(3) 部分集合の族 $\{O_\lambda\}_{\lambda\in\Lambda}$ において

$$\forall\lambda \in \Lambda : \ O_\lambda \in \mathcal{O} \Longrightarrow \bigcup_{\lambda\in\Lambda} O_\lambda \in \mathcal{O}.$$

位相空間 $(X, \mathcal{O}_X)$ で定義され位相空間 $(Y, \mathcal{O}_Y)$ に値をもつ写像 $f : X \to Y$ が**連続**であるとは

$$\forall O \in \mathcal{O}_Y : \ f^{-1}\{O\} \in \mathcal{O}_X$$

---

*1 位相について学習したい読者には [35, 62] を薦めておく．著者は [27] で学んだ．

をみたすことである．

定義 A.2 写像 $f:(X,\mathcal{O}_X)\to(Y,\mathcal{O}_Y)$ が**同相写像**（homeomorphism）であるとは

- f は連続,
- f は全単射であり
- 逆写像 $f^{-1}:Y\to X$ も連続

であることをいう．同相写像 $f:X\to Y$ が存在するとき X と Y は**同相**であるといい $X\approx Y$ と記す．X と Y は位相空間として等しいともいう．

同相は同値関係である．

有限次元 $\mathbb{K}$ 線型空間 $\mathbb{V}$ は基底を介して $\mathbb{K}^n$ と同一視できる $(n=\dim\mathbb{V})$．したがって位相空間として $\mathbb{K}^n$ と同相である．つまり有限次元 $\mathbb{K}$ 線型空間には**位相構造が自然に定まっている**．

定理 A.1 n 次元 $\mathbb{K}$ 線型空間 $\mathbb{V}$ には標準的な位相が定まる．この位相に関し $\mathbb{V}$ は $\mathbb{K}^n$ と同相である．

【証明】 2 組の基底 $\mathcal{E}=\{\boldsymbol{e}_1,\boldsymbol{e}_2,\ldots,\boldsymbol{e}_n\}$ と $\mathcal{G}=\{\boldsymbol{g}_1,\boldsymbol{g}_2,\ldots,\boldsymbol{g}_n\}$ に関する座標系 $\varphi_{\mathcal{E}}=(x^1,x^2,\ldots,x^n)$ と $\varphi_{\mathcal{G}}=(y^1,y^2,\ldots,y^n)$ それぞれで，$\mathbb{V}$ に位相を定めてみる．まず $\varphi_{\mathcal{E}}:\mathbb{V}\to\mathbb{K}^n$ は全単射なので

$$U\subset\mathbb{V}\text{ は開集合 }\iff\varphi_{\mathcal{E}}(U)\text{ は }\mathbb{K}^n\text{における開集合}$$

で $\mathbb{V}$ における開集合の概念を定める．$\mathbb{K}^n$ の開集合全体を $\mathcal{O}_{\mathbb{K}^n}$ とすると $\mathbb{V}$ の開集合系 $\mathcal{O}_{\mathbb{V}}$ は

$$\mathcal{O}_{\mathbb{V}}=\{\varphi_{\mathcal{E}}^{-1}(W)\mid W\in\mathcal{O}_{\mathbb{K}^n}\}$$

で与えられる．とくに $\varphi_{\mathcal{E}}:(\mathbb{V},\mathcal{O}_{\mathbb{V}})\to\mathbb{K}^n$ は同相写像である．

次に基底 $\mathcal{G}$ を用いて $\mathbb{V}$ に別の開集合系 $\mathcal{O}'_{\mathbb{V}} = \{\varphi_{\mathcal{G}}^{-1}(W) \mid W \in \mathcal{O}_{\mathbb{K}^n}\}$ を定めると $\varphi_{\mathcal{G}} : (\mathbb{V}, \mathcal{O}'_{\mathbb{V}}) \to \mathbb{K}\ n$ は同相写像である．したがって

$$\varphi_{\mathcal{E}} \circ \varphi_{\mathcal{G}}^{-1} : (\mathbb{V}, \mathcal{O}'_{\mathbb{V}}) \to (\mathbb{V}, \mathcal{O}_{\mathbb{V}})$$

は同相写像である．ゆえに $(\mathbb{V}, \mathcal{O}_{\mathbb{V}})$ と $(\mathbb{V}, \mathcal{O}'_{\mathbb{V}})$ は同相．すなわち $\mathcal{O}_{\mathbb{V}}$ は基底の選び方に依存しない．この位相を $\mathbb{V}$ の**標準的線型位相**（canonical linear topology）とよぶ． ■

無限次元線型空間のときは自然に位相構造が定まっておらず状況や目的に応じて位相構造を定めなければならない．その際に注意しなければならないことは有限次元のときに自動的に成り立っている次の性質である．

命題 A.1 有限次元 $\mathbb{K}$ 線型空間 $\mathbb{V}$ において加法 $+$ を直積位相空間 $\mathbb{V} \times \mathbb{V}$ から $\mathbb{V}$ の写像とみるとき，連続写像である．またスカラー乗法を $\mathbb{K} \times \mathbb{V}$ から $\mathbb{V}$ への写像とみるとき連続写像である．

$\dim \mathbb{V} = n$ ならば $\mathbb{V}$ は $\mathbb{K}^n$ と同相だから，この命題は $\mathbb{V} = \mathbb{K}^n$ のときに確かめればよいが加法演算は $\mathbb{K}^n \times \mathbb{K}^n \to \mathbb{K}^n$ で

$$((x^1, x^2, \ldots, x^n), (y^1, y^2, \ldots, y^n)) \longmapsto (x^1 + y^1, x^2 + y^2, \ldots, x^n + y^n)$$

という多変数函数であり明らかに連続（明らかと思えない読者は定義に沿って確かめておこう）．スカラー乗法も $\mathbb{K} \times \mathbb{K}^n \to \mathbb{K}^n$ で

$$(t, (x^1, x^2, \ldots, x^n)) \longmapsto (tx^1, tx^2, \ldots, tx^n)$$

と表せるから，これも連続である．

無限次元のときはこの性質は自動的にみたされないので次の定義を行う．

定義 A.3 $\mathbb{K}$ 線型空間 $\mathbb{V}$ に位相構造が与えられており加法とスカラー乗法が連続写像であるとき $\mathbb{V}$ は**位相線型空間**（topological linear space, topological vector space）であるという．

線型位相空間とか位相ベクトル空間という用語を用いる文献もある．

A.2 セミ・ノルム系

線型空間に位相を与える方法を紹介しよう．

定義 A.4 (セミ・ノルム) $\mathbb{K}$ 線型空間 $\mathbb{V}$ 上の実数値函数 $p : \mathbb{V} \to \mathbb{R}$ が，すべての $\boldsymbol{x}, \boldsymbol{y} \in \mathbb{V}$ と $\lambda \in \mathbb{K}$ に対し

$$p(\boldsymbol{x}) \geq 0, \quad p(\boldsymbol{x}+\boldsymbol{y}) \leq p(\boldsymbol{x}) + p(\boldsymbol{y}), \quad p(\lambda \boldsymbol{x}) = |\lambda|\, p(\boldsymbol{x}),$$

をみたすとき，p を $\mathbb{V}$ 上の**セミ・ノルム** (semi norm) とよぶ．とくに正値性条件

$$p(\boldsymbol{x}) = \boldsymbol{0} \Longrightarrow \boldsymbol{x} = \boldsymbol{0}$$

をみたすとき p は**ノルム**である．ノルムは $\|\boldsymbol{x}\|$ と表記することが多い．

ノルム $\|\cdot\|$ が与えられていれば

$$\mathrm{d}(\boldsymbol{x}, \boldsymbol{y}) = \|\boldsymbol{x} - \boldsymbol{y}\|$$

で距離函数が定まるので，$\mathbb{V}$ には距離位相が与えられる．

註 A.1 $\varepsilon > 0$ とする．距離空間 (X, d) において点 $p \in X$ の ε-近傍 $U_\varepsilon(p)$ を

$$U_\varepsilon(p) = \{q \in X \mid d(p,q) < \varepsilon\}$$

で定める．集合族 $\mathcal{O}$ を次のように定める．

$$U \in \mathcal{O} \Longleftrightarrow \forall p \in U : \exists \varepsilon > 0;\ U_\varepsilon(p) \subset U.$$

このとき $\mathcal{O}$ は X の位相を定める．この位相を距離函数 d の定める**距離位相**とよぶ．

ノルムを指定した線型空間を**ノルム空間** (normed space) という．ノルムで定まる距離函数について完備であるとき，すなわち，任意のコーシー列，つまり

$$\lim_{n,m\to\infty} \|\boldsymbol{x}_n - \boldsymbol{x}_m\| = 0$$

をみたす点列 $\{\boldsymbol{x}_n\}$ が必ず収束するとき，ノルム空間 $(\mathbb{V}, \|\cdot\|)$ は**バナッハ空間** (Banach space) とよばれる．

たとえば開集合 $\Omega \subset \mathbb{R}^n$ 上で

$$L^p(\Omega) = \left\{ f : \Omega \to \mathbb{R} \;\middle|\; \int_\Omega |f(\boldsymbol{x})|^p \, \mathrm{d}\boldsymbol{x} < \infty \right\}$$

という線型空間を考える（積分はルベーグ積分）．$p > 0$ である．$L^p(\Omega)$ ではノルム

$$\|f\|_p = \left(\int_\Omega |f(\boldsymbol{x})|^p \, \mathrm{d}\boldsymbol{x} \right)^{\frac{1}{p}}$$

を与える．$L^p(\Omega)$ はバナッハ空間である．このノルムを L^p-ノルムという．

$p = 2$ のとき，

$$(f|g) = \int_\Omega f(\boldsymbol{x}) g(\boldsymbol{x}) \, \mathrm{d}\boldsymbol{x}$$

は $L^2(\Omega)$ 上の内積を与える（L^2 **内積**という）．$\|f\|_2 = \sqrt{(f|f)}$ であることに注意（したがって $L^2(\Omega)$ はヒルベルト空間である）．

線型空間 $\mathbb{V}$ に可算個のセミ・ノルム $\{p_m\}_{m=1}^\infty$ が与えられており条件

$$\forall m : \; p_m(\boldsymbol{x}) = 0 \Longrightarrow \boldsymbol{x} = \boldsymbol{0}$$

をみたすとき点列の収束を次のように定義できる．

$$\lim_{j \to \infty} \boldsymbol{x}_j = \boldsymbol{x} \Longleftrightarrow \forall m \geq 1 : \; \lim_{j \to \infty} p_m(\boldsymbol{x}_j - \boldsymbol{x}) = \boldsymbol{0}.$$

このとき収束点は一意的に定まる．実際 $\boldsymbol{x}_j \to \boldsymbol{x}$ かつ $\boldsymbol{x}_i \to \boldsymbol{y}$ と仮定すると

$$0 \leq p_m(\boldsymbol{x} - \boldsymbol{y}) = p_m((\boldsymbol{x} - \boldsymbol{x}_j) + (\boldsymbol{x}_j - \boldsymbol{y})) \leq p_m(\boldsymbol{x} - \boldsymbol{x}_j) + p(\boldsymbol{x}_j - \boldsymbol{y}) \to 0$$

より $\boldsymbol{x} = \boldsymbol{y}$．この「点列の収束」を使って $\mathbb{V}$ に位相を定める．

定理 A.2 セミ・ノルム系 $\{p_m\}_{m=1}^\infty$ の定める位相に関し $\mathbb{V}$ は線型位相空間である．

【証明】 $\boldsymbol{x}_j \to \boldsymbol{x}$, $\boldsymbol{y}_j \to \boldsymbol{y}$, $\lambda_j \to \lambda$ とすると

$$p_m((\boldsymbol{x}_j + \boldsymbol{y}_j) - (\boldsymbol{x} + \boldsymbol{y})) \le p_m(\boldsymbol{x}_j - \boldsymbol{x}) + p_m(\boldsymbol{y}_j - \boldsymbol{y}) \to 0.$$

$$\begin{aligned} p_m(\lambda_j \boldsymbol{x}_j - \lambda \boldsymbol{x}) &= p_m((\lambda_j - \lambda)\boldsymbol{x}_j + \lambda(\boldsymbol{x}_j - \boldsymbol{x})) \\ &\le p_m((\lambda_j - \lambda)\boldsymbol{x}_j) + p_m(\lambda(\boldsymbol{x}_j - \boldsymbol{x})) \\ &= |\lambda_j - \lambda|\, p_m(\boldsymbol{x}_j) + |\lambda|\, p_m(\boldsymbol{x}_j - \boldsymbol{x}) \to 0. \end{aligned}$$

■

セミ・ノルム系 $\mathcal{P} = \{p_m\}$ と $\mathcal{Q} = \{q_l\}$ が同値であることを

$$\forall m: \ p_m(\boldsymbol{x}_j - \boldsymbol{x}) = 0 \iff \forall l: \ q_l(\boldsymbol{x}_j - \boldsymbol{x}) = 0$$

で定める．

同値なセミ・ノルム系から定まる位相は同相である．セミ・ノルム系から定まる位相を距離位相として実現できる．

命題 A.2 与えられたセミ・ノルム系 $\{p_m\}$ に対し，それと同値で番号について単調増加であるセミ・ノルム系 $\{q_l\}$ が存在する．

【証明】

$$q_l := \sum_{1 \le k \le l} p_k(x) \quad \text{とか} \quad q_l(x) = \sum_{k=1}^{l} p_k(x)$$

と定めればよい． ■

したがってセミ・ノルム系は番号について単調増加であると仮定して一般性を失わない．

定理 A.3 与えられたセミ・ノルム系 $\{p_m\}$ に対し

$$d(x, y) = \sum_{m=1}^{\infty} \frac{1}{2^m} \frac{p_m(x - y)}{1 + p_m(x - y)}$$

は $\mathbb{V}$ の距離函数である．この距離の定める位相は $\{p_m\}$ の定める位相と同じである．

A.3 線型作用素

無限次元位相線型空間 $\mathbb{V}$ 上で線型変換を考察する．函数解析では $\mathbb{V}$ 全体で定義されていないものも対象とするため，次の定義を行う．

定義 A.5 $\mathbb{K}$ 線型空間 $\mathbb{V}$ と $\mathbb{W}$ が与えられたとき，$\mathbb{V}$ の部分集合 $\mathcal{D} \subset \mathbb{V}$ で定義され $\mathbb{W}$ に値をもつ写像 $T : \mathcal{D} \to \mathbb{W}$ を T を $\mathbb{V}$ から $\mathbb{W}$ への**作用素**または**演算子**（operator）とよぶ．$\mathcal{D}$ を T の**定義域**（domain）といい $\mathcal{D}(T)$ と表記する．$T(\mathcal{D})$ を T の**値域**という．$\mathbb{V}$ から $\mathbb{W}$ への 2 つの作用素 T_1 と T_2 に対し

$$T_1 = T_2 \Longleftrightarrow \mathcal{D}(T_1) = \mathcal{D}(T_2) \ \& \ \forall \boldsymbol{v} \in \mathcal{D}(T_1) : \ T_1(\boldsymbol{v}) = T_2(\boldsymbol{v})$$

と定める．

とくに $\mathcal{D}(T)$ が $\mathbb{V}$ の線型部分空間であり，T が $\mathbb{K}$ 線型であるとき，T を $\mathbb{V}$ から $\mathbb{W}$ への**線型作用素**（linear operator）とよぶ．このとき値域は $\mathbb{W}$ の線型部分空間である．

$(\mathbb{V}, \|\cdot\|)$ と $(\mathbb{W}, \|\cdot\|)$ をノルム空間とする．$\mathbb{V}$ から $\mathbb{W}$ への線型作用素で有界なものを**有界線型作用素**とよぶ．定義域が $\mathbb{V}$ 全体（かつ $\mathbb{V} \neq \{\mathbf{0}\}$）である $\mathbb{W}$ への有界線型作用素の全体を $\mathcal{B}(\mathbb{V}, \mathbb{W})$ で表す．とくに $\mathbb{W} = \mathbb{K}$ のときは $\mathcal{B}(\mathbb{V}, \mathbb{K}) = \mathbb{V}^*$ である．

例 A.1 $T \in \mathcal{B}(\mathbb{V}, \mathbb{W})$ と $\alpha \in \mathbb{W}^*$ に対し引き戻し

$$(T^*\alpha)(\boldsymbol{x}) = \alpha(T(\boldsymbol{x}))$$

は $\mathcal{X}$ から $\mathbb{K}$ への有界線型作用素である．

$T \in \mathcal{B}(\mathbb{V}, \mathbb{W})$ に対し

$$\|T\| = \sup\left\{ \frac{\|T(\boldsymbol{x})\|}{\|\boldsymbol{x}\|} \;\middle|\; \boldsymbol{x} \in \mathbb{V} \setminus \{\boldsymbol{0}\} \right\}$$

を T の**作用素ノルム**（operator norm）とよぶ．ここでは証明を割愛するが作用素ノルムに関し $\mathcal{B}(\mathbb{V}, \mathbb{W})$ はノルム空間になる．$\mathbb{W}$ がバナッハ空間ならば $\mathcal{B}(\mathbb{V}, \mathbb{W})$ はバナッハ空間になる．とくに $\mathbb{V}^*$ はつねにバナッハ空間になる．

$T_1, T_2 \in \mathcal{B}(\mathbb{V}, \mathbb{W})$ の合成 $T_1 \circ T_2$ を（函数解析の習慣で）T_1T_2 と略記する．このとき

$$\|T_1T_2\| \leq \|T_1\| \, \|T_2\|$$

が成り立つ．

A.4 超函数

セミ・ノルム系 $\mathcal{P} = \{p_m\}$ で位相が与えられた位相線型空間 $(\mathbb{V}, \mathcal{P})$ において

$$\forall \varepsilon > 0,\, m \in \mathbb{N} : \exists j_0; \quad i, j > j_0 \Longrightarrow p_m(\boldsymbol{x}_j - \boldsymbol{x}_i) < \varepsilon$$

をみたす点列 $\{\boldsymbol{x}_j\}$ を**コーシー列**という．コーシー列であることを

$$\lim_{j,i \to \infty} p_m(\boldsymbol{x}_j - \boldsymbol{x}_i) = 0$$

と表す．$(\mathbb{V}, \mathcal{P})$ の任意のコーシー列が収束するとき $(\mathbb{V}, \mathcal{P})$ は**フレシェ空間**（Fréchet space）であるという．

開集合 $\Omega \subset \mathbb{R}^n$ で定義された連続函数 f に対し

$$\mathrm{supp}(f) = \overline{\{\boldsymbol{x} \in \mathbb{R}^n \mid f(\boldsymbol{x}) \neq 0\}} \cap \Omega$$

を f の**台**（support）という[*2]．

[*2] $\overline{\{\boldsymbol{x} \in \mathbb{R}^n \mid f(\boldsymbol{x}) \neq 0\}}$ は $\{\boldsymbol{x} \in \mathbb{R}^n \mid f(\boldsymbol{x}) \neq 0\}$ の閉包を表す．

Ω に含まれるコンパクト集合 K に対し[*3]

$$\mathcal{D}_K(\Omega) = \{\phi \in C^\infty(\Omega) \mid \mathrm{supp}(f) \subset K\}$$

とおく．K の内部が空のとき $\mathcal{D}_K(\Omega) = \{0\}$ であることに注意．また

$$C_0^\infty(\Omega) = \{f \in C^\infty(\Omega) \mid \mathrm{supp}(f) \text{ がコンパクト }\}$$

と定める．シュヴァルツは，この函数空間を $\mathcal{D}$ と表記している．ここで

$$\mathbb{Z}_{\geq 0} = \{0, 1, 2, \dots\}$$

とおき，これの n 個の直積集合を $\mathbb{Z}_{\geq 0}^n$ で表す．$\mathbb{Z}_{\geq 0}^n$ の元を**多重指数**とよぶ．

多重指数 $\alpha = (\alpha_1, \alpha_2, \dots, \alpha_n) \in \mathbb{Z}_{\geq 0}^n$ と $\varphi \in C^\infty(\Omega)$ に対し

$$\partial^\alpha \varphi = \frac{\partial^{|\alpha|}\varphi}{\partial x_1^{\alpha_1} \partial x_2^{\alpha_2} \dots \partial x_n^{\alpha_n}}$$

と定める．ただし $|\alpha| = \alpha_1 + \alpha_2 + \cdots + \alpha_n$．

$C_0^\infty(\Omega)$ 上の線型汎函数 T と Ω に含まれるコンパクト集合 K に対し $\mathsf{T}|_{\mathcal{D}_K(\Omega)}$ が連続，すなわち

$$\forall K: \exists C = C_K, m = m_K \geq 0; |\mathsf{T}(f)| = C_K\, p_{K,m}(\varphi)$$

をみたすとき T を**超函数** (distribution) という．より正確には**シュワルツ超函数**という．$p_{K,m}$ は

$$p_{K,m}(\varphi) = \sum_{|\alpha| \leq m} \sup_{x \in \Omega} |\partial^\alpha \varphi|$$

で与えられるセミ・ノルムである．

$$\mathcal{D}'(\Omega) = \{T : C_0^\infty(\Omega) \to \mathbb{R} \mid \text{超函数 }\}$$

とおく．

[*3] 【位相空間が未習の読者へ】K は $\mathbb{R}^n$ の部分集合なので，K がコンパクトとは，K が有界閉集合と言い換えられる．

定義 A.6 フレシェ空間 $(\mathbb{V}_1, \{p_m^{(1)}\})$ と $(\mathbb{V}_2, \{p_m^{(2)}\})$ において $\mathbb{V}_1 \subset \mathbb{V}_2$ であり $\mathbb{V}_1$ における収束点列 $\{\boldsymbol{x}_j\}$ $(\boldsymbol{x}_j \to \boldsymbol{x})$ に対し

$$\forall\, l,\ p_l^{(1)}(\boldsymbol{x}_j - \boldsymbol{x}) \to 0 \Longrightarrow \forall\, m :\ p_m^{(2)}(\boldsymbol{x}_j - \boldsymbol{x}) \to 0$$

がみたされるとき $\mathbb{V}_1$ は $\mathbb{V}_2$ に**埋め込まれる**といい $\mathbb{V}_1 \hookrightarrow \mathbb{V}_2$ で表す*4.

例 A.2 (急減少函数 $\mathcal{S} \hookrightarrow L^p\ (p \geq 1)$) $f \in C^\infty(\mathbb{R}^n)$ に対し

$$\forall\, \alpha, \beta \in \mathbb{Z}_{\geq 0}^n :\ p_{\alpha,\beta}(f) = \sup_{x \in \mathbb{R}^n} |\boldsymbol{x}^\alpha \partial^\beta \varphi(\boldsymbol{x})| < \infty$$

のとき f は**急減少** (rapidly decreasing) であるという．たとえば $\exp(-\|\boldsymbol{x}\|^2)$ は急減少函数である．

$\mathbb{R}^n$ 上の急減少函数の全体を $\mathcal{S}(\mathbb{R}^n)$ で表す．$f \in \mathcal{S}(\mathbb{R}^n)$ のセミ・ノルムを

$$p_m(f) := \sum_{|\alpha|+k \leq m} \sup_{\boldsymbol{x} \in \mathbb{R}^n} (1 + \|\boldsymbol{x}\|^2)^k |\partial^\alpha \varphi(\boldsymbol{x})|$$

で与える．$p \geq 1$ に対し $\mathcal{S}(\mathbb{R}^n)$ は p 乗ルベーグ積分可能な函数全体のなす線型空間 $L^p(\mathbb{R}^n)$ に埋め込めることが知られている．

$f \in L^2(\mathbb{R})$ とする．$C_0^\infty(\mathbb{R}) \hookrightarrow L^2(\mathbb{R})$ である．そこで

$$\mathsf{T}_f(\phi) = \int_{-\infty}^{+\infty} f(x)\phi(x)\, \mathrm{d}x$$

と定めると超函数である．対応

$$L^2(\mathbb{R}) \ni f \longmapsto \mathsf{T}_f \in \mathcal{D}'(\mathbb{R})$$

は 1 対 1 である．$L^2(\mathbb{R}) \hookrightarrow \mathcal{D}'(\mathbb{R})$ であることが確かめられる．同様に $L^1_{\mathrm{loc}}(\mathbb{R}) \hookrightarrow \mathcal{D}'(\mathbb{R})$ である．

*4 このとき $\mathbb{V}_1$ の位相は $\mathbb{V}_2$ の位相より強い．

デルタ函数は超函数（ディラック測度）として**数学的な実体**が与えられる．$a \in \Omega$ に対し

$$\delta_a(\phi) = \phi(a)$$

で定まる超函数を a における**ディラック測度**という．

註 A.2 (経済学) 多重線型代数や線型位相空間を活用した経済学研究があることを付記しておく．たとえば以下の文献を見てほしい．

- ジェラール・ドブリュー*5，価値の理論：経済均衡の公理的分析，（丸山徹［訳］），東洋経済新報社，1977（原著，1959）．
- 二階堂副包*6，現代経済学の数学的方法：位相数学による分析入門，岩波書店，1960．

A.5 ヒルベルト空間に関する補足

この節では直交分解定理 (定理 1.17) とリースの表現定理 (定理 1.20) の証明を与える．

命題 A.3 ヒルベルト空間 $(\mathbb{V}, \langle\cdot|\cdot\rangle)$ の空でない部分集合 L に対し

$$L^{\perp} = \{\boldsymbol{x} \in \mathbb{V} \mid \forall \boldsymbol{y} \in L : \langle \boldsymbol{x}|\boldsymbol{y}\rangle = 0\}$$

は閉部分空間である．

【証明】 α_1，$\alpha_2 \in \mathbb{K}$，$\boldsymbol{x}_1$，$\boldsymbol{x}_2 \in \mathbb{L}^{\perp}$ に対し

$$\langle \alpha_1 \boldsymbol{x}_1 + \alpha_2 \boldsymbol{x}_2 \,|\, \boldsymbol{y}\rangle = \alpha_1 \langle \boldsymbol{x}_1 \,|\, \boldsymbol{y}\rangle + \alpha_2 \langle \boldsymbol{x}_2 \,|\, \boldsymbol{y}\rangle = 0$$

---

*5 Gerard Debreu, 1921-2004．一般均衡理論に関する研究でノーベル経済学賞（1983）受賞（1983）．

*6 Hukukane Nikaidô, 1923–2001.

がすべての $\boldsymbol{y} \in L$ について成り立つから $L^\perp$ は線型部分空間である．$L^\perp$ 内の収束する点列 $\{\boldsymbol{x}_n\}$ をとろう．極限点を $\boldsymbol{x}$ とする．このときエルミート内積の連続性から

$$0 = \lim_{n\to\infty} \langle \boldsymbol{x}_n \,|\, \boldsymbol{y} \rangle = \left\langle \lim_{n\to\infty} \boldsymbol{x}_n \,\middle|\, \boldsymbol{y} \right\rangle, \quad \forall \boldsymbol{y} \in L$$

が成り立つので極限点は $L^\perp$ に属する． ■

定理 1.13 はヒルベルト空間でも成立する（無限次元でも通用する証明を与える）．

定理 A.4 ヒルベルト空間 $(\mathbb{V}, \langle\cdot|\cdot\rangle)$ の閉部分空間 $\mathbb{W}$ と $\boldsymbol{z} \in \mathbb{V}$ に対し $\mathrm{d}(\boldsymbol{z}, \mathbb{W}) = \mathrm{d}(\boldsymbol{z}, \boldsymbol{w})$ を与える $\boldsymbol{w} \in \mathbb{W}$ が唯一存在する．

【証明】 $d_0 = \mathrm{d}(\boldsymbol{z}, \mathbb{W})$ とおく．任意の $\boldsymbol{y} \in \mathbb{V}$ に対し $d_0 \leq \mathrm{d}(\boldsymbol{z}, \boldsymbol{y})$ が成り立つ．したがって $\mathbb{W}$ 内の点列 $\{\boldsymbol{y}_n\}$ で $\lim_{n\to\infty} \mathrm{d}(\boldsymbol{z}, \boldsymbol{y}_n) = d_0$ となるものが採れる．$\boldsymbol{z} - \boldsymbol{y}_n$ と $\boldsymbol{z} - \boldsymbol{y}_m$ に対し中線定理を使うと

$$\|(\boldsymbol{z}-\boldsymbol{y}_n)+(\boldsymbol{z}-\boldsymbol{y}_m)\|^2+\|(\boldsymbol{z}-\boldsymbol{y}_n)-(\boldsymbol{z}-\boldsymbol{y}_m)\|^2 = 2\left(\|\boldsymbol{z}-\boldsymbol{y}_n\|^2 + \|\boldsymbol{z}-\boldsymbol{y}_m\|^2\right).$$

これを書き換えて

$$\|(\boldsymbol{z}-\boldsymbol{y}_n)+(\boldsymbol{z}-\boldsymbol{y}_m)\|^2 = 4\|\boldsymbol{z} - \tfrac{1}{2}(\boldsymbol{y}_n + \boldsymbol{y}_m)\|^2 \geq 4d_0^2$$

を得る（$(\boldsymbol{y}_n + \boldsymbol{y}_m)/2 \in \mathbb{W}$ だから）．中線定理に戻ると

$$4d_0^2 \leq \|(\boldsymbol{z}-\boldsymbol{y}_n)+(\boldsymbol{z}-\boldsymbol{y}_m)\|^2 = 2\left(\|\boldsymbol{z}-\boldsymbol{y}_n\|^2 + \|\boldsymbol{z}-\boldsymbol{y}_m\|^2\right) - \|\boldsymbol{y}_n - \boldsymbol{y}_m\|^2$$

を得るから

$$\|\boldsymbol{y}_n - \boldsymbol{y}_m\|^2 \leq 2\left(\|\boldsymbol{z}-\boldsymbol{y}_n\|^2 + \|\boldsymbol{z}-\boldsymbol{y}_m\|^2\right) - 4d_0^2.$$

この式の両辺で $n, m \to \infty$ とすると

$$\lim_{n,m\to\infty} \|\boldsymbol{y}_n - \boldsymbol{y}_m\|^2 = 2(d_0^2 + d_0^2) - 4d_0^2 = 0.$$

したがって $\{\boldsymbol{y}_n\}$ はコーシー列．ゆえに $\boldsymbol{y} = \lim_{n\to\infty} \boldsymbol{y}_n$ が存在する．$\mathbb{W}$ は閉部分空間なので $\boldsymbol{y} \in \mathbb{W}$.

$$d_0 \le \|\boldsymbol{z} - \boldsymbol{y}\| \le \|\boldsymbol{z} - \boldsymbol{y}_n\| + \|\boldsymbol{y}_n - \boldsymbol{y}\|$$

の両辺で $n \to \infty$ とすると $\|\boldsymbol{z} - \boldsymbol{y}\| = d_0$ が導かれる．

最後に $\boldsymbol{y}$ の一意性を示す．$\boldsymbol{y}$ と $\boldsymbol{y}'$ と 2 つあるとしよう．中線定理より

$$\begin{aligned}\|(\boldsymbol{z}-\boldsymbol{y})+(\boldsymbol{z}-\boldsymbol{y}')\|^2 + \|(\boldsymbol{z}-\boldsymbol{y})+(\boldsymbol{z}-\boldsymbol{y}')\|^2 =& 2\left(\|\boldsymbol{z}-\boldsymbol{y}\|^2 + \|\boldsymbol{z}-\boldsymbol{y}'\|^2\right)\\ =& 2(d_0^2 + d_0^2) = 4d_0^2\end{aligned}$$

一方,

$$\begin{aligned}\|(\boldsymbol{z}-\boldsymbol{y})+(\boldsymbol{z}-\boldsymbol{y}')\|^2 =& 2(d_0^2 + d_0^2) = 4d_0^2 - \|\boldsymbol{z}-\boldsymbol{y}'\|^2\\ =& 4\left\|\boldsymbol{z} - \tfrac{1}{2}(\boldsymbol{y}+\boldsymbol{y}')\right\|^2 \ge 4d_0^2\end{aligned}$$

だから

$$4d_0^2 \le \|(\boldsymbol{z}-\boldsymbol{y})+(\boldsymbol{z}-\boldsymbol{y}')\|^2 \le \|(\boldsymbol{z}-\boldsymbol{y})+(\boldsymbol{z}-\boldsymbol{y}')\|^2 + \|\boldsymbol{y}-\boldsymbol{y}'\|^2 = 4d_0^2$$

が成り立つ．したがって $\boldsymbol{y} = \boldsymbol{y}'$. ■

定理 A.5 (直交分解定理) $\mathbb{K}$ 上のヒルベルト空間 $(\mathbb{V}, \langle\cdot|\cdot\rangle)$ の閉部分空間 $\mathbb{W}$ に対し直交直和分解 $\mathbb{V} = \mathbb{W} \oplus \mathbb{W}^{\perp}$ が成り立つ．

【証明】 各 $\boldsymbol{z} \in \mathbb{V}$ に対し $\mathrm{d}(\boldsymbol{z}, \mathbb{W}) = \mathrm{d}(\boldsymbol{z}, \boldsymbol{y})$ を与える $\boldsymbol{y}$ がただ一つ存在する．このとき $\boldsymbol{x} = \boldsymbol{z} - \boldsymbol{y}$ が $\mathbb{W}^{\perp}$ の元であることを示す．任意の $\boldsymbol{w} \in \mathbb{W}$ と $\lambda \in \mathbb{K}$ に対し $\boldsymbol{y} + \lambda\boldsymbol{w} \in \mathbb{W}$ である．

$$\begin{aligned}\|\boldsymbol{z}-\boldsymbol{y}\|^2 =& \mathrm{d}(\boldsymbol{z}, \mathbb{W})^2\\ \le& \mathrm{d}(\boldsymbol{z}, \boldsymbol{y}+\lambda)^2\\ =& \langle \boldsymbol{z}-\boldsymbol{y}-\lambda \,|\, \boldsymbol{z}-\boldsymbol{y}-\lambda\rangle\\ =& \|\boldsymbol{z}-\boldsymbol{y}\|^2 - \lambda\langle\boldsymbol{w}|\boldsymbol{z}-\boldsymbol{y}\rangle - \bar{\lambda}\langle\boldsymbol{z}-\boldsymbol{y}|\boldsymbol{w}\rangle + |\lambda|^2\,\|\boldsymbol{w}\|^2.\end{aligned}$$

(1) $\lambda = t \in \mathbb{R}$ のとき

$$\|\boldsymbol{z}-\boldsymbol{y}\|^2 \leq \|\boldsymbol{z}-\boldsymbol{y}\|^2 - 2t\,\mathrm{Re}\,\langle \boldsymbol{w}|\boldsymbol{z}-\boldsymbol{y}\rangle + t^2\|\boldsymbol{w}\|^2$$

より $0 \leq -2t\,\mathrm{Re}\,\langle \boldsymbol{w}|\boldsymbol{z}-\boldsymbol{y}\rangle + t^2\|\boldsymbol{w}\|^2$ を得る．$t=0$ のときは自明な不等式である．$t>0$ のとき，$0 \leq -2\,\mathrm{Re}\,\langle \boldsymbol{w}|\boldsymbol{z}-\boldsymbol{y}\rangle + t\|\boldsymbol{w}\|^2$ を得る．そこで $t \to 0$ とすれば $\mathrm{Re}\,\langle \boldsymbol{w}|\boldsymbol{z}-\boldsymbol{y}\rangle \leq 0$ が導ける．$t<0$ のときは $t=-s<0$ とおいて $0 \leq 2\mathrm{Re}\,\langle \boldsymbol{w}|\boldsymbol{z}-\boldsymbol{y}\rangle + s\|\boldsymbol{w}\|^2$ を得るので $s \to 0$ とすれば $\mathrm{Re}\,\langle \boldsymbol{w}|\boldsymbol{z}-\boldsymbol{y}\rangle \geq 0$ が導ける．以上より $\mathrm{Re}\,\langle \boldsymbol{w}|\boldsymbol{z}-\boldsymbol{y}\rangle = 0$. $\mathbb{K}=\mathbb{R}$ のときは，これで $\boldsymbol{z}-\boldsymbol{y} \in \mathbb{W}^{\perp}$ がいえた．

(2) $\lambda = t\mathrm{i} \neq 0$ $(t \in \mathbb{R})$ の場合．この場合，

$$\begin{aligned} 0 &\leq -t\mathrm{i}\,\langle \boldsymbol{w}|\boldsymbol{z}-\boldsymbol{y}\rangle + t\mathrm{i}\langle \boldsymbol{w}|\boldsymbol{z}-\boldsymbol{y}\rangle + t\mathrm{i}\,\overline{\langle \boldsymbol{w}|\boldsymbol{z}-\boldsymbol{y}\rangle} + t^2\|\boldsymbol{w}\|^2 \\ &= 2t\,\mathrm{Im}\langle \boldsymbol{w}|\boldsymbol{z}-\boldsymbol{y}\rangle + t^2\|\boldsymbol{w}\|^2 \end{aligned}$$

を得る．(1) と同様の議論で $\mathrm{Im}\langle \boldsymbol{w}|\boldsymbol{z}-\boldsymbol{y}\rangle = 0$ が示される．

以上より，任意の $\boldsymbol{w} \in \mathbb{W}$ に対し $\langle \boldsymbol{z}-\boldsymbol{y}|\boldsymbol{w}\rangle = 0$ が示されたので $\boldsymbol{x} = \boldsymbol{z}-\boldsymbol{y} \in \mathbb{W}^{\perp}$ である．この結果から，各 $\boldsymbol{z} \in \mathbb{V}$ を $\boldsymbol{z} = \boldsymbol{y}+\boldsymbol{x}$ $(\boldsymbol{y} \in \mathbb{W}, \boldsymbol{x} \in \mathbb{W}^{\perp})$ と分解できることがわかった．この分解の一意性を示す．$\boldsymbol{z} = \boldsymbol{y}_1 + \boldsymbol{x}_1 = \boldsymbol{y}_2 + \boldsymbol{x}_2$ と 2 通り直交分解できるならば $\mathbb{W} \ni \boldsymbol{y}_1 - \boldsymbol{y}_2 = \boldsymbol{x}_2 - \boldsymbol{x}_1 \in \mathbb{W}^{\perp}$ より $\boldsymbol{y}_1 = \boldsymbol{y}_2$ かつ $\boldsymbol{x}_1 = \boldsymbol{x}_2$. したがって $\boldsymbol{z} = \boldsymbol{y} + \boldsymbol{x}$ とただ一通りに分解される．$\boldsymbol{y} = \mathrm{P}_{\mathbb{W}}(\boldsymbol{z})$ と定めることで線型写像 $\mathrm{P}_{\mathbb{W}} : \mathbb{V} \to \mathbb{W}$ が定まる．これを $\mathbb{W}$ への**直交射影子**とよぶ． ■

続けて，リースの表現定理を証明しよう．まず，有限次元のときと同様に線型写像 $\flat_{\mathsf{R}} : \mathbb{V} \to \mathbb{V}^*$ を

$$(\flat_{\mathsf{R}}\boldsymbol{y})(\boldsymbol{x}) = \langle \boldsymbol{x}|\boldsymbol{y}\rangle$$

で定める．

$$|(\flat_{\mathsf{R}}\boldsymbol{y})(\boldsymbol{x})| = |\langle \boldsymbol{x}|\boldsymbol{y}\rangle| \leq \|\boldsymbol{x}\|\,\|\boldsymbol{y}\|$$

よりたしかに $\flat_{\mathsf{R}}\boldsymbol{y}$ は有界である．リースの表現定理を証明しよう．

定理 1.20 をより詳しく述べておく[*7].

定理 A.6 ヒルベルト空間 $\mathbb{V}$ の有界線型汎函数 $\alpha \in \mathbb{V}^*$ に対し $\alpha = \flat_{\mathsf{R}}\boldsymbol{a}$ となる $\boldsymbol{a} \in \mathbb{V}$ がただ 1 つ存在し $\|\alpha\| = \|\boldsymbol{a}\|$ をみたす.

【証明】 α のノルムは作用素ノルム

$$\|\alpha\| = \sup\left\{ \frac{|\alpha(\boldsymbol{x})|}{\|\boldsymbol{x}\|} \,\middle|\, \boldsymbol{x} \in \mathbb{V} \setminus \{\boldsymbol{0}\} \right\}$$

で与えてあることを思い出す. $\mathbb{W} = \{\boldsymbol{w} \in \mathbb{V} \mid \alpha(\boldsymbol{w}) = 0\}$ とおく. これは $\mathbb{V}$ の線型部分空間である. $\mathbb{W}$ 内の収束する点列 $\{\boldsymbol{w}_n\}$ をとる. $\alpha(\boldsymbol{w}_n) = 0$ であることに注意. 極限点 $\boldsymbol{w} = \lim_{n\to\infty} \boldsymbol{w}_n$ に対し

$$|\alpha(\boldsymbol{w})| = |\alpha(\boldsymbol{w}) - \alpha(\boldsymbol{w}_n)| = |\alpha(\boldsymbol{w} - \boldsymbol{w}_n)| \leq \|\alpha\| \, \|\boldsymbol{w} - \boldsymbol{w}_n\| \to 0 \, (n \to \infty)$$

より $\boldsymbol{v} \in \mathbb{W}$ である. したがって $\mathbb{W}$ は閉部分空間. そこで $\mathbb{V} = \mathbb{W} \oplus \mathbb{W}^{\perp}$ と直交直和分解する.

(1) $\mathbb{V} = \mathbb{W}$ のとき $\alpha = 0 \in \mathbb{V}^*$ であるから $\boldsymbol{a} = \boldsymbol{0}$ と選べば $\alpha = \flat_{\mathsf{R}}\boldsymbol{a}$ である.

(2) $\mathbb{V} \neq \mathbb{W}$ のとき, $\boldsymbol{b} \in \mathbb{W}^{\perp} \setminus \{\boldsymbol{0}\}$ が存在する. 各 $\boldsymbol{x} \in \mathbb{V}$ に対し

$$\alpha\left(\boldsymbol{x} - \frac{\alpha(\boldsymbol{x})}{\alpha(\boldsymbol{b})}\boldsymbol{b}\right) = 0$$

が成り立つから

$$\boldsymbol{x} - \frac{\alpha(\boldsymbol{x})}{\alpha(\boldsymbol{b})}\boldsymbol{b} \in \mathbb{W}.$$

$\boldsymbol{b} \in \mathbb{W}^{\perp}$ だから

$$0 = \left\langle \boldsymbol{x} - \frac{\alpha(\boldsymbol{x})}{\alpha(\boldsymbol{b})}\boldsymbol{b} \,\middle|\, \boldsymbol{b} \right\rangle = \langle \boldsymbol{x} | \boldsymbol{b} \rangle - \frac{\alpha(\boldsymbol{x})}{\alpha(\boldsymbol{b})} \|\boldsymbol{b}\|^2$$

[*7] Frigyes Riesz (1880–1956) リース-フレシェの定理ともよばれる.

であるから

$$\alpha(\boldsymbol{x}) = \frac{\alpha(\boldsymbol{b})}{\|\boldsymbol{b}\|^2}\langle \boldsymbol{x}|\boldsymbol{b}\rangle = \left\langle \boldsymbol{x} \,\middle|\, \frac{\overline{\alpha(\boldsymbol{b})}}{\|\boldsymbol{b}\|^2}\boldsymbol{b} \right\rangle.$$

したがって

$$\boldsymbol{a} = \frac{\overline{\alpha(\boldsymbol{b})}}{\|\boldsymbol{b}\|^2}\boldsymbol{b}$$

と選べばよい．

最後に α のノルムを求めよう．$\alpha(\boldsymbol{x}) = \langle \boldsymbol{x}|\boldsymbol{a}\rangle$ より $|\alpha(\boldsymbol{x})| = |\langle \boldsymbol{x}|\boldsymbol{a}\rangle| \leq \|\boldsymbol{x}\|\,\|\boldsymbol{a}\|$ が成り立つから

$$\frac{|\alpha(\boldsymbol{x})|}{\|\boldsymbol{x}\|} \leq \|\boldsymbol{a}\|.$$

これより（作用素ノルムの定義から）$\|\alpha\| \leq \|\boldsymbol{a}\|$ が得られる．一方，

$$\|\boldsymbol{a}\|^2 = \langle \boldsymbol{a}|\boldsymbol{a}\rangle = \alpha(\boldsymbol{a}) \leq |\alpha(\boldsymbol{a})| \leq \|\alpha\|\,\|\boldsymbol{a}\|$$

より $\|\alpha\| \geq \|\boldsymbol{a}\|$ が得られる．したがって $\|\alpha\| = \|\boldsymbol{a}\|$ が成り立つ (有限次元のときの等式 (1.27) を参照). ■

【ひとこと】 有限次元のときは $\sharp_{\mathsf{R}} : \mathbb{V} \to \mathbb{V}^*$ を用いて $\mathbb{V}^*$ にノルムを定め，その結果 $\|\alpha\| = \|\sharp_{\mathsf{R}}\alpha\|$ が成り立っていた．無限次元のときは作用素ノルムを先に $\mathbb{V}^*$ に与えておき，リーズの表現定理により $\sharp_{\mathsf{R}} : \mathbb{V}^* \to \mathbb{V}$ を定め，その結果，$\|\alpha\| = \|\sharp_{\mathsf{R}}\alpha\|$ が成り立つ．

B 演習問題の略解

本文中の問題のいくつかについて解答の抜粋を与えておく．

第 0 章

【問題 0.1】 公理 (a) より $0\boldsymbol{x} = (0+0)\boldsymbol{x} = 0\boldsymbol{x} + 0\boldsymbol{x}$. これより $0\boldsymbol{x} = \mathbf{0}$ を得る．次に (a) と (d) を使うと $\mathbf{0} = 0\boldsymbol{x} = \{1+(-1)\}\boldsymbol{x} = 1\boldsymbol{x} + (-1)\boldsymbol{x} = \boldsymbol{x} + (-1)\boldsymbol{x}$ より $(-1)\boldsymbol{x} = -\boldsymbol{x}$.

【問題 0.2】 座標変換法則 (4) より

$$x^i = \sum_{k=1}^{n} {p_k}^i \bar{x}^k, \quad y^j = \sum_{l=1}^{m} {q_l}^j \bar{y}^l.$$

これらを $y^j = \sum_{i=1}^{n} {a_i}^j x^i$ に代入すると

$$\sum_{l=1}^{m} {q_l}^j \bar{y}^l = \sum_{k=1}^{n} \left(\sum_{i=1}^{n} {a_i}^j {p_k}^i \right) \bar{x}^k = \sum_{k=1}^{n} {(AP)_k}^j \bar{x}^k.$$

これは $Q\varphi_{\bar{\mathcal{G}}}(\boldsymbol{x}) = AP\varphi_{\bar{\mathcal{E}}}(\boldsymbol{x})$ に他ならない．

【問題 0.3】 $\mathbb{V}$ の基底 $\{\boldsymbol{e}_1, \boldsymbol{e}_2, \cdots, \boldsymbol{e}_n\}$ を $\{\boldsymbol{e}_1, \boldsymbol{e}_2, \cdots, \boldsymbol{e}_k\}$ が $\mathbb{W}$ の基底を与えるように選ぶ．$r = n - k$ とおく．このとき $\{[\boldsymbol{e}_{r+1}], [\boldsymbol{e}_{r+2}], \cdots, [\boldsymbol{e}_{r+k}]\}$ は $\mathbb{V}/\mathbb{W}$ の基底を与える．

第 1 章

【問題 1.2】 $\phi_{\boldsymbol{x}} = \phi_{\boldsymbol{y}}$ と仮定する．$\mathbb{V}$ の基底 $\mathcal{E} = \{\boldsymbol{e}_1, \boldsymbol{e}_2, \ldots, \boldsymbol{e}_n\}$ と，その双対基底 $\Sigma = \{\sigma^1, \sigma^2, \ldots, \sigma^n\}$ をとり $\boldsymbol{x} = \sigma^1(\boldsymbol{x})\boldsymbol{e}_1 + \sigma^2(\boldsymbol{x})\boldsymbol{e}_2 + \cdots + \sigma^n(\boldsymbol{x})\boldsymbol{e}_n$, $\boldsymbol{y} = \sigma^1(\boldsymbol{y})\boldsymbol{e}_1 + \sigma^2(\boldsymbol{y})\boldsymbol{e}_2 + \cdots + \sigma^n(\boldsymbol{y})\boldsymbol{e}_n$ と表す．

$$\phi_{\boldsymbol{x}} = \phi_{\boldsymbol{y}} \iff \phi_{\boldsymbol{x}}(\alpha) = \phi_{\boldsymbol{y}}(\alpha),\ \ {}^{\forall}\alpha \in \mathbb{V}^* \iff \alpha(\boldsymbol{x}) = \alpha(\boldsymbol{y}),\ \ {}^{\forall}\alpha \in \mathbb{V}^*$$
$$\iff \sigma^i(\boldsymbol{x}) = \sigma^i(\boldsymbol{y}),\ \ {}^{\forall}i \in \{1, 2, \ldots, n\}$$

より $\phi_{\boldsymbol{x}} = \phi_{\boldsymbol{y}} \iff \boldsymbol{x} = \boldsymbol{y}$. すなわち ϕ は全単射，とくに単射.

【問題 1.3】 σ が単射であることを言えばよい. $\boldsymbol{f} \in \mathbb{U}$ を $\boldsymbol{f} = \sum_{i=1}^{n} c_i \boldsymbol{f}_i$ と表すと，各 j に対し $\sigma(\boldsymbol{f})(\boldsymbol{e}_j) = \sum_{i=1}^{n} c_i B(\boldsymbol{f}_i, \boldsymbol{e}_j) = \sum_{i=1}^{n} c_i \delta_{ij} = c_j$ より $c_j = 0$ を得るから σ は単射.

【問題 1.4】 $\sum a_{ij}\sigma^i \otimes \sigma^j = 0 \in \mathrm{T}^0_2(\mathbb{V})$ とおく. 両辺において $(\boldsymbol{e}_k, \boldsymbol{e}_l)$ での値をとれば $a_{kl} = 0$ を得る.

【問題 1.5】 (2) を書き直す.

$$\begin{aligned}
(2) &\iff \forall i \in \{1, 2, \ldots, n\}:\ \ f(\boldsymbol{e}_i, \boldsymbol{y}) = 0 \Longrightarrow \boldsymbol{y} = \boldsymbol{0} \\
&\iff \forall i \in \{1, 2, \ldots, n\}:\ \ (f_{i1}\ \ f_{i2}\ \ \cdots\ \ f_{in})\varphi_{\mathcal{E}}(\boldsymbol{y}) = 0 \Longrightarrow \boldsymbol{y} = \boldsymbol{0} \\
&\iff F\varphi_{\mathcal{E}}(\boldsymbol{y}) = \boldsymbol{0} \in \mathbb{K}^n \Longrightarrow \boldsymbol{y} = \boldsymbol{0} \\
&\iff F \text{ は正則行列.}
\end{aligned}$$

同様に (3) $\iff {}^t\varphi_{\mathcal{E}}(\boldsymbol{x})F = \boldsymbol{0} \in \mathbb{K}^n \Longrightarrow \boldsymbol{x} = \boldsymbol{0}$ と書き直せるので (1) $\iff$ (3) がわかる.

【問題 1.6】 まず次の事実を確かめておく. 2 つの線型部分空間 $\mathbb{W}, \mathbb{W}'$ が $\mathbb{W} \subset \mathbb{W}'$ をみたすならば $(\mathbb{W}')^\perp \subset \mathbb{W}^\perp$ が成り立つ. 実際，$\boldsymbol{v} \in (\mathbb{W}')^\perp \iff \forall \boldsymbol{w}' \in \mathbb{W}'$: $(\boldsymbol{v}|\boldsymbol{w}') = 0$ である. $\mathbb{W} \subset \mathbb{W}'$ より $\forall \boldsymbol{w} \in \mathbb{W}$: $(\boldsymbol{v}|\boldsymbol{w}') = 0$ がいえる. したがって $(\mathbb{W}')^\perp \subset \mathbb{W}^\perp$ が成り立つ. (1) $\boldsymbol{x} \in \mathbb{W} \iff \forall \boldsymbol{y} \in \mathbb{W}^\perp$: $(\boldsymbol{x}|\boldsymbol{y}) = 0$. したがって $\boldsymbol{x} \in (\mathbb{W}^\perp)^\perp$. すなわち $\mathbb{W} \subset (\mathbb{W}^\perp)^\perp$. $k = \dim \mathbb{W}$ ならば $\dim \mathbb{W}^\perp = n - k$. ゆえに $\dim(\mathbb{W}^\perp)^\perp = n - (n-k) = k$ だから $\mathbb{W} = (\mathbb{W}^\perp)^\perp$. (2) $\mathbb{W}_1 \subset \mathbb{W}_1 + \mathbb{W}_2$ より $(\mathbb{W}_1 + \mathbb{W}_2)^\perp \subset \mathbb{W}_1^\perp$. 同様に $(\mathbb{W}_1 + \mathbb{W}_2)^\perp \subset \mathbb{W}_2^\perp$. したがって $(\mathbb{W}_1 + \mathbb{W}_2)^\perp \subset \mathbb{W}_1^\perp \cap \mathbb{W}_2^\perp$. 逆に $\boldsymbol{y} \in \mathbb{W}_1^\perp \cap \mathbb{W}_2^\perp$ をとると任意の $\boldsymbol{x} = \boldsymbol{x}_1 + \boldsymbol{x}_2 \in \mathbb{W}_1 + \mathbb{W}_2$ に対し $(\boldsymbol{x}|\boldsymbol{y}) = (\boldsymbol{x}_1|\boldsymbol{y}) + (\boldsymbol{x}_2|\boldsymbol{y}) = 0$ より $\boldsymbol{y} \in (\mathbb{W}_1 + \mathbb{W}_2)^\perp$. 以上より $(\mathbb{W}_1 + \mathbb{W}_2)^\perp = \mathbb{W}_1^\perp \cap \mathbb{W}_2^\perp$. (3) いま証明した (2) より $(\mathbb{W}_1^\perp + \mathbb{W}_2^\perp)^\perp = \mathbb{W}_1 \cap \mathbb{W}_2$. したがって $(\mathbb{W}_1 \cap \mathbb{W}_2)^\perp = \{(\mathbb{W}_1^\perp + \mathbb{W}_2^\perp)^\perp\}^\perp = \mathbb{W}_1^\perp + \mathbb{W}_2^\perp$. 以上の証明を節末問題 1.1.5 の

解答と比較せよ.

【問題 1.7】 直接計算で確かめよ.

【問題 1.8】 註 1.13 をじっと眺めよ.

【問題 1.9】 g は非退化だから $\mathsf{g}(\boldsymbol{a},\boldsymbol{a}) \neq 0$ である $\boldsymbol{a} \in \mathbb{V}$ が存在する. そこで $\tilde{\boldsymbol{u}}_1 = \boldsymbol{a}/\sqrt{|\mathsf{g}(\boldsymbol{a},\boldsymbol{a})|}$ とおくと $\mathsf{g}(\tilde{\boldsymbol{u}}_1,\tilde{\boldsymbol{u}}_1)$ は絶対値 1 の複素数であるから $e^{\mathrm{i}\theta_1} = \mathsf{g}(\tilde{\boldsymbol{u}}_1,\tilde{\boldsymbol{u}}_1)$ とおく. そこで $\boldsymbol{u}_1 = e^{-\mathrm{i}\theta_1/2}\tilde{\boldsymbol{u}}_1$ とおけば $\mathsf{g}(\boldsymbol{u}_1,\boldsymbol{u}_1) = 1$. 以下同様の修正を定理 1.8 の証明に施せばよい.

【問題 1.10】 内積 $(X|Y) = \mathrm{tr}({}^tXY)$ を介して $\mathrm{M}_n\mathbb{R}$ を $\mathbb{R}^{n^2}$ とみなす. このとき $\mathrm{M}_n\mathbb{R}$ 上の対称双線型形式 f に対し $\mathsf{f}(X,Y) = (T(X),Y)$ で $\mathrm{M}_n\mathbb{R}$ 上の自己共軛線型変換 T が定まる. f の符号 (p,q) はそれぞれ T の正の固有値の数, 負の固有値の数である. $\mathrm{tr}(XY)$ については $T(X) = {}^tX$ である. $T(T(X)) = X$ だから, T の固有値は ± 1. 固有値 $(+1)$ に対応する固有空間は $\mathrm{Sym}_n\mathbb{R}$, 固有値 (-1) に対応する固有空間は $\mathrm{Alt}_n\mathbb{R}$. したがって $p = \dim \mathrm{Sym}_n\mathbb{R} = n(n+1)/2$, $q = \dim \mathrm{Alt}_n\mathbb{R} = n(n-1)/2$. $\mathrm{Sym}_n\mathbb{R}$ 上では符号は $(n(n+1)/2, 0)$. $\mathrm{Alt}_n\mathbb{R}$ 上では符号は $(0, n(n-1)/2)$.

【問題 1.11】 問題 1.6 の解答がそのまま通用する.

【問題 1.12】 計算するだけ.

【問題 1.13】 $\langle \delta, xf \rangle = xf(x)|_{x=0} = 0$.

$$\begin{aligned}\langle \delta(ax), \phi \rangle &= \int_{-\infty}^{+\infty} \delta(ax)\phi(x)\,\mathrm{d}x = \int_{-\infty}^{+\infty} \delta(t)\phi\left(\frac{t}{a}\right)\frac{1}{|a|}\,\mathrm{d}t = \frac{1}{|a|}\phi(0) \\ &= \langle \delta/|a|, \phi \rangle\end{aligned}$$

より $\delta(ax) = \delta(x)/|a|$

《節末問題》

【節末問題 1.1.1】 $\sigma^1 = (a,b)$, $\sigma^2 = (c,d)$ とおくと

$$1=\sigma^1(\boldsymbol{a}_1)=(a,b)\begin{pmatrix}1\\9\end{pmatrix},\quad 0=\sigma^1(\boldsymbol{a}_2)=(a,b)\begin{pmatrix}0\\1\end{pmatrix},$$
$$0=\sigma^2(\boldsymbol{a}_1)=(c,d)\begin{pmatrix}1\\9\end{pmatrix},\quad 1=\sigma^2(\boldsymbol{a}_2)=(c,d)\begin{pmatrix}0\\1\end{pmatrix},$$

すなわち

$$\begin{pmatrix}a&b\\c&d\end{pmatrix}\begin{pmatrix}1&0\\9&1\end{pmatrix}=\begin{pmatrix}1&0\\0&1\end{pmatrix}.$$

したがって

$$\begin{pmatrix}a&b\\c&d\end{pmatrix}=\begin{pmatrix}1&0\\9&1\end{pmatrix}^{-1}=\begin{pmatrix}1&-9\\0&1\end{pmatrix}.$$

以上より $\sigma^1=(1\ 0)$, $\sigma^2=(-9\ 1)$.

【節末問題 1.1.2】 節末問題 1.1.1 と同様に

$$\begin{pmatrix}1&0&0\\a&1&0\\b&c&1\end{pmatrix}^{-1}=\begin{pmatrix}1&0&0\\-a&1&0\\ac-b&-c&1\end{pmatrix}$$

より $\sigma^1=(1\ 0\ 0)$, $\sigma^2=(-a\ 1\ 0)$. $\sigma^3=(ac-b\ \ -c\ 1)$.

【節末問題 1.1.3】

$$\begin{pmatrix}1&2&2\\2&1&-1\\2&3&2\end{pmatrix}^{-1}=\begin{pmatrix}5&2&-4\\-6&-2&5\\4&1&-3\end{pmatrix}$$

より $\sigma^1=(5\,2\ -4)$, $\sigma^2=(-6\ -2\,5)$. $\sigma^3=(4\,1\ -3)$.

【節末問題 1.1.4】 Σ から $\widetilde{\Sigma}$ への取り替え行列を $Q=(q_{ij})\in \mathrm{GL}_n\mathbb{K}$ とする.

$$(\tilde{\sigma}^1,\tilde{\sigma}^2,\ldots,\tilde{\sigma}^n)=(\sigma^1,\sigma^2,\ldots,\sigma^n)Q.$$

Q と P の関係を調べる.

$$\begin{aligned}\delta_j{}^i=&\tilde{\sigma}^i(\tilde{\boldsymbol{e}}_j)=\left(\sum_{k=1}^n q_{ki}\sigma^k\right)\left(\sum_{l=1}^n p_j{}^l\boldsymbol{e}_l\right)=\sum_{k,l=1}^n q_{ki}p_j{}^l\sigma^k(\boldsymbol{e}_l)\\=&\sum_{k,l=1}^n q_{ki}p_j{}^l\,\delta_l{}^k=\sum_{k=1}^n q_{ki}p_j{}^k=\sum_{k=1}^n({}^tPQ)_i{}^j\end{aligned}$$

したがって $Q\,{}^tP=E$ を得る. すなわち $Q=({}^tP)^{-1}$.

【節末問題 1.1.5】 (1) $\alpha,\ \beta \in \mathbb{W}^\circ$, $a,\ b \in \mathbb{K}$, $\boldsymbol{x} \in \mathbb{W}$ に対し

$$(a\alpha + b\beta)(\boldsymbol{x}) = a\alpha(\boldsymbol{x}) + b\beta(\boldsymbol{x}) = 0$$

だから線型部分空間.

(2) $k = \dim \mathbb{W}$ とし前 k 個が $\mathbb{W}$ の基底であるような $\mathbb{V}$ の基底 $\{\boldsymbol{e}_1, \boldsymbol{e}_2, \ldots, \boldsymbol{e}_n\}$ をとる．この基底の双対基底を $\{\sigma^1, \sigma^2, \ldots, \sigma^n\}$ とする．$\{\sigma^1, \sigma^2, \ldots, \sigma^k\}$ は $\mathbb{W}^*$ の基底である．定め方より $\alpha \in \mathbb{W}^\circ$ に対し

$$\alpha(\boldsymbol{e}_i) = 0, \quad 1 \leq i \leq k.$$

であるから $\alpha = \sum_{i=1}^{n} \alpha_i \sigma^i$ と表すと $\boldsymbol{x} = \sum_{j=1}^{n} x^j \boldsymbol{e}_j$ に対し

$$\alpha(\boldsymbol{x}) = \sum_{i=1}^{n} \alpha_i \sigma^i \left(\sum_{j=1}^{n} x^j \boldsymbol{e}_j \right) = \sum_{j=k+1}^{n} \alpha_j x^j = \sum_{j=k+1}^{n} \alpha_j \sigma^j(\boldsymbol{x})$$

より $\mathbb{W}^\circ$ は $\{\sigma^{k+1}, \ldots, \sigma^n\}$ で張られる．$\mathbb{W}^{**} = \mathbb{W}$ より $(\mathbb{W}^\circ)^\circ = \mathbb{W}$. もう少し丁寧に説明すると次のようになる．定義より

$$(\mathbb{W}^\circ)^\circ = \{X \in \mathbb{V}^{**} \mid X(\alpha) = 0,\ \forall \alpha \in \mathbb{W}^\circ\}.$$

$X \in \mathbb{V}^{**}$ に対し $X = \phi\boldsymbol{x}$ となる $\boldsymbol{x} \in \mathbb{V}$ が唯一存在するから

$$\begin{aligned}(\mathbb{W}^\circ)^\circ &= \{\phi\boldsymbol{x} \in \mathbb{V}^{**} \mid \phi\boldsymbol{x}(\alpha) = \alpha(\boldsymbol{x}) = 0,\ \forall \alpha \in \mathbb{W}^\circ\} \\ &= \{\boldsymbol{x} \in \mathbb{V} \mid \alpha(\boldsymbol{x}) = 0,\ \forall \alpha \in \mathbb{W}^\circ\} \subset \mathbb{V}.\end{aligned}$$

$\boldsymbol{x} \in \mathbb{W}$ ならば任意の $\alpha \in \mathbb{W}^\circ$ に対し $\alpha(\boldsymbol{x}) = 0$ をみたすから $\boldsymbol{x} \in (\mathbb{W}^\circ)^\circ$ である．したがって $\mathbb{W}^\circ$ は $\mathbb{W}$ の線型部分空間．$\dim(\mathbb{W}^\circ)^\circ = \dim \mathbb{V} - \dim \mathbb{W}^\circ = k = \dim \mathbb{W}$ であるから結局 $(\mathbb{W}^\circ)^\circ = \mathbb{W}$.

(3) 商線型空間 $\mathbb{V}/\mathbb{W}$ は $\mathbb{V}/\mathbb{W} = \{\boldsymbol{x} + \mathbb{W} | \boldsymbol{x} \in \mathbb{V}\}$ と表せる．各 $\alpha \in \mathbb{W}^\circ$ はすべての $\boldsymbol{w} \in \mathbb{W}$ に対し $\alpha(\boldsymbol{w}) = 0$ をみたすから $\widetilde{\alpha} : \mathbb{V}/\mathbb{W} \to \mathbb{K}$ を $\widetilde{\alpha}(\boldsymbol{x} + \mathbb{W}) = \alpha(\boldsymbol{x})$ で定義できる．$\widetilde{\alpha} \in (\mathbb{V}/\mathbb{W})^*$ であることに注意．写像 $\Psi : \mathbb{W}^\circ \to (\mathbb{V}/\mathbb{W})^*$ を $\Psi(\alpha) = \widetilde{\alpha}$ で定めると線型写像であり

$$\Psi(\alpha) = 0 \iff (\forall \boldsymbol{x} \in \mathbb{V})(\alpha(\boldsymbol{x}) = 0) \iff \alpha = 0\,(\mathbb{W}^* \text{ の零ベクトル}).$$

したがって $\mathrm{Ker}\,\Psi = \{0\}$ より Ψ は単射．$\dim \mathbb{W}^\circ = \dim \mathbb{V}/\mathbb{W}$ であるから，Ψ は線型同型．一方，$\mathbb{V}^*/\mathbb{W}^\circ = \{[\alpha] = \alpha + \mathbb{W}^\circ \mid \alpha \in \mathbb{V}^*\}$ である．$\widetilde{[\alpha]} \in \mathbb{W}^*$ を

$$\widetilde{[\alpha]}(\boldsymbol{x}) = \alpha(\boldsymbol{w}), \quad \boldsymbol{w} \in \mathbb{W}$$

で定めることができる (well-defined). 対応 $[\alpha] \longmapsto \widetilde{[\alpha]}$ が $\mathbb{W}^*$ から $\mathbb{V}^*/\mathbb{W}^\circ$ への線型同型であることが確かめられる.

(4) $\mathbb{W}_1^\circ \cap \mathbb{W}_2^\circ \subset (\mathbb{W}_1 + \mathbb{W}_2)^\circ$ を示す. $\alpha \in \mathbb{W}_1^\circ \cap \mathbb{W}_2^\circ$ を採る. 任意の $\boldsymbol{x}_1 + \boldsymbol{x}_2 \in \mathbb{W}_1 + \mathbb{W}_2$ に対し $\alpha(\boldsymbol{x}_1 + \boldsymbol{x}_2) = \alpha(\boldsymbol{x}_1) + \alpha(\boldsymbol{x}_2) = 0$ であるから $\mathbb{W}_1^\circ \cap \mathbb{W}_2^\circ \subset (\mathbb{W}_1 + \mathbb{W}_2)^\circ$.

逆に $\alpha \in (\mathbb{W}_1 + \mathbb{W}_2)^\circ$ を採ると任意の $\boldsymbol{x}_1 \in \mathbb{W}_1$ に対し $\alpha(\boldsymbol{x}_1 + \boldsymbol{0}) = \alpha(\boldsymbol{x}_1) + \alpha(\boldsymbol{0}) = 0$. 同様に任意の $\boldsymbol{x}_2 \in \mathbb{W}_2$ に対し $\alpha(\boldsymbol{0} + \boldsymbol{x}_2) = \alpha(\boldsymbol{0}) + \alpha(\boldsymbol{x}_2) = 0$. したがって $\alpha \in \mathbb{W}_1^\circ \cap \mathbb{W}_2^\circ$. 以上より $\mathbb{W}_1^\circ \cap \mathbb{W}_2^\circ = (\mathbb{W}_1 + \mathbb{W}_2)^\circ$. $\mathbb{W}_1^\circ + \mathbb{W}_2^\circ = (\mathbb{W}_1 \cap \mathbb{W}_2)^\circ$ も同様.

最後に $\mathbb{W}_1 \subset \mathbb{W}_2 \Longrightarrow \mathbb{W}_2^\circ \subset \mathbb{W}_1^\circ$ を確認する. $p = \dim \mathbb{W}_1 \leq \mathbb{W}_2 = p + q \leq n$ とおく. $\mathbb{V}$ の基底 $\mathcal{E} = \{\boldsymbol{e}_1, \boldsymbol{e}_2, \ldots, \boldsymbol{e}_n\}$ を

$$\mathbb{W}_1 = 【\boldsymbol{e}_1, \boldsymbol{e}_2, \ldots, \boldsymbol{e}_p】, \quad \mathbb{W}_2 = 【\boldsymbol{e}_1, \boldsymbol{e}_2, \ldots, \boldsymbol{e}_{p+q}】$$

となるように選んでおく. $\mathcal{E}$ の双対基底を $\Sigma = \{\sigma^1, \sigma^2, \ldots, \sigma^n\}$ とすると

$$\mathbb{W}_1^* = 【\sigma^{p+1}, \sigma^{p+2}, \ldots, \sigma^n】, \quad \mathbb{W}_2^* = 【\sigma^{p+q+1}, \sigma^{p+q+2}, \ldots, \sigma^n】$$

であるから.

【節末問題 1.1.6】 (1) $a, b \in \mathbb{K}$, $\boldsymbol{x}$, $\boldsymbol{y} \in \mathbb{V}_1$ に対し

$$\begin{aligned}(f^*\alpha)(a\boldsymbol{x} + b\boldsymbol{y}) &= \alpha(f(a\boldsymbol{x} + b\boldsymbol{y})) = \alpha(af(\boldsymbol{x}) + bf(\boldsymbol{y})) = a\alpha(f(\boldsymbol{x})) + b\alpha(f(\boldsymbol{y})) \\ &= a(f^*\alpha)(\boldsymbol{x}) + b(f^*\alpha)(\boldsymbol{y})\end{aligned}$$

より.

(2) $\boldsymbol{x} \in \mathbb{V}_1$ に対応する $\mathbb{V}_1^{**}$ の元を $\phi_{\boldsymbol{x}}^1$ で表すと $\alpha \in \mathbb{V}_1^*$ に対し $\phi_{\boldsymbol{x}}^1\alpha = \alpha(\boldsymbol{x}) \in \mathbb{K}$. $f(\boldsymbol{x}) \in \mathbb{V}_2$ に対応する $\mathbb{V}_2^{**}$ の元を $\phi_{f(\boldsymbol{x})}^2$ で表すと

$$f^{**}(\phi_{\boldsymbol{x}}^1) = \phi_{f(\boldsymbol{x})}^2$$

が成り立つ. ここで任意の $\beta \in \mathbb{V}_2^*$ に対し $f^{**}(\phi_{\boldsymbol{x}}^1)\beta = \phi_{f(\boldsymbol{x})}^2\beta$ であるが

$$f^{**}(\phi_{\boldsymbol{x}}^1)\beta = \beta(f^{**}(\phi_{\boldsymbol{x}}^1)), \quad \phi_{f(\boldsymbol{x})}^2\beta = \beta(f(\boldsymbol{x}))$$

より

$$\beta(f^{**}(\phi_{\boldsymbol{x}}^1)) = \beta(f(\boldsymbol{x}))$$

がすべての $\beta \in \mathbb{V}_2^*$ に対し成立することがわかった. 最後に $\boldsymbol{x} \in \mathbb{V}_1$ と $\phi_{\boldsymbol{x}}^1 \in \mathbb{V}_1^{**}$ を同一視すると

$$\beta(f^{**}(x)) = \beta(f(\boldsymbol{x})), \quad \forall\beta \in \mathbb{V}_2^*.$$

したがって $f^{**}=f$ と同一視される．

(3) $\mathrm{Ker}\, f^*=\{\gamma\in\mathbb{V}_2^* \mid f^*\gamma=0\}$ より $\gamma\in\mathbb{V}_2^*$ に対し

$$\gamma\in\mathrm{Ker}\, f^* \iff \forall \boldsymbol{x}\in\mathbb{V}_1:\ 0=(f^*\gamma)(\boldsymbol{x})=\gamma(f(\boldsymbol{x}))$$

であるから $\gamma\in\mathrm{Ker}\, f^*\iff\gamma\in f(\mathbb{V}_1)^\circ$．すなわち $\mathrm{Ker}\, f^*=f(\mathbb{V}_1)^\circ$．

いままでの議論を $\psi=f^*:\mathbb{V}_2\to\mathbb{V}_1$ に適用すると $\mathrm{Ker}\,\psi^*=\psi(\mathbb{V}_1)^\circ$．この左辺は $\mathrm{Ker}\,\psi^*=\mathrm{Ker}\, f^{**}=\mathrm{Ker}\, f$．右辺は $\psi(\mathbb{V}_2^*)^\circ=f^*(\mathbb{V}_2^*)^\circ$ であるから $\mathrm{Ker}\, f=f^*(\mathbb{V}_2^*)^\circ$．前問の結果を使うと $(\mathrm{Ker}\, f)^\circ=f^*(\mathbb{V}_2^*)$．

$f\in\mathrm{Hom}_{\mathbb{K}}(\mathbb{V}_1,\mathbb{V}_2)$, $g\in\mathrm{Hom}_{\mathbb{K}}(\mathbb{V}_2,\mathbb{V}_3)$ とすると $\alpha\in\mathbb{V}_3^*$ に対し

$$((g\circ f)^*\alpha)(\boldsymbol{x})=\alpha(g(f(\boldsymbol{x})))=((g^*\alpha)\circ f)(\boldsymbol{x})=(f^*(g^*\alpha))(\boldsymbol{x})$$

より $(g\circ f)^*=f^*\circ g^*$ を得る．この事実を圏論では次の註のように言い表す．

註 B.1 (圏論的説明) $(\mathbb{K}-\mathsf{Vec})$ を対象が $\mathbb{K}$-線型空間，射が $\mathbb{K}$-線型写像の圏とする．関手 $\mathrm{F}:(\mathbb{K}-\mathsf{Vec})\to(\mathbb{K}-\mathsf{Vec})$ を

$$\mathrm{F}(f):=f^*,\quad f\in\mathrm{Hom}_{\mathbb{K}}(\mathbb{V}_2^*,\mathbb{V}_1^*)$$

で定めると反変関手である．

【節末問題 1.2.1】 $\widetilde{\boldsymbol{e}}_i\otimes\widetilde{\boldsymbol{e}}_j=\displaystyle\sum_{k,l=1}^{3}{p_i}^k{p_j}^l\,\boldsymbol{e}_k\otimes\boldsymbol{e}_l$ より

$$\begin{pmatrix} {p_1}^1 P & {p_2}^1 P & {p_3}^1 P \\ {p_1}^2 P & {p_2}^2 P & {p_3}^2 P \\ {p_1}^3 P & {p_2}^3 P & {p_3}^3 P \end{pmatrix}.$$

この行列を P と P のテンソル積または**クロネッカー積**とよび $P\otimes P$ と記す．

【節末問題 1.7.1】

$$\begin{aligned}\langle Df,\phi\rangle&=-\int_{-\infty}^{+\infty}f(x)\phi'(x)\,\mathrm{d}x=-\int_0^{+\infty}f(x)\phi'(x)\,\mathrm{d}x\\&=-\Big[f(x)\phi(x)\Big]_0^{+\infty}+\int_0^{+\infty}f'(x)\phi(x)\,\mathrm{d}x\\&=\lim_{M\to\infty}\int_0^M f'(x)\phi(x)\,\mathrm{d}x=\lim_{M\to\infty}\int_0^M\phi(x)\,\mathrm{d}x\\&=\int_0^{+\infty}\phi(x)\,\mathrm{d}x\end{aligned}$$

一方

$$\langle \theta, \phi \rangle = \int_{-\infty}^{+\infty} \theta(x)\phi(x)\,\mathrm{d}x = \int_{-\infty}^{0} \theta(x)\phi(x)\,\mathrm{d}x + \int_{0}^{+\infty} \theta(x)\phi(x)\,\mathrm{d}x$$
$$= \lim_{M\to\infty} \int_0^M \theta(x)\phi(x)\,\mathrm{d}x = \int_0^{+\infty} \phi(x)\,\mathrm{d}x$$

であるから，$Df = \theta$. この結果を $f' = \theta$ と略記する.

【節末問題 1.7.2】

$$\begin{aligned}\langle \mathrm{sgn}', \phi \rangle &= -\langle \mathrm{sgn}, \phi' \rangle = -\int_{-\infty}^{+\infty} \mathrm{sgn}(x)\phi'(x)\,\mathrm{d}x \\ &= -\int_0^{+\infty} \phi'(x)\,\mathrm{d}x + \int_{-\infty}^{0} \phi'(x)\,\mathrm{d}x \\ &= -\Big[\phi(x)\Big]_0^{\infty} + \Big[\phi(x)\Big]_{-\infty}^{0} = 2\phi(0)\end{aligned}$$

より $\mathrm{sgn}'(x) = 2\delta(x)$.

【節末問題 1.7.3】 ヘヴィサイド函数 $\theta(x)$ を使って $f(x) = x + \theta(x)$ と表せるから $f'(x) = 1 + 2\delta(x)$.

【節末問題 1.7.4】 $\left(\dfrac{\mathrm{d}}{\mathrm{d}x} - \lambda\right)(\theta(x)e^{\lambda x})$ を計算しよう.

$$\begin{aligned}\left\langle \frac{\mathrm{d}}{\mathrm{d}x}(\theta(x)e^{\lambda x}), \phi \right\rangle &= -\int_{-\infty}^{+\infty} (\theta(x)e^{\lambda x})\phi'(x)\,\mathrm{d}x \\ &= -\int_0^{+\infty} (\theta(x)e^{\lambda x})\phi'(x)\,\mathrm{d}x \\ &= -\Big[e^{\lambda x}\phi(x)\Big]_0^{\infty} + \lambda\int_0^{+\infty} e^{\lambda x}\phi(x)\,\mathrm{d}x \\ &= \phi(0) + \lambda\langle \theta(x)e^{\lambda x}, \phi \rangle = \langle \delta + \lambda\theta(x)e^{\lambda x}, \phi \rangle.\end{aligned}$$

以上より

$$\left(\frac{\mathrm{d}}{\mathrm{d}x} - \lambda\right)(\theta(x)e^{\lambda x}) = \delta(x).$$

この結果から $\theta(x)e^{\lambda x}$ は常微分方程式

$$\left(\frac{\mathrm{d}}{\mathrm{d}x} - \lambda\right) f(t) = \delta(x)$$

の超函数解であることがわかる.

【節末問題 1.7.5】

$$\left\langle \frac{\mathrm{d}}{\mathrm{d}x}\left(\frac{\theta(x)\sin(\omega x)}{\omega}\right), \phi \right\rangle = -\int_{-\infty}^{+\infty} \theta(x)\frac{\sin(\omega x)}{\omega}\,\phi'(x)\,\mathrm{d}x$$

$$= -\int_{0}^{+\infty} \frac{\sin(\omega x)}{\omega}\,\phi'(x)\,\mathrm{d}x$$

$$= -\left[\frac{\sin(\omega x)}{\omega}\phi(x)\right]_0^{+\infty} + \int_0^{+\infty} \cos(\omega x)\phi(x)\,\mathrm{d}x$$

$$= \frac{\sin 0}{\omega}\phi(0) + \int_0^{+\infty} \cos(\omega x)\phi(x)\,\mathrm{d}x = \langle \theta(x)\cos(\omega x), \phi(x)\rangle\,.$$

したがって超函数の意味で

$$\frac{\mathrm{d}}{\mathrm{d}x}\left(\frac{\theta(x)\sin(\omega x)}{\omega}\right) = \theta(x)\cos(\omega x)$$

が成り立つ. 次に

$$\left\langle \frac{\mathrm{d}^2}{\mathrm{d}x^2}\left(\frac{\theta(x)\sin(\omega x)}{\omega}\right), \phi \right\rangle = \left\langle \frac{\mathrm{d}}{\mathrm{d}x}\left(\theta(x)\cos(\omega x)\right), \phi \right\rangle$$

$$= -\int_{-\infty}^{+\infty} \theta(x)\cos(\omega x)\phi'(x)\,\mathrm{d}x = -\int_0^{+\infty} \cos(\omega x)\phi'(x)\,\mathrm{d}x$$

$$= -\left[\cos(\omega x)\phi(x)\right]_0^{+\infty} - \int_0^{+\infty} \omega\,\sin(\omega x)\phi(x)\,\mathrm{d}x$$

$$= \phi(0) - \omega\int_0^{+\infty} \sin(\omega x)\phi(x)\,\mathrm{d}x$$

$$= \phi(0) - \omega\int_{-\infty}^{+\infty} \theta(x)\sin(\omega x)\phi(x)\,\mathrm{d}x$$

$$= \langle, \delta, \phi\rangle - \omega\langle \theta(x)\sin(\omega x), \phi(x)\rangle$$

$$= \left\langle \delta - \omega^2\left(\frac{\theta(x)\sin(\omega x)}{\omega}\right), \phi \right\rangle$$

より

$$\frac{\mathrm{d}^2}{\mathrm{d}x^2}\left(\frac{\theta(x)\sin(\omega x)}{\omega}\right) = \delta - \omega^2\left(\frac{\theta(x)\sin(\omega x)}{\omega}\right).$$

すなわち

$$\left(\frac{\mathrm{d}^2}{\mathrm{d}x^2} + \omega^2\right)\left(\frac{\theta(x)\sin(\omega x)}{\omega}\right) = \delta(x).$$

この問題は力学に応用される．単振動の常微分方程式

$$m\frac{\mathrm{d}^2x}{\mathrm{d}t^2} = -kx$$

に撃力を加えた常微分方程式

$$m\frac{\mathrm{d}^2x}{\mathrm{d}t^2} = -kx + p_0\delta(t-t_0)$$

を考察する．$t_0=0$, $p_0=1$ と選び $\omega=k/m$ とおくと

$$\frac{\mathrm{d}^2x}{\mathrm{d}t^2} + \omega^2 x = \delta(t)$$

と書き換えられるから

$$x(t) = \frac{\theta(t)\sin(\omega t)}{\omega}$$

が撃力を加えた単振動の運動方程式の解を与える．

本節の節末問題と表現論の関連について [24, § 4.6] を参照してほしい．

第 2 章

【問題 2.1】 問題 1.4 と同様.

【問題 2.2】 $F\in \mathrm{T}^0_1(\mathbb{V})$, $G\in \mathrm{T}^0_1(\mathbb{V})$, $H\in \mathrm{T}^0_2(\mathbb{V})$ に対し結合法則

$$((F\otimes G)\otimes H)(\boldsymbol{x},\boldsymbol{y},\boldsymbol{z},\boldsymbol{w}) = (F\otimes G)(\boldsymbol{x},\boldsymbol{y})H(\boldsymbol{z},\boldsymbol{w}) = F(\boldsymbol{x})G(\boldsymbol{y})H(\boldsymbol{z},\boldsymbol{w}),$$
$$(F\otimes (G\otimes H))(\boldsymbol{x},\boldsymbol{y},\boldsymbol{z},\boldsymbol{w}) = F(\boldsymbol{x})(G\otimes H)(\boldsymbol{y},\boldsymbol{z},\boldsymbol{w}) = F(\boldsymbol{x})G(\boldsymbol{y})H(\boldsymbol{z},\boldsymbol{w}).$$

【問題 2.3】 $r=2$ のときに確かめておけば十分．$a,b\in\mathbb{K}$, $\omega,\eta\in \mathrm{A}^2(\mathbb{V})$ に対し

$$(a\omega+b\eta)(\boldsymbol{y},\boldsymbol{x}) = a\omega(\boldsymbol{y},\boldsymbol{x})+b\eta(\boldsymbol{y},\boldsymbol{x}) = -a\omega(\boldsymbol{x},\boldsymbol{y})-b\eta(\boldsymbol{x},\boldsymbol{y}) = -(a\omega+b\eta)(\boldsymbol{x},\boldsymbol{y})$$

より $a\omega+b\eta\in \mathrm{A}^2(\mathbb{V})$.

【問題 2.4】

$$\begin{aligned}
&\eta\wedge\varPhi(\boldsymbol{x}_1,\boldsymbol{x}_2,\boldsymbol{x}_3) = \frac{(1+2)!}{1!2!}\mathcal{A}_3(\eta\otimes\varPhi)(\boldsymbol{x}_1,\boldsymbol{x}_2,\boldsymbol{x}_3)\\
&= \frac{1}{2}\left(\eta(\boldsymbol{x}_1)\varPhi(\boldsymbol{x}_2,\boldsymbol{x}_3)+\eta(\boldsymbol{x}_2)\varPhi(\boldsymbol{x}_3,\boldsymbol{x}_1)+\eta(\boldsymbol{x}_3)\varPhi(\boldsymbol{x}_1,\boldsymbol{x}_2)\right)\\
&= -\frac{1}{2}\left(\eta(\boldsymbol{x}_1)\varPhi(\boldsymbol{x}_3,\boldsymbol{x}_2)+\eta(\boldsymbol{x}_2)\varPhi(\boldsymbol{x}_1,\boldsymbol{x}_3)+\eta(\boldsymbol{x}_3)\varPhi(\boldsymbol{x}_2,\boldsymbol{x}_1)\right)\\
&= \eta(\boldsymbol{x}_1)\varPhi(\boldsymbol{x}_2,\boldsymbol{x}_3)+\eta(\boldsymbol{x}_2)\varPhi(\boldsymbol{x}_3,\boldsymbol{x}_1)+\eta(\boldsymbol{x}_3)\varPhi(\boldsymbol{x}_1,\boldsymbol{x}_2)\\
&= \underset{\boldsymbol{x}_1,\boldsymbol{x}_2,\boldsymbol{x}_3}{\mathfrak{S}}\eta(\boldsymbol{x}_1)\varPhi(\boldsymbol{x}_2,\boldsymbol{x}_3).
\end{aligned}$$

一方,

$$
\begin{aligned}
\Phi \wedge \eta(\boldsymbol{x}_1, \boldsymbol{x}_2, \boldsymbol{x}_3) &= \frac{(2+1)!}{2!1!}\mathcal{A}_3(\eta \otimes \Phi)(\boldsymbol{x}_1, \boldsymbol{x}_2, \boldsymbol{x}_3) \\
&= \frac{1}{2}\left(\Phi(\boldsymbol{x}_1, \boldsymbol{x}_2)\eta(\boldsymbol{x}_3) + \Phi(\boldsymbol{x}_2, \boldsymbol{x}_3)\eta(\boldsymbol{x}_1) + \Phi(\boldsymbol{x}_3, \boldsymbol{x}_1)\eta(\boldsymbol{x}_2)\right) \\
&= -\frac{1}{2}\left(\Phi(\boldsymbol{x}_1, \boldsymbol{x}_3)\eta(\boldsymbol{x}_2) + \Phi(\boldsymbol{x}_2, \boldsymbol{x}_1)\eta(\boldsymbol{x}_3) + \Phi(\boldsymbol{x}_3, \boldsymbol{x}_2)\eta(\boldsymbol{x}_1)\right) \\
&= \Phi(\boldsymbol{x}_1, \boldsymbol{x}_2)\eta(\boldsymbol{x}_3) + \Phi(\boldsymbol{x}_2, \boldsymbol{x}_3)\eta(\boldsymbol{x}_1) + \Phi(\boldsymbol{x}_3, \boldsymbol{x}_1)\eta(\boldsymbol{x}_2) \\
&= \underset{\boldsymbol{x}_1,\boldsymbol{x}_2,\boldsymbol{x}_3}{\mathfrak{S}} \Phi(\boldsymbol{x}_2, \boldsymbol{x}_3)\eta(\boldsymbol{x}_1) = \underset{\boldsymbol{x}_1,\boldsymbol{x}_2,\boldsymbol{x}_3}{\mathfrak{S}} \eta(\boldsymbol{x}_1)\Phi(\boldsymbol{x}_2, \boldsymbol{x}_3) \\
&= \eta \wedge \Phi(\boldsymbol{x}_1, \boldsymbol{x}_2, \boldsymbol{x}_3).
\end{aligned}
$$

註 B.2 $(0,3)$ 型テンソル f に対し**巡回和** (cyclic sum) $\underset{\boldsymbol{x}_1,\boldsymbol{x}_2,\boldsymbol{x}_3}{\mathfrak{S}} \mathsf{f}(\boldsymbol{x}_1, \boldsymbol{x}_2, \boldsymbol{x}_3)$ を

$$
\underset{\boldsymbol{x}_1,\boldsymbol{x}_2,\boldsymbol{x}_3}{\mathfrak{S}} \mathsf{f}(\boldsymbol{x}_1, \boldsymbol{x}_2, \boldsymbol{x}_3) = \mathsf{f}(\boldsymbol{x}_1, \boldsymbol{x}_2, \boldsymbol{x}_3) + \mathsf{f}(\boldsymbol{x}_2, \boldsymbol{x}_3, \boldsymbol{x}_1) + \mathsf{f}(\boldsymbol{x}_3, \boldsymbol{x}_1, \boldsymbol{x}_2)
$$

で定める.

【問題 2.5】 体積要素の変換法則より.

【問題 2.6】 行列 A を $\begin{pmatrix} x & 1-x \\ 1-x & x \end{pmatrix}$ と表すと $\operatorname{per} A = x^2 + (1-x)^2 = 2(x - \frac{1}{2})^2 + \frac{1}{2}$ より $x = \frac{1}{2}$, すなわち $A = \frac{1}{2}E_2$ のとき最小値 $\frac{1}{2}$ をとる.

註 B.3 (ファン・デル・ヴェルデン予想) 実正方行列 $A = (a_{ij}) \in \mathrm{M}_n\mathbb{R}$ が条件

(1) $0 \leq a_{ij} \leq 1$

(2) すべての j に対し $\displaystyle\sum_{i=1}^{n} a_{ij} = 1$

(3) すべての i に対し $\displaystyle\sum_{j=1}^{n} a_{ij} = 1$

をみたすとき**重確率行列**とか**二重確率行列** (doubly stochastic matrix) とよぶ. $\Omega_n = \{A \in \mathrm{M}_n\mathbb{R} \mid A$ は重確率行列$\}$ とおく. ファン・デル・ヴェルデン (Bartel Leendert van der Waerden, 1903-1996) は 1926 年刊行の論文で Ω_n 上で $\operatorname{per} A$ の最小値を求める問題を提起した. $A = \frac{1}{n}E_n$ のとき $\operatorname{per} A = n!/n^n$ であることから, ファン・デル・ヴェルデンの提起した問題は (いつの間にか) 次のように言い換えられた (1969 年に本人はこのような予想を述べていないと述懐したという [129, Chapter 12]).

ファン・デル・ヴェルデン予想

Ω_n 上で不等式 $\mathrm{per}\,A \geq n!/n^n$ が成り立つ．等号は $A = \frac{1}{n}E_n$ のときのみ成り立つ．

$n!/n^n$ は 1 辺の長さ n の立方体を切断した直角三角錐の体積であることを注記しておこう．上記の不等式が成立することを Falikman [83] が証明した (**1981**)．また Egoryĉev [79, 80, 81] は不等式と等号成立の場合を決定した (**1981**)．詳しくは Minc による解説 [106] を参照．

【ひとこと】 恒久式とファン・デル・ヴェルデン予想のことを初めて知ったのは月刊雑誌「数学セミナー」の **1986** 年 10 月号の「エレガントな解答をもとむ」である．7 月号に出題された問題は本書の問題 2.6 に次の設問を付け加えたものであった．

> 一般の $n \times n$ の行列で，条件 (すべての $n \times n$ の行列の成分は 0 以上 1 以下であり，かつどの行または列を加えても 1 である) を与えたとき P の最小値および，そのときの行列び各成分の値を予想せよ (求めよと言っているのではない)．

解説 (10 月号) には次のように記されていた (Falikman の論文 [83] の刊行年に注意)．

> $n \times n$ 行列に対して $P(A)$ の定義が書かれていなかった．その理由は，一般に，写像は，well-defined であれば関数となるので，個人個人が自由な発想でいろいろな関数を作り楽しんでもらいたかったという出題者の身勝手さからであった．

そして P の一例として恒久式が紹介され，ファン・デル・ヴェルデン予想を説明していた．

> 実はまだ解けていない問題で，この世界の人間には Van der Waerden の conjecture として知られている問題なのである．$(\cdots)$ それ以来 60 年を経過しているが，いまだに解を得ていない．実は，筆者が院生時代，他の院生数名とこの道の専門家の一人のセミナーに二年間参加した．$(\cdots)$ 最後に彼が $(\cdots)$ 日本人はこれに参加していないようだが，「日本に帰ったら興味のある人には参加を呼びかけては」といったのを思い出したのである．

【研究課題】 重確率行列 $A \in \Omega_n$ は有限個の置換行列 $P_1, P_2, \ldots, P_k$ を用いて $A = \sigma_1 P_1 + \sigma_2 P_2 + \cdots + \sigma_k P_k$ と表すことができる．ここで $\sigma_1, \sigma_2, \ldots, \sigma_k$ は非負実数で $\sigma_1 + \sigma_2 + \cdots + \sigma_k = 1$ をみたす．この事実を**バーコフ・フォン=ノイマンの定理**という．たとえば Ω_2 では置換行列は

$$E_2 = \begin{pmatrix} 1 & 0 \\ 0 & 1 \end{pmatrix}, \quad P_2(1,2) = \begin{pmatrix} 0 & 1 \\ 1 & 0 \end{pmatrix}$$

の 2 つである．

$$\begin{pmatrix} 0.7 & 0.3 \\ 0.3 & 0.7 \end{pmatrix} = (0.7)E_2 + (0.3)P_2(1,2)$$

と表せる．バーコフ・フォン=ノイマンの定理を**ホールの定理**（Hall's marriage theorem）を用いて証明できる．これらの事実について調べよ．

【問題 2.7】 反射律は $P = E$ と選べばよい．対称律は P^{-1} をとれば得られる．$\tilde{\mathcal{E}}Q = \tilde{\tilde{\mathcal{E}}}$ ならば $\tilde{\tilde{\mathcal{E}}} = \tilde{\mathcal{E}}Q = \mathcal{E}(PQ)$ なので $\sim$ は同値関係．

【問題 2.8】 $\mathbb{E}^3$ の標準基底 $\{\mathbf{e}_1, \mathbf{e}_2, \mathbf{e}_3\}$ の双対基底 $\{\sigma^1, \sigma^2, \sigma^3\}$ に対し，$\varPhi = \sigma^1 \wedge \sigma^2$, $\eta = \sigma^3$ とおくと問題 2.4 より

$$
\begin{aligned}
&(\sigma^1 \wedge \sigma^2 \wedge \sigma^3)(\mathbf{x}, \mathbf{y}, \mathbf{z}) = (\varPhi \wedge \eta)(\mathbf{x}, \mathbf{y}, \mathbf{z}) \\
&= (\varPhi \wedge \eta)(\mathbf{x}, \mathbf{y}, \mathbf{z}) + (\varPhi \wedge \eta)(\mathbf{y}, \mathbf{z}, \mathbf{x}) + (\varPhi \wedge \eta)(\mathbf{z}, \mathbf{x}, \mathbf{y}) \\
&= \sigma^3(\mathbf{z})(\sigma^1 \wedge \sigma^2)(\mathbf{x}, \mathbf{y}) + \sigma^1(\mathbf{z})(\sigma^2 \wedge \sigma^3)(\mathbf{x}, \mathbf{y}) + \sigma^2(\mathbf{z})(\sigma^3 \wedge \sigma^1)(\mathbf{x}, \mathbf{y}) \\
&= z^3 \begin{vmatrix} x^1 & y^1 \\ x^2 & y^2 \end{vmatrix} + x^3 \begin{vmatrix} y^1 & z^1 \\ y^2 & z^2 \end{vmatrix} + y^3 \begin{vmatrix} z^1 & x^1 \\ z^2 & x^2 \end{vmatrix} = \det(\mathbf{x}, \mathbf{y}, \mathbf{z}).
\end{aligned}
$$

《節末問題》

【節末問題 2.1.1】 $(\Longrightarrow)$ は明らか．$(\Longleftarrow)$ を示す．$b := F(\boldsymbol{x}_1, \boldsymbol{x}_2, \ldots, \boldsymbol{x}_p) \neq 0$ となる $\boldsymbol{x}_1, \boldsymbol{x}_2, \ldots, \boldsymbol{x}_p \in \mathbb{V}$ が存在する．$a = G(\boldsymbol{x}_1, \boldsymbol{x}_2, \ldots, \boldsymbol{x}_p)/b$ とおく．すると任意の $\boldsymbol{y}_1, \boldsymbol{y}_2, \ldots, \boldsymbol{y}_p \in \mathbb{V}$ に対し

$$
\begin{aligned}
bG(\boldsymbol{y}_1, \boldsymbol{y}_2, \ldots, \boldsymbol{y}_p) =& F(\boldsymbol{x}_1, \boldsymbol{x}_2, \ldots, \boldsymbol{x}_p)G(\boldsymbol{y}_1, \boldsymbol{y}_2, \ldots, \boldsymbol{y}_p) \\
=& (F \otimes G)(\boldsymbol{x}_1, \boldsymbol{x}_2, \ldots, \boldsymbol{x}_p, \boldsymbol{y}_1, \boldsymbol{y}_2, \ldots, \boldsymbol{y}_p) \\
=& (G \otimes F)(\boldsymbol{x}_1, \boldsymbol{x}_2, \ldots, \boldsymbol{x}_p, \boldsymbol{y}_1, \boldsymbol{y}_2, \ldots, \boldsymbol{y}_p) \\
=& G(\boldsymbol{x}_1, \boldsymbol{x}_2, \ldots, \boldsymbol{x}_p)F(\boldsymbol{y}_1, \boldsymbol{y}_2, \ldots, \boldsymbol{y}_p) = abF(\boldsymbol{y}_1, \boldsymbol{y}_2, \ldots, \boldsymbol{y}_p).
\end{aligned}
$$

$b \neq 0$ より $G = F$.

【節末問題 2.1.2】 節末問題 1.1.6 と同様.

【節末問題 2.3.1】 $\alpha = \alpha^1 \wedge \alpha^2 \wedge \cdots \wedge \alpha^p \in \mathrm{A}^p(\mathbb{V})$ と $\beta = \beta^1 \wedge \beta^2 \wedge \cdots \wedge \beta^q \in \mathrm{A}^q(\mathbb{V})$ に対し，$\iota_{\boldsymbol{v}}(\alpha \wedge \beta) = (\iota_{\boldsymbol{v}}\alpha) \wedge \beta + (-1)^p \alpha \wedge (\iota_{\boldsymbol{v}}\beta)$ を示せば充分である $(\alpha^1, \ldots, \alpha^p, \beta^1, \ldots, \beta^q \in \mathbb{V}^*)$. $\boldsymbol{x}_1 = \boldsymbol{v}$ とおく．任意の $\boldsymbol{x}_2, \boldsymbol{x}_3, \ldots, \boldsymbol{x}_p$ に対し

$$
\begin{aligned}
(\iota_{\boldsymbol{v}}\alpha)(\boldsymbol{x}_1, \boldsymbol{x}_2, \ldots, \boldsymbol{x}_p) &= (\alpha^1 \wedge \alpha^2 \wedge \cdots \wedge \alpha^p)(\boldsymbol{x}_1, \boldsymbol{x}_2, \ldots, \boldsymbol{x}_p) = \det(\alpha^i(\boldsymbol{x}_j)\,) \\
&= \begin{vmatrix} \alpha^1(\boldsymbol{x}_j) & \alpha^2(\boldsymbol{x}_j) & \cdots & \alpha^p(\boldsymbol{x}_j) \\ \alpha^1(\boldsymbol{x}_j) & \alpha^2(\boldsymbol{x}_j) & \cdots & \alpha^p(\boldsymbol{x}_j) \\ \vdots & \vdots & \ddots & \vdots \\ \alpha^2(\boldsymbol{x}_j) & \alpha^2(\boldsymbol{x}_j) & \cdots & \alpha^p(\boldsymbol{x}_j) \end{vmatrix}.
\end{aligned}
$$

この行列式を第 1 列で展開すると

$$
\begin{aligned}
\det(\alpha^i(\boldsymbol{x}_j)\,) &= \sum_{i=1}^{p}(-1)^{1+i}\alpha^i(\boldsymbol{x}_1)(\alpha^1 \wedge \cdots \wedge \widehat{\alpha^i} \wedge \cdots \wedge \alpha^p)(\boldsymbol{x}_2, \ldots, \boldsymbol{x}_p) \\
&= \sum_{i=1}^{p}(-1)^{1+i}(\iota_{\boldsymbol{v}}\alpha^i)(\alpha^1 \wedge \cdots \wedge \widehat{\alpha^i} \wedge \cdots \wedge \alpha^p)(\boldsymbol{x}_2, \ldots, \boldsymbol{x}_p).
\end{aligned}
$$

したがって

$$
\iota_{\boldsymbol{v}}(\alpha^1 \wedge \alpha^2 \wedge \cdots \wedge \alpha^p) = \sum_{i=1}^{p}(-1)^{1+i}(\iota_{\boldsymbol{v}}\alpha^i)(\alpha^1 \wedge \cdots \wedge \widehat{\alpha^i} \wedge \cdots \wedge \alpha^p). \tag{B.1}
$$

を得た．この式を使うと

$$
\begin{aligned}
& \iota_{\boldsymbol{v}}(\alpha \wedge \beta) \\
= \ & \iota_{\boldsymbol{v}}(\alpha^1 \wedge \alpha^2 \wedge \cdots \wedge \alpha^p \wedge \beta^1 \wedge \beta^2 \wedge \cdots \wedge \beta^q) \\
= \ & \sum_{i=1}^{p}(-1)^{1+i}(\iota_{\boldsymbol{v}}\alpha^i)\,(\alpha^1 \wedge \cdots \widehat{\alpha^i} \wedge \cdots \wedge \alpha^p \wedge \beta^1 \wedge \beta^2 \wedge \cdots \wedge \beta^q) \\
& + \sum_{i=1}^{p}(-1)^{p+1+j}(\iota_{\boldsymbol{v}}\beta^j)\,(\alpha^1 \wedge \alpha^2 \wedge \cdots \wedge \alpha^p \wedge \beta^1 \wedge \cdots \widehat{\beta^j} \wedge \cdots \wedge \beta^q) \\
= \ & (\iota_{\boldsymbol{v}}\alpha) \wedge \beta + (-1)^p \alpha \wedge (\iota_{\boldsymbol{v}}\beta).
\end{aligned}
$$

第 6 章

【問題 6.1】 $\mathcal{E} = \{\boldsymbol{e}_1, \boldsymbol{e}_2, \ldots, \boldsymbol{e}_n\}$ を $\mathbb{V}$ の正規直交基底とする．

$L, F \in \mathcal{R}(\mathbb{V})$ に対し

$$L = \sum_{i,j,k,l=1}^{n} L_{kij}^{\ \ \ l} \boldsymbol{e}_l, \quad F = \sum_{i,j,k,l=1}^{n} F_{kij}^{\ \ \ l} \boldsymbol{e}_l$$

に対しスカラー積は

$$\langle L, F \rangle = \sum_{i,j,k,l=1}^{n} \varepsilon^l \varepsilon_i \varepsilon_j \varepsilon_k \, L_{kij}^{\ \ \ l} F_{kij}^{\ \ \ l}$$

で定義される．$F = R_1$ と選ぶと $F(\boldsymbol{e}_i, \boldsymbol{e}_j)\boldsymbol{e}_k = \varepsilon_j \delta_{jk} \boldsymbol{e}_i - \varepsilon_i \delta_{ki} \boldsymbol{e}_j$.

$$\begin{aligned}
\langle L, R_1 \rangle &= \sum_{i,j,k,l=1}^{n} \varepsilon_l \left\{ L_{kij}^{\ \ \ l} (\varepsilon_i \varepsilon_j \varepsilon_l)(\delta_{il}\delta_{jk} - \delta_{ik}\delta_{jl}) \right\} \\
&= \sum_{i,j,k,l=1}^{n} \varepsilon_i \varepsilon_j (L_{jij}^{\ \ \ i} - L_{iji}^{\ \ \ j}) = 2 \sum_{i,j,k,l=1}^{n} \varepsilon_i \varepsilon_j L_{jij}^{\ \ \ i} = 2\rho_L
\end{aligned}$$

だから $(\mathbb{R}\, R_1)^{\perp} = \{ L \in \mathcal{R}(\mathbb{V}) \mid \rho_L = 0 \}$.

参考文献

[1] V. I. アーノルド，古典力学の数学的方法，岩波書店，1980.
[2] 足助太郎，線型代数，東京大学出版会，2012.
[3] 池田岳，数え上げ幾何学講義．シューベルト・カルキュラス入門，東京大学出版会，2018.
[4] 池田岳，テンソル代数と表現論．線型代数続論，東京大学出版会，2022.
[5] 石川雅雄・岡田 聡一，行列式・パフィアンに関する等式とその表現論，組合せ論への応用，数学，**62** (2010), no. 1, 85–114.
[6] 井ノ口順一，幾何学いろいろ，日本評論社，2007.
[7] 井ノ口順一，リッカチのひ・み・つ，日本評論社，2010.
[8] 井ノ口順一，常微分方程式，日本評論社，2015.
[9] 井ノ口順一，はじめて学ぶリー群，現代数学社，2017.
[10] 井ノ口順一，はじめて学ぶリー環，現代数学社，2018.
[11] 井ノ口順一，初学者のための偏微分．∂ を学ぶ，現代数学社，2019.
[12] 井ノ口順一，初学者のための重積分．$\iint$ を学ぶ，現代数学社，刊行予定.
[13] 井ノ口順一，初学者のためのベクトル解析．∇ を学ぶ，現代数学社，2020.
[14] 井ノ口順一，初学者のための無限級数．$\sum^{\infty}$ を学ぶ，現代数学社，刊行予定.
[15] 井ノ口順一，1+1 次元の世界．ミンコフスキー平面の幾何，現代数学社，2021.
[16] 井ノ口順一，1 + 2 次元の世界．ミンコフスキー空間の曲線と曲面，現代数学社，2022.
[17] 井ノ口順一，1 + 3 次元の世界．曲面から多様体・時空へ，現代数学社，2023.
[18] 井ノ口順一，教本　解析幾何と線型代数，現代数学社，2024.
[19] 井ノ口順一，2 次元の幾何学，執筆中.
[20] 伊原信一郎・河田敬義，線型空間・アフィン幾何，岩波基礎数学選書，1990.
[21] 伊理正夫・韓太舜，ベクトル解析，ベクトルとテンソル 1，教育出版，1977.
[22] 岩堀長慶，初学者のための合同変換群の話，現代数学社，2001.
[23] 及川正行，〔連載〕非線形波動–ソリトンを中心として，第 7 章 佐藤理論入門，ながれ **32** (2013), 163–175.
[24] 落合啓之，$\mathrm{SL}(2,\mathbb{R})$ の表現論，朝倉書店，2024.
[25] 垣田高夫，シュワルツ超関数入門，日本評論社，新装版，1999.

[26] 笠原晧司，線型代数と固有値問題，現代数学社，増補版，2005.
[27] 河田敬義・三村征雄，現代数学概説 II，岩波書店，1965.
[28] 黒田成俊，関数解析，共立数学講座，15，1980.
[29] 後藤憲一，正準（canonical）の意味について，蟻塔　**27** (1981), no. 6, 11–13.
[30] 小林昭七，曲線と曲面の微分幾何〔改訂版〕，裳華房，1995.
[31] 小林昭七，接続の微分幾何とゲージ理論［新装版］，裳華房，2023.
[32] 小林真平，曲面とベクトル解析，日本評論社，2016.
[33] 小林俊行・大島利雄，リー群と表現論，岩波書店，2005.
[34] 小松彦三郎，ベクトル解析と多様体，岩波オンデマンドブックス，2017.
[35] 小森洋平，集合と位相，日本評論社，2016.
[36] 齋藤正彦，線型代数入門，東京大学出版会，1966.
[37] 齋藤正彦，線型代数演習，東京大学出版会，1985.
[38] 酒井隆，リーマン幾何学，裳華房，1992.
[39] 酒井隆・小林治・芥川和雄・西川青季・小林亮一，幾何学百科 II．幾何解析，朝倉書店，2018.
[40] 佐武一郎，線型代数学，裳華房，1974，新装版，2015.
[41] 佐武一郎，リー環の話，日本評論社，2002.
[42] 佐藤幹夫・毛織泰子，広田氏の Bilinear Equations について，京都大学数理解析研究所講究録 **388** (1980), 183–204.
[43] 佐藤幹夫［述］，野海正俊［記］，ソリトン方程式と普遍グラスマン多様体，上智大学数学講究録 **18**, 1984.
[44] 島和久，連続群とその表現，岩波書店，1981.
[45] 島和久・江沢洋，群と表現，岩波書店，2009.
[46] L. シュワルツ，超函数の理論　原書第 3 版（岩村聯・石垣春夫・鈴木文夫［訳］），岩波書店，1971．オンデマンド版 2018.
[47] 杉浦光夫，解析入門 I，東京大学出版会，1980.
[48] 杉浦光夫，解析入門 II，東京大学出版会，1985.
[49] 杉浦光夫・横沼健雄，ジョルダン標準形・テンソル代数，岩波書店，2002.
[50] 髙﨑金久，普遍グラスマン多様体とアノマリー，京都大学数理解析研究所講究録 **675** (1988), 147–158.
[51] 髙﨑金久，線形代数とグラスマン多様体，日本評論社，2024.
[52] 竹山美宏，線形代数，日本評論社，2016.
[53] 竹山美宏，ベクトル空間，日本評論社，2016.
[54] 田坂隆士，2 次形式，岩波書店，2002.
[55] 谷口雅彦・奥村善英，双曲幾何学への招待．複素数で視る，培風館，1996.

[56] ド・ラーム，微分多様体（高橋恒郎［訳]），東京図書，1974.
[57] 中村佳正・高崎金久・辻本諭・尾角正人・井ノ口 順一，解析学百科 II. 可積分系の数理，朝倉書店，2018.
[58] 野水克己，現代微分幾何入門，裳華房，1981.
[59] 広田良吾，直接法によるソリトンの数理，岩波書店，1992.
[60] 藤田宏・黒田成俊・伊藤清三，関数解析，岩波基礎数学選書，1991.
[61] 前原昭二，線形代数と特殊相対論，日本評論社，復刻・新装版，1993.
[62] 松坂和夫，集合・位相入門，岩波書店，1968. 新装版 (松坂和夫数学入門シリーズ 1), 2018.
[63] 松坂和夫，線型代数入門，岩波書店，1980. 新装版 (松坂和夫数学入門シリーズ 2), 2018.
[64] 松島与三，多様体入門，裳華房，1965，新装版，2017.
[65] 松本幸夫，多様体の基礎，東京大学出版会，1988.
[66] 三輪哲二・神保道夫・伊達悦朗，ソリトンの数理，岩波書店，2007.
[67] 村上信吾，多様体 第 2 版，共立出版，1989.
[68] 横田一郎，古典型単純リー群，現代数学社，1990. 新装版，2013.
[69] 横田一郎，例外型単純リー群，現代数学社，1992. 新装版，2013.

洋書および欧文論文

[70] M. F. Atiyah, N. J. Hitchin, I. M. Singer, Self-duality in four-dimensional Riemannian geometry, Proc. R. Soc. Lond., Ser. A **362** (1978), 425–461.
[71] A. L. Besse, *Einstein Manifolds*, Ergeb. Math. Grenzgeb. (3), **10**, Springer-Verlag, 1987.
[72] C. Böhm, B. Wilking, Manifolds with positive curvature operators are space forms, Ann. Math. (2) **167** (2008), no. 3, 1079–1097.
[73] W. M. Boothby, *An Introduction to Differentiable Manifolds and Riemannian Geometry*, 2nd edition, Pure and Applied Mathematics **103**, Academic Press, 1986. Paperback 2002.
[74] R. L. Bryant, Bochner-Kähler metrics, J. Amer. Math. Soc. **14** (2001), no. 3, 623–715.
[75] E. Calabi, On compact, Riemannian manifolds with constant curvature. I, Proc. Sympos. Pure Math. **3** (1961), 155–180.
[76] X. Cao, M. J. Gursky, H. Tran, Curvature of the second kind and a conjecture of Nishikawa, Comment. Math. Helv. **98** (2023), no. 1, 195–216.

[77] G. de Rham, On the area of complex manifolds, *Global Analysis* (Papers in Honor of K. Kodaira), University of Tokyo Press, 1969, pp. 141–148.

[78] J. C. Diaz-Ramos, E. García-Río, A note on the structure of algebraic curvature tensors, Linear Algebra Appl. **382** (2004), 271–277.

[79] G. P. Egoryčev, Solution of the van der Waerden problem for permanents (Russian), Preprint IFSO-13 M, Akad. Nauk SSSR Sibirsk. Otdel., Inst. Fiz., Krasnoyarsk, 1980. 12 pp.

[80] G. P. Egoryčev, Proof of the van der Waerden conjecture for permanents (Russian), Sibirsk. Mat. Zh. **22** (1981), no. 6, 65–71, 225. English translation: Siberian Math. J. **22** (1981), no. 6, 854–859.

[81] G. P. Egorycev, The solution of van der Waerden's problem for permanents. Adv. Math. **42** (1981), no. 3, 299–305.

[82] N. Ejiri, Bochner Kähler metrics, Bull. Sci. Math., II. Sér. **108** (1984), 423–436.

[83] D. I. Falikman, Proof of the van der Waerden conjecture on the permanent of a doubly stochastic matrix.(Russian), Mat. Zametki **29** (1981), no. 6, 931–938, 957, English translation: Math. Notes **29** (1981), no. 6, 475–479.

[84] H. Fluck, X. Li, The curvature operator of the second kind in dimension three, 07842669 J. Geom. Anal. **34** (2024), no. 6, Paper No. 187.

[85] S. Gallot, D. Hulin, J. Lafontaine, *Riemannian Geometry*, 3rd ed., Universitext, Springer-Verlag, 2012.

[86] A. Gray, A. Some relations between curvature and characteristic classes, Math. Ann. **184** (1970), 257–267.

[87] P. Greenberg, The algebra of the Riemann curvature tensor in general relativity: Preliminaries, Studies Appl. Math. **51** (1972), 277–308 .

[88] P. Greenberg, The algebra of the Riemann curvature tensor in general relativity: The relation of the invariants of the Einstein curvature tensor to the invariants describing matter, Studies Appl. Math. **51** (1972), 369–376.

[89] P. Griffiths, J. Harris, *Principles of Algebraic Geometry*, Interscience Publishers, John Wiley & Sons, Inc., 1978.

[90] B. Gyires, The common source of several inequalities concerning doubly stochastic matrices, Publ. Math. Debrecen **27** (1980), no. 3-4, 291–304.

[91] J. Harris, *Algebraic geometry. A first course*, Graduate Texts in Math. **133** (1992), Springer-Verlag.

[92] S. Helgason, *Differential Geometry, Lie Groups, and Symmetric Spaces*, Graduate Studies in Mathematics 34, American Mathematical Society, Providence, RI, 2001.

[93] N. J. Hitchin, Linear field equations on self-dual spaces, Proc. Roy. Soc. London Ser. A**370** (1980), no. 1741, 173–191.

[94] J. E. Humphreys, *Introduction to Lie Algebras and Representation Theory*, Graduate Text in Math. **9**, Springer-Verlag, 1972.

[95] D. L. Johnson, A curvature normal form for 4-dimensional Kähler manifolds, Proc. Am. Math. Soc. **79** (1980), 462–464.

[96] D. L. Johnson, Sectional curvature and curvature normal forms, Mich. Math. J. **27** (1980), 275–294.

[97] V. G. Kac, *Infinite dimensional Lie Algebras*, Cambridge Univ. Press, (3rd edition), 1990.

[98] S. Kobayashi, K. Nomizu, *Foudations of Differential Geometry* I, Interscience Publishers, 1963.

[99] S. Kobayashi, K. Nomizu, *Foundations of Differential Geometry* II, Interscience Publishers, John Wiley & Sons, Inc., 1969.

[100] W. Kühnel, *Differential Geometry. Curves–Surfaces–Manifolds* (3rd ed), Student Mathematical Library **16** (2015), American Mathematical Society.

[101] R. S. Kulkarni, Curvature structures and conformal transformations, Bull. Amer. Math. Soc. **75** (1969), 91–94.

[102] R. S. Kulkarni, On the Bianchi identities, Math. Ann. **199** (1972), 175–204.

[103] Z. Lai, L.-H. Lai, K. Ye, Simple matrix expressions for the curvatures of Grassmannian, `arXiv:2406.11821v1 [math.DG]`

[104] X. Li, Manifolds with nonnegative curvature operator of the second kind, Commun. Contemp. Math. **26** (2024), no. 3, Article ID 2350003.

[105] M. A. Magid, Isometric immersions of Lorentz space with parallel second fundamental forms, Tsukuba J. Math. **8** (1984), no. 1, 31–54.

[106] H. Minc, The van der Waerden Permanent conjecture, *General Inequalities* 3, (E. F. Beckenbach, W. Walter, eds), Birkhäuser, Basel, 1983, pp. 23–40.

[107] H. Mori (森博), On the decomposition of generalized K-curvature tensor fields, Tôhoku Math. J. (2) **25** (1973), 225–235.

[108] S. Nishikawa (西川青季), On deformation of Riemannian metrics and manifolds with positive curvature operator, *Curvature and Topology of Riemannian Manifolds*, Proc. 17th Int. Taniguchi Symp., Katata/Jap. 1985, Lect. Notes Math. **1201** (1986), 202–211.

[109] K. Nomizu, On the spaces of generalized curvature tensor fields and second fundamental forms, Osaka Math. J. **8** (1971), 21–28.

[110] K. Nomizu, On the decomposition of generalized curvature tensor fields. Codazzi, Ricci, Bianchi and Weyl revisited, *Differential Geometry* (in honor of Kentaro Yano), Kinokuniya Book Store Co., Ltd., Tokyo, 1972, pp. 335–345.

[111] Y. Ohta (太田泰広), J. Satsuma (薩摩順吉), D. Takahashi (高橋大輔), T. Tokihiro (時弘哲治), An elementary introduction to Sato theory, Progr. Theoret. Phys. Suppl. **94** (1988), 210–241. Addenda. Progr. Theoret. Phys. **80** (1988), no. 4, 742.

[112] K. Ogiue (荻上紘一), S. Tachibana (立花俊一), Les variétés riemanniennes dont l'opérateur de courbure restreint est positif sont des sphères d'homologie réellel, C. R. Acad. Sci., Paris, Sér. A **289** (1979), 29–30.

[113] B. O'Neill, *Semi-Riemannian geometry with Applications to Relativity*, Pure and Applied Mathematics **103**, Academic Press, 1983.

[114] A. Z. Petrov, *Einstein Spaces*, Pergamon Press, 1969.

[115] A. Pressley, G. Segal, *Loop Groups*, Revised Version, Oxford University Press, 1995.

[116] K. Rajaratnam, Canonical forms of self-adjoint operators in Minkowski space-time, `arXiv:1404.1867v1 [math.RA]`

[117] M. Sato, Soliton equation as dynamical systems on a[n] infinite dimensional Grassmann manifolds, RIMS Kokyuroku **439** (1981), 30–46.

[118] M. Sato, The KP hierarchy and infinite-dimensional Grassmann manifolds, *Theta Functions—Bowdoin 1987*, Part 1, Proc. Sympos. Pure Math. **49** Part 1 (1989), Amer. Math. Soc., pp. 51–66.

[119] M. Sato, Y. Sato, Soliton equations as dynamical systems on infinite-dimensional Grassmann manifold, *Nonlinear Partial Differential Equations in Applied Science* (Tokyo 1982), North-Holland Math. Stud. **81** (1983), Lecture Notes Numer. Appl. Anal., 5259–271.

[120] J. A. Schouten, *Der Ricci-Kalkül, Eine Einführung in die neueren Methoden und Probleme der mehrdimensionalen Differentialgeometrie*, Springer

Verlag, 1924, Reprint, 1978.

[121] G. Segal, G. Wilson, Loop groups and equations of KdV type, Publ. Math., Inst. Hautes Étud. Sci. **61** (1985), 5–65.

[122] D. A. Singer, D. H. Steinberg, Normal forms in Lorentzian spaces, Nova J. Algebra Geom. **3** (1994), no. 1, 1–9.

[123] I. M. Singer, J. A. Thorpe, The curvature of 4-dimensional Einstein spaces, *Global Analysis* (Papers in Honor of K. Kodaira), University of Tokyo Press, 1969, pp. 355–365.

[124] M. Sitaramayya, Curvature tensors in Kaehler manifolds, Trans. Amer. Math. Soc. **183** (1973), 341–353.

[125] R. S. Strichartz, Linear algebra of curvature tensors and their covariant derivatives, Can. J. Math. **40** (1988), no. 5, 1105–1143.

[126] S. Tachibana, On the Bochner curvature tensor, Natur. Sci. Rep. Ochanomizu Univ. **18** (1967), 15–19.

[127] F. Tricerri,L. Vanhecke, Curvature tensors on almost Hermitian manifolds, Trans. Amer. Math. Soc. **267** (1981), 365–398.

[128] B. L. Van der Waerden, Jber. Deutsch. Math. Verein. **35** (1926), p. 117, Aufgabe 45.

[129] J. H. van Lint, R. M. Wilson, *A Course in Combinatorics*, Second edition, Cambridge University Press, Cambridge, 2001.

[130] F. W. Warner, *Foundations of Differentiable Manifolds and Lie Groups*, Graduate Text in Math. **94**, Springer-Verlag, 1983. 1972.

ブックガイド

学部までの勉強は，ほぼ「確定してるっぽいこと」を覚える，という作業でしかないので，学部卒で社会に出る人はあまり学問の本当の面白さに触れないで終わってしまうことが多い．これは残念なことである．学問の面白さは「わからないこと」にどう立ち向かうか，という点にある．

〔サンキュータツオ（安部達雄），『ヘンな論文』〕

線型空間論

線型空間（ベクトル空間）については定評ある教科書が何冊もあるので，読者が線型空間を学んだ教科書を再読するのが最善である．本書は，主に齋藤 [36] を参考にして執筆したが（微分）幾何学分野の慣例にあわせて変更した箇所もある．本書を執筆する上では笠原 [26]，松坂 [63] も参照した．

2 次形式・ジョルダン標準形

2 次形式は，それ自身で一冊の教科書が用意できる内容をもつ．本書では後の章で活用する範囲に限って説明した．詳しく学びたい読者には田坂 [54] を薦める．

ジョルダン標準形については詳しく述べる余裕がなかった．杉浦・横沼 [49] を紹介しておこう．

多重線型代数

多重線型代数についても非常に多くの文献がある．著者が最初に多重線型代数を学んだのは前原 [61] である．ここでは杉浦・横沼 [49] を紹介しておく．

幾何学

本書の第 II 部では，幾何学分野でのテンソルの活用例を紹介した．第 5 章の内容は，擬リーマン幾何学から題材を採った．擬リーマン幾何学については

O'Neill [113] を薦める．第 6 章は複素多様体の接ベクトル空間上のテンソルの取り扱いを採り上げた．第 6 章の内容の参考文献は小林・野水 [99] である．第 6 章は擬リーマン幾何学における曲率テンソルの取り扱いである．Besse [71] および野水 [58] に，より詳しい解説がある．第 7 章は外積代数と密接な関係にあるグラスマン多様体についてごくわずかだが解説した．髙﨑 [50]，Griffiths と Harris の教科書 [89] および Harris の教科書 [91] を参照してほしい．本書の内容は多様体の接ベクトル空間に適用してはじめてその価値がみえてくるものが多い．その意味でも本書読了後は多様体を学んでほしい．

函数解析

本書は有限次元線型空間上のテンソルについて解説することを目的としているがすこしだけ無限次元（ヒルベルト空間）についてふれた．函数解析については黒田 [28] および藤田・黒田・伊藤 [60] を，超函数については垣田 [25] を紹介しておこう．

索引

著者紹介：

井ノ口 順一（いのぐち・じゅんいち）

千葉県銚子市生まれ.

東京都立大学大学院理学研究科博士課程数学専攻単位取得退学.

福岡大学理学部，宇都宮大学教育学部，山形大学理学部，筑波大学数理物質系を経て，

現在，北海道大学大学院理学研究院教授．教育学修士（数学教育），博士（理学）

専門は可積分幾何・差分幾何．算数・数学教育の研究，数学の啓蒙活動も行っている．

●著書

『どこにでも居る幾何』，『常微分方程式』，『リッカチのひ・み・つ』，（日本評論社），

『曲線とソリトン』，『曲面と可積分系』（朝倉書店），

『ローレンツ－ミンコフスキーの幾何学(I) 1＋1次元の世界 ミンコフスキー平面の幾何』，

『ローレンツ－ミンコフスキーの幾何学(II) 1＋2次元の世界 ミンコフスキー空間の曲線と曲面』，

『ローレンツ－ミンコフスキーの幾何学(III) 1＋3次元の世界 曲面から多様体・時空へ』，

『教本・解析幾何と線型代数〜ベクトルと行列で学ぶ幾何学〜』（現代数学社）.

他多数.

多重線型代数 I
〜テンソルと外積代数〜

2025年2月21日　初　版 第1刷発行

2025年4月21日　第2版 第1刷発行

著　者　　井ノ口 順一

発行者　　富田　淳

発行所　　株式会社　現代数学社

〒606-8425 京都市左京区鹿ヶ谷西寺ノ前町1

TEL 075 (751) 0727　FAX 075 (744) 0906

https://www.gensu.co.jp/

装　　幀　　中西真一（株式会社 CANVAS）

印刷・製本　　山代印刷株式会社

ISBN 978-4-7687-0655-8　　Printed in Japan